高等学校信息技术类新方向新动能新形态系列规划教材
教育部高等学校计算机类专业教学指导委员会－Arm 中国产学合作项目成果
Arm 中国教育计划官方指定教材

arm 中国

机器学习
从原理到应用

卿来云 黄庆明 / 编著

人 民 邮 电 出 版 社
北 京

图书在版编目（CIP）数据

机器学习从原理到应用 / 卿来云，黄庆明编著. -- 北京 : 人民邮电出版社，2020.10（2024.1重印）
高等学校信息技术类新方向新动能新形态系列规划教材
ISBN 978-7-115-54274-8

Ⅰ. ①机… Ⅱ. ①卿… ②黄… Ⅲ. ①机器学习－高等学校－教材 Ⅳ. ①TP181

中国版本图书馆CIP数据核字(2020)第107175号

内 容 提 要

本书共 11 章，主要介绍机器学习的基本概念和两大类常用的机器学习模型，即监督学习模型和非监督学习模型。针对监督学习模型，本书介绍了线性模型（线性回归、Logistic 回归）、非线性模型（SVM、生成式分类器、决策树）、集成学习模型和神经网络模型及其训练；针对非监督学习模型，本书讲解了常用的降维技术（线性降维技术与非线性降维技术）和聚类算法（如均值聚类、GMM、层次聚类、均值漂移聚类、DBSCAN 和基于密度峰值的聚类等）。

本书可作为高等院校计算机应用、人工智能等专业的机器学习相关课程的教材，也可作为计算机应用与人工智能等领域从业人员的学习参考用书。

◆ 编　　著　卿来云　黄庆明
责任编辑　祝智敏
责任印制　王　郁　陈　犇

◆ 人民邮电出版社出版发行　　北京市丰台区成寿寺路 11 号
邮编　100164　　电子邮件　315@ptpress.com.cn
网址　https://www.ptpress.com.cn
固安县铭成印刷有限公司印刷

◆ 开本：787×1092　1/16
印张：15.5　　　2020 年 10 月第 1 版
字数：367 千字　　　2024 年 1 月河北第 5 次印刷

定价：55.00 元

读者服务热线：(010)81055256　印装质量热线：(010)81055316
反盗版热线：(010)81055315
广告经营许可证：京东市监广登字 20170147 号

编委会

序一

拥抱万亿智能互联未来

在生命刚刚起源的时候，一些最最古老的生物就已经拥有了感知外部世界的能力。例如，很多原生单细胞生物能够感受周围的化学物质，对葡萄糖等分子有趋化行为；并且很多原生单细胞生物还能够感知周围的光线。然而，在生物开始形成大脑之前，这种对外部世界的感知更像是一种“反射”。随着生物的大脑在漫长的进化过程中不断发展，或者说直到人类出现，各种感知才真正变得“智能”，通过感知收集的关于外部世界的信息开始经过大脑的分析作用于生物本身的生存和发展。简而言之，是大脑让感知变得真正有意义。

这是自然进化的规律和结果。有幸的是，我们正在见证一场类似的技术变革。

过去十年，物联网技术和应用得到了突飞猛进的发展，物联网技术也被普遍认为将是下一个给人类生活带来颠覆性变革的技术。物联网设备通常都具有通过各种不同类别的传感器收集数据的能力，就好像赋予了各种机器类似生命感知的能力，由此促成了整个世界数据化的实现。而伴随着 5G 的成熟和即将到来的商业化，物联网设备所收集的数据也将拥有一个全新的、高速的传输渠道。但是，就像生物的感知在没有大脑时只是一种“反射”一样，这些没有经过任何处理的数据的收集和传输并不能带来真正进化意义上的突变，甚至非常可能在物联网设备数量以几何级数增长以及巨量数据传输的情况下，造成 5G 网络等传输网络拥堵甚至瘫痪。

如何应对这个挑战？如何赋予物联网设备所具备的感知能力以“智能”？我们的答案是：人工智能技术。

人工智能技术并不是一个新生事物，它在最近几年引起全球性关注并得到飞速发展的主要原因，在于它的三个基本要素（算法、数据、算力）的迅猛发展，其中又以数据和算力的发展尤为重要。物联网技术和应用的蓬勃发展使得数据累计的难度越来越低；而芯片算力的不断提升使得过去只能通过云计算才能完成的人工智能运算现在已经可以下沉到最普通的设备之上完成。这使得在端侧实现人工智能功能的难度和成本都得以大幅降低，从而让物联网设备拥有“智能”的感知能力变得真正可行。

物联网技术为机器带来了感知能力，而人工智能则通过计算算力为机器带来了决策能力。二者的结合，正如感知和大脑对自然生命进化所起到的必然性决定作用，其趋势将无可阻挡，并且必将为人类生活带来巨大变革。

未来十五年，或许是这场变革最最关键的阶段。业界预测到 2035 年，将有超过一万亿个智能设备实现互联。这一万亿个智能互联设备将具有极大的多样性，它们共同构成了一个极端多样化的计算世界。而能够支撑起这样一个数量庞大、极端多样化的智能物联网世界的技术基础，就是 Arm。正是在这样的背景下，Arm 中国立足中国，依托全球最大的 Arm 技术生态，全力打造先进的人工智能物联网技术和解决方案，立志成为中国智能科技生态的领航者。

万亿智能互联最终还是需要通过人来实现，具备人工智能物联网 AIoT 相关知识的人才，在今后将会有更广阔的发展前景。如何为中国培养这样的人才，解决目前人才短缺的问题，也正是我们一直关心的。通过和专业人士的沟通发现，教材是解决问题的突破口，一套高质量、体系化的教材，将起到事半功倍的效果，能让更多的人成长为智能互联领域的人才。此次，在教育部计算机类专业教学指导委员会的指导下，Arm 中国能联合人民邮电出版社一起来打造这套智能互联丛书——高等学校信息技术类新方向新动能新形态系列规划教材，感到非常的荣幸。我们期望借此宝贵机会，和广大读者分享我们在 AIoT 领域的一些收获、心得以及发现的问题；同时渗透并融合中国智能类专业的人才培养要求，既反映当前最新技术成果，又体现产学合作新成效。希望这套丛书能够帮助读者解决在学习和工作中遇到的困难，能够为读者提供更多的启发和帮助，为读者的成功添砖加瓦。

荀子曾经说过："不积跬步，无以至千里。"这套丛书可能只是帮助读者在学习中跨出一小步，但是我们期待着各位读者能在此基础上励志前行，找到自己的成功之路。

安谋科技（中国）有限公司执行董事长兼 CEO　吴雄昂
2019 年 5 月

序二

PREFACE

人工智能是引领未来发展的战略性技术，是新一轮科技革命和产业变革的重要驱动力量，将深刻地改变人类社会生活、改变世界。促进人工智能和实体经济的深度融合，构建数据驱动、人机协同、跨界融合、共创分享的智能经济形态，更是推动质量变革、效率变革、动力变革的重要途径。

近几年来，我国人工智能新技术、新产品、新业态持续涌现，与农业、制造业、服务业等各行业的融合步伐明显加快，在技术创新、应用推广、产业发展等方面成效初显。但是，我国人工智能专业人才储备严重不足，人工智能人才缺口大，结构性矛盾突出，具有国际化视野、专业学科背景、产学研用能力贯通的领军型人才、基础科研人才、应用人才极其匮乏。为此，2018年4月，教育部印发了《高等学校人工智能创新行动计划》，旨在引导高校瞄准世界科技前沿，强化基础研究，实现前瞻性基础研究和引领性原创成果的重大突破，进一步提升高校人工智能领域科技创新、人才培养和服务国家需求的能力。由人民邮电出版社和 Arm 中国联合推出的“高等学校信息技术类新方向新动能新形态系列规划教材”旨在贯彻落实《高等学校人工智能创新行动计划》，以加快我国人工智能领域科技成果及产业进展向教育教学转化为目标，不断完善我国人工智能领域人才培养体系和人工智能教材建设体系。

“高等学校信息技术类新方向新动能新形态系列规划教材”包含 AI 和 AIoT 两大核心模块。其中，AI 模块涉及人工智能导论、脑科学导论、大数据导论、计算智能、自然语言处理、计算机视觉、机器学习、深度学习、知识图谱、GPU 编程、智能机器人等人工智能基础理论和核心技术；AIoT 模块涉及物联网概论、嵌入式系统导论、物联网通信技术、RFID 原理及应用、窄带物联网原理及应用、工业物联网技术、智慧交通信息服务系统、智能家居设计、智能嵌入式系统开发、物联网智能控制、物联网信息安全与隐私保护等智能互联应用技术及原理。

综合来看，“高等学校信息技术类新方向新动能新形态系列规划教材”具有三方面突出亮点。

第一，编写团队和编写过程充分体现了教育部深入推进产学合作协同育人项目的思想，既反映最新技术成果，又体现产学合作成果。在贯彻国家人工智能发展战略要求的基础上，以“共搭平台、共建团队、整体策划、共筑资源、生态优化”的全新模式，打造人工智能专业建设和人工智能人才培养系列出版物。知名半导体知识产权（IP）提供商 Arm 中国在教材编写方面给予了全面支持。本套丛书的主要编委来自清华大学、北京大学、北京航空航天大学、北京邮电大学、南开大学、哈尔滨工业大学、同济大学、武汉大学、西安交通大学、西安电子科技大学、南京大学、南京邮电大学、厦门大学等众多国内知名高校人工智能教育领域。从结果来看，“高等学校信息技术类新方向新动能新形态系列规划教材”的编写紧密结合了教育部关于高等教育“新工科”建设方针和推进产学合作协同育人思想，将人工智能、物联网、嵌入式、计算机等专业的人才培养要求融入了教材内容和教学过程。

第二，以产业和技术发展的最新需求推动高校人才培养改革，将人工智能基础理论与产业界最新实践融为一体。众所周知，Arm 公司作为全球最核心、最重要的半导体知识产权提供商，其产品广泛应用于移动通信、移动办公、智能传感、穿戴式设备、物联网，以及数据中心、大数据管理、云计算、人工智能等各个领域，相关市场占有率在全世界范围内达到 90%以上。Arm 技术被合作伙伴广泛应用在芯片、模块模组、软件解决方案、整机制造、应用开发和云服务等人工智能产业生态的各个领域，为教材编写注入了教育领域的研究成果和行业标杆企业的宝贵经验。同时，作为 Arm 中国协同育人项目的重要成果之一，“高等学校信息技术类新方向新动能新形态系列规划教材”的推出，将高等教育机构与丰富的 Arm 产品联系起来，通过将 Arm 技术应用于教育领域，为教育工作者、学生和研究人员提供教学资料、硬件平台、软件开发工具、IP 和资源。未来有望基于本套丛书，实现人工智能相关领域的课程及教材体系化建设。

第三，教学模式和学习形式丰富。“高等学校信息技术类新方向新动能新形态系列规划教材”提供丰富的线上线下教学资源，更适应现代教学需求，学生和读者可以通过扫描二维码或登录资源平台的方式获得教学辅助资料，进行书网互动、移动学习、翻转课堂学习等。同时，“高等学校信息技术类新方向新动能新形态系列规划教材”还配套提供了多媒体课件、源代码、教学大纲、电子教案、实验实训等教学辅助资源，便于教师教学和学生学习，辅助提升教学效果。

希望“高等学校信息技术类新方向新动能新形态系列规划教材”的出版能够加快人工智能领域科技成果和资源向教育教学转化，推动人工智能重要方向的教材体系和在线课程建设，特别是人工智能导论、机器学习、计算智能、计算机视觉、知识工程、自然语言处理、人工智能产业应用等主干课程的建设。希望基于“高等学校信息技术类新方向新动能新形态系列规划教材”的编写和出版，能够加速建设一批具有国际一流水平的本科生、研究生教材和国家级精品在线课程，并将人工智能纳入大学计算机基础教学内容，为我国人工智能产业发展打造多层次的创新人才队伍。

教育部人工智能科技创新专家组专家
教育部科技委学部委员
IEEE/IET/CAAI Fellow
中国人工智能学会副理事长

焦李成
2019 年 6 月

前言

FOREWORD

从 2006 年开始讲授“机器学习”课程开始，我就一直在寻找合适的机器学习教材。我用的第一套教材是 *All of Statistics: A Concise Course in Statistical Inference* 和 *The Elements of Statistical Learning*，这两本书分别讲述了统计机器学习中偏统计和偏机器学习的相关内容。由于不同教材的符号体系不同，又是英文教材，因此讲课过程颇为艰辛。后来，毕夏普（Bishop）教授编著的 *Pattern Recognition and Machine Learning* 和墨菲（Murphy）编著的 *Machine Learning: A Probabilistic Perspective* 相继出版，这为教材选择提供了更多可能；李航老师编著的《统计学习方法》和周志华老师编著的《机器学习》更是为广大中文读者研究机器学习创造了便利条件。

近年来，人工智能研究热潮再一次兴起。作为实现人工智能的核心技术之一的机器学习发展迅速，与此同时也涌现出了一些新的技术，如 XGBoost、LightGBM 和各种深度学习模型。此外，机器学习技术与实际应用结合得更为紧密，数据科学竞赛平台（如 Kaggle、天池等）也为广大的机器学习爱好者提供了数据科学竞技舞台。在编程语言和可用机器学习工具包方面，近几年也发生了很大变化：Python 已成为机器学习的首选语言，Scikit-Learn 提供了非常便于应用的机器学习模型，TensorFlow、PyTorch 等深度学习框架让深度学习模型的开发变得更加简单。在这一背景下，我通过总结 10 余年的教学经验，在认真学习上述经典机器学习教材的基础上，编写了这本《机器学习从原理到应用》，希望能为广大的机器学习爱好者进入机器学习领域贡献微薄之力。

本书力求系统而详细地介绍常用的机器学习模型。针对每个机器学习模型，本书详细地介绍了它们的原理、表示形式、目标函数（损失函数和正则项）、优化方法、模型性能指标、超参数调优方法以及应用案例。其中，模型原理和优化方法中涉及的公式推导较为详尽，可减轻读者的学习负担。在应用案例介绍中，本书选用了 Kaggle 平台上提供的数据，并在对应的代码中给出了机器学习项目的完整步骤，包括对数据的探索式分析、特征工程、模型训练、超参数调优和模型应用。机器学习模型的案例会在 Scikit-Learn 平台上进行实现，而深度学习模型的案例会基于 PyTorch 框架进行分析。

本书主要介绍监督学习模型和非监督学习模型。

（1）针对监督学习模型，本书首先介绍线性模型，如线性回归、Logistic 回归、线性支持向量机等；其次介绍非线性模型，如核方法（非线性支持向量机）、决策树、神经网络等；再次介绍集成学习模型，如随机森林、基于决策树的梯度提升、LightGBM 等；最后介绍神经网络模型及其训练。

（2）针对非监督学习模型，本书首先讲解了常用的线性降维技术，如主成分分析等，以及非线性降维技术，如等距特征映射、局部线性映射、拉普拉斯特征映射和基于 T 分布的随机邻域嵌入等；然后介绍了聚类模型算法，包括 *K* 均值聚类、混合高斯模型、层次聚类、均值漂移聚类、基于密度峰值的聚类和基于深度学习的聚类等。

本书由卿来云和黄庆明合力编著，全书编写工作完成之后，李国荣、朱嘉桐、佘琛等人分别审阅了本书全部/部分章节的内容，并提出了宝贵的修改建议，这对本书质量的提升具有很大的帮助，在此向他们表示衷心的感谢。此外，本书的编写与出版也得到了 Arm 中国的大力支持，在此表示衷心感谢。

由于本人能力有限，书中可能存在表述不妥之处，恳请同行专家与读者朋友批评指正。

卿来云

2020 年 8 月

目录

CONTENTS

01 机器学习简介

02 线性回归

03 Logistic 回归

04

SVM

05

生成式分类器

06

决策树

07

集成学习

08

神经网络结构

09

深度神经模型训练

01 chapter

机器学习简介

本章对机器学习做总体介绍。1.1 节和 1.2 节分别介绍机器学习的一些基本概念和发展历史，1.3 节介绍机器学习任务的分类，1.4 节叙述机器学习项目的一般步骤，1.5 节对模型评估进一步展开讨论。

1.1 什么是机器学习

机器学习研究如何让机器模拟人类的学习行为，它是实现人工智能的重要手段之一。人工智能的研究范围很广，从表层看，可以将其理解为机器的智能化，即让机器能像人一样思考问题、解决问题。人类所使用的学习方法有两种：演绎法和归纳法。这两种方法分别对应两种人工智能系统：专家系统和机器学习系统。演绎法从已知的规则和事实出发，推导新的规则和新的事实。早期的人工智能系统大多是专家系统，也被称为规则系统。归纳法则是通过对样本数据进行不断归纳，进而总结出规律和事实。随着大数据时代的到来，数据的获取会变得更加容易，机器学习也会变得越来越重要。

机器学习的最早的定义由塞缪尔（Samuel）在 1959 年给出：编写计算机程序，使计算机可以从经验中进行学习，最终使人类无须进行烦琐的编程工作[1]。

另一位著名的机器学习研究者米歇尔（Mitchell）在《机器学习》（*Machine Learning*）一书中针对机器学习提出了一个更精确的定义：对于某类任务T和性能指标P，若一个计算机程序在任务T中以P度量的性能会随着经验E自我改善，则我们称该程序在从经验E中学习[2]。

这是一个非常有用的形式体系。将这一形式体系作为模板，我们能更好地思考应该收集什么样的数据（经验E），需要做出什么样的决策（任务T），以及如何评价结果（性能指标P）。

例 1-1：玩跳棋

经验E：玩很多盘跳棋游戏的经验。

任务T：下棋。

性能指标P：程序赢得比赛的概率。

例 1-2：垃圾邮件分类

经验E：收集到很多邮件，包含垃圾邮件和正常邮件。

任务T：标记每一封邮件是否为垃圾邮件（分类）。

性能指标P：程序标记垃圾邮件的准确率。

毕夏普则更多地从工程角度来研究这个领域，其在《模式识别与机器学习》（*Pattern Recognition and Machine Learning*）一书的前言中写道：模式识别起源于工程学，而机器学习产生于计算机科学。然而这两个领域可以被看作同一领域的两个方面[3]。

1.2 机器学习简史

最早的机器学习算法可以追溯到 20 世纪初，至今已有 100 多年的历史，那时，机器学习这个术语还没有出现。从 1980 年机器学习成为一个独立的研究方向开始算起，到现在也已经过去了 40 年。

机器学习的发展过程主要分为 5 个阶段。

第 1 阶段是 20 世纪 50 年代中叶到 20 世纪 60 年代中叶，属于机器学习奠定基础的热烈时期。在这个时期，人们所研究的是“没有知识”的学习，研究目标是各类自组织系统和自适应系统，主要研究方法是不断修改系统的控制参数以改进系统的执行能力，不涉及与具体任务有关的知识。指导本阶段研究的理论基础是在 20 世纪 40 年代被提出的神经网络模型。

1943 年，逻辑学家皮兹（Pitts）和神经生理学家麦卡洛克（McCulloch）首次将神经元概念引入计算领域，并提出了第一个人工神经元模型，该模型可以模拟基本的“或/与/非”逻辑函数。但麦卡洛克-皮兹模型缺乏学习机制，针对这一问题，赫布（Hebb）于 1949 年基于神经心理学的学习机制，提出了赫布学习规则。赫布学习规则是一个无监督学习规则，可以提取训练集的统计特性，从而将输入信息按照相似程度划分为若干类。联结主义学派认为“大脑通过调整神经元之间连接的强度来进行学习”，该观点的基础就是赫布学习规则。

1952 年，IBM 公司的科学家塞缪尔利用最基本的人工智能形式——Alpha-Beta 剪枝算法，开发了一个跳棋程序。随着时间的增长，程序通过与塞缪尔下棋，下棋技能越来越高。塞缪尔由此创造了“机器学习”一词，并将其定义为“可以提供计算能力而无须显式编程的研究领域”。

1957 年，罗森布拉特（Rosenblatt）基于神经感知科学背景提出了感知机，它非常类似于今天的机器学习模型。这在当时是一个非常令人兴奋的发现，它比赫布的想法更实用。3 年后，维德罗（Widrow）提出了 Delta 学习规则，这一规则用于线性神经网络的训练，后来被称为最小均方（Least Mean Square，LMS）算法。这些工作引发了联结主义的一次高潮。

1969 年，明斯基（Minsky）和佩普特（Papert）证明单层神经网络不能解决异或问题。异或问题是一个基本逻辑问题，如果连这个问题都解决不了，那说明神经网络的计算能力实在有限。这导致了神经网络研究的式微，这种状况一直持续到 20 世纪 80 年代。

值得一提的是，1951 年，菲克斯（Fix）和霍奇斯（Hodges）公开提出了 *K* 近邻（K-Nearest Neighbor，KNN）算法，后来康弗（Cover）和哈特（Hart）在 1967 年正式证明了 KNN 的一些性质（如 KNN 的分类错误率不大于最佳贝叶斯分类器的错误率的 2 倍）。KNN 算法的核心思想是，如果一个样本在特征空间中的 *K* 个最相邻的样本中的大多数属于某一个类别，则该样本也属于这个类别。KNN 易于理解和实现，在有些情况下表现也非常好。

第 2 阶段是 20 世纪 60 年代中叶到 20 世纪 70 年代中叶，属于机器学习发展的冷静时期。这一时期的研究目标是模拟人类的概念学习过程，并采用逻辑结构或图结构作为机器内部描述。机器能够采用符号来描述概念，并提出关于学习概念的各种假设，由此发展出了符号主义。符号主义学派以认知主义为基础构建了学习的初步框架：认知就是对有意义的表示符号进行推导计算。本阶段的代表性工作有温斯顿（Winston）的结构学习系统和罗思（Roth）等的归纳学习系统。虽然这类学习系统取得了较大成功，但是由于只能用于学习单一概念，因此未能投入实际应用。

第 3 阶段是 20 世纪 70 年代中叶到 20 世纪 80 年代中叶，属于机器学习的复兴时期。在此期间，人们从学习单个概念扩展到学习多个概念，探索不同的学习策略和学习方法，且开始将学习系统与各种应用结合起来，并取得了很大成功。1980 年，在美国的卡内基-梅隆大学（Carnegie Mellon University，CMU）召开的第一届机器学习国际研讨会，标志着机器学习作为一个独立的学科兴起。

神经网络在 20 世纪 80 年代的复兴归功于物理学家霍普菲尔德（Hopfield）。1982 年，霍普菲尔德提出了一种新的全连接反馈神经网络，它既可以解决离散的模式识别问题，也可以给出一类组合优化问题的近似解（如旅行商优化问题）。1984 年，霍普菲尔德用模拟集成电路实现了自己提出的模型。

霍普菲尔德模型的提出振奋了神经网络领域，联结主义运动也因此再次兴起。1981 年，沃波斯（Werbos）基于反向传播（Back-Propagation，BP）算法提出了多层感知器。1986 年，鲁梅尔哈特（Rumelhart）、辛顿（Hinton）和威廉姆斯（Williams）等成功将 BP 算法用于训练多层神经网络模型，BP 算法因此迅速走红，并掀起了神经网络研究的第 2 次高潮。

在另一个谱系中，昆兰（Quinlan）于 1986 年提出了一种著名的 ID3 决策树算法。这是符号主义流派的突破点。决策树能够解决很多实际应用问题，其由于基于简洁的规则和清晰的推理，因此可解释性很强，这与黑盒下的神经网络模型恰恰相反。自 ID3 决策树算法提出以后，机器学习研究者对该算法进行了多次不同的选择和改进（如 C4.5、CART 算法），这些算法至今仍然活跃在机器学习领域。

第 4 阶段是 20 世纪 80 年代中叶到 21 世纪初，属于机器学习的蓬勃发展时期，百花齐放。在这一时期，神经网络复苏，并与符号学习、强化学习等并驾齐驱。学习方法以及学习系统开始走出实验室，进入实际应用领域。

1990 年，勒坤（LeCun）采用 BP 神经网络实现对手写数字的识别，这是神经网络的第一个重大应用。直到 20 世纪 90 年代末，超过 10%的美国支票还在采用该技术进行自动识别。1998 年，勒坤提出了 LeNet-5 的框架，即卷积神经网络（Convolutional Neural Network，CNN）的基本框架。CNN 受视觉系统结构的启发，其基本思想是通过卷积层（局部连接、共享权重）和池化层（空间/时间下采样）减少参数数目以提高训练性能，在语音识别和图像处理方面显示出了独特的优越性。

20 世纪 90 年代，研究人员在使用神经网络进行序列建模的研究方面取得了重要进展。1990 年，埃尔曼（Elman）等提出的循环神经网络（Recurrent Neural Network，RNN）是一类具有短期记忆能力的神经网络。在循环神经网络中，神经元既可以接受其他神经元的信息，也可以接受自身的信息，进而形成了具有环路的网络结构。RNN 这种环路结构能够利用过去时刻的信息，具有记忆功能，同时各个时间点上的参数可共享，大幅减少了模型参数。但 RNN 存在梯度消失或者梯度爆炸问题，无法利用过去长时间的信息。霍克赖特（Hochreiter）和施密德胡伯（Schmidhuber）在 1997 年为 RNN 谱系引入了一个新的神经元，即长短时记忆（Long Short-Term Memory，LSTM）网络，用于解决这些难题。LSTM 网络通过建立门机制（输入门、输出门、遗忘门）来控制旧时刻输入与新时刻输入之间的折中，能缓解梯度消失与梯度爆炸问题，在较长的序列上比 RNN 有更好的表现。

机器学习领域的另一个非常重要的突破是科尔特斯（Cortes）和瓦普尼克（Vapnik）于 1995 年提出了支持向量机（Support Vector Machine，SVM）。SVM 有坚实的理论基础和很好的实验结果，尤其是 2000 年左右带核函数的支持向量机的提出，更是让 SVM 在许多以前由神经网络占据主导地位的任务中获得了更好的效果，这使得人工神经网络再次进入寒冬。

20 世纪 90 年代末，神经网络精度不如传统机器学习算法的原因主要有两个：一个是虽然训练神经网络的算法得到了改进，但在当时的计算资源下，要训练深层的神经网络仍然是比较困难的；另一个是当时的数据量较小，无法满足深层神经网络训练的需求。此外，BP 方法会带来梯度消失问题和梯度爆炸问题，这也在一定程序上限制了神经网络的深度和效果。

弗罗因德（Freund）和沙皮勒（Schapire）在 1997 年提出了著名的集成机器学习模型——提升（Boosting）算法，即利用多个弱分类器组合成强分类器的自适应增强（Adaptive Boosting，AdaBoost）算法。AdaBoost 算法通过提高那些被前一轮弱分类器错误分类样本的权重，使得这些被错误分类样本受到下一轮弱分类器的更大关注。AdaBoost 算法利用多个弱分类器解决复杂问题，在很多不同任务（如人脸检测等）上表现优秀。布莱曼（Breiman）在2001年探索了另一种集成模型——随机森林（Random Forest）。随机森林集成了多棵决策树，其中每一棵决策树都根据样本的随机子集构建，每一个结点都是从特征的随机子集中选择的。随机森林在抗过拟合方面经过了理论和实践的证明，在多种任务上取得了成功。傅利曼（Friedman）于1999年提出了基于决策树的梯度提升（Gradient Boosting Decision Tree，GBDT）算法，它将模型学习视为一个数值优化问题，采用梯度下降的方式，每次加入一个弱学习器拟合负梯度，这是集成学习的又一大成。2014年，陈天奇领衔开发的一套梯度提升算法的快速实现——极端梯度提升（eXtreme Gradient Boosting，XGBoost），由于性能好、速度快，其迅速成为了各大数据科学竞赛的神器。2016年，微软的分布式机器学习工具包（Distributed Machine Learning Toolkit，DMTK）开源了更快的轻量级提升算法工具——轻量级梯度提升机（Light Gradient Boosting，LightGBM）。

第5阶段是21世纪初到现在，属于深度学习时代。深度学习指那些拥有多个处理层的计算模型，多个处理层可以学习具有多层次抽象的数据表示。近些年来，由于数据量剧增且机器的计算能力大幅提高，人们可以训练更复杂的模型。这些复杂模型在很多复杂任务上取得了显著的改善，包括语音识别、计算机视觉、自然语言处理和许多其他领域，如药物发现和基因组学等。

在深度学习的早期，自编码器（Auto Encoder，AE）和受限玻尔兹曼机（Restricted Boltzmann Machine，RBM）被广泛研究。2011年，微软首次将深度学习应用在语音识别上，将语音识别错误率降低约30%，是语音识别领域近十多年来所取得的最大的突破性进展。2012年，深度学习技术在图像识别领域取得了惊人的效果，克里泽夫斯基（Krizhevsky）等基于卷积神经网络的训练模型在ImageNet图像识别比赛中一举夺冠，将错误率从26%降低到了15%，从此CNN吸引了众多研究者的关注。2015年，何恺明等提出了深度残差网络（Deep Residual Network，ResNet），将网络的层数推广到了152层，并在当时的ImageNet竞赛上取得了最好的成绩。从此，深度残差网络在各个计算机视觉任务上被广泛使用。

很多技术被用于神经网络的训练过程。线性整流单元（Rectified Linear Unit，ReLU）作为神经元的激活函数，极大加快了收敛速度且解决了梯度消失问题。在利用丢弃（Dropout）法训练神经网络时，神经网络的每个隐藏单元均会以概率p随机地从网络中被省掉，这样可以防止过拟合。批量归一化（Batch Normalization，BN）会对每一个网络层的输入进行批标准化，这能保证输入分布的统一，并在一定程度上替代丢弃法。注意力（Attention）机制使得深度学习模型能够只集中关注输入数据中最为重要的一部分，帮助模型做出更加准确的判断，并且不会对模型的计算和存储带来更大的开销。

另外，图形处理器（Graphics Processing Unit，GPU）被广泛用于加速模型计算。大数据、大模型、大计算是深度学习的三大支柱。由于标注数据难以获得，人们开始探索如何从无标注数据中学习。生成式对抗网络（Generative Adversarial Networks，GAN）和对偶学习（Dual Learning）提供了一种利用无标注数据进行端到端学习的有效方式。

深度强化学习将强化学习和深度学习结合在一起，用强化学习来定义问题和优化目标，用深度学习来解决策略和值函数的建模问题，然后使用误差反向传播算法来优化目标函数。深度强化学习在一定程度上具备解决复杂问题的通用智能，并在很多任务上都取得了很大的成功。例如，2013年，慕尼黑（Mnih）等人提出了深度Q网络（Deep Q-Network，DQN）模型，可采用深度神经网络拟合动作价值函数（即 Q 函数），或者直接拟合策略函数。深度强化学习方面最有影响力的新闻莫过于 AlphaGo 在 2016 年打败了围棋世界冠军李世石，并在 2017 年又战胜了当时排名世界第一的围棋棋手柯洁。

尽管深度学习在欧氏空间中的数据研究方面取得了巨大的成功，但在许多实际应用场景中的数据是从非欧式空间中生成的，例如，在电子商务中，一个基于图的学习系统能够利用用户和产品之间的交互做出非常准确的推荐。人们越来越多地研究用于处理图数据的神经网络结构，随之出现了一个新的研究热点——图神经网络（Graph Neural Networks，GNN）。

1.3 机器学习任务的类型

机器学习研究如何构造能从经验中学习，从而改善自身性能的计算机系统。在计算机系统中，经验通常以数据形式存在。根据数据中监督信息的给定方式，机器学习任务可分为三大类：监督学习、无监督学习、强化学习。

（1）监督学习：在监督学习的训练数据$\{(\boldsymbol{x}_i, y_i)\}_{i=1}^N$中，每个样本既包含该样本的输入属性$\boldsymbol{x}_i$，也包含对应的“正确答案”$y_i$。例如，在一个猫狗图片分类任务中，给定很多图片，有的标记为猫，有的标记为狗。监督学习的目标是学习输入特征$\boldsymbol{x}$与标签y之间的映射$f: y = f(\boldsymbol{x})$。

（2）无监督学习：无监督学习旨在寻找训练数据$\{\boldsymbol{x}_i\}_{i=1}^N$中蕴含的结构，每个训练样本只包含描述该样本的特征$\boldsymbol{x}_i$，而没有对应的标注信息$y_i$。例如，在一个图片分类任务中，给定很多图片，却没有给出图片的标签，无监督学习算法需要自己对图片进行聚类，以区分不同类型的图片。

（3）强化学习：在强化学习中，智能体与环境交互，通过环境反馈获得监督信息。算法要根据当前的环境状态，确定一个动作来执行，然后进入下一个状态；如此反复，直至得到的收益最大化。例如，在一个图片分类任务中，强化学习的学习算法不断观察图片，尝试对图片进行分类，获得外界反馈（如分类正确给正的积分，分类错误给负的积分等），并根据外界反馈不断改进分类。

除了这三大类，还存在一些介于三者之间的机器学习任务，例如，训练数据即包含部分标注数据，也包含一些非标注数据的半监督学习；标注信息不准或不全的弱监督学习；将其他领域的监督信息迁移到新领域的迁移学习等。本书主要关注监督学习和无监督学习。

1.3.1 监督学习

监督学习从标注数据$\mathcal{D} = \{x_i, y_i\}_{i=1}^N$中学习模型，模型对输入$\boldsymbol{x}$和输出$y$之间的关系$y = f(\boldsymbol{x})$进行建模，从而对新的输入进行预测。

1. 输入空间、特征空间和输出空间

$(\boldsymbol{x}, y)$称为一个样本（Sample）或者实例（Instance），其中$\boldsymbol{x}$为该样本的输入，y为该样本的标签（Label）、输出（Output）或响应（Response）。输入与输出的所有可能取值的集合分别称为输入空间$\mathcal{X}$和输出空间$\mathcal{Y}$。$\mathcal{X}$和$\mathcal{Y}$可以是有限元素的集合，也可以是整个欧氏空间；可以是同一个空间，也可以是不同的空间。通常输出空间远小于输入空间。

在监督学习中，输入和输出均可视为输入空间和输出空间上的随机变量/向量的取值。随

机变量用大写字母表示，习惯上用$\boldsymbol{X}$表示输入变量、用Y表示输出变量。随机变量的取值用小写字母表示，习惯上用$\boldsymbol{x}$表示输入变量的取值、用y表示输出变量的取值。变量可以是标量或向量，书中用粗斜体字母表示向量和矩阵，用斜体字母表示标量。

原始输入可能与特定模型的假设不符，此时需要对原始输入做预处理或特征工程，以将原始输入映射到特征空间。模型定义在特征空间，书中除非特别说明，否则我们假设输入向量已是特征向量。

输入变量和输出变量可以是连续的，也可以是离散的。根据输出变量的不同类型，人们将监督学习问题进行细分。若输出变量为连续变量，则$\mathcal{Y}=\mathcal{R}$，为回归问题；若输出变量为有限个离散值，则$\mathcal{Y}=\{1,2,\cdots,C\}$，其中$C$为可能取值的数目，为分类问题。

2. 假设空间

监督学习的目的是学习一个由输入到输出的映射，这个映射由模型来表示。所有模型的集合称为假设空间（Hypothesis Space）$\mathcal{F}$。监督学习的模型可以是概率模型或非概率模型，由条件概率$p(Y|\boldsymbol{X})$或决策函数$Y=f(\boldsymbol{X})$来表示。对具体的输入$\boldsymbol{x}$进行预测时，记为$\hat{y}=\mathrm{argmax}_y\, p(y|\boldsymbol{x})$或$\hat{y}=f(\boldsymbol{x})$。

学习的目的是在假设空间中找到一个最好的模型。这个优化问题通常通过确定一个目标函数，并求该目标函数的极小值来实现。监督学习的目标函数$J(f,\lambda)$通常包含两部分：训练集上的损失之和与正则项。

$$J(f,\lambda)=\frac{1}{N}\sum_{i=1}^{N}\mathcal{L}(f(\boldsymbol{x}_i,\boldsymbol{\theta}),y_i)+\lambda R(f), \tag{1-1}$$

其中，N为训练样本的数目，$\mathcal{L}(f(\boldsymbol{x},\boldsymbol{\theta}),y)$为损失函数，$\boldsymbol{\theta}$为模型$f$的参数，$R(f)$为正则项，$\lambda$为正则参数。由于$\lambda$是待调节的超参数，因此我们将$\frac{1}{N}$吸收进$\lambda$，即$\lambda'=\frac{\lambda}{N}$，目标函数变为：

$$J(f,\lambda')=\sum_{i=1}^{N}\mathcal{L}(f(\boldsymbol{x}_i,\boldsymbol{\theta}),y_i)+\lambda' R(f)。\tag{1-2}$$

为了书写简洁，下文中统一用λ表示λ'。损失函数$\mathcal{L}(f(\boldsymbol{x},\boldsymbol{\theta}),y)$表示模型预测值$f(\boldsymbol{x},\boldsymbol{\theta})$和真实标签$y$之间的差异带来的损失。训练集上的平均损失被称为经验风险，表示模型与训练数据的拟合程度。损失函数的定义与具体的任务类型以及模型假设有关。本书中部分模型的损失函数如表 1-1 所示，各损失函数的含义介绍见后续章节。

表 1-1 机器学习模型中常用的损失函数

问题	模型	损失函数名称	损失函数
回归	线性回归/决策树/神经网络	L2 损失	$\frac{1}{2}(y-f(\boldsymbol{x},\boldsymbol{\theta}))^2$
	线性回归/决策树/神经网络	Huber 损失	$\begin{cases}\frac{1}{2}(y-f(\boldsymbol{x},\boldsymbol{\theta}))^2, & \lvert y-f(\boldsymbol{x},\boldsymbol{\theta})\rvert\leqslant\delta \\ \delta\lvert y-f(\boldsymbol{x},\boldsymbol{\theta})\rvert-\frac{1}{2}\delta^2, & 其他\end{cases}$
	支持向量回归	ϵ不敏感损失	$\begin{cases}0, & \lvert y-f(\boldsymbol{x},\boldsymbol{\theta})\rvert\leqslant\epsilon \\ \lvert y-f(\boldsymbol{x},\boldsymbol{\theta})\rvert-\epsilon, & 其他\end{cases}$

续表

问题	模型	损失函数名称	损失函数
分类	Logistic 回归/神经网络	交叉熵损失	$\log\left(1+\mathrm{e}^{-yf(\boldsymbol{x},\boldsymbol{\theta})}\right)$
	支持向量分类	合页损失	$\begin{cases}0, & 1-yf(\boldsymbol{x},\boldsymbol{\theta})\leqslant 0\\ 1-yf(\boldsymbol{x},\boldsymbol{\theta}), & \text{其他}\end{cases}$
	决策树	基尼指数	$\sum_{c=1}^{C}\hat{\pi}_c(1-\hat{\pi}_c)$

若训练样本数目N足够大，训练样本足以代表总体，则模型与训练数据会拟合得好，这意味着模型能学到总体数据所蕴含的规律。但在实际应用中，我们很难确定训练样本数目是否足够多。复杂模型需要更多的训练数据来训练，我们总是能找到足够复杂的模型，使之完美拟合训练数据。例如，10 000 个训练样本对包含 100 个参数的线性模型而言已经足够多了，但对上百兆参数的深度模型而言还是太少。下面我们通过一个多项式拟合的例子来直观地说明这一现象。

例 1-3：多项式拟合

假设数据产生的过程为$y=\sin(2\pi \boldsymbol{x})+\varepsilon$，输入$\boldsymbol{x}$在[0,1]均匀采样 10 个点，$\varepsilon\sim N(0,0.3^2)$。我们用这 10 个样本训练$M$阶多项式模型。$M$阶多项式模型为

$$f_M(\boldsymbol{x},\boldsymbol{w})=\sum_{j=0}^{M}w_j\boldsymbol{x}^j, \tag{1-3}$$

其中$w_0,w_1,\cdots,w_M$为多项式模型的$M+1$个参数。

假设多项式拟合的目标函数只包含训练集上的平方误差损失（L2 损失），即

$$J(f)=\frac{1}{N}\sum_{i=1}^{N}\frac{1}{2}\left(f(\boldsymbol{x}_i,\boldsymbol{\theta})-y_i\right)^2。 \tag{1-4}$$

图 1-1（a）~ 图 1-1（c）给出了曲线$\sin(2\pi\boldsymbol{x})$、10 个训练样本点以及拟合的多项式曲线。当$M=3$时，多项式曲线为一条曲线，与曲线$\sin(2\pi\boldsymbol{x})$比较接近，与训练数据点拟合效果也比较好。当$M=9$时，多项式曲线通过10个训练数据点与训练数据完美拟合，但9阶多项式曲线与曲线$\sin(2\pi\boldsymbol{x})$相差甚远。此时最佳的模型是 3 阶多项式，因为该模型既与训练数据拟合得较好，也比较平滑（模型简单）；而 9 阶多项式虽然与训练数据拟合得最好，但曲线波动厉害（模型复杂）。需要指出的是，当训练样本数目$N=100$时，9 阶多项式比 3 阶多项式更接近曲线$\sin(2\pi\boldsymbol{x})$。我们也另外采样了 100 个测试数据，多项式模型在测试数据上的平均损失函数在图 1-1（d）~ 图 1-1（f）中给出。从图中可以看出，当样本数目$N=10$时，最佳模型为 3 阶多项式；当$N=100$时，最佳模型为 9 阶多项式。

从上述多项式拟合的例子中可以看出，最佳模型不仅与训练数据有关，也与模型复杂度有关，模型复杂度与问题的复杂度相匹配时才是最好的。若样本数目较少，则复杂模型会和训练数据拟合得很好，但此时复杂模型在测试数据上性能并不好，我们称之为过拟合（Over-Fitting）。若样本数较多，则训练集上的误差与测试误差基本相等，即训练样本足以代表总体样本，与训练数据拟合得好的模型就是好模型。若模型和训练数据拟合得不好，则在训练集和测试集上性能都不好，我们称之为欠拟合（Under-Fitting）。事实上，上述多项式拟合并不是个例。一般而言，机器学习模型复杂度与预测误差的关系如图 1-2 所示。随着模型复杂度的增高，训练误

差总是减小，但测试误差是先减少后增加，呈 U 形变化。U 形底部对应的模型为最佳模型，左侧为欠拟合区域，右侧为过拟合区域。

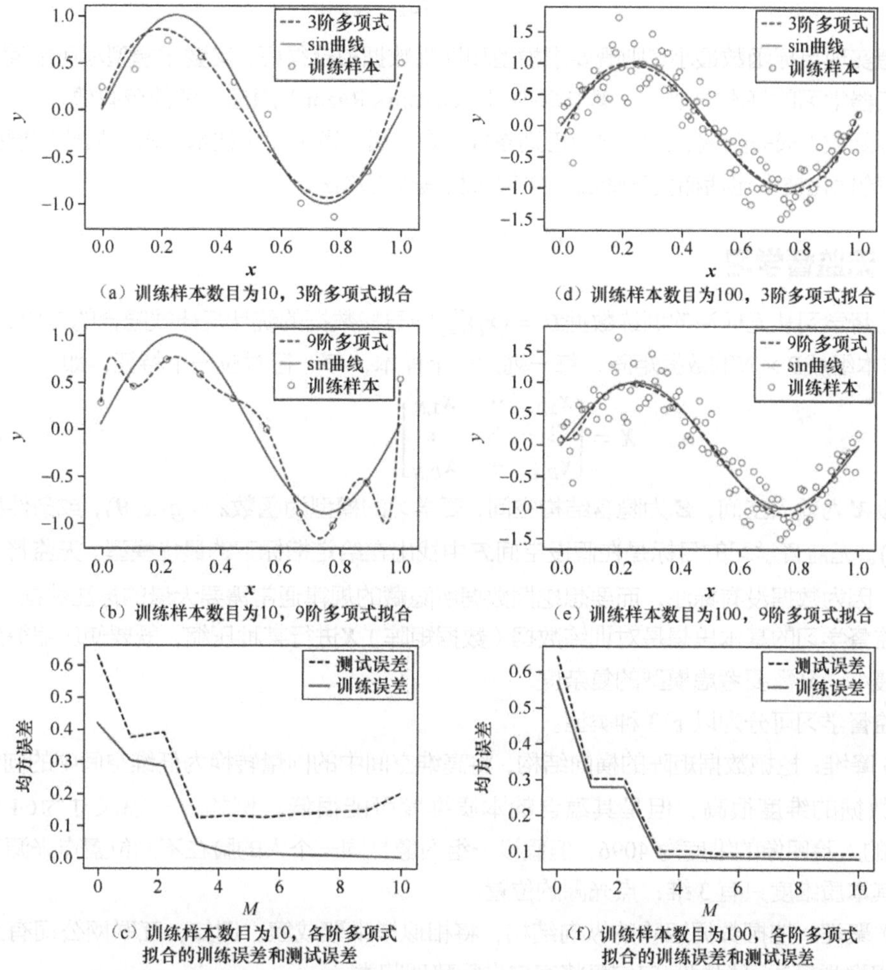

图 1-1 多项式拟合示例。其中 $x \sim \text{Uniform}[0,1]$ 为均匀分布，$y=\sin(2\pi x)+\varepsilon$，$\varepsilon \sim N(0,0.3^2)$ 服从正态分布

因此，最佳模型不仅要和训练数据拟合得好（训练集上的误差小），还要复杂度低，所以我们引入正则项$R(f)$对模型复杂度“施加惩罚”。模型f越复杂，$R(f)$的值越大；模型f越简单/越平滑，$R(f)$的值越小。在模型学习的目标函数中，正则参数λ负责控制训练损失和正则项之间的折中。

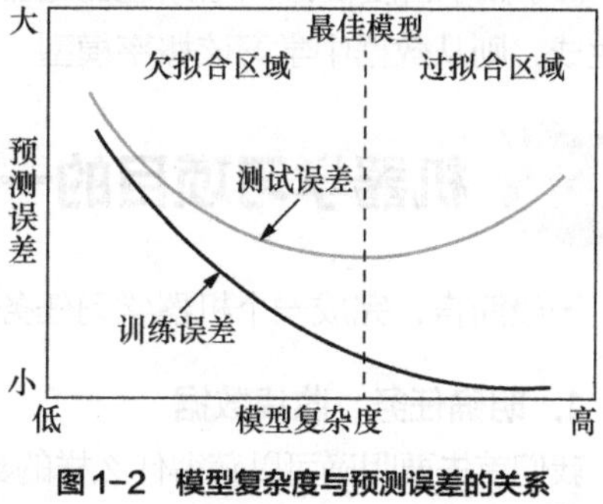

图 1-2 模型复杂度与预测误差的关系

常用的正则项有 L1 正则和 L2 正则。L1 正则为参数的 L1 范数，即各元素的绝对值之和，表示为

$$R\big(f(\boldsymbol{x},\boldsymbol{\theta})\big)=\|\boldsymbol{\theta}\|_1=\sum_{j=1}^{D}|\boldsymbol{\theta}_j|。\qquad (1\text{-}5)$$

L1 正则亦为 L0 正则（非零元素的数目）的近似，因此我们对 L1 正则和 L0 正则不加区分。

L1 正则为参数的 L2 范数的平方，即各元素平方之和，表示为

$$R(f(\boldsymbol{x},\boldsymbol{\theta})) = \|\boldsymbol{\theta}\|_2^2 = \sum_{j=1}^{D} \boldsymbol{\theta}_j^2 \text{。} \tag{1-6}$$

若想实现目标函数最小，则既要求模型和训练数据拟合得好，又要求模型尽可能简单。这体现了机器学习的基本准则——奥卡姆剃刀（Occam's Razor）原理，即简单有效。

目标函数（损失函数、正则项和正则参数）确定后，通过优化技术可求得最佳的模型参数$\boldsymbol{\theta}$。常用的优化技术包括梯度下降法、牛顿法及其改进算法。

1.3.2 无监督学习

无监督学习从无标注的训练数据$\mathcal{D} = \{\boldsymbol{x}_i\}_{i=1}^N$中寻找数据的统计规律或隐含的结构。将$N$个$D$维的样本组成$D \times N$的数据矩阵，每一列为一个样本，每一行对应一个特征，即

$$\boldsymbol{X} = \begin{bmatrix} \boldsymbol{x}_{1,1} & \cdots & \boldsymbol{x}_{1,N} \\ \vdots & \ddots & \vdots \\ \boldsymbol{x}_{D,1} & \cdots & \boldsymbol{x}_{D,N} \end{bmatrix} \text{。} \tag{1-7}$$

假设$\mathcal{X}$为输入空间，$\mathcal{Z}$为隐含结构空间，要学习的模型为函数$z = g(\boldsymbol{x};\boldsymbol{\theta})$，或条件概率分布$p(z|\boldsymbol{x})$。无监督学习的目标是在假设空间$\mathcal{F}$中找出在给定指标下的最优模型。无监督学习是困难的，因为数据没有标注，而要想挖掘数据所隐藏的规律通常需要大量的标注数据。

无监督学习的基本思想是对训练数据（数据矩阵）$\boldsymbol{X}$进行某种压缩，既要使压缩得到的结果损失最小，又需要考虑模型的复杂度。

无监督学习可分为以下 3 种类型。

（1）降维：挖掘数据矩阵的横向结构，将高维空间中的向量转换为低维空间中的向量。虽然原始数据的维度很高，但是其蕴含的本质维度可能很低。例如，一幅尺寸为64 像素 × 64 像素的人脸图像的维度为 4096，但假设一组图像是同一个人的脸在不同位置点光源下的图像，则其本质维度只有 3 维：点光源的位置。

（2）聚类：挖掘数据矩阵的纵向结构，将相似样本聚成簇。例如，互联网公司有大量客户，利用聚类算法可根据客户信息将客户进行整理归类。

（3）概率密度估计：同时挖掘数据的纵向和横向结构，假设数据由含有隐含结构的概率模型生成，则从数据中学习该概率模型。但高维数据的概率密度估计是一个很难的问题。

1.4 机器学习项目的一般步骤

一般而言，完成一个机器学习任务的步骤如下。

1. 明确任务，收集数据

我们首先要明确可以获得什么样的数据，机器学习的目标是什么，该任务是否可以归为标准的机器学习任务，如是否为分类、回归。如果我们可以控制数据收集，则应确保获取的数据具有代表性，否则容易过拟合。对于分类问题，数据偏斜不能过于严重。

2. 数据预处理和特征工程

收集到数据后，我们需要对数据进行探索式分析，以确定后续怎样进行特征变换和选用哪些机器学习模型。对数据进行探索式分析包括以下内容。

- 特征的数据类型（如连续值、离散值、文本、时间、地理位置等）。
- 特征是否有缺失值。
- 特征的分布（如高斯分布、均匀分布、指数分布等）。
- 特征与标签之间的关系。
- 特征与特征之间的相关性。

原始数据通常有噪声，需要进行数据清洗，包括以下内容。

- 处理或删除异常值。
- 填充缺失值（如零、均值、中位数等）或删除它们所在的行（或列）。

原始数据可能不符合机器学习算法的要求，这时我们需要将其转换为算法可接受的格式。在机器学习中，这个过程被称为特征工程。特征工程包括在原始数据中进行特征构建、特征提取和特征选择。特征工程直接关系到系统的性能，特征工程做得好有时甚至能使简单模型的效果比复杂模型的效果更好。但特征工程与业务场景高度相关，本书不做重点描述，读者可参考Scikit-Learn 的相关模块，包括preprocessing、feature_extraction和feature_selection等，进行自主了解、学习。不过在后续章节的案例分析中，我们会介绍在具体案例中特征工程的做法。

3. 模型训练

进行模型训练时，我们首先应根据数据的特点和要解决的问题选择合适的模型，需要考虑的因素包括要解决的问题是分类还是回归，以及样本数、特征维度、对内存的消耗程度、时间复杂度要求等。

模型类型确定好以后，我们就可以根据训练数据，采用优化算法得到最佳的模型参数。这里特指的是在给定模型超参数的情况下，根据训练数据对模型参数进行训练。

4. 模型评估与超参数调优

模型训练好后，我们还需要对模型的性能进行评估。模型评估在验证集上进行，根据验证集上不同超参数对应模型的性能，可以对超参数进行调优。验证集可以是一个独立于训练集的数据集，也可以采用交差验证的方式循环地从训练数据中分出一部分数据作为验证集。

我们利用模型评估可以判断模型是过拟合还是欠拟合，并且可以通过增加训练的数据量、降低模型复杂度来降低过拟合的风险，还可以通过提高特征的数量和质量、增加模型复杂度来防止欠拟合。此外，通过分析误差产生的原因，还可以提出针对性的模型迭代方案，进一步提升系统性能。

5. 模型融合（可选）

在工程上，主要用于提升算法准确度的方法是分别在模型的前端（数据预处理和特征工程）与后端（模型融合）上下功夫。一般来说，模型融合后都能使效果有一定的提升。第 7 章介绍的集成机器学习可对模型进行融合。

6. 模型应用

模型应用包括系统启动、监控和维护等内容。我们需要将准备好的生成环境数据载入机器学习模型，并定期检查系统的性能，定期根据新数据更新模型。

1.5 模型评估

模型评估是通过指标来衡量模型的性能或优劣。不同的机器学习任务有不同的指标，每个指标的着重点不尽相同。2.4 节和 3.5 节分别介绍了回归任务和分类任务中常用的指标。模型评估需要在验证集上完成，1.5.1 小节讨论验证集的划分。模型评估的目的是为了选择合适的模型，在具体实现时，通常假设空间$\mathcal{F}$为某个函数族，不同的模型体现为同一个函数族的超参数不同，因此模型评估的目的是对超参数进行调优。1.5.2 小节介绍超参数的调优（搜索）方法。

1.5.1 交叉验证

机器学习算法不仅关心模型与过去的训练数据拟合得有多好，更关心学习好的模型在未来的测试数据上的预测性能。模型在新的测试数据上的性能称为泛化（Generalization）性能。通常给定一个任务时只给了训练集，而没有给专门的验证集。因此我们需要从训练集中分离一部分样本作为验证集。

当训练样本较多时，可以直接从训练集中留出一部分样本作为验证集，这被称为留出（Hold-Out）法，如图 1-3（a）所示。Scikit-Learn 中可以通过调用train_test_split函数实现这一功能。

当训练样本不够多时，可以采用交叉验证方式，将训练数据分成样本数目大致相等的K份（K折），每折样本轮流作为验证集，其余的$K-1$折样本为训练集。图 1-3（b）给出了 5 折交叉验证中验证集划分的示意过程。Scikit-Learn 的Kfold类实现了K折交叉验证。对于分类任务，我们还希望每折数据中各个类别的样本分布同总体训练数据的分布相同，因此采用分层（Stratified）交叉验证，即先将数据按类别分层，然后对每层的数据进行交叉验证。Scikit-Learn 的StratifiedKFold类实现了分层的K折交叉验证。

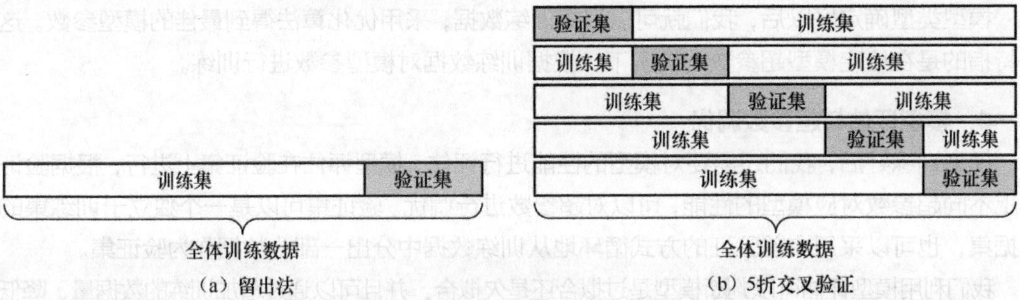

图 1-3 验证集

令在留出第k折的数据上训练的模型在第k折的验证数据上的训练为e_k，则k折交叉验证得到的测试误差的估计为：$e=\frac{1}{K}\sum_{k=1}^{K}e_k$。

另外，当找到最佳超参数后，还需要用全体训练数据再次训练模型，这样，这个模型才是最终对测试样本做预测的模型。

在与时间有关的应用中，验证集最好按照时间拆分。例如，评估的时候选取一个时间点，用在这个时间点之前的数据做训练，在这个时间点之后的数据做预测。这样更接近真实应用场景中我们根据历史数据预测未来的情形。

例 1-4：在鸢尾花分类数据集上寻找最佳的 K 近邻分类模型超参数

K 近邻模型是机器学习中最基本的分类算法之一。KNN 模型计算测试样本和每个训练样本之间的距离，记录离其最近的 K 个邻居，并用这 K 个邻居的标签的投票结果作为该测试样本的标签。KNN 模型也可以用于回归问题，唯一的区别是使用最近邻的平均值，而不是从最近邻投票。

在 KNN 模型中，K 是一个很重要的参数。K 越大，决策边界越平滑，但过于平滑的决策边界可能和问题的复杂度不匹配。K 的选择通过模型在验证集中的性能比较来实现。

本例中我们以鸢尾花分类（Iris）数据集为例，探讨参数 K 的取值对 KNN 的影响。Iris 数据集包含 150 个样本，分为 3 类（Setosa，Versicolour，Virginica），每类有 50 个样本。每个样本有 4 个属性：花萼长度、花萼宽度、花瓣长度、花瓣宽度。

图 1-4 给出了当取 2 维特征（花萼长度、花萼宽度）、K 分别取 3 和 14 的时候，KNN 的决策边界。可以看出，当 K 等于 3 时，训练样本基本被分类正确，单决策边界很不光滑；当 K 等于 14 时，分类正确率和决策边界的光滑性取得了较好的折中。

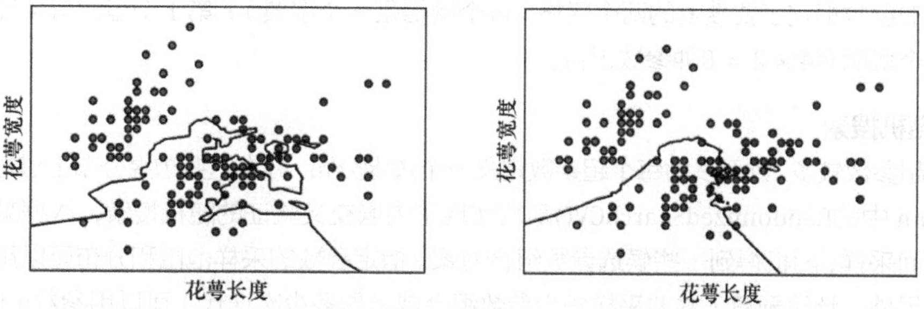

（a）K=3　　（b）K=14

图 1-4　Iris 数据集上，K 取不同值时，采用 KNN 模型的决策边界

我们从所有 150 个样本中随机抽取 20%的样本作为验证集，其余样本作为训练集。图 1-5（a）给出 K 从 1～40 对应的 KNN 分类器的正确率，当 K 取 9 时验证集上的性能最好（0.9）。由于本数据集样本数较少，为了使泛化误差估计更准确，我们采用 15 折交叉验证寻找最佳的 K。不同 K 对应的交叉验证的正确率如图 1-5（b）所示，当 K 取 14 时验证集上的性能最好（0.96）。

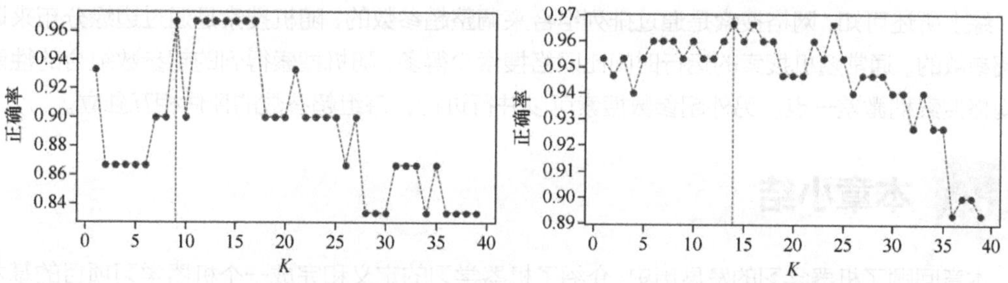

（a）20%的样本作为独立验证集　　（b）15折交叉验证

图 1-5　Iris 数据集上采用 KNN 模型寻找最佳的超参数 K

1.5.2　超参数调优

模型评估的目的是超参数调优。当模型的超参数较少时，可采用网格搜索方式；当超参数较多时，为减少搜索时间，可采用随机搜索方式。二者的差异如图 1-6 所示。

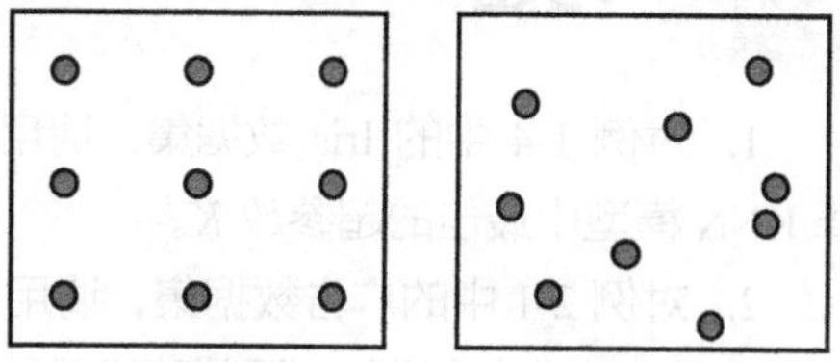

网格搜索　　随机搜索

图 1-6　超参数搜索方式

1. 网格搜索

如果有 3 个或更少的超参数，则通常采用的超参数搜索方法是网格搜索。对于每个超参数，使用者选择一个较小的有限值集去探索。这些超参数笛卡儿乘积得到很多组超参数。网格搜索使用每组超参数训练模型，挑选验证误差最小的一组超参数作为最佳模型。Scikit-Learn 中的GridSearchCV()函数实现了内嵌交叉验证的网格搜索，提供了在参数网格上穷举候选参数组合的方法。参数网格由参数param_grid指定，代码如下。

```
param_grid = [
    {'C': [1,10,100,1000], 'kernel': ['linear']},
    {'C': [1,10,100,1000], 'gamma': [0.001,0.0001], 'kernel':['rbf']}
    ]
```

上面的参数指定了要搜索的两个网格（每个网格是一个字典）：第 1 个里面有 4 种参数组合，第 2 个里面有$4 \times 2 = 8$种参数组合。

2. 随机搜索

如果超参数较多，则可以为每个超参数定义一个边缘分布，并在这些边缘分布上进行搜索。Scikit-Learn 中的RandomizedSearchCV()函数实现了内嵌交叉验证的随机搜索，依据某种分布对参数空间采样，随机得到一些候选参数组合方案。指定参数的采样范围和分布可以用一个字典完成。另外，计算预算（共要采样多少参数组合或者做多少次迭代）可以用参数n_iter来指定。针对每一个参数，既可以使用可能取值范围内的概率分布，也可以指定一个离散的取值列表（离散的列表将被均匀采样）。代码如下。

```
{'C': scpiy.stats.expon(scale=100),
'gamma': scipy.stats.expon(scale=.1) }
```

在该例中，参数C和gamma均服从指数分布。

综上所述可知，网格搜索是通过排列组合来调整超参数的，随机搜索是通过边缘分布来调整超参数的。通常随机搜索的运行时间比网格搜索少得多，随机搜索得到的超参数组合的性能比网格搜索稍微差一点。另外超参数搜索可以并行进行，每组超参数的评估相互独立。

1.6 本章小结

本章回顾了机器学习的发展历史，介绍了机器学习的定义和完成一个机器学习项目的基本步骤，介绍了监督学习和无监督学习中的一些基本概念，尤其是模型复杂度、过拟合、正则、模型评估、超参数调优等概念。这些概念可能略显抽象，读者可以在具体学习机器学习模型时再参照此处的综述对这些概念加以理解。

1.7 习题

1. 对例 1-4 中的 Iris 数据集，请用留一交叉验证（交叉验证的折数为训练样本数目）选择 KNN 模型中最佳的超参数 K。

2. 对例 2-1 中的广告数据集，请用 10 折交叉验证选择 KNN 模型中最佳的超参数 K。注意，这是一个回归问题，模型指标可用均方误差。

02 chapter

线性回归

回归问题是一种常见的监督机器学习任务，在很多领域均有广泛应用。其典型应用包括销量预测、库存预测、股票价格预测、天气预测等。

本章我们将讨论线性回归，包括线性回归模型的目标函数（损失函数和正则函数）、线性回归模型的优化求解、回归任务的性能指标、线性回归模型的超参数调优以及线性回归模型的应用案例。

2.1 线性回归简介

回归是一种监督学习任务，给定带标签的训练数据 $\mathcal{D}=\{\boldsymbol{x}_i,y_i\}_{i=1}^N$，其中$N$为样本数目，$\boldsymbol{x}_i\in\mathcal{X}$为第$i$个样本的输入特征，$y_i\in\mathcal{Y}$为对应的输出、响应或标签，$\mathcal{Y}=\mathcal{R}$。回归的目标是学习一个从输入$\mathcal{X}$到输出$\mathcal{Y}$的映射$f$，并根据该模型预测新的测试数据$\boldsymbol{x}$对应的响应：$\hat{y}=f(\boldsymbol{x})$。

若映射f是一个线性函数，即

$$f(\boldsymbol{x},\boldsymbol{w})=\boldsymbol{w}^{\mathrm{T}}\boldsymbol{x}+b, \quad (2\text{-}1)$$

则我们称之为线性回归模型，其中$\boldsymbol{w}$为线性回归模型中各特征的回归系数或权重，b为截距项。我们通常会对输入向量进行增广，即增加一维常量 1，得到增广后的输入特征向量$\boldsymbol{x}=(x_1,\cdots,x_D,1)^{\mathrm{T}}$，其中$D$为输入特征的维度，这样截距与各特征的回归系数可以统一处理。下面如无特别说明，均假设向量$\boldsymbol{x}$包含常量 1，这样模型可简写成

$$f(\boldsymbol{x},\boldsymbol{w})=\boldsymbol{w}^{\mathrm{T}}\boldsymbol{x}。 \quad (2\text{-}2)$$

本章我们主要讨论线性回归模型，后续会学习更复杂的非线性回归模型。

例 2-1：基于广告费用的产品销量预测

在此例中，我们分析广告费用对商品销量的影响。数据集包含 200 个样本，每个样本包括 3 个输入特征（电视广告费用、广播广告费用和报纸广告费用）和 1 个响应变量（商品销量sales）。商品销量为连续值，因此这是一个回归问题。数据集的前 5 条记录如表 2-1 所示。

表 2-1　广告数据集前 5 条记录

记录号	电视广告费用	广播广告费用	报纸广告费用	商品销量
1	230.1	37.8	69.2	22.1
2	44.5	39.3	45.1	10.4
3	17.2	45.9	69.3	9.3
4	151.5	41.3	58.5	18.5
5	180.8	10.8	58.4	12.9

我们采用线性回归模型来做商品销量预测，即假设商品在电视、广播和报纸上的广告费用$\boldsymbol{x}$与商品销量y之间的关系为

$$y=\boldsymbol{w}^{\mathrm{T}}\boldsymbol{x}+b=\sum_{j=1}^{3}w_j\,x_j+b,$$

其中，b为截距项，w_1,w_2,w_3分别为 3 维特征对应的回归系数或权重。

从数据集中随机选取 80%的数据作为训练数据，训练最小二乘线性回归（Ordinary Least Square，OLS）模型。代码如下。

```
#导入 pandas 工具包
import pandas as pd
#读取数据
dpath = "../data/"
df = pd.read_csv(dpath + "Advertising.csv")
#从原始数据中分离输入特征 x 和输出 y
y = df['sales']
```

```
X = df.drop(['sales', 'Unnamed: 0'], axis = 1)
#将数据分割为训练数据与测试数据，随机采样 20%的数据构建测试样本，其余的作为训练样本
from sklearn.model_selection import train_test_split
X_train, X_test, y_train, y_test = train_test_split(X, y, random_state=33, test_size=0.2)
#最小二乘线性回归
from sklearn.linear_model import LinearRegression
#(1)使用默认配置初始化学习器实例
lr = LinearRegression()
#(2)使用训练数据训练模型参数
lr.fit(X_train, y_train)
```

得到的最小二乘线性回归模型为

$$y = 0.046\,520 \times \text{TV} + 0.193\,133 \times \text{radio} + 0.001\,758 \times \text{newspaper} + 2.581\,906。$$

若采用 L1 正则的线性回归模型，则代码如下。

```
#L1 正则的线性回归
from sklearn.linear_model import LassoCV
#(1)设置超参数搜索范围(默认超参数搜索范围)
#(2)生成 LassoCV 实例(用交叉验证确定最佳超参数)
lasso = LassoCV()
#(3)训练(内含 CV)
lasso.fit(X_train, y_train)
```

得到的模型为

$$y = 0.046\,438 \times \text{TV} + 0.189\,649 \times \text{radio} + 0.000\,643 \times \text{newspaper} + 2.718\,27。$$

我们看到两个模型的总体趋势大致相同，但又不完全相同。这些模型是如何得到的？哪个模型的性能更好？后续章节将会回答这些问题。

2.2 线性回归模型的目标函数

确定模型并给定训练数据后，根据训练数据来训练模型，得到最佳模型参数。将 1.3.1 小节中监督学习模型的目标函数式（1-1）中的f用线性回归模型代入，得到线性回归模型的目标函数为

$$J(\boldsymbol{w},\lambda) = \sum_{i=1}^{N} \mathcal{L}\left(f\left(\boldsymbol{x}_i;\boldsymbol{w}\right), y_i\right) + R(\boldsymbol{w})。 \tag{2-3}$$

下面我们分别讨论在回归模型中常用的损失函数$\mathcal{L}$和线性回归中常用的正则函数R。

2.2.1 回归模型的损失函数

1. L2 损失

令预测残差$r = \hat{y} - y$ 表示模型预测值$\hat{y} = f(\boldsymbol{x}_i, \boldsymbol{w})$和真值$y$之间的差异。回归任务常用的

损失函数是 L2 损失，有

$$\mathcal{L}(\hat{y},y)=(\hat{y}-y)^2=r^2,\tag{2-4}$$

即残差的平方。此时训练样本上的损失之和为残差平方和（Residual Sum of Squares，RSS），有

$$\mathrm{RSS}(\boldsymbol{w})=\sum_{i=1}^{N}r_i^2=\sum_{i=1}^{N}(f(\boldsymbol{x}_i,\boldsymbol{w})-y_i)^2。\tag{2-5}$$

L2 损失处处连续，优化求解方便。

从概率角度看，最小经验风险等价于高斯白噪声假设下的极大似然估计（Maximize Likelihood Estimator, MLE）。令$y=f(\boldsymbol{x},\boldsymbol{w})+\epsilon$，其中噪声$\epsilon\sim N(0,\sigma^2)$为高斯白噪声，则$y|\boldsymbol{x}\sim N(f(\boldsymbol{x},\boldsymbol{w}),\sigma^2)$，即

$$p(y|\boldsymbol{x})=\frac{1}{\sqrt{2\pi}\sigma}\exp\left(-\frac{1}{2\sigma^2}(y-f(\boldsymbol{x},\boldsymbol{w})\right)^2。$$

我们回顾一下极大似然估计的基本概念。假设数据由某个未知模型产生，模型的参数用$\boldsymbol{\theta}$表示，则定义在该模型下数据的似然为数据$\mathcal{D}$出现的概率（各样本为独立同分布的样本），即

$$L(\boldsymbol{\theta})=p(\mathcal{D}|\boldsymbol{\theta})=\prod_{i=1}^{N}p\,(y_i|\boldsymbol{x}_i,\boldsymbol{\theta})。\tag{2-6}$$

为了计算方便，我们通常对似然函数取对数运算，得到 log 似然，即

$$l(\boldsymbol{\theta})=\ln(L(\boldsymbol{\theta}))=\ln(p(\mathcal{D}|\boldsymbol{\theta}))=\sum_{i=1}^{N}\ln(\,p(y_i|\boldsymbol{x}_i,\boldsymbol{\theta}))。\tag{2-7}$$

极大似然估计是使似然值最大的估计，有

$$\hat{\boldsymbol{\theta}}=\underset{\boldsymbol{\theta}}{\operatorname{argmax}}\,l(\boldsymbol{\theta})。\tag{2-8}$$

在回归中，将$p(y|\boldsymbol{x})=\frac{1}{\sqrt{2\pi}\sigma}\exp\left(-\frac{1}{2\sigma^2}(y-f(\boldsymbol{x},\boldsymbol{w})\right)^2$代入式（2-7），得到

$$\begin{aligned}l(\boldsymbol{w})&=\sum_{i=1}^{N}\ln(p(y_i|\boldsymbol{x}_i))\\&=\sum_{i=1}^{N}\ln\left[\left(\frac{1}{2\pi\sigma^2}\right)^{-1/2}\exp\left(-\frac{1}{2\sigma^2}(y_i-f(\boldsymbol{x}_i,\boldsymbol{w})\right)^2\right]\\&=-\frac{N}{2}\ln(2\pi\sigma^2)-\frac{1}{2\sigma^2}\sum_{i=1}^{N}\left(y_i-f(\boldsymbol{x}_i,\boldsymbol{w})\right)^2。\end{aligned}\tag{2-9}$$

式（2-9）的第 1 项与模型参数$\boldsymbol{w}$无关，只与噪声水平σ有关；第 2 项为$-\frac{1}{2\sigma^2}\mathrm{RSS}(\boldsymbol{w})$，因此极大似然等价于最小化$\mathrm{RSS}(\boldsymbol{w})$（相差常数倍不影响函数取极值的位置）。

更一般地，损失函数可取负 log 似然（Negative Log Likelihood, NLL），即$\mathrm{NLL}(\boldsymbol{\theta})=-l(\boldsymbol{\theta})$，其中$\boldsymbol{\theta}$为概率分布$p(y_i|\boldsymbol{x}_i)$的参数。此时最小训练集上的损失函数之和等价于极大似然。在回归分析中，若假设噪声为高斯白噪声，则去掉与参数无关的常数项和常数倍，可得

$$\mathrm{NLL}(\boldsymbol{w})=-l(\boldsymbol{w})=\sum_{i=1}^{N}((f(\boldsymbol{x}_i,\boldsymbol{w})-y_i)^2),$$

此时负 log 似然等于 L2 损失。

所以我们可以通过检查残差的直方图是否符合 0 均值的高斯分布来检查预测模型的性能。例 2-1 中的最小二乘线性回归在训练样本上的残差分布如图 2-1（a）所示。从图中可以看出，

残差的分布并不符合 0 均值的正态分布。

另外，我们也可以利用残差与预测值的散点图来判断残差是否与预测值无关，进而实现模型准确性的检测。因为我们假设了每个样本残差ϵ_i与$\boldsymbol{x}_i$无关，所以其与模型预测值$f(\boldsymbol{x}_i, \boldsymbol{w})$也无关。如果残差与预测值有关，则说明模型不准确。例 2-1 中的最小二乘线性回归在训练样本上真实值与残差的散点图如图 2-1（b）所示。从散点图来看，当真实值较小时，残差的绝对值较大，预测不准确；当真实值较大时，残差值大多小于 0，预测值偏小。可见该例中最小二乘回归模型并不是特别准确。

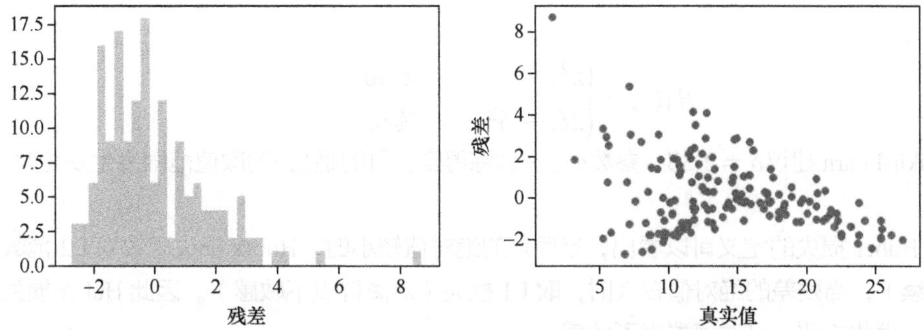

（a）残差直方图　　（b）真实值与残差的散点图

图 2-1　回归模型预测残差的假设检验

2. L1 损失

L2 损失在回归分析中很常用，但 L2 损失对离群点（Outliers）敏感。离群点通常远离大部分数据，如果根据大部分数据（去除离群点）得到理想模型，则理想模型的残差 $r = \hat{y} - y$ 的绝对值比较大，而 L2 损失为r^2，其值更大。为了使 L2 损失尽量小，加入离群点后的数据集训练得到的模型会偏向于离群点而远离理想模型，这是我们不希望看到的。

当数据中存在离群点时，可采用 L1 损失，即残差r的绝对值，有

$$\mathcal{L}(\hat{y}, y) = |\hat{y} - y| = |r|。 \tag{2-10}$$

L1 损失虽然对离群点不敏感，但绝对值函数在原点（$r = 0$）处不连续，优化求解相对麻烦。

从概率角度看，L1 损失可解释为噪声为拉普拉斯分布假设下的极大似然估计。

令$y = f(\boldsymbol{x}) + \epsilon$，其中噪声$\epsilon \sim \text{Laplace}(0, b)$，即$y|\boldsymbol{x} \sim \text{Laplace}(f(\boldsymbol{x}, \boldsymbol{w}), b)$，$p(y|\boldsymbol{x}) = \frac{1}{2b}\exp\left(-\frac{1}{b}|y - f(\boldsymbol{x}, \boldsymbol{w})|\right)$。在拉普拉斯噪声分布假设下，log 似然为

$$\begin{aligned} l(\boldsymbol{w}) &= \sum_{i=1}^{N} \ln(p(y_i|\boldsymbol{x}_i)) \\ &= \sum_{i=1}^{N} \ln\left(\frac{1}{2b}\exp\left(-\frac{1}{b}|y_i - f(\boldsymbol{x}_i, \boldsymbol{w})|\right)\right) \\ &= N\ln(2b) + \frac{1}{b}\sum_{i=1}^{N} |y_i - f(\boldsymbol{x}_i, \boldsymbol{w})|。 \end{aligned} \tag{2-11}$$

式（2-11）的第 1 项与模型参数$\boldsymbol{w}$无关，第 2 项等于训练集上 L1 损失函数之和的$\frac{1}{b}$倍。因此最小所有训练样本的 L1 损失之和等价于噪声为拉普拉斯分布假设下的极大似然估计。

说明：高斯和拉普拉斯均对回归分析的误差分析做出了突出贡献。高斯和拉普拉斯对正态分布/高斯分布、拉普拉斯分布以及误差分析的贡献可参考“统计之都”网站上的小故事：正态分布的前世今生。

3. 胡伯（Huber）损失

Huber 损失综合了 L2 损失和 L1 损失的优点，定义为

$$\mathcal{L}_\delta(\hat{y}, y) = \sigma + H_\delta\left(\frac{\hat{y} - y}{\sigma}\right)\sigma, \tag{2-12}$$

其中

$$H_\delta(z) = \begin{cases} z^2, & z \leqslant \delta \\ 2\delta z - \delta^2, & \text{其他} \end{cases} \tag{2-13}$$

Scikit-Learn 建议$\delta = 1.35$，参数σ通过训练得到，目的是当y的取值范围发生变化时，δ的值不变。

从 Huber 损失的定义可以看出，当残差的绝对值较小时，Huber 损失函数为 L2 范数（原点处连续）；当残差的绝对值较大时，取 L1 损失（对离群点不敏感）。因此 Huber 损失既处处连续、优化方便，又对离群点不敏感。

2.2.2 线性回归模型的正则函数

1. 无正则：最小二乘线性回归

由于线性回归模型比较简单，实际应用中有时正则项为空。若损失函数采用 L2 损失，则得到的最小二乘线性回归（此时目标函数中只有残差平方和，“平方”在古时被称为“二乘”）为

$$\begin{aligned} J(\boldsymbol{w}) &= \sum_{i=1}^{N} (f(\boldsymbol{x}_i, \boldsymbol{w}) - y_i)^2 \\ &= \sum_{i=1}^{N} (\boldsymbol{w}^{\mathrm{T}}\boldsymbol{x}_i - y_i)^2 \\ &= (\boldsymbol{X}\boldsymbol{w} - \boldsymbol{y})^{\mathrm{T}}(\boldsymbol{X}\boldsymbol{w} - \boldsymbol{y})。\end{aligned} \tag{2-14}$$

由于最小二乘回归模型的目标函数中只有残差平方和，因此从概率角度看，最小二乘回归等价于高斯白噪声假设下的极大似然估计。

2. L2 正则：岭回归

一种常用的正则函数是 L2 正则，即参数的 L2 范数的平方。带 L2 正则的线性回归模型被称为岭回归（Ridge Regression）模型。岭回归模型的目标函数为

$$\begin{aligned} J(\boldsymbol{w}, \lambda) &= \sum_{i=1}^{N} (f(\boldsymbol{x}_i, \boldsymbol{w}) - y_i)^2 + \lambda \|\boldsymbol{w}\|_2^2 \\ &= \sum_{i=1}^{N} (\boldsymbol{w}^{\mathrm{T}}\boldsymbol{x}_i - y_i)^2 + \lambda \sum_{j=1}^{D} w_j^2 \\ &= (\boldsymbol{X}\boldsymbol{w} - \boldsymbol{y})^{\mathrm{T}}(\boldsymbol{X}\boldsymbol{w} - \boldsymbol{y}) + \lambda \boldsymbol{w}^{\mathrm{T}}\boldsymbol{w}, \end{aligned} \tag{2-15}$$

其中，D为特征的维数；λ为正则参数，控制正则惩罚的强度。注意正则项中不包含截距项。

从概率角度看，岭回归等价于参数先验分布为正态分布的贝叶斯估计。

我们简单回忆一下贝叶斯估计。假设在给定模型（模型参数为$\boldsymbol{\theta}$）下数据的产生过程为

$p(y_i|\boldsymbol{x}_i,\boldsymbol{\theta})$，则在该模型下数据$\boldsymbol{\mathcal{D}}=\{\boldsymbol{x}_i,y_i\}_{i=1}^N$产生的似然为

$$L(\boldsymbol{\theta})=p(\boldsymbol{\mathcal{D}}|\boldsymbol{\theta})=\prod_{i=1}^N p\left(y_i|\boldsymbol{x}_i,\boldsymbol{\theta}\right)。$$

假设模型参数$\boldsymbol{\theta}$的先验分布为$p(\boldsymbol{\theta})$，根据贝叶斯公式，模型参数的后验估计为

$$p(\boldsymbol{\theta}|\boldsymbol{\mathcal{D}})=\frac{p(\boldsymbol{\theta},\boldsymbol{\mathcal{D}})}{p(\boldsymbol{\mathcal{D}})}\propto p(\boldsymbol{\theta},\boldsymbol{\mathcal{D}})\ =p(\boldsymbol{\mathcal{D}}|\boldsymbol{\theta})p(\boldsymbol{\theta}),\tag{2-16}$$

表示看到数据后模型的分布。

在实际应用中，我们通常会取概率最大的模型，得到的最大后验估计为

$$\widehat{\boldsymbol{\theta}}=\operatorname{argmax}_{\boldsymbol{\theta}}p(\boldsymbol{\theta}|\boldsymbol{\mathcal{D}})。\tag{2-17}$$

同极大似然估计一样，为计算方便，我们对后验分布取对数运算，得到

$$\widehat{\boldsymbol{\theta}}=\operatorname{argmax}_{\boldsymbol{\theta}}\ln(p(\boldsymbol{\theta}|\boldsymbol{\mathcal{D}}))=\operatorname{argmax}_{\boldsymbol{\theta}}(\ln(p(\boldsymbol{\mathcal{D}}|\boldsymbol{\theta}))+\ln(p(\boldsymbol{\theta}))。\tag{2-18}$$

在回归任务中，假设残差的分布为 $\epsilon\sim N(0,\sigma^2)$，如式（2-9）所示，线性回归的似然函数为

$$\ln(p(\mathcal{D}|\boldsymbol{\theta}))=l(\boldsymbol{w})=-\frac{N}{2}\ln(2\pi\sigma^2)-\frac{1}{2\sigma^2}\sum_{i=1}^N(f(\boldsymbol{x}_i,\boldsymbol{w})-y_i)^2\ 。$$

假设参数$\boldsymbol{w}$中每维之间相互独立（$\boldsymbol{w}$的联合分布等于各维特征边缘分布的乘积），且每维的先验分布均为正态分布，即 $w_j\sim N(0,\tau^2)$，则

$$\begin{aligned}\ln(p(\boldsymbol{w}))&=\ln\left(\prod_{j=1}^D p(w_j)\right)=\sum_{j=1}^D\ln\left(p(w_j)\right)\\&=\sum_{j=1}^D\ln\left(\left(\frac{1}{2\pi\tau^2}\right)^{-1/2}\exp\left(-\frac{1}{2\tau^2}w_j^2\right)\right)\\&=-\frac{D}{2}\ln(2\pi\tau^2)-\frac{1}{2\tau^2}\sum_{j=1}^D w_j^2\ 。\end{aligned}\tag{2-19}$$

w_j的先验分布是均值为 0 的正态分布，表示我们偏向于较小的系数值，从而得到的模型比较简单，其中 $1/\tau^2$ 用于控制先验的强度（$1/\tau^2$越大，τ^2越小，先验分布的方差σ^2越小，表示每个w_j在 0 附近的概率越大，要求w_j在 0 附近的意愿越强烈）。

根据贝叶斯公式，省略与参数$\boldsymbol{w}$无关的项，参数的后验分布为

$$\begin{aligned}\ln(p(\boldsymbol{w}|\boldsymbol{\mathcal{D}})&=\ln p(\boldsymbol{\mathcal{D}}|\boldsymbol{w})+\ln(p(\boldsymbol{w})\\&=-\frac{1}{2\sigma^2}\sum_{i=1}^N(f(\boldsymbol{x}_i,\boldsymbol{w})-y_i)^2-\frac{1}{2\tau^2}\sum_{j=1}^D w_j^2\\&=-\frac{1}{2\sigma^2}\left(\sum_{i=1}^N(\boldsymbol{w}^{\mathrm{T}}\boldsymbol{x}_i-y_i)^2-\frac{\sigma^2}{\tau^2}\sum_{j=1}^D w_j^2\right)\\&=-\frac{1}{2\sigma^2}\left((\boldsymbol{X}\boldsymbol{w}-\boldsymbol{y})^{\mathrm{T}}(\boldsymbol{X}\boldsymbol{w}-\boldsymbol{y})+\frac{\sigma^2}{\tau^2}\boldsymbol{w}^{\mathrm{T}}\boldsymbol{w}\right)。\end{aligned}\tag{2-20}$$

参数$\boldsymbol{w}$的最大后验估计等价于最小以下函数（去掉负号，最大变成最小，同时去掉前面的常数倍$\frac{1}{2\sigma^2}$），即

$$J(\boldsymbol{w})=(\boldsymbol{X}\boldsymbol{w}-\boldsymbol{y})^{\mathrm{T}}(\boldsymbol{X}\boldsymbol{w}-\boldsymbol{y})+\frac{\sigma^2}{\tau^2}\boldsymbol{w}^{\mathrm{T}}\boldsymbol{w}。\tag{2-21}$$

对比式（2-16）中岭回归的目标函数

$$J(\boldsymbol{w},\lambda)=(\boldsymbol{X}\boldsymbol{w}-\boldsymbol{y})^{\mathrm{T}}(\boldsymbol{X}\boldsymbol{w}-\boldsymbol{y})+\lambda\boldsymbol{w}^{\mathrm{T}}\boldsymbol{w},$$

我们发现，岭回归模型等价于最大后验估计，其中$\lambda = \dfrac{\sigma^2}{\tau^2}$为正则参数，表示先验相对于数据的强度。$\lambda$越大，正则惩罚项的比重越大（$\tau^2$越小，先验越强），得到的模型越简单；$\lambda$越小，正则惩罚项的比重越小（$\tau^2$越大，先验越弱，数据越重要），得到的模型越复杂。

在正则函数中，不同特征对应的权重（不同j对应的w_j）的地位相同，因此在实际应用中，特征的量纲应该相同。如果不同，则可以通过数据标准化或最小最大缩放等方式去量纲，在Scikit-Learn 中可分别采用StandardScaler类和MinMaxScaler类实现。

说明：向量范数表征向量空间中向量的大小。D维向量$\boldsymbol{x}$的 Lp 范数定义为：$||\boldsymbol{x}||_p = \sqrt[p]{\sum_{j=1}^{D}|x_j|^p}$，其中$D$为向量的维数。常用的有 L0 范数（$p=0$）、L1 范数（$p=1$）和 L2 范数（$p=2$）。

L0 范数：向量中非 0 元素的数目$||\boldsymbol{x}||_0 = \sqrt[0]{\sum_{j=1}^{D}|x_j|^0}$。注意非 0 元素的零次方为 1，0 的 0 次方为 0。

L1 范数：向量各个元素的绝对值之和$||\boldsymbol{x}||_1 = \sum_{j=1}^{D}|x_j|$。

L2 范数：向量各个元素平方和的 1/2 次方$||\boldsymbol{x}||_2 = \sqrt[2]{\sum_{j=1}^{D}x_j^2}$。L2 范数又称为欧氏（Euclidean）范数或者斐波那契（Frobenius）范数。

3. L1 正则：最小绝对值收缩和选择算子

另一个常用的正则函数为 L1 正则，即参数的 L1 范数。带 L1 正则的线性回归模型被称为最小绝对值收缩和选择算子（Least Absolute Shrinkage and Selection Operator，Lasso），其目标函数为

$$\begin{aligned} J(\boldsymbol{w},\lambda) &= \sum_{i=1}^{N}(f(\boldsymbol{x}_i,\boldsymbol{w}) - y_i)^2 + \lambda||\boldsymbol{w}||_1 \\ &= (\boldsymbol{X}\boldsymbol{w}-\boldsymbol{y})^{\mathrm{T}}(\boldsymbol{X}\boldsymbol{w}-\boldsymbol{y}) + \lambda\sum_{j=1}^{D}|w_j|, \end{aligned} \quad (2\text{-}22)$$

其中λ为正则参数，用于控制正则惩罚的强度。当λ取合适值时，Lasso 的结果是稀疏的（$\boldsymbol{w}$的某些元素为 0），可起到特征选择作用，因此被称为选择算子。

同 L2 正则类似，从概率角度看，Lasso 回归模型等价于参数先验分布为拉普拉斯分布的贝叶斯估计。

假设参数$\boldsymbol{w}$的每维相互独立且每维的先验分布均为拉普拉斯分布，即 $w_j \sim \mathrm{Laplace}(0,b)$，则有

$$p(\boldsymbol{w}) = \Pi_{j=1}^{D}\mathrm{Laplace}(0,b)。\quad (2\text{-}23)$$

w_j的先验分布是均值为 0 的拉普拉斯分布，表示我们偏向于较小的系数值，从而得到的模型比较简单，其中 $1/b$ 用于控制先验的强度（$1/b$越大，b越小，先验分布的方差$2b^2$越小，表示每个w_j在 0 附近的概率越大，要求w_j在 0 附近的意愿越强烈）。

类似岭回归中的推导，我们可以得到 Lasso 中参数$\boldsymbol{w}$的后验分布为

$$\ln(p(\boldsymbol{w}|\mathcal{D})) = -\frac{1}{2\sigma^2}\left((\boldsymbol{X}\boldsymbol{w}-\boldsymbol{y})^{\mathrm{T}}(\boldsymbol{X}\boldsymbol{w}-\boldsymbol{y}) + \frac{2\sigma^2}{b}\sum_{j=1}^{D}|w_j|\right)。\quad (2\text{-}24)$$

对比式（2-22）中 Lasso 回归模型的目标函数

$$J(\boldsymbol{w},\lambda) = (\boldsymbol{X}\boldsymbol{w}-\boldsymbol{y})^{\mathrm{T}}(\boldsymbol{X}\boldsymbol{w}-\boldsymbol{y}) + \lambda\sum_{j=1}^{D}|w_j|,$$

Lasso 回归模型等价于贝叶斯最大后验估计，其中$\lambda = \frac{2\sigma^2}{b}$为正则参数，表示先验相对于数据的强度。$\lambda$越大，正则惩罚项的比重越大，得到的模型越简单；$\lambda$越小，正则惩罚项的比重越小，得到的模型越复杂。

4. L2 正则+L1 正则：弹性网络

正则函数也可同时包含 L2 正则和 L1 正则。带 L2 正则和 L1 正则的线性回归模型被称为弹性网络（ElasticNet），其目标函数为

$$J(\boldsymbol{w}, \lambda_1, \lambda_2) \quad = \sum_{i=1}^{N} (f(\boldsymbol{x}_i, \boldsymbol{w}) - y_i)^2 + \lambda_1 ||\boldsymbol{w}||_2^2 + \lambda_2 ||\boldsymbol{w}||_1 \tag{2-25}$$

其中λ_1和λ_2分别为 L2 正则参数和 L1 正则参数。

2.3 线性回归模型的优化求解

模型的目标函数确定以后，我们就可以采用合适的优化方法寻找最佳的模型参数。在线性回归模型中，模型参数包括线性回归系数$\boldsymbol{w}$和正则参数λ，其中正则参数λ用于控制模型的复杂度，我们称之为超参数。本节我们先讨论在给定超参数λ的情况下，回归系数$\boldsymbol{w}$的优化求解。超参数λ的选择在 2.5 节讨论。

最佳模型参数是可以使目标函数取极小值的参数，即

$$\hat{\boldsymbol{w}} = \underset{\boldsymbol{w}}{\operatorname{argmin}} J(\boldsymbol{w}, \lambda)。 \tag{2-26}$$

根据优化理论，函数$J(\boldsymbol{\theta})$的极值点只能在边界点、不可导点或导数为 0 的点，其中导数为 0 的点被称为函数的临界点。对多元函数J而言，临界点满足J所有自变量的偏导均为 0，即梯度为0向量，有

$$\nabla_{\boldsymbol{\theta}} J = \frac{\partial J(\boldsymbol{\theta})}{\partial \boldsymbol{\theta}} = \begin{bmatrix} \frac{\partial J}{\partial \theta_1} \\ \frac{\partial J}{\partial \theta_2} \\ \vdots \\ \frac{\partial J}{\partial \theta_D} \end{bmatrix} = \begin{bmatrix} 0 \\ 0 \\ \vdots \\ 0 \end{bmatrix} = \mathbf{0}。$$

如果海森（Hessian）矩阵

$$\boldsymbol{H} = \frac{\partial^2 J(\boldsymbol{\theta})}{\partial \boldsymbol{\theta} \partial \boldsymbol{\theta}^{\mathrm{T}}} = \begin{bmatrix} \frac{\partial^2 J}{\partial \theta_1 \partial \theta_1} & \frac{\partial^2 J}{\partial \theta_1 \partial \theta_2} & \cdots & \frac{\partial^2 J}{\partial \theta_1 \partial \theta_D} \\ \frac{\partial^2 J}{\partial \theta_2 \partial \theta_1} & \frac{\partial^2 f}{\partial \theta_2 \partial \theta_2} & \cdots & \frac{\partial^2 J}{\partial \theta_2 \partial \theta_D} \\ \vdots & \vdots & \vdots & \vdots \\ \frac{\partial^2 J}{\partial \theta_D \partial \theta_1} & \frac{\partial^2 J}{\partial \theta_D \partial \theta_2} & \cdots & \frac{\partial^2 J}{\partial \theta_D \partial \theta_D} \end{bmatrix}$$

是正定矩阵，则临界点的函数值为函数的极小值。

根据模型的特点和问题的复杂程度，可选择不同的优化算法。下面我们以 L2 损失为例，介绍线性回归模型的优化求解过程，读者可自行推导其他损失函数的优化求解过程（通常不单独使用 L1 损失，Huber 损失推导类似 L2 损失）。

2.3.1 解析求解法

当训练数据集不大时，最小二乘线性回归和岭回归均可采用解析求解法求解。而 Lasso 因为有 L1 正则，所以没有封闭形式的解析解。

1. 最小二乘线性回归解析求解

最小二乘线性回归的目标函数为式（2-14）：$J(\boldsymbol{w}) = (\boldsymbol{X}\boldsymbol{w} - \boldsymbol{y})^{\mathrm{T}}(\boldsymbol{X}\boldsymbol{w} - \boldsymbol{y})$。

根据向量求导公式

$$\frac{\partial}{\partial \boldsymbol{y}}(\boldsymbol{y}^{\mathrm{T}}\boldsymbol{A}\boldsymbol{y}) = (\boldsymbol{A} + \boldsymbol{A}^{\mathrm{T}})\boldsymbol{y}, \tag{2-27}$$

$$\frac{\partial}{\partial \boldsymbol{y}}(\boldsymbol{y}^{\mathrm{T}}\boldsymbol{b}) = \boldsymbol{b}, \tag{2-28}$$

对式（2-14）的$J(\boldsymbol{w})$求导，得到

$$\frac{\partial}{\partial \boldsymbol{w}}J(\boldsymbol{w}) = 2\boldsymbol{X}^{\mathrm{T}}(\boldsymbol{X}\boldsymbol{w} - \boldsymbol{y})。 \tag{2-29}$$

令式（2-29）中的$\frac{\partial}{\partial \boldsymbol{w}}J(\boldsymbol{w}) = \boldsymbol{0}$，整理后得到

$$\boldsymbol{X}^{\mathrm{T}}\boldsymbol{X}\boldsymbol{w} = \boldsymbol{X}^{\mathrm{T}}\boldsymbol{y}。 \tag{2-30}$$

式（2-30）被称为正规方程组（Normal Equations）。

当矩阵$\boldsymbol{X}$满秩时，$\boldsymbol{X}^{\mathrm{T}}\boldsymbol{X}$可逆，式（2-30）两边同乘以$(\boldsymbol{X}^{\mathrm{T}}\boldsymbol{X})^{-1}$，得到

$$\widehat{\boldsymbol{w}}_{\mathrm{OLS}} = (\boldsymbol{X}^{\mathrm{T}}\boldsymbol{X})^{-1}\boldsymbol{X}^{\mathrm{T}}\boldsymbol{y}。 \tag{2-31}$$

算法 2-1：最小二乘线性回归的正规方程组求解

输入：训练数据$\{\boldsymbol{x}_i, y_i\}_{i=1}^{N}$，以$\boldsymbol{x}_i$为行向量组成输入矩阵$\boldsymbol{X}$，$N$个样本$y_i$构成输出向量$\boldsymbol{y}$。

输出：特征的权重向量$\boldsymbol{w}$。

过程：

（1）计算$\boldsymbol{X}$的转置$\boldsymbol{X}^{\mathrm{T}}$和$\boldsymbol{A} = \boldsymbol{X}^{\mathrm{T}}\boldsymbol{X}$；

（2）计算$\boldsymbol{A}$的逆矩阵$\boldsymbol{A}^{-1}$；

（3）计算$\boldsymbol{w} = \boldsymbol{A}^{-1}\boldsymbol{X}^{\mathrm{T}}$。

根据正规方程组，采用式（2-31）求解$\widehat{\boldsymbol{w}}_{\mathrm{OLS}}$时需要计算矩阵$\boldsymbol{X}^{\mathrm{T}}\boldsymbol{X}$的逆矩阵。但在数值计算上，通过对矩阵$\boldsymbol{X}$进行奇异值分解（Singular Value Decomposition，SVD）求解更稳定。

对$N \times D$的矩阵$\boldsymbol{X}$进行奇异值分解，得到

$$\boldsymbol{X} = \boldsymbol{U}\boldsymbol{\Sigma}\boldsymbol{V}^{\mathrm{T}}, \tag{2-32}$$

其中$\boldsymbol{U}$是具有正交列的$N \times N$的矩阵，$\boldsymbol{\Sigma}$是$N \times D$的准对角矩阵（对角线以外的元素为 0），$\boldsymbol{V}$是$D \times D$的正交矩阵。正交矩阵意味着$\boldsymbol{U}^{\mathrm{T}}\boldsymbol{U} = \boldsymbol{I}$，$\boldsymbol{U}\boldsymbol{U}^{\mathrm{T}} = \boldsymbol{I}$。同时正交变换还具有保范性质，即对任何向量$\boldsymbol{x}$，$\|\boldsymbol{U}\boldsymbol{x}\| = \|\boldsymbol{x}\|$。

最小二乘线性回归是求可使$\|\boldsymbol{X}\boldsymbol{w} - \boldsymbol{y}\|_2^2$最小的向量$\boldsymbol{w}$。由于正交变换的保范性质，$\|\boldsymbol{X}\boldsymbol{w} - \boldsymbol{y}\|_2^2 = \|\boldsymbol{U}\boldsymbol{\Sigma}\boldsymbol{V}^{\mathrm{T}}\boldsymbol{w} - \boldsymbol{y}\|_2^2 = \|\boldsymbol{\Sigma}\boldsymbol{V}^{\mathrm{T}}\boldsymbol{w} - \boldsymbol{U}^{\mathrm{T}}\boldsymbol{y}\|_2^2$。记$\boldsymbol{w}' = \boldsymbol{V}^{\mathrm{T}}\boldsymbol{w}$，$\boldsymbol{y}' = \boldsymbol{U}^{\mathrm{T}}\boldsymbol{y}$，问题变成最小化$\|\boldsymbol{\Sigma}\boldsymbol{w}' - \boldsymbol{y}'\|_2^2$。由于$\boldsymbol{\Sigma}$为准三角矩阵，上述优化问题变得很简单。令$\boldsymbol{\Sigma}$第$j$行在对角线上的元素值为$\sigma_j$，得到最佳的$w_j' = \frac{y_j'}{\sigma_j}$，进而得到$\boldsymbol{w} = \boldsymbol{V}\boldsymbol{w}'$。需要注意的是，由于奇异值$\sigma_j$为除数，当

矩阵$\boldsymbol{X}$接近不满秩时，某些奇异值的值很小，此时w_j'的绝对值会很大，结果不稳定。矩阵$\boldsymbol{X}$接近不满秩意味着特征之间存在共线性，即特征之间有冗余。

算法 2-2：最小二乘线性回归的奇异值分解求解

输入：训练数据$\{\boldsymbol{x}_i, y_i\}_{i=1}^N$，以$\boldsymbol{x}_i$为行向量组成输入矩阵$\boldsymbol{X}$，$N$个样本$y_i$构成输出向量$\boldsymbol{y}$。

输出：特征的权重向量$\boldsymbol{w}$。

过程：

（1）计算$\boldsymbol{X}$的 SVD 分解$\boldsymbol{X} = \boldsymbol{U}\boldsymbol{D}\boldsymbol{V}^{\mathrm{T}}$；

（2）计算$\boldsymbol{y}' = \boldsymbol{U}^{\mathrm{T}}\boldsymbol{y}$；

（3）计算$w_j' = \frac{y_j'}{\sigma_j}$，其中$\sigma_j$为$\boldsymbol{D}$的第$j$个对角线元素；

（4）计算$\boldsymbol{w} = \boldsymbol{V}\boldsymbol{w}'$。

将式（2-31）代入线性回归模型式（2-2），得到

$$\hat{\boldsymbol{y}}_{\mathrm{OLS}} = f(\boldsymbol{X}, \hat{\boldsymbol{w}}_{\mathrm{OLS}}) = \underbrace{\boldsymbol{X}(\boldsymbol{X}^{\mathrm{T}}\boldsymbol{X})^{-1}\boldsymbol{X}^{\mathrm{T}}}_{\boldsymbol{H}}\boldsymbol{y}, \tag{2-33}$$

其中矩阵$\boldsymbol{H}_{\mathrm{OLS}} = \boldsymbol{X}(\boldsymbol{X}^{\mathrm{T}}\boldsymbol{X})^{-1}\boldsymbol{X}^{\mathrm{T}}$称为帽矩阵或投影矩阵，因为通过乘以矩阵$\boldsymbol{H}_{\mathrm{OLS}}$，使得原始响应向量$\boldsymbol{y}$变成了预测值$\hat{\boldsymbol{y}}_{\mathrm{OLS}}$。帽矩阵$\boldsymbol{H}_{\mathrm{OLS}}$的迹（trace）$\mathrm{tr}(\boldsymbol{H}_{\mathrm{OLS}})$称为模型的自由度（Degrees of Freedom）。

2. 岭回归解析求解

岭回归的目标函数如式（2-15）所示，与最小二乘线性回归只相差一个 L2 正则项（$\boldsymbol{w}$的二次函数）。对目标函数$J(\boldsymbol{w}, \lambda) = (\boldsymbol{X}\boldsymbol{w} - \boldsymbol{y})^{\mathrm{T}}(\boldsymbol{X}\boldsymbol{w} - \boldsymbol{y}) + \lambda\boldsymbol{w}^{\mathrm{T}}\boldsymbol{w}$求导，得到

$$\frac{\partial}{\partial \boldsymbol{w}} J(\boldsymbol{w}, \lambda) = 2\boldsymbol{X}^{\mathrm{T}}(\boldsymbol{X}\boldsymbol{w} - \boldsymbol{y}) + 2\lambda\boldsymbol{w}。 \tag{2-34}$$

令$\frac{\partial}{\partial \boldsymbol{w}} J(\boldsymbol{w}, \lambda) = \boldsymbol{0}$，得到参数估计为

$$\hat{\boldsymbol{w}}_{\mathrm{Ridge}} = (\boldsymbol{X}^{\mathrm{T}}\boldsymbol{X} + \lambda\boldsymbol{I})^{-1}\boldsymbol{X}^{\mathrm{T}}\boldsymbol{y}, \tag{2-35}$$

其中$\boldsymbol{I}$为$D \times D$的单位矩阵。

即使$\boldsymbol{X}^{\mathrm{T}}\boldsymbol{X}$不可逆，$\boldsymbol{X}^{\mathrm{T}}\boldsymbol{X} + \lambda\boldsymbol{I}$也是可逆的。所以即使特征之间存在共线性关系，岭回归也能得到稳定的模型。

类似最小二乘线性回归的解析求解，岭回归计算时也可以对$\boldsymbol{X}$进行 SVD。令$\boldsymbol{X} = \boldsymbol{U}\boldsymbol{\Sigma}\boldsymbol{V}^{\mathrm{T}}$，$\boldsymbol{X}^{\mathrm{T}} = \boldsymbol{V}\boldsymbol{\Sigma}^{\mathrm{T}}\boldsymbol{U}^{\mathrm{T}}$，则

$$\begin{aligned}\boldsymbol{X}^{\mathrm{T}}\boldsymbol{X} &= \boldsymbol{V}\boldsymbol{\Sigma}^{\mathrm{T}}\boldsymbol{U}^{\mathrm{T}}\boldsymbol{U}\boldsymbol{\Sigma}\boldsymbol{V}^{\mathrm{T}} \\ &= \boldsymbol{V}\boldsymbol{\Sigma}^{\mathrm{T}}\boldsymbol{\Sigma}\boldsymbol{V}^{\mathrm{T}} \\ &= \boldsymbol{V}\boldsymbol{D}\boldsymbol{V}^{\mathrm{T}},\end{aligned} \tag{2-36}$$

其中$\boldsymbol{D} = \boldsymbol{\Sigma}^{\mathrm{T}}\boldsymbol{\Sigma}$。将式（2-36）代入式（2-35），得到

$$\begin{aligned}\hat{\boldsymbol{w}}_{\mathrm{Ridge}} &= (\boldsymbol{X}^{\mathrm{T}}\boldsymbol{X} + \lambda\boldsymbol{I})^{-1}\boldsymbol{X}^{\mathrm{T}}\boldsymbol{y} \\ &= (\boldsymbol{V}\boldsymbol{D}\boldsymbol{V}^{\mathrm{T}} + \lambda\boldsymbol{V}\boldsymbol{V}^{\mathrm{T}})^{-1}\boldsymbol{V}\boldsymbol{\Sigma}^{\mathrm{T}}\boldsymbol{U}^{\mathrm{T}}\boldsymbol{y} \\ &= (\boldsymbol{V}(\boldsymbol{D} + \lambda)\boldsymbol{V}^{\mathrm{T}})^{-1}\boldsymbol{V}\boldsymbol{\Sigma}^{\mathrm{T}}\boldsymbol{U}^{\mathrm{T}}\boldsymbol{y} \\ &= \boldsymbol{V}^{-\mathrm{T}}(\boldsymbol{D} + \lambda)^{-1}\boldsymbol{V}^{-1}\boldsymbol{V}\boldsymbol{\Sigma}^{\mathrm{T}}\boldsymbol{U}^{\mathrm{T}}\boldsymbol{y} \\ &= \boldsymbol{V}(\boldsymbol{D} + \lambda)^{-1}\boldsymbol{\Sigma}^{\mathrm{T}}\boldsymbol{U}^{\mathrm{T}}\boldsymbol{y}。\end{aligned} \tag{2-37}$$

式（2-35）中岭回归的解与式（2-31）中最小二乘线性回归的解之间的关系为

$$
\begin{aligned}
\widehat{\boldsymbol{w}}_{\text{Ridge}} &= (\boldsymbol{X}^T\boldsymbol{X}+\lambda\boldsymbol{I})^{-1}\boldsymbol{X}^{\mathrm{T}}\boldsymbol{y} \\
&= (\boldsymbol{X}^T\boldsymbol{X}+\lambda\boldsymbol{I})^{-1}(\boldsymbol{X}^{\mathrm{T}}\boldsymbol{X})(\boldsymbol{X}^{\mathrm{T}}\boldsymbol{X})^{-1}\boldsymbol{X}^{\mathrm{T}}\boldsymbol{y} \\
&= (\boldsymbol{X}^T\boldsymbol{X}+\lambda\boldsymbol{I})^{-1}(\boldsymbol{X}^{\mathrm{T}}\boldsymbol{X})\widehat{\boldsymbol{w}}_{\text{OLS}}。
\end{aligned}
\tag{2-38}
$$

当$\lambda > 0$时，

$$
\begin{aligned}
||\widehat{\boldsymbol{w}}_{\text{Ridge}}|| &= ||(\boldsymbol{X}^{\mathrm{T}}\boldsymbol{X}+\lambda\boldsymbol{I})^{-1}(\boldsymbol{X}^{\mathrm{T}}\boldsymbol{X})\widehat{\boldsymbol{w}}_{\text{OLS}}|| \\
&= ||(\boldsymbol{X}^{\mathrm{T}}\boldsymbol{X}+\lambda\boldsymbol{I})^{-1}(\boldsymbol{X}^{\mathrm{T}}\boldsymbol{X}+\lambda\boldsymbol{I}-\lambda\boldsymbol{I})\widehat{\boldsymbol{w}}_{\text{OLS}}|| \\
&= ||\widehat{\boldsymbol{w}}_{OLS}-\lambda\boldsymbol{I}(\boldsymbol{X}^{\mathrm{T}}\boldsymbol{X}+\lambda\boldsymbol{I})^{-1}\widehat{\boldsymbol{w}}_{\text{OLS}}|| \\
&= ||(\boldsymbol{I}-\lambda(\boldsymbol{X}^{\mathrm{T}}\boldsymbol{X}+\lambda\boldsymbol{I})^{-1})\widehat{\boldsymbol{w}}_{\text{OLS}}|| \\
&< ||\widehat{\boldsymbol{w}}_{\text{OLS}}||,
\end{aligned}
$$

所以岭回归的 L2 正则可以起到系数模长减少的效果，其又被称为权重衰减。

将式（2-35）代入线性回归模型式（2-2），得到

$$
\widehat{\boldsymbol{y}}_{\text{Ridge}} = f(\boldsymbol{X},\widehat{\boldsymbol{w}}_{\text{Ridge}}) = \underbrace{\boldsymbol{X}(\boldsymbol{X}^{\mathrm{T}}\boldsymbol{X}+\lambda\boldsymbol{I})^{-1}\boldsymbol{X}^{\mathrm{T}}}_{\boldsymbol{H}_{\text{Ridge}}}\boldsymbol{y}, \tag{2-39}
$$

其中矩阵$\boldsymbol{H}_{\text{Ridge}} = \boldsymbol{X}(\boldsymbol{X}^{\mathrm{T}}\boldsymbol{X}+\lambda\boldsymbol{I})^{-1}\boldsymbol{X}^{\mathrm{T}}$为岭回归的帽矩阵。

令$\sigma_1^2,\sigma_2^2,\cdots,\sigma_D^2$为矩阵$\boldsymbol{X}^{\mathrm{T}}\boldsymbol{X}$的特征值，则帽矩阵$\boldsymbol{H}_{\text{Ridge}}$的迹

$$
\mathrm{d}f(\lambda) = \mathrm{tr}(\boldsymbol{H}_{\text{Ridge}}) = \sum_{j=1}^{D}\frac{\sigma_j^2}{\sigma_j^2+\lambda}, \tag{2-40}
$$

为岭回归模型的自由度。

采用 SVD 法求解岭回归系统的一个额外的好处是，只须对矩阵进行一次 SVD，即可根据式（2-37）得到不同λ对应的回归系数。

2.3.2 梯度下降法

梯度下降（Gradient Descent，GD）法是求解无约束优化问题最常用的方法之一，亦被称为最速下降法。最小二乘回归和岭回归均可采用梯度下降法求解，Lasso 由于目标函数中有 L1 正则函数而不可导，因此不能采用梯度下降法求解。

假设函数$J(\boldsymbol{\theta})$在$\boldsymbol{\theta}^{(t)}$处可导，对任意小的$\Delta\boldsymbol{\theta}$，函数$J(\boldsymbol{\theta})$的一阶泰勒（Taylor）展开近似为

$$
J(\boldsymbol{\theta}^{(t)}+\Delta\boldsymbol{\theta}) \approx J(\boldsymbol{\theta}^{(t)}) + (\Delta\boldsymbol{\theta})^{\mathrm{T}}\nabla_{\boldsymbol{\theta}}J|_{\boldsymbol{\theta}^{(t)}}, \tag{2-41}
$$

其中$\nabla_{\boldsymbol{\theta}}J$为函数$J$对每个变量的偏导数组成的向量，即梯度，有时也记为$\boldsymbol{g}$。

令式（2-41）中的$\Delta\boldsymbol{\theta} = -\eta\nabla_{\boldsymbol{\theta}}J|_{\boldsymbol{\theta}^{(t)}}$，其中$\eta$为较小的正数，$\nabla_{\boldsymbol{\theta}}J|_{\boldsymbol{\theta}^{(t)}} \neq 0$，则$(\nabla_{\boldsymbol{\theta}}J|_{\boldsymbol{\theta}^{(t)}})^{\mathrm{T}}(\nabla_{\boldsymbol{\theta}}J|_{\boldsymbol{\theta}^{(t)}}) > 0$，式（2-40）的第 2 项$\Delta\boldsymbol{\theta}^{\mathrm{T}}\nabla_{\boldsymbol{\theta}}J|_{\boldsymbol{\theta}^{(t)}} = -\eta(\nabla_{\boldsymbol{\theta}}J|_{\boldsymbol{\theta}^{(t)}})^{\mathrm{T}}(\nabla_{\boldsymbol{\theta}}J|_{\boldsymbol{\theta}^{(t)}}) < 0$。令$\boldsymbol{\theta}^{(t+1)} = \boldsymbol{\theta}^{(t)} + \Delta\boldsymbol{\theta}$，则

$$
J(\boldsymbol{\theta}^{(t+1)}) = J(\boldsymbol{\theta}^{(t)}) - \eta(\nabla_{\boldsymbol{\theta}}J|_{\boldsymbol{\theta}^{(t)}})^{\mathrm{T}}(\nabla_{\boldsymbol{\theta}}J|_{\boldsymbol{\theta}^{(t)}}) < J(\boldsymbol{\theta}^{(t)}),
$$

即函数值减小。如果进行多次迭代，凸函数将收敛到一个全局极小值，非凸函数将收敛到一个局部极小值。注意η要足够小，以保证$\Delta\boldsymbol{\theta} = -\eta\nabla_{\boldsymbol{\theta}}J|_{\boldsymbol{\theta}^{(t)}}$足够小，这样 $\boldsymbol{\theta}^{(t+1)} = \boldsymbol{\theta}^{(t)} + \Delta\boldsymbol{\theta}$就处在$\boldsymbol{\theta}^{(t)}$的邻域内，从而可以忽略泰勒展开的高次项。

算法 2-3：梯度下降法

（1）初始化$\boldsymbol{\theta}^{(0)}$（上标括号中的数字表示迭代次数）；

（2）计算函数$J(\boldsymbol{\theta})$在当前位置$\boldsymbol{\theta}^{(t)}$处的梯度$\boldsymbol{g}^{(t)} = \nabla_{\boldsymbol{\theta}}J\big|_{\boldsymbol{\theta}^{(t)}}$。若$\|\boldsymbol{g}^{(t)}\| < \epsilon$，则返回的$\boldsymbol{\theta}^{(t)}$为最

佳参数；

（3）根据当前的学习率η，更新位置：

$$\boldsymbol{\theta}^{(t+1)} = \boldsymbol{\theta}^{(t)} - \eta \boldsymbol{g}^{(t)}; \tag{2-42}$$

（4）令$t = t + 1$，转至第（2）步。

梯度的计算与目标函数的具体表达式有关。对最小二乘线性回归，目标函数式为式（2-14）：$J(\boldsymbol{w}) = (\boldsymbol{X}\boldsymbol{w} - \boldsymbol{y})^{\mathrm{T}}(\boldsymbol{X}\boldsymbol{w} - \boldsymbol{y})$，梯度为式（2-29）：$\nabla_{\boldsymbol{w}} J = \frac{\partial}{\partial \boldsymbol{w}} J(\boldsymbol{w}) = 2\boldsymbol{X}^{\mathrm{T}}(\boldsymbol{X}\boldsymbol{w} - \boldsymbol{y})$。将上述梯度代入算法 2-3，得到最小二乘线性回归的梯度下降更新公式为

$$\boldsymbol{w}^{(t+1)} = \boldsymbol{w}^{(t)} - \eta \nabla_{\boldsymbol{w}} J\big|_{\boldsymbol{w}^{(t)}} = \boldsymbol{w}^{(t)} - 2\eta \boldsymbol{X}^{\mathrm{T}}(\boldsymbol{X}\boldsymbol{w} - \boldsymbol{y})。 \tag{2-43}$$

类似地，可以得到岭回归的梯度下降更新公式为

$$\boldsymbol{w}^{(t+1)} = \boldsymbol{w}^{(t)} - \eta \nabla_{\boldsymbol{w}} J\big|_{\boldsymbol{w}^{(t)}} = \boldsymbol{w}^{(t)} - 2\eta \left(\boldsymbol{X}^{\mathrm{T}}(\boldsymbol{X}\boldsymbol{w} - \boldsymbol{y}) + \lambda \boldsymbol{w}\right)。 \tag{2-44}$$

学习率η是梯度下降算法的一个很重要的参数。图 2-2 给出了对例 2-1 中的数据集采用不同学习率求解最小二乘回归模型参数的过程。图中给出了目标函数的值随迭代次数的变化曲线。图 2-2（a）与图 2-2（b）虽然图形形状相似，但目标函数达到收敛所用的迭代次数并不同。当$\eta = 0.1$时，迭代 30 次达到收敛。当$\eta = 0.2$时，只须迭代 15 次即可达到收敛。学习率大，收敛速度快，所需的迭代次数少。如果学习率设置得太小，需要花费较长的时间才能收敛。但学习率过大，会导致参数更新过大，又有可能会跨越最佳值，使目标函数值反而增大，发生过冲现象（Overshooting）。如图 2-2（c）所示，当$\eta = 0.8$时，迭代 3 次即可收敛，但精度不够，若继续迭代，则目标函数的值反而增大。所以如果观测到目标函数随迭代次数增加反而增大的情况，则说明是学习率设置得过大所致，此时应调小学习率。通常可以在优化开始阶段采用较大的学习率以加快学习速度，但后续应该慢慢衰减。第 9 章我们将讨论自适应的学习率设置。

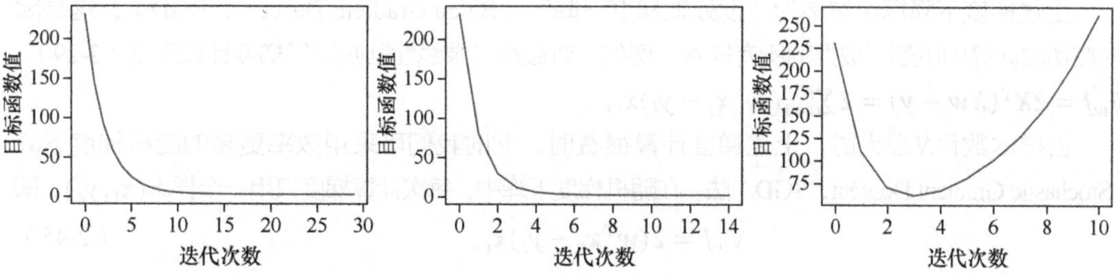

（a）学习率：0.1　　（b）学习率：0.2　　（c）学习率：0.8

图 2-2　梯度下降中学习率的影响

在线性回归中，如果特征的取值范围不同，则理论上不同的特征需要设置不同的学习率，因为在泰勒展开中，近似只在$\Delta \boldsymbol{w} = -\eta \nabla_{\boldsymbol{w}} J$足够小的情况下才成立。以最小二乘回归为例，第$j$维特征的更新量$\Delta w_j = -2\eta \left(\boldsymbol{X}_{:,j}\right)^{\mathrm{T}}(\boldsymbol{X}\boldsymbol{w}^{(t)} - \boldsymbol{y})$，其中$\boldsymbol{X}_{:,j}$为矩阵$\boldsymbol{X}$的第$j$列。假设某维特征的绝对值相对其他特征特别大，所有特征的学习率相同，为了使绝对值大的特征对应的参数更新量足够小，这个全局学习率就须设得足够小，从而影响总体的收敛效果。

我们在例 2-1 中的数据集上验证了这一点。为了可视化，我们对数据进行中心化以使截距项为 0，同时去除对响应影响不大的特征newspaper，这样模型中只包含 2 维特征：TV和radio，分别对应的参数为 w_1 和 w_2。如果对输入特征进行标准化，则变换后每列特征的均值为 0，标准差为 1，初始值为$(0,0)^{\mathrm{T}}$，当学习率为 0.1 时，最小二乘回归的参数更新轨迹如图 2-3（a）所示。我们看到，此时目标函数的等高线基本呈圆形，任意点的负梯度均指向圆心（极小值对

应的点），轨迹近似直线，收敛速度非常快（30 次达到收敛）。

如果对输入特征不做处理，则特征TV的取值范围为[0.7, 296.4]，特征radio的取值范围为[0.0, 49.6]。从而目标函数在竖直方向比在水平方向的斜率的绝对值更大，等高线呈椭圆形。因此，当固定学习率后，梯度下降法的中参数在竖直方向比在水平方向的移动幅度更大。所以我们需要一个较小的学习率，以避免参数在竖直方向上越过目标函数的最优解。然而，较小的学习率会造成参数在水平方向上朝最优解移动的速度变慢。在本例中，若设学习率为10^{-3}，则由于学习率过大，算法不能收敛。当学习率设为10^{-4}时，经过 89 次迭代，算法达到收敛，参数更新轨迹如图 2-3（b）所示。由于目标函数的等高线呈椭圆形，除非初始点刚好靠近椭圆的轴，否则负梯度不会指向椭圆圆心而是会趋向于与短轴平行，从而造成在长轴上呈“之”字形反复跳跃，缓慢地向极小值逼近。

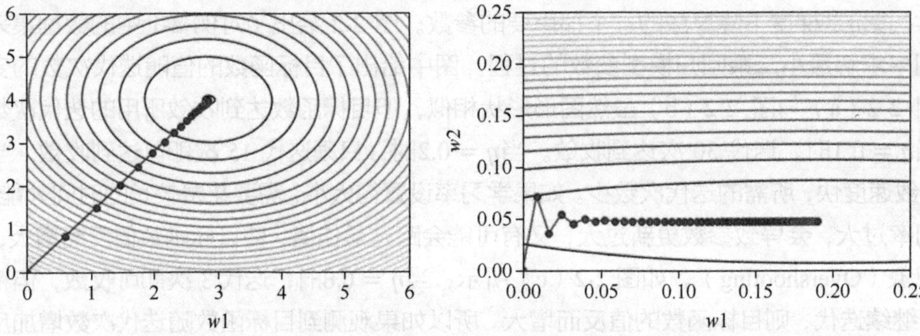

（a）特征通过标准化进行缩放　　（b）特征不缩放

图 2-3　梯度下降中特征缩放的影响

上述梯度下降算法被称为“批处理梯度下降”（Batch Gradient Descent，BGD），这是因为在梯度计算中用到了成批的所有样本。例如，对最小二乘线性回归进行梯度计算为式（2-29）：$\nabla_{\boldsymbol{w}} J = 2\boldsymbol{X}^{\mathrm{T}}(\boldsymbol{X}\boldsymbol{w} - \boldsymbol{y}) = 2\sum_{i=1}^{N}(\boldsymbol{w}^{\mathrm{T}}\boldsymbol{x}_i - y_i)\boldsymbol{x}_i$。

当样本数目N很大时，上述梯度计算很费时。此时我们可采用效率更高的随机梯度下降（Stochastic Gradient Descent，SGD）法。在随机梯度下降中，每次计算梯度只用一个样本$(\boldsymbol{x}_t, y_t)$，即

$$\nabla_{\boldsymbol{w}} J = 2(\boldsymbol{w}^{\mathrm{T}}\boldsymbol{x}_t - y_t)\boldsymbol{x}_t。\quad (2\text{-}45)$$

所有样本都用过一次称为一轮（epoch）迭代。

在实际应用中，通常采用介于随机梯度下降和批处理梯度下降之间的策略：小批量梯度下降（Mini-Batch Gradient Descent）。在小批量梯度下降中，每次不只用一个样本，而是用一小批样本。每批次中样本的数目称为批容量（Batch Size）。批容量大小的选择是在内存效率和内存容量之间寻找最佳平衡。如果批容量过小，则梯度震荡大，算法难收敛。增大批容量，相对处理速度会加快，所需内存容量会增加，同时需要相应增加迭代的轮数以获得最好结果。相比批处理梯度下降，小批量梯度下降通常收敛更快。

Scikit-Learn 建议当样本数目超过 10 000 时采用随机梯度下降或小批量梯度下降。另外在小批量梯度下降中，每轮迭代均须对训练样本重新洗牌，以增加其随机性。

2.3.3　坐标轴下降法

由于目标函数中有 L1 正则项，目标函数在原点处不可导，其优化求解推荐采用坐标轴下

降法。Lasso 还有一种求解方法为最小角度回归（Least Angle Regression, LAR），感兴趣的读者可参考文献[4]。

1. 坐标轴下降法

顾名思义，坐标轴下降法是沿着坐标轴的方向移动，使函数值下降。为了找到一个函数的局部极小值，坐标轴下降法在每次迭代中从当前位置沿一个坐标轴方向进行一维搜索，在整个搜索过程中循环使用不同的坐标轴方向。一个周期的一维搜索迭代过程相当于一个梯度迭代。坐标轴下降法在稀疏矩阵上的计算速度非常快，其也是 Lasso 回归优化求解最快的解法。

坐标轴下降法的数学依据主要是如下结论（此处不做证明）：一个可微的凸函数$J(\boldsymbol{\theta})$，其中$\boldsymbol{\theta}$是D维向量，如果在某一点$\bar{\boldsymbol{\theta}}$，使得$J(\boldsymbol{\theta})$在每一个坐标轴$\bar{\theta}_j$上都是极小值，那么$J(\bar{\boldsymbol{\theta}})$就是一个全局极小值。因此我们的优化目标就是在$\boldsymbol{\theta}$的$D$个坐标轴上对函数做迭代下降，当所有的坐标轴上的$\theta_j(j=1,\cdots,D)$都达到收敛时，函数值最小，此时的$\boldsymbol{\theta}$即为我们要求的结果。

算法 2-4：坐标轴下降法

（1）初始化$\boldsymbol{\theta}$为一随机初值，记为$\boldsymbol{\theta}^{(0)}$；

（2）对第t轮迭代，我们依次计算$\theta_j^{(t)}(j=1,\cdots,D)$：

$$\theta_j^{(t)} \in \operatorname{argmin}_{\theta_j} J\left(\theta_1^{(t)},\theta_2^{(t)},\cdots,\theta_{j-1}^{(t)},\theta_j,\theta_{j+1}^{(t-1)},\cdots,\theta_D^{(t-1)}\right), \tag{2-46}$$

此时$J(\boldsymbol{\theta})$ 中只有θ_j是变量，这个只有一个未知量的优化问题很容易计算。

（3）检查向量$\boldsymbol{\theta}^{(t)}$ 和$\boldsymbol{\theta}^{(t-1)}$在各个维度上的变化情况，如果在所有维度上变化都足够小，那么$\boldsymbol{\theta}^{(t)}$即为最终结果，否则转至第（2）步，继续第$t+1$轮的迭代。

2. Lasso 优化求解之坐标轴下降法

Lasso 的目标函数为式（2-22）：$J(\boldsymbol{w},\lambda)=(\boldsymbol{Xw}-\boldsymbol{y})^{\mathrm{T}}(\boldsymbol{Xw}-\boldsymbol{y})+\lambda\sum_{j=1}^{D}|w_j|$，用坐标轴下降法求解时，需要计算目标函数在每一维上的梯度。但正则项中$|w_j|$在$w_j=0$处不可导。为了处理不可导函数，我们扩展导数的表示，定义一个（凸）函数f在点x_0处的次梯度（subgradient）或次导数（subderivative）为一个标量g，使得

$$f(x)-f(x_0) \geqslant g(x-x_0), \forall x \in \mathcal{I}, \tag{2-47}$$

其中$\mathcal{I}$为包含x_0的某个区间。

定义区间$[a,b]$的次梯度集合为

$$a=\lim_{x\to x_0^-}\frac{f(x)-f(x_0)}{x-x_0}, b=\lim_{x\to x_0^+}\frac{f(x)-f(x_0)}{x-x_0}。 \tag{2-48}$$

所有次梯度的区间称为函数f在x_0处的次微分（Subdifferential），用$\partial f(x)|_{x_0}$表示。

例如，绝对值函数 $f(x)=|x|$，它的次梯度为

$$\partial f(x)=\begin{cases}\{-1\} & x<0\\ 0 & x=0\\ \{+1\} & x>0。\end{cases} \tag{2-49}$$

如果函数处处可微，则$\partial f(x)=\dfrac{\mathrm{d}f(x)}{\mathrm{d}x}$。

同标准的微积分类似，可以证明当且仅当 $0\in\partial f(x)|_{\hat{x}}$ 时，$\hat{x}$为f的局部极值点。

Lasso 问题的目标函数为

$$J(\boldsymbol{w},\lambda)=(\boldsymbol{Xw}-\boldsymbol{y})^{\mathrm{T}}(\boldsymbol{Xw}-\boldsymbol{y})+\lambda\sum_{j=1}^{D}|w_j|$$

$$=\sum_{i=1}^{N}(\boldsymbol{w}^{\mathrm{T}}\boldsymbol{x}_i-y_i)^2+\lambda\sum_{j=1}^{D}|w_j|\text{。}$$

我们采用坐标轴下降法求模型参数，分别对第j维坐标参数w_j进行分析。其中可微项$\mathrm{RSS}(\boldsymbol{w})=\sum_{i=1}^{N}(\boldsymbol{w}^{\mathrm{T}}\boldsymbol{x}_i-y_i)^2$的梯度为

$$\begin{aligned}\frac{\partial}{\partial w_j}\mathrm{RSS}(\boldsymbol{w})&=\frac{\partial}{\partial w_j}\sum_{i=1}^{N}(\boldsymbol{w}^{\mathrm{T}}\boldsymbol{x}_i-y_i)^2\\&=\frac{\partial}{\partial w_j}\sum_{i=1}^{N}\left((\boldsymbol{w}_{-j}^{\mathrm{T}}\boldsymbol{x}_{i,-j}+w_jx_{i,j})-y_i\right)^2\\&=2\sum_{i=1}^{N}(\boldsymbol{w}_{-j}^{\mathrm{T}}\boldsymbol{x}_{i,-j}+w_jx_{i,j}-y_i)x_{i,j}\\&=\underbrace{2\sum_{i=1}^{N}x_{i,j}^2}_{a_j}w_j-\underbrace{2\sum_{i=1}^{N}(y_i-\boldsymbol{w}_{-j}^{\mathrm{T}}\boldsymbol{x}_{i,-j})x_{i,j}}_{c_j}\\&=a_jw_j-c_j,\end{aligned}\tag{2-50}$$

其中$\boldsymbol{w}_{-j}$表示向量$\boldsymbol{w}$中除了第j维的其他$D-1$个元素，$\boldsymbol{x}_{i,-j}$表示向量$\boldsymbol{x}_i$中除了第j维的其他$D-1$个元素，$x_{i,j}$表示向量$\boldsymbol{x}_i$中的第j维元素。令

$$a_j=2\sum_{i=1}^{N}x_{i,j}^2,\tag{2-51}$$

$$c_j=2\sum_{i=1}^{N}(y_i-\boldsymbol{w}_{-j}^{\mathrm{T}}\boldsymbol{x}_{i,-j})x_{i,j},\tag{2-52}$$

不可微的正则项$|w_j|$的次梯度为

$$\frac{\partial}{\partial w_j}|w_j|=\begin{cases}\{-1\} & w_j<0\\0 & w_j=0\\\{+1\} & w_j>0\text{。}\end{cases}\tag{2-53}$$

综合式（2-50）和式（2-53），得到 Lasso 目标函数的次梯度为

$$\begin{aligned}\partial_{w_j}J(\boldsymbol{w},\lambda)&=(a_jw_j-c_j)+\lambda\,\partial_{w_j}\left(\sum_{j=1}^{D}|w_j|\right)\\&=\begin{cases}\{a_jw_j-c_j-\lambda\} & w_j<0\\0 & w_j=0\\\{a_jw_j-c_j+\lambda\} & w_j>0\text{。}\end{cases}\end{aligned}\tag{2-54}$$

当 0 属于目标函数的次梯度时，目标函数取极小值，即

$$\hat{w}_j(c_j)=\begin{cases}(c_j+\lambda)/a_j & c_j<-\lambda\\0 & c_j\in[-\lambda,\lambda]\\(c_j-\lambda)/a_j & c_j>\lambda\text{。}\end{cases}\tag{2-55}$$

算法 2-5：Lasso 的坐标轴下降求解

（1）预计算$a_j=2\sum_{i=1}^{N}x_{i,j}^2$；

（2）初始化参数$\boldsymbol{w}$（全 0 或随机）；

（3）循环直到收敛。选择变化幅度最大的维度或者轮流更新w_j，计算$c_j = 2\sum_{i=1}^{N}\left(y_i - \boldsymbol{w}_{-j}^{\mathrm{T}}\boldsymbol{x}_{i,-j}\right)x_{i,j}$；

$$w_j = \begin{cases} (c_j + \lambda)/a_j & c_j < -\lambda \\ 0 & c_j \in [-\lambda, \lambda] \\ (c_j - \lambda)/a_j & c_j > \lambda。\end{cases}$$

从上面的算法可以看出，当$c_j \in [-\lambda, \lambda]$，即当第$j$维特征与去掉该维特征的模型的预测残差弱相关（相关系数的绝对值小于λ）时，$w_j = 0$，该维特征可以从模型中去掉，所以 L1 正则可以起到特征选择作用。当$\lambda \geqslant \lambda_{\max}$时，所有回归系数$w_j = 0$，有

$$\lambda_{\max} = \max_j \boldsymbol{X}_{:,j}^{\mathrm{T}}\boldsymbol{y}, \tag{2-56}$$

其中$\boldsymbol{X}_{:,j}$表示所有样本第j维的值，$\boldsymbol{y}$表示所有样本的标签的值。

2.4 回归任务的性能指标

本节我们讨论回归任务中的常用性能指标。

- 均方误差（Mean Squared Error，MSE）

$$\mathrm{MSE} = \frac{1}{N}\sum_{i=1}^{N}(\hat{y}_i - y_i)^2。\tag{2-57}$$

MSE 计算的是预测残差的平方和，数值越小越好。由于均方误差对大误差的样本有更多的惩罚，因此对离群点敏感。

- 均方根误差（Rooted Mean Squared Error，RMSE）

$$\mathrm{RMSE} = \sqrt{\frac{1}{N}\sum_{i=1}^{N}(\hat{y}_i - y_i)^2}。\tag{2-58}$$

RMSE 在 MSE 的基础上进行开方，这样可使量纲和y相同。

- 平均绝对误差（Mean Absolute Error，MAE）

$$\mathrm{MAE} = \frac{1}{N}\sum_{i=1}^{N}|\hat{y}_i - y_i|。\tag{2-59}$$

MAE 为预测残差的绝对值之和，值越小越好。

- 绝对误差的中值（Median Absolute Error，MedianAE）

$$\mathrm{MedainAE} = \mathrm{Medain}\left(|\hat{y}_1 - y_1|, \cdots, ||\hat{y}_N - y_N||\right), \tag{2-60}$$

其中Medain()为计算中值。所以 MedianAE 为预测残差的中值（中位数），对离群点不敏感。

- 均方对数误差（Mean Squared Logarithmic Error，MSLE）

$$\mathrm{MSLE} = \frac{1}{N}\sum_{i=1}^{N}(\ln(1 + \hat{y}_i) - \ln(1 + y_i))^2。\tag{2-61}$$

当y的分布范围比较广时（如房屋价格可以从 0 到非常大的数），如果使用 MAE、MSE、RMSE 等误差，则可使模型更关注于那些y较大的样本。而 MSLE 关注的是预测误差的比例，因此使y值较小的样本也同等重要。当数据中存在标签较大的异常值时，MSLE 能够降低这些异常值的影响。

- 均方根对数误差（Root Mean Squared Logarithmic Error，RMSLE）

$$\text{RMSLE} = \sqrt{\frac{1}{N}\sum_{i=1}^{N}(\ln(1+\hat{y}_i)-\ln(1+y_i))^2}\text{。} \quad (2\text{-}62)$$

类似 RMSE 和 MSE 的关系，RMSLE 是在 MSLE 的基础上进行开方。

- 可解释方差分数（Explained Variance Score）

$$\text{Explained}_{\text{Var}} = 1 - \frac{\text{Var}(y-\hat{y})}{\text{Var}(y)}, \quad (2\text{-}63)$$

其中Var()表示方差。可解释方差分数值最大为 1，越接近 1 越好。

- R 方分数（R^2 score）

R 方分数既考虑预测值与真值之间的差异，也考虑问题本身的真值之间的差异。

$$\text{SS}_{\text{res}} = \frac{1}{N}\sum_{i=1}^{N}(\hat{y}_i - y_i)^2,$$

$$\text{SS}_{\text{tot}} = \frac{1}{N}\sum_{i=1}^{N}(y_i - \bar{y})^2, \quad (2\text{-}64)$$

$$R^2 = 1 - \frac{\text{SS}_{\text{res}}}{\text{SS}_{\text{tot}}}\text{。}$$

R 方分数的最佳值为 1，也可能为负值。如果结果是 0，则说明模型跟随机猜测差不多。如果结果是 1，则说明模型无错误。如果结果是 0 ~ 1，则其表示模型的好坏程度。如果结果是负数，则说明模型还不如随机猜测。

Scikit-Learn 中的metrics模块给出了支持的回归指标，R 方分数也是 Scikit-Learn 中回归模型默认的指标。

2.5 线性回归模型的超参数调优

在 2.3 节中我们讨论了在给定超参数（正则参数）λ的情况下，线性回归模型参数$\boldsymbol{w}$的优化求解问题。本节讨论线性回归模型超参数λ的调优，即根据任务指定的性能指标确定最优的超参数。

在线性回归模型中，最小二乘线性回归模型没有需要调整的超参数，岭回归模型和 Lasso 模型的超参数为正则系数λ。若将 MSE/RMSE 作为性能指标，则可采用信息准则直接估计不同超参数对应的模型的性能。常用的信息准则包括赤池信息准则（Akaike Information Criterion，AIC）和贝叶斯信息准则（Bayes Information Criterion，BIC）。若采用其他性能指标，则只能在验证集上估计模型的性能。如果训练数据集较小，则可采用交叉验证得到验证集。

AIC 定义为

$$\text{AIC}(\lambda) = N\ln(\text{RSS}(\boldsymbol{w},\lambda)) + 2\text{d}f(\lambda), \quad (2\text{-}65)$$

其中RSS为模型在训练集上的预测残差平方和，$\text{d}f(\lambda)$为超参数λ对应的模型的自由度。岭回归模型的自由度如式（2-40）所示，Lasso 模型的自由度为非零系数的数目。

BIC 与 AIC 类似，其定义为

$$\text{BIC}(\lambda) = N\ln(\text{RSS}(\boldsymbol{w},\lambda)) + \ln(N)\text{d}f(\lambda)\text{。} \quad (2\text{-}66)$$

基于信息准则的模型选择非常快，无须验证集，但其依赖于模型自由度的估计，只有在大样本（渐近）且假设模型是正确的情况下，才能取得好的效果。

对岭回归模型，我们通常采用高效的广义交叉验证（Generalized Cross Validation，GCV）来近似留一交叉验证（Leave One Out Cross Validation, LOOCV），无须循环N次即可实现留一交叉验证。

假设模型预测为$\hat{\boldsymbol{y}} = \boldsymbol{H}\boldsymbol{y}$，$\boldsymbol{H}$为帽矩阵，LOOCV 误差估计为

$$\mathrm{CV} = \frac{1}{N}\sum_{i=1}^{N}(y_i - f_{-i}(\boldsymbol{x}_i))^2 = \frac{1}{N}\sum_{i=1}^{N}\left(\frac{y_i - f(\boldsymbol{x}_i)}{1-\boldsymbol{H}_{ii}}\right)^2, \tag{2-67}$$

其中f_{-i}表示去掉第i个样本后得到的模型。GCV 对 LOOCV 误差的近似为

$$\mathrm{GCV} = \frac{1}{N}\sum_{i=1}^{N}\left(\frac{y_i - f(\boldsymbol{x}_i)}{1-\frac{\mathrm{tr}(\boldsymbol{H})}{N}}\right)^2, \tag{2-68}$$

其中tr()表示计算矩阵的迹。

2.6 案例分析 1：广告费用与销量预测

本节我们以例 2-1 中的广告数据集为例，分析线性回归模型的应用。

1. 数据分析

给定任务后，我们首先分析数据集的特点，为后续的特征工程、机器学习模型以及模型优化算法选择提供依据。只有当数据特点与模型假设吻合时，才能取得好的效果。

数据分析通常须检查数据集的规模、各特征的分布、特征与特征之间的关系以及特征与响应之间的关系。另外还要注意数据是否有离群点和缺失值。单个特征的分布信息可以通过直方图或统计量来查看，两个特征之间的关系可以通过散点图来查看。对于两个连续特征或响应，还可以计算它们之间的相关系数，查看这两个特征或者特征与响应之间的线性相关程度。Pandas 工具包提供了大量数据分析的方法，可以使用类似 SQL 的方式非常方便地加载、处理、分析表格形式的数据。搭配 matplotlib 和 seaborn 可对数据分析结果进行可视化。

图 2-4 给出了例 2-1 的广告数据集中各特征与响应的散点图以及各特征与响应的相关系数。从图中可以看出，电视广告费用特征（TV）和广播广告费用特征（radio）与销量（sales）的线性相关性较强，而报纸广告费用特征（newspaper）与销量（sales）相关性弱。同时 3 个广告费用特征之间的相关性也较弱。

2. 特征工程

特征工程是对原始输入数据进行适当的处理，从而使数据符合模型的假设及格式要求。在线性回归模型中，特征值直接参与算术运算，因此特征值必须是数值。如果输入特征有离散型特征（如天气类别等），则需要将离散型特征转换成数值。另外，在线性回归模型中，我们假设输入特征与响应之间为线性关系，当输入数据不满足该假设时，需要对输入特征或响应做处理，如特征区间化、特征的多项式组合、log变换等。

数值型特征常用的特征工程或预处理方法介绍如下。

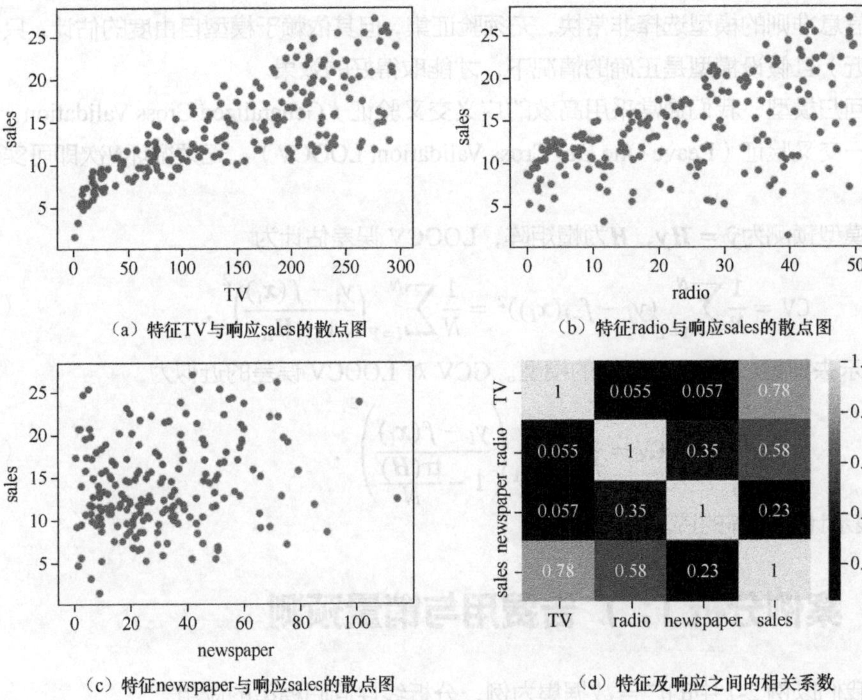

（a）特征TV与响应sales的散点图

（b）特征radio与响应sales的散点图

（c）特征newspaper与响应sales的散点图

（d）特征及响应之间的相关系数

图 2-4　广告数据集数据分析

（1）去量纲：去量纲的目的是使特征的量纲或取值范围相同，这样，各个特征在模型中的地位就不会受量纲的影响，可采用 Scikit-Learn 中的 StandardScaler或MinMaxScaler实现。模型中的正则项和梯度下降优化算法均要求特征的量纲相同或取值范围相同。

（2）分区间量化：线性回归模型假设输入特征与响应之间存在线性关系。当输入特征与响应不满足线性关系时（如年龄与商品销量之间的关系），我们可以将特征量化成多个区间，获得离散型特征，然后再通过独热编码获得多个新的数值型特征。

（3）log 变换：当特征的取值范围很大（为右斜分布）时，可以考虑对特征进行log变换。因为log变换可以拉伸较小幅度的特征值，压缩大幅度的特征值。

（4）特征交叉或组合：在线性回归模型中，假设特征和响应之间为线性关系。如果特征和响应之间不满足该假设，则可以对特征进行多项式扩展，变换后的特征组合的线性组合相当于对原始特征的非线性组合。不过需要注意的是，多项式扩展后的特征数目会随多项式的阶数呈指数增长，所以多项式的阶数通常会被限制为 2。Scikit-Learn 的PolynomialFeatures类可以实现该功能。

离散型特征常用的特征工程方法介绍如下。

（1）标签编码（Label Encoding）：对于有序特征，一种编码方式是直接变换整数。例如，表示尺寸的特征，特征取值有 XS、S、M、L、XL 等，我们可以将其变换为整数 1，2，3，4，5 等。不过考虑到变换为整数后，特征和响应可能不满足线性关系，因此最好采用独热编码。Scikit-Learn 中的工具LabelEncoder可实现将离散型特征变换成整数；也可手动指定特征值与整数之间的映射关系，通过 Pandas 的map()函数来实现。

（2）独热编码（One-Hot Encoding）：独热编码是离散型特征编码用得最多的一种编码方式。考虑任意具有M种取值的离散型特征，独热编码方案将该属性编码变换成M维二进制特征向量（向量中的每一维的值只能为 0 或 1），且其中只有某一维的值为 1（独热）。独热编码可通过联合使用 Scikit-Learn 中的LabelEncoder和OneHotEncoder实现，也可用 Pandas 中的

get_dummies()函数实现。二者的使用场合略有不同。由于独热编码后的特征维度与特征的可能取值数目M有关，所以通常当M较小时才采用该编码方式。

（3）计数编码（Counting-Based Coding）：当特征的可能取值数目非常大时（如 IP 地址），可以使用基于概率的统计信息，用该特征值取响应值的概率$P(Y=k|x=m)$进行编码。例如，基于过去 IP 地址历史数据和 DDOS 攻击中所使用的历史数据，用每个 IP 地址会被 DDOS 攻击的可能性编码该 IP 地址，其描述了将来出现该 IP 地址时引起 DDOS 攻击的概率值。该编码方案需要详尽的历史数据，以得到可靠的概率模型。

（4）哈希编码（Hashing Coding）：哈希编码也用于特征取值很多的情况，将特征值变换为一个低维稠密向量。Scikit-Learn 的FeatureHasher类实现了特征哈希方案。

（5）嵌入式编码（Embedding Coding）：嵌入式编码的使用场合和编码结果同哈希编码类似，不同的是编码值不是通过确定的哈希函数得到的，而是通过某种方式学习得到的，学习方式可以与响应无关（如 Word2Vec），也可以与响应有关（如 CTR 预估中，用户 ID 和商品 ID 等的编码与 CTR 预估模型一起学习）。

另外对时间型特征和地理位置型特征，可能也需要根据具体任务进行适当编码。本书通过案例对涉及的各种情况在代码中进行详细讲解。

广告数据集中 3 个特征均为数值型特征，且量纲相同，我们暂且假设输入特征与销量之间为线性关系，因此特征工程部分无须操作。但 3 个特征的取值范围不同，如果采用梯度下降/随机梯度下降法求解，则还需要将所有特征的取值范围缩放到相同区间。为保险起见，我们还须对输入特征进行标准化处理。

3. 线性回归模型应用

在 Scikit-Learn 中，最小二乘线性回归、岭回归、Lasso 和弹性网络分别为 LinearRegression、RidgeCV、LassoCV和ElasticNetCV。

LinearRegression无超参数，在我们确信特征之间无线性关系时使用。RidgeCV默认采用的是如式（2-68）所述的 GCV 对超参数进行调优，LassoCV和ElasticNetCV 采用K折交叉验证对超参数进行调优。

RidgeCV的目标函数为$J(\boldsymbol{w},\alpha)=\|\boldsymbol{X}\boldsymbol{w}-\boldsymbol{y}\|_2^2+\alpha\|\boldsymbol{w}\|_2^2$，同式（2-15）一致，只是这里的正则参数用$\alpha$表示。Scikit-Learn 中的岭回归支持多种优化算法，可根据数据集的情况选择合适的算法（通过参数solver设置）。

LassoCV的目标函数为$J(\boldsymbol{w},\alpha)=\frac{1}{2N}\|\boldsymbol{X}\boldsymbol{w}-\boldsymbol{y}\|_2^2+\alpha\|\boldsymbol{w}\|_1$，同式（2-22）一致，只是这里的训练误差用样本数N的 2 倍做了平均，正则参数用α表示。在 Lasso 模型中，当正则参数超过如式（2-56）所示的最大值$\alpha_{\max}$时，所有系数均为 0，因此LassoCV默认的正则参数搜索范围为$[\alpha_{\min},\alpha_{\max}]$，其中$\alpha_{\min}=\alpha_{\max}\times 10^{-3}$，并且对$[\alpha_{\min},\alpha_{\max}]$之间的值在log域上均匀采样100个值。

ElasticNetCV 的目标函数为$J(\boldsymbol{w},\alpha)=\frac{1}{2N}\|\boldsymbol{X}\boldsymbol{w}-\boldsymbol{y}\|_2^2+\alpha\rho\|\boldsymbol{w}\|_1+\frac{\alpha(1-\rho)}{2}\|\boldsymbol{w}\|_2^2$，同式（2-25）一致，只是这里的训练误差用样本数N的 2 倍做了平均，L1 正则和 L2 正则参数用另外两个参数来表示：正则参数α和 L1 正则的比例参数ρ。其中参数α的默认搜索范围同LassoCV中的α相同，$\rho\in[0,1]$。

Scikit-Learn 中各种学习器（estimtor）的 API 几乎相同，方便我们快速掌握不同学习器的使用方法。常用的学习器 API 包括构造函数、模型训练和预测等。

我们从中数据集中随机选择 20%的样本作为测试数据，以其余 80%的样本作为训练数据，采用LinearRegression、RidgeCV、LassoCV和ElasticNetCV等 4 个模型预测广告费用与产品销量之间的关系，得到 4 个模型的回归系数如表 2-2 所示。其中ElasticNetCV 得到的模型和LassoCV相同，即最佳 L1 正则的比例为 1.0。可以看出，岭回归、Lasso 和弹性网络得到的回归系数绝对值均比最小二乘线性回归小，即起到了权值收缩的效果。另外 Lasso 和弹性网络得到的回归系数中，特征newspaper的系数为 0，体现了其稀疏的性质。

表 2-2　广告数据集上不同线性回归模型的系数

特征	最小二乘线性回归系数	岭回归系数	Lasso 系数	弹性网络系数
TV	3.983 944	3.981 524	3.921 642	3.921 642
radio	2.860 230	2.858 304	2.806 374	2.806 374
newspaper	0.038 194	0.038 925	0.000 000	0.000 000
截距项	13.969 091	13.969 282	13.972 528	13.972 528

4 个模型在训练集和测试集上的性能如表 2-3 所示，表中我们采用 R 方分数作为性能度量指标。可以看出，最小二乘线性回归模型在训练集上的性能最好，但在测试集上的性能最差；Lasso 模型在测试集上的性能最好。

表 2-3　广告数据集上不同线性回归模型的性能

线性回归模型	训练集上的性能	测试集上的性能
最小二乘线性回归	0.896 285	0.893 729
岭回归	0.896 285	0.893 865
Lasso	0.895 925	0.899 197
弹性网络	0.895 925	0.899 197

在带正则的模型中，不同正则参数对应的模型性能不同。RidgeCV、LassoCV和ElasticNetCV中不同超参数用交叉验证估计得到的 MSE 变化如图 2-5 所示。从图中可以看出，随着正则参数的增大，模型变得越来越简单，交叉验证估计的测试误差会先减小，后增大。MSE 的最低点对应最佳的超参数，图中用竖直虚线表示。

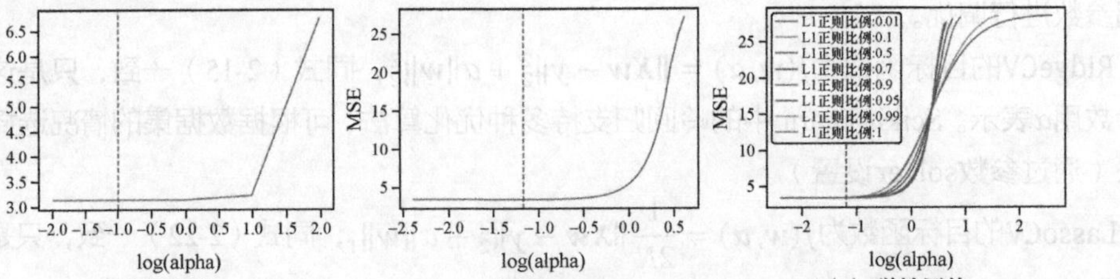

（a）岭回归　（b）Lasso　（c）弹性网络

图 2–5　广告数据集上不同超参数对应模型的交叉验证的测试误差估计（MSE）

2.7　案例分析 2：共享单车骑行量预测

在本节中，我们将在共享单车数据集上采用线性回归模型实现骑行量预测。与 2.6 节的广告数据集相比，共享单车数据集中包含更多的冗余特征，因此正则变得更重要。

1. 数据分析

共享单车数据集包含了两年共 731 天的共享单车骑行量，以及每天的天气特征。其中特征有 22 维，包含时间（日期、年、季节、月份、星期、是否节假日）和天气（晴、阴、雨、雪）等离散型特征，以及温度、体感温度、湿度和风速等数据值特征。可以看出，多个日期特征（如季节和月份）有冗余，同时温度和体感温度之间的相关系数高达 99%，严重冗余。因此我们预期不带正则的最小二乘线性回归效果不会太好，需要对模型加正则约束。

2. 数据探索和特征工程

对数据集中的离散型特征，由于每个特征的取值数目不太多，可采用独热编码的方式进行编码。如对季节特征season，由于其有 4 种取值（1，2，3，4），独热编码后变成 4 维特征。针对每个样本，这 4 维特征中有且仅有 1 维为 1，如表 2-4 所示。对数据集中的数值型特征，进行标准化处理以去量纲。

表 2-4　离散特征编码示例

原始特征 season	独热编码后的特征			
	season_1	season_2	season_3	season_4
1	1	0	0	0
2	0	1	0	0
3	0	0	1	0
4	0	0	0	1

3. 线性回归模型应用

我们从数据集中随机选择 20%的样本作为测试数据，以其余 80%的样本作为训练数据，采用LinearRegression、RidgeCV、LassoCV等 3 个模型预测每天的共享单车骑行量。3 个模型的回归参数如图 2-6 所示。由于模型参数较多（33 维），我们只挑选了绝对值最大的正 10 个系数和负 10 个系数进行展示。从图中可以看出，最小二乘回归模型的系数的绝对值非常大（10^{14}），而带正则的岭回归模型和 Lasso 模型中系数的绝对值则小得多（10^4），且 Lasso 模型中有 6 个系数为 0。

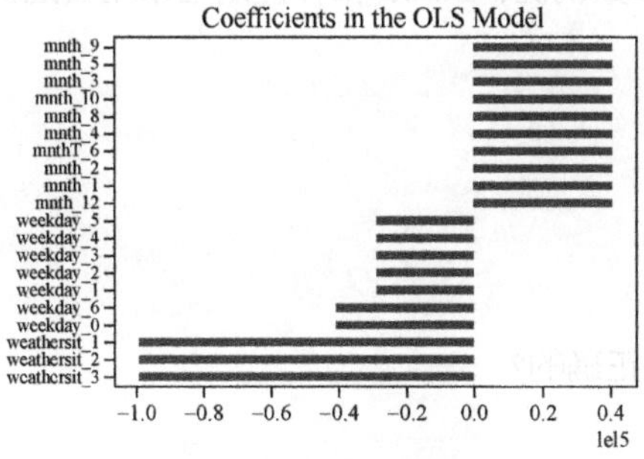

（a）最小二乘线性回归

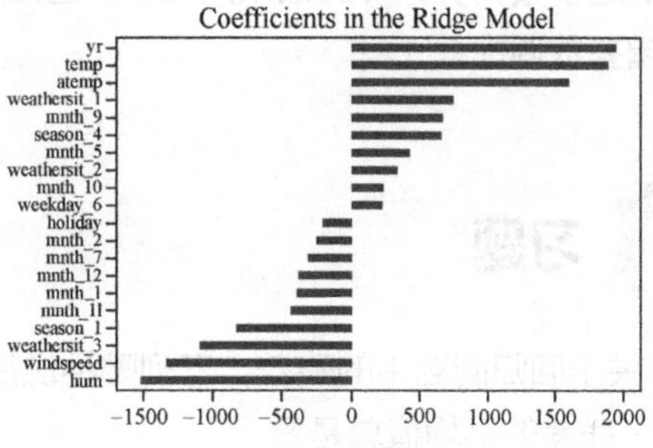

（b）岭回归

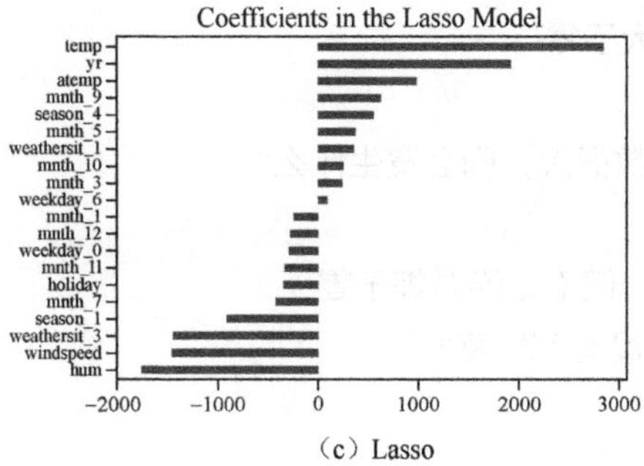

（c）Lasso

图 2-6　共享单车数据集上不同线性回归模型的回归参数

3 个模型在训练集和测试集上的性能如表 2-5 所示，性能度量指标为RMSE。可以看出，最小二乘回归模型在训练集上的性能最好，但在测试集上的性能最差；岭回归模型在测试集上的性能最好，Lasso 的性能介于二者之间。

表 2-5　共享单车骑行量预测数据集上不同线性回归模型的性能

线性回归模型	训练集上的性能	测试集上的性能
最小二乘线性回归	752.257 390	785.595 792
岭回归	754.036 662	776.975 361
Lasso	752.643 468	784.878 890

2.8 本章小结

本章从以下 5 个方面介绍了线性回归模型。

（1）模型的形式：线性回归模型假设响应y与输入特征$\boldsymbol{x}$之间满足线性关系 $y = f(\boldsymbol{x}, \boldsymbol{w}) = \boldsymbol{w}^{\mathrm{T}}\boldsymbol{x}$。

（2）模型的目标函数：线性回归模型的目标函数包含两部分，即训练集上的损失之和与正则项。线性回归模型的损失函数可取 L2 损失或 Huber 损失，正则项可取 L2 正则、L1 正则或 L2 正则+L1 正则。

（3）目标函数的优化求解：线性回归模型的目标函数为凸函数，可采用包括解析法、梯度下降法、坐标轴下降法等诸多优化算法求解，可根据数据的规模和特点选择合适的优化算法。

（4）模型性能指标：回归任务的性能指标包括 MSE、MAE、R 方分数等，可根据任务要求选择合适的性能指标。

（5）超参数调优：岭回归采用 GCV 进行超参数调优，Lasso 和弹性网络采用普通交叉验证进行超参数调优。

2.9 习题

1. 关于回归问题中的残差，下列哪种说法是正确的？

（A）残差的平均值总是零

（B）残差的平均值总是小于零

（C）残差的平均值总是大于零

（D）对于残差没有限制

2. 如果 Lasso 的正则参数很大，则会发生什么？

（A）一些系数将变为零

（B）一些系数将接近零，但不是绝对等于零

3. 下面哪种模型的参数没有解析解？

（A）岭回归

（B）Lasso

（C）岭回归和 Lasso

（D）两者都不是

4. 我们可以用正规方程组方法来计算线性回归系数。关于正规方程组，下列哪种说法是不正确的？

（A）不必选择学习率

（B）当特征数很大时，速度会变慢

（C）不需要迭代

（D）需要迭代

5. 采用梯度下降法，求函数$f(x) = x^2$的极小值，并对比学习率分别为 0.1、0.3 和 0.9 时算法的收敛速度。

6. 采用线性回归模型对波士顿房价数据集进行建模。数据集中共有 506 个样本，每个样本包含波士顿某地区的房屋的 13 个属性和该地区的房价中位数，我们可以根据该地区房屋的属性来预测该地区的房价中位数。数据集中各字段说明如表 2-6 所示。

表 2-6　波士顿房价数据集的字段说明

字段名	说明
CRIM	城镇人均犯罪率
ZN	占地面积超过 7620 平方千米的住宅用地比例
INDUS	城镇非零售业务地区的比例
CHAS	是否靠近查尔斯河（在河边为 1，否则为 0）
NOX	一氧化氮浓度（每 4 万份）
RM	每间住宅的平均房间数
AGE	在 1940 年之前建成的自住单位比例
DIS	与 5 个波士顿就业中心的加权距离
RAD	辐射状公路的可达性指数
TAX	每 10 000 美元的全额物业税率
PTRATIO	城镇的学生与教师比例
B-1000(Bk-0.63)^2	Bk 为城镇黑种人的比例
LSTAT	人口状况下降百分比
MEDV	房价中位数

（1）分析各特征和响应的分布，并对特征进行适当变换。

（2）随机选择其中 80%的样本作为训练数据，其余 20%的样本作为测试数据。

（3）用训练数据训练最小二乘线性回归、岭回归和 Lasso，注意岭回归和 Lasso 的正则超参数调优，性能指标为 RMSE。

（4）比较用上述 3 种模型得到的各特征的回归系数，以及各模型在测试集上的性能。

chapter 03

Logistic 回归

分类是一种常见的监督机器学习问题，在很多领域均有广泛应用。其典型应用包括垃圾邮件过滤、金融风控预测、广告点击率预估等。

本章我们将讨论一种线性分类器：Logistic 回归。同线性回归模型类似，我们也从模型的形式、目标函数（损失函数和正则函数）、目标函数的优化求解、分类模型的性能指标以及应用案例等方面展开讨论。由于 Logistic 回归实现简单、可解释性强，因此其模型在推荐系统中使用频率极高。

3.1 Logistic 回归模型

Logistic 回归（Logistic Regression）虽然从名字上来看是回归算法，但其实际上是一个分类算法，也被称为 Logit 回归（Logit Regression）、最大熵分类器（Maximum-Entropy Classification，MaxEnt）。

同线性回归模型类似，Logistic 回归首先对输入进行线性组合，得到$z(\boldsymbol{x},\boldsymbol{w})=\boldsymbol{w}^{\mathrm{T}}\boldsymbol{x}$。由于模型输出为样本属于某个类别的概率，我们使用Sigmoid函数$\sigma(\cdot)$将$z(\boldsymbol{x},\boldsymbol{w})$压缩到[0,1]，用$\sigma\big(z(\boldsymbol{x},\boldsymbol{w})\big)$表示概率分布$p(y|\boldsymbol{x})$的参数。

Sigmoid函数的形式为

$$\sigma(z)=\frac{1}{1+\mathrm{e}^{-z}}, \tag{3-1}$$

其导数为

$$\frac{\mathrm{d}\sigma}{\mathrm{d}z}=\frac{\mathrm{e}^{-z}}{(1+\mathrm{e}^{-z})^2}=\sigma(1-\sigma)。 \tag{3-2}$$

Sigmoid函数呈 S 型，故也被称为 S 型函数，其形状如图 3-1 所示。

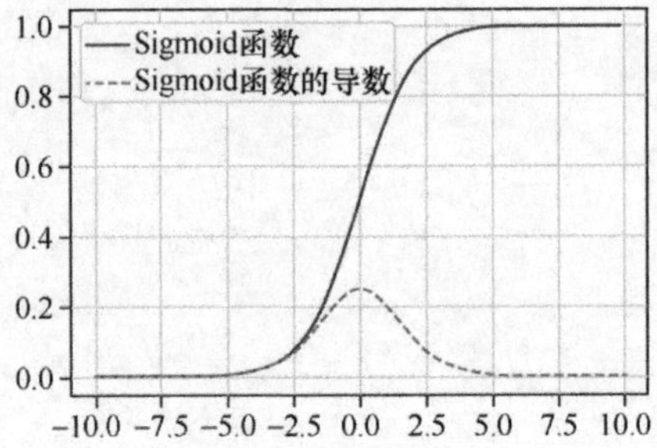

图 3-1 Sigmoid 函数及其导数

对于两类分类问题，Logistic 回归模型为

$$P(Y=1|\boldsymbol{x})=\sigma(z)=\frac{1}{1+\mathrm{e}^{-z}},$$

$$P(Y=0|\boldsymbol{x})=1-p(y=1|\boldsymbol{x})=1-\sigma(z)=\frac{\mathrm{e}^{-z}}{1+\mathrm{e}^{-z}}。 \tag{3-3}$$

定义一个事件的概率比（odds）为该事件发生的概率与不发生的概率的比值，在 Logistic 回归模型中，事件的概率比为

$$\frac{P(Y=1|\boldsymbol{x})}{P(Y=0|\boldsymbol{x})}=\mathrm{e}^{z}。 \tag{3-4}$$

两边取 log 运算，得到该事件发生的对数概率比（log odds）为

$$z=\ln\frac{P(Y=1|\boldsymbol{x})}{P(Y=0|\boldsymbol{x})}=\boldsymbol{w}^{\mathrm{T}}\boldsymbol{x}。 \tag{3-5}$$

所以 Logistic 回归是对事件发生的对数概率比采用线性回归进行拟合。线性回归和 Logistic 回归分别如图 3-2（a）和图 3-2（b）所示。

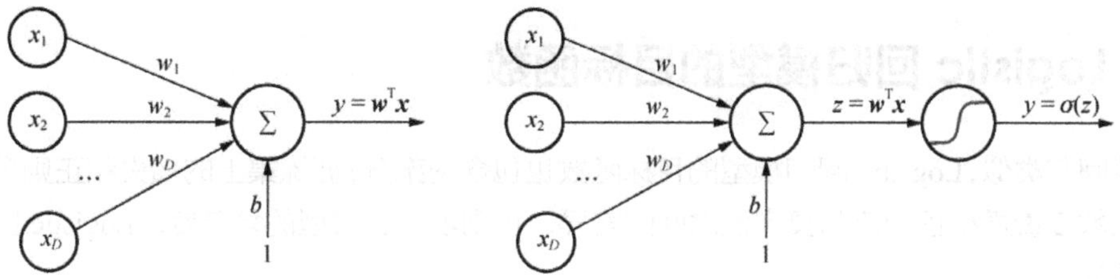

（a）线性回归　　　　　　（b）Logstic回归

图 3-2　线性回归和 Logstic 回归

当$z>0$，$P(Y=1|\boldsymbol{x})>P(Y=0|\boldsymbol{x})$时，如果取最大后验概率，则$\boldsymbol{x}$的类别$Y=1$；

当$z<0$，$P(Y=1|\boldsymbol{x})<p(Y=0|\boldsymbol{x})$时，如果取最大后验概率，则$\boldsymbol{x}$的类别$Y=0$；

当$z=0$时，$P(Y=1|\boldsymbol{x})=P(Y=0|\boldsymbol{x})$，$\boldsymbol{x}$的类别$Y=0$和$Y=1$的概率相等，此时$\boldsymbol{x}$位于决策边界上，可将$\boldsymbol{x}$任意分类到某一类，或者拒绝做出判断。

分类器将输入空间$\boldsymbol{\mathcal{X}}$划分为一些互不相交的区域，这些区域的边界被称为决策边界（Decision Boundaries）。分类器为每个类别分配一个判别函数，根据判别函数来判断一个样本是否属于该类别。假设有C个类别，那么分类器会得到C个判别函数$\delta_c(\boldsymbol{x})$，$c\in[1,2,\cdots,C]$。令$c=\operatorname{argmax}_{c'}\delta_{c'}(\boldsymbol{x})$，一般就可以认为样本$\boldsymbol{x}$属于第$c$类。判别函数$\delta_c(\boldsymbol{x})$和$\delta_k(\boldsymbol{x})$相等的点集即为决策边界。判别函数的形式不同，会使决策边界或光滑、或粗糙。如果决策边界是$\boldsymbol{x}$的线性函数，则称其为线性决策边界，形成的分类器是线性分类器。Logistic 回归是一个线性分类器，因为决策边界

$$z(\boldsymbol{x},\boldsymbol{w})=\boldsymbol{w}^{\mathrm{T}}\boldsymbol{x}=0 \tag{3-6}$$

是$\boldsymbol{x}$的线性组合。

上述两类分类的 Logistic 回归与神经元的工作机制相同。当输入的线性组合大于阈值时，神经元发放脉冲。因此 Logistic 回归可被视为具有单个神经元的单层神经网络（没有隐藏层）。第 9 章将讨论的深度神经网络可被视为 Logistic 回归单元的网络集合。

在例 1-4 的鸢尾花数据集上，取 2 维特征（花萼长度、花萼宽度），将鸢尾花分成变色鸢尾和非变色鸢尾两类，Logistic 回归模型的决策边界如图 3-3 所示，分界线的表达式为$11.091\,899x_1-5.653\,525x_2+7.038\,924=0$。

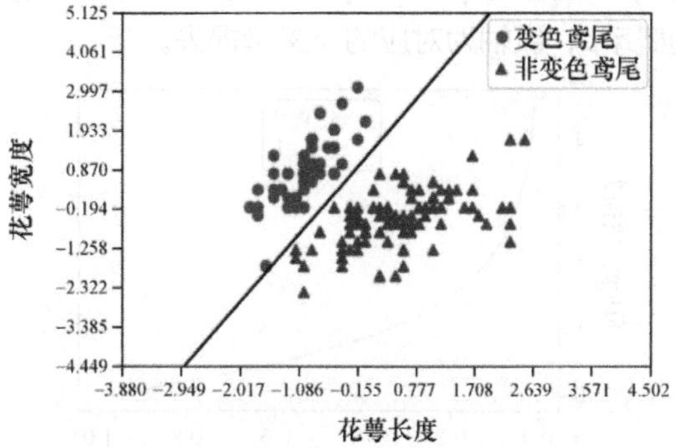

图 3-3　Logistic 回归在 Iris 数据集上的决策边界

说明：周志华老师的《机器学习》[5]一书中采用意译，称 Logistic 回归为对数概率比回归。在此我们直接用英文单词 Logistic。Logistic 回归用线性来回归模型回归对数概率比。

3.2 Logistic 回归模型的目标函数

同线性回归类似，Logistic 回归模型的目标函数也包含两部分：训练集上的损失和正则项。其中损失函数度量模型预测值与真实值之间的差异，正则项惩罚模型的复杂度。Logistic 回归的目标函数为

$$J(\boldsymbol{w},\lambda)=\sum_{i=1}^{N}\mathcal{L}(\mu_i,y_i)+\lambda R(\boldsymbol{w}),\qquad (3\text{-}7)$$

其中$\mu_i=\sigma\left(z(\boldsymbol{x}_i,\boldsymbol{w})\right)=\sigma(\boldsymbol{w}^{\mathrm{T}}\boldsymbol{x}_i)$表示模型预测样本 $\boldsymbol{x}$的标签为 1 的概率。

同线性回归类似，Logistic 回归模型中正则项$R(\boldsymbol{w})$可有以下 3 种选择。

- L2 正则：$\frac{1}{2}\|\boldsymbol{w}\|_2^2$。
- L1 正则：$\|\boldsymbol{w}\|_1$。
- L2 正则+L1 正则：$\rho\|\boldsymbol{w}\|_1+(1-\rho)\|\boldsymbol{w}\|_2^2$。

当正则参数取合适值时，L1 正则的解是稀疏的，可以起到特征选择的作用。需要说明的是，Logistic 回归的目标函数必须包含正则项，否则当数据完全线性可分时，权重系数$\boldsymbol{w}$的模长会无限大。

同线性回归类似，Logistic 回归模型的损失函数也取负 log 似然损失。但 Logistic 回归模型中数据的概率分布不同，因此负 log 似然损失的具体形式与线性回归不同。

对于两类分类问题，$y\in[0,1]$。给定$\boldsymbol{x}$，$p(y|\boldsymbol{x})$可以用贝努利（Bernoulli）分布表示。在贝努利分布$y|\boldsymbol{x}\sim \text{Bernoulli}(\theta)$中，参数$\theta$表示在给定$\boldsymbol{x}$的情况下$Y=1$的概率，有

$$p(y|\boldsymbol{x})=\theta^{y}(1-\theta)^{1-y}=\begin{cases}\theta & y=1\\ 1-\theta & y=0。\end{cases}\qquad (3\text{-}8)$$

在 Logistic 回归模型中，参数$\theta=\mu=\sigma\left(z(\boldsymbol{x},\boldsymbol{w})\right)=\sigma(\boldsymbol{w}^{\mathrm{T}}\boldsymbol{x})$，因此负 log 似然损失为

$$\begin{aligned}\mathcal{L}(\mu,y)&=-\ln\left(p(y|\boldsymbol{x},\boldsymbol{w})\right)\\&=-\ln(\mu^{y}(1-\mu)^{1-y})\\&=-y\ln(\mu)-(1-y)\ln(1-\mu)。\end{aligned}\qquad (3\text{-}9)$$

该损失函数也被称为交叉熵损失。$y=1$和$y=0$的交叉熵损失函数如图 3-4 所示，图中横轴为模型预测标签为 1 的概率μ，纵轴为对应的交叉熵损失。

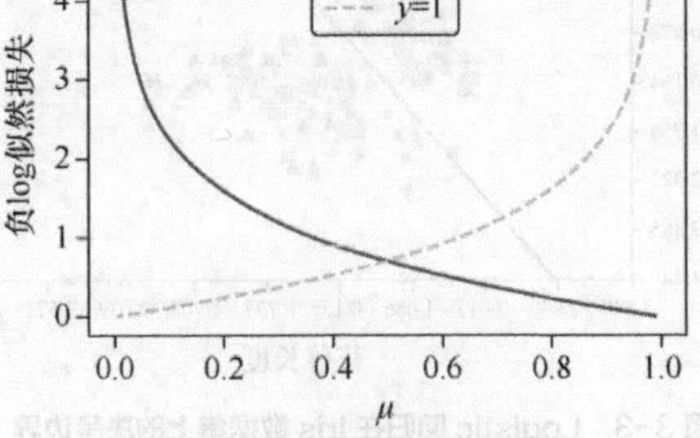

图 3-4　交叉熵损失函数示意图

说明：如果对于同一个随机变量x有两个概率分布$p(x)$和$q(x)$，则可用 KL 散度（Kullback-Leibler divergence）来表示两个概率分布之间的差异，有

$$\mathrm{KL}_{p||q}=\sum_{i=1}^{n}p(x_i)\log\frac{p(x_i)}{q(x_i)}=\sum_{i=1}^{n}p(x_i)\log(p(x_i))-\sum_{i=1}^{n}p(x_i)\log(q(x_i))\text{。}$$

式中第 1 项表示分布$p(x)$的信息熵，与$q(x)$无关，第 2 项为$p(x)$和$q(x)$的交叉熵。

在机器学习中，用p表示样本的真实分布（对于给定样本，p是给定的），q表示模型所预测的分布。所以p和q的 KL 散度越小，交叉熵越小，表示模型预测效果越好。

若用$y\in\{0,1\}$表示样本标签的取值，则模型预测标签为 1 的概率为$P(Y=1|\boldsymbol{x})=\sigma(z(\boldsymbol{x},\boldsymbol{w}))$，模型预测标签为0的概率为$P(Y=0|\boldsymbol{x})=1-\sigma(z(\boldsymbol{x},\boldsymbol{w}))$，此时交叉熵为$-y\ln\left(\sigma(z(\boldsymbol{x},\boldsymbol{w}))\right)-(1-y)\ln\left(1-\sigma(z(\boldsymbol{x},\boldsymbol{w}))\right)$。

若用$y\in\{-1,1\}$表示样本标签的取值，则模型预测标签为 1 的概率为$P(Y=1|\boldsymbol{x})=\sigma(z(\boldsymbol{x},\boldsymbol{w}))$，模型预测标签为$-1$的概率为$P(Y=-1|\boldsymbol{x})=1-\sigma(z(\boldsymbol{x},\boldsymbol{w}))=\sigma(-z(\boldsymbol{x},\boldsymbol{w}))$。

所以综合上述两种情况，可得到$p(y|\boldsymbol{x})=\sigma(yz(\boldsymbol{x},\boldsymbol{w}))$，此时交叉熵为$-\ln\left(\sigma(yz(\boldsymbol{x},\boldsymbol{w}))\right)$。

3.3 Logistic 回归目标函数优化求解

Logistic 回归模型的目标函数没有解析解。如果采用 L2 正则，则目标函数二阶可导，可采用梯度下降法或牛顿法迭代求解。如果采用 L1 正则，则目标函数在原点处不可导，可采用坐标轴下降法求解。由于正则部分的梯度同线性回归，下面我们主要讨论损失函数的梯度和海森矩阵。

3.3.1 梯度下降法

令$\mu_i=\sigma(z(\boldsymbol{x}_i,\boldsymbol{w}))=\sigma(\boldsymbol{w}^{\mathrm{T}}\boldsymbol{x}_i)$，Logistic 回归中训练集上的损失之和为

$$J_1(\boldsymbol{w})=\sum_{i=1}^{N}\mathcal{L}(\mu_i,y_i)=-\sum_{i=1}^{N}\left(y_i\ln(\mu_i)+(1-y_i)\ln(1-\mu_i)\right)\text{。}\tag{3-10}$$

函数$J_1(\boldsymbol{w})$对$\boldsymbol{w}$的梯度为

$$\begin{aligned}\nabla_{\boldsymbol{w}}J_1(\boldsymbol{w})&=\frac{\partial J_1(\boldsymbol{w})}{\partial\boldsymbol{w}}\\&=-\sum_{i=1}^{N}\left(y_i\times\frac{1}{\mu_i}-(1-y_i)\times\frac{1}{1-\mu_i}\right)\frac{\partial\mu_i}{\partial\boldsymbol{w}}\\&=-\sum_{i=1}^{N}\left(y_i\times\frac{1}{\mu_i}-(1-y_i)\times\frac{1}{1-\mu_i}\right)\mu_i(1-\mu_i)\boldsymbol{x}_i\\&=-\sum_{i=1}^{N}(y_i\times(1-\mu_i)-(1-y_i)\times\mu_i)\boldsymbol{x}_i\\&=-\sum_{i=1}^{N}(y_i-\mu_i)\boldsymbol{x}_i\\&=\sum_{i=1}^{N}(\mu_i-y_i)\boldsymbol{x}_i\\&=\boldsymbol{X}^{\mathrm{T}}(\boldsymbol{\mu}-\boldsymbol{y}),\end{aligned}\tag{3-11}$$

其中

$$\frac{\partial \mu_i}{\partial \boldsymbol{w}}=\frac{\partial \sigma(\boldsymbol{w}^{\mathrm{T}}\boldsymbol{x}_i)}{\partial \boldsymbol{w}}=\frac{\mathrm{d}\sigma(z_i)}{\mathrm{d}z_i}\frac{\partial z_i}{\partial \boldsymbol{w}}=\sigma(z_i)\big(1-\sigma(z_i)\big)\boldsymbol{x}_i=\mu_i(1-\mu_i)\boldsymbol{x}_i,$$

$$\frac{\mathrm{d}\sigma(z_i)}{\mathrm{d}z_i}=\sigma(z_i)\big(1-\sigma(z_i)\big),$$

$$\frac{\partial z_i}{\partial \boldsymbol{w}}=\frac{\partial(\boldsymbol{w}^{\mathrm{T}}\boldsymbol{x}_i)}{\partial \boldsymbol{w}}=\boldsymbol{x}_i。$$

因此 L2 正则的 Logistic 回归的梯度为

$$\nabla_{\boldsymbol{w}}J=\nabla_{\boldsymbol{w}}J_1(\boldsymbol{w})+\lambda\boldsymbol{w}=\boldsymbol{X}^{\mathrm{T}}(\boldsymbol{\mu}-\boldsymbol{y})+\lambda\boldsymbol{w},$$

梯度下降法参数更新公式为

$$\boldsymbol{w}^{(t+1)}=\boldsymbol{w}^{(t)}-\eta\nabla_{\boldsymbol{w}}J。\tag{3-12}$$

3.3.2 牛顿法

1. 牛顿法

梯度下降法实现相对简单，但其收敛速度较慢。在极小值附近，梯度下降法会以一种曲折的慢速方式来逼近最小点，此时可以考虑采用牛顿法或拟牛顿法。

假设函数$J(\boldsymbol{\theta})$在$\boldsymbol{\theta}^{(t)}$处二阶可导，则对任意小的$\Delta\boldsymbol{\theta}$，函数$J(\boldsymbol{\theta})$的二阶泰勒展开近似为

$$J\big(\boldsymbol{\theta}^{(t)}+\Delta\boldsymbol{\theta}\big)\approx J\big(\boldsymbol{\theta}^{(t)}\big)+(\Delta\boldsymbol{\theta})^{\mathrm{T}}\boldsymbol{g}+\frac{1}{2}(\Delta\boldsymbol{\theta})^{\mathrm{T}}\boldsymbol{H}(\Delta\boldsymbol{\theta}),\tag{3-13}$$

其中$\boldsymbol{g}=\nabla_{\boldsymbol{\theta}}J=\dfrac{\partial J(\boldsymbol{\theta})}{\partial \boldsymbol{\theta}}$为函数$J$对$\boldsymbol{\theta}$的梯度，$\boldsymbol{H}=\nabla^2 J=\dfrac{\partial^2 J(\boldsymbol{\theta})}{\partial\boldsymbol{\theta}\,\partial\boldsymbol{\theta}^{\mathrm{T}}}$为函数$J$对$\boldsymbol{\theta}$的海森矩阵。

我们的目标是找到最佳的$\Delta\boldsymbol{\theta}$，以使$\left((\Delta\boldsymbol{\theta})^{\mathrm{T}}\boldsymbol{g}+\frac{1}{2}(\Delta\boldsymbol{\theta})^{\mathrm{T}}\boldsymbol{H}(\Delta\boldsymbol{\theta})\right)$最小。该极小值可通过对上述函数求$\Delta\boldsymbol{\theta}$的一阶导数并令其等于 0 得到

$$\frac{\partial}{\partial(\Delta\boldsymbol{\theta})}\left((\Delta\boldsymbol{\theta})^{\mathrm{T}}\boldsymbol{g}+\frac{1}{2}(\Delta\boldsymbol{\theta})^{\mathrm{T}}\boldsymbol{H}(\Delta\boldsymbol{\theta})\right)=\boldsymbol{g}+\boldsymbol{H}(\Delta\boldsymbol{\theta})=0。$$

从而

$$\Delta\boldsymbol{\theta}=-\boldsymbol{H}^{-1}\,\boldsymbol{g}。\tag{3-14}$$

对比梯度下降法的式（3-12），可以发现，牛顿法用$\boldsymbol{H}^{-1}$代替梯度下降法中的学习率，即在原函数J的点$\boldsymbol{\theta}^{(t)}$处用一个二次函数近似原函数，然后将这个二次函数的极小值点作为原函数的下一个迭代点。若原函数本身是一个二次函数，则牛顿法一步就能到达极小点或鞍点。

算法 3-1：牛顿法

（1）随机选取起始点$\boldsymbol{\theta}^{(0)}$；

（2）计算目标函数$J(\boldsymbol{\theta})$在点$\boldsymbol{\theta}^{(t)}$处的一阶导数$\boldsymbol{g}^{(t)}$和海森矩阵$\boldsymbol{H}^{(t)}$，若$\left\|\boldsymbol{g}^{(t)}\right\|$足够小，则返回$\boldsymbol{\theta}^{(t)}$为最佳参数；

（3）计算搜索方向$\boldsymbol{d}^{(t)}=-\left(\boldsymbol{H}^{(t)}\right)^{-1}\boldsymbol{g}^{(t)}$；

（4）更新$\boldsymbol{\theta}^{(t+1)}=\boldsymbol{\theta}^{(t)}+\eta\boldsymbol{d}^{(t)}$；

（5）令$t=t+1$，转至第（2）步。

由于牛顿法用到了函数的二阶导数，故也被称为二阶优化方法。与梯度下降法相比，牛顿

法收敛速度更快。但每一轮迭代中，还需要计算海森矩阵的逆，所以每次迭代的计算量比梯度下降法大。实际实现时一般不直接求海森矩阵的逆矩阵，而是求解方程组

$$\boldsymbol{H}^{(t)}\boldsymbol{d}^{(t)} = -\boldsymbol{g}^{(t)},$$

得到$\boldsymbol{d}^{(t)}$。求解这个线性方程组一般使用迭代法，如共轭梯度法。

牛顿法并不能保证每一步迭代时函数值均下降，也不能保证一定收敛。若初始点$\boldsymbol{\theta}^{(0)}$充分靠近极值点$\boldsymbol{\theta}^*$，极值点$\boldsymbol{\theta}^*$的海森矩阵非奇异，并且海森矩阵在极值点附近利普希茨（Lipschitz）连续，则牛顿法具有二阶收敛性。如果不满足上述条件，则使用牛顿法可能会导致数值计算失败或产生数值不稳定的情况。为此，研究者们提出了一些补救措施，其中的一种是直线搜索（line search）技术，即搜索最优步长。具体做法：是让η取一些典型的离散值，如 0.000 1、0.001、0.01 等，并比较取哪个值时函数值下降的最快，以此值作为最优步长，即$\eta^{(t)} = \mathrm{argmin}_\eta J\left(\boldsymbol{\theta}^{(t)} + \eta \boldsymbol{d}^{(t)}\right)$。

2. Logistic 回归的牛顿法求解

根据式（3-11），Logistic 回归模型的损失函数部分的梯度为

$$\nabla_{\boldsymbol{w}} J_1(\boldsymbol{w}) = \boldsymbol{g} = \frac{\partial J_1(\boldsymbol{w})}{\partial \boldsymbol{w}} = \sum_{i=1}^{N} (\mu_i - y_i)\boldsymbol{x}_i = \boldsymbol{X}^{\mathrm{T}}(\boldsymbol{\mu} - \boldsymbol{y}),$$

其海森矩阵为

$$\begin{aligned}\boldsymbol{H} &= \frac{\partial \boldsymbol{g}}{\partial \boldsymbol{w}^{\mathrm{T}}} = \sum_{i=1}^{N} \frac{\partial \mu_i}{\partial \boldsymbol{w}^{\mathrm{T}}} \boldsymbol{x}_i^{\mathrm{T}} \\ &= \sum_{i=1}^{N} \mu_i(1-\mu_i)\boldsymbol{x}_i\boldsymbol{x}_i^{\mathrm{T}} \\ &= \boldsymbol{X}^{\mathrm{T}}\boldsymbol{S}\boldsymbol{X},\end{aligned} \tag{3-15}$$

其中$\boldsymbol{S} \triangleq \mathrm{diag}\left(\mu_i(1-\mu_i)\right)$为对角矩阵，其第$i$个对角线元素为$\mu_i(1-\mu_i)$。由于$0 \leqslant \mu_i \leqslant 1$，$0 \leqslant (1-\mu_i) \leqslant 1$，因此$\boldsymbol{H}$为正定矩阵，Logistic 回归有唯一的全局最优解。

若只考虑损失函数项，则牛顿法参数的更新公式为

$$\begin{aligned}\boldsymbol{w}^{(t+1)} &= \boldsymbol{w}^{(t)} - \boldsymbol{H}^{-1}\boldsymbol{g} \\ &= \boldsymbol{w}^{(t)} - (\boldsymbol{X}^{\mathrm{T}}\boldsymbol{S}\boldsymbol{X})^{-1}\left(\boldsymbol{X}^{\mathrm{T}}(\boldsymbol{\mu} - \boldsymbol{y})\right) \\ &= (\boldsymbol{X}^{\mathrm{T}}\boldsymbol{S}\boldsymbol{X})^{-1}\left((\boldsymbol{X}^{\mathrm{T}}\boldsymbol{S}\boldsymbol{X})\boldsymbol{w}^{(t)} - \boldsymbol{X}^{\mathrm{T}}(\boldsymbol{\mu} - \boldsymbol{y})\right) \\ &= (\boldsymbol{X}^{\mathrm{T}}\boldsymbol{S}\boldsymbol{X})^{-1}\boldsymbol{X}^{\mathrm{T}}\left((\boldsymbol{S}\boldsymbol{X})\boldsymbol{w}^{(t)} + (\boldsymbol{y} - \boldsymbol{\mu})\right) \\ &= (\boldsymbol{X}^{\mathrm{T}}\boldsymbol{S}\boldsymbol{X})^{-1}\boldsymbol{X}^{\mathrm{T}}\boldsymbol{S}\left(\boldsymbol{X}\boldsymbol{w}^{(t)} - \boldsymbol{S}^{-1}(\boldsymbol{y} - \boldsymbol{\mu})\right)。\end{aligned} \tag{3-16}$$

令$\boldsymbol{z} = \boldsymbol{X}\boldsymbol{w}^{(t)} - \boldsymbol{S}^{-1}(\boldsymbol{y} - \boldsymbol{\mu})$，则

$$\boldsymbol{w}^{(t+1)} = (\boldsymbol{X}^{\mathrm{T}}\boldsymbol{S}\boldsymbol{X})^{-1}\boldsymbol{X}^{\mathrm{T}}\boldsymbol{S}\boldsymbol{z}。 \tag{3-17}$$

对比最小二乘线性回归的目标函数权重求解公式

$$\boldsymbol{w}_{\mathrm{OLS}} = (\boldsymbol{X}^{\mathrm{T}}\boldsymbol{X})^{-1}\boldsymbol{X}^{\mathrm{T}}\boldsymbol{y},$$

可以看出，损失函数迭代公式相当于对数据$\boldsymbol{X}$施加权重$\boldsymbol{S}^{\frac{1}{2}}$（OLS 公式中的$\boldsymbol{X}$用$\boldsymbol{S}^{\frac{1}{2}}\boldsymbol{X}$代入，$\boldsymbol{y}$用$\boldsymbol{S}^{\frac{1}{2}}\boldsymbol{y}$代入，即可得到 Logistic 回归的权重迭代公式），然后再进行最小二乘求解。因此上述方法也被称为迭代重加权最小二乘（Iteratively reweighted least squares，IRLS）。

L2 正则的梯度为$\boldsymbol{w}$，海森矩阵为单位矩阵$\boldsymbol{I}$，因此 L2 正则的 Logistic 回归的牛顿法参数更新公式为

$$
\begin{aligned}
\boldsymbol{w}^{(t+1)} &= \boldsymbol{w}^{(t)} - \boldsymbol{H}^{-1}\boldsymbol{g} \\
&= \boldsymbol{w}^{(t)} - (\boldsymbol{X}^{\mathrm{T}}\boldsymbol{S}\boldsymbol{X}+\lambda\boldsymbol{I})^{-1}\left(\boldsymbol{X}^{\mathrm{T}}(\boldsymbol{\mu}-\boldsymbol{y})+\lambda\boldsymbol{w}^{(t)}\right) \\
&= (\boldsymbol{X}^{\mathrm{T}}\boldsymbol{S}\boldsymbol{X}+\lambda\boldsymbol{I})^{-1}\left((\boldsymbol{X}^{\mathrm{T}}\boldsymbol{S}\boldsymbol{X}+\lambda\boldsymbol{I})\boldsymbol{w}^{(t)} - \boldsymbol{X}^{\mathrm{T}}(\boldsymbol{\mu}-\boldsymbol{y}) - \lambda\boldsymbol{w}^{(t)}\right) \\
&= (\boldsymbol{X}^{\mathrm{T}}\boldsymbol{S}\boldsymbol{X}+\lambda\boldsymbol{I})^{-1}\boldsymbol{X}^{\mathrm{T}}\left((\boldsymbol{S}\boldsymbol{X})\boldsymbol{w}^{(t)} + (\boldsymbol{y}-\boldsymbol{\mu})\right) \\
&= (\boldsymbol{X}^{\mathrm{T}}\boldsymbol{S}\boldsymbol{X}+\lambda\boldsymbol{I})^{-1}\boldsymbol{X}^{\mathrm{T}}\boldsymbol{S}\left(\boldsymbol{X}\boldsymbol{w}^{(t)} - \boldsymbol{S}^{-1}(\boldsymbol{y}-\boldsymbol{\mu})\right)。
\end{aligned}
\tag{3-18}
$$

与 L2 正则不同，虽然无法计算 L1 正则项的梯度和海森矩阵，但可以得到稀疏解。结合上述 IRLS 求解法，L1 正则的 Logistic 回归的每次迭代，均可被转换为求解一个加权的 Lasso 问题，故有

$$
\boldsymbol{w}^{(t+1)} = \operatorname*{argmin}_{\boldsymbol{w}} \left\| \boldsymbol{S}^{\frac{1}{2}}\boldsymbol{X}\boldsymbol{w} - \boldsymbol{S}^{\frac{1}{2}}\boldsymbol{z}^{(t)} \right\|_2^2, \quad s.t. \|\boldsymbol{w}\|_1 \leqslant t。 \tag{3-19}
$$

说明：最小二乘线性回归和加权最小二乘线性回归的对比如表 3-1 所示。

表 3-1　最小二乘线性回归与加权最小二乘线性回归的对比

线性回归模型	目标函数	解析解
最小二乘线性回归	$\|\boldsymbol{X}\boldsymbol{w}-\boldsymbol{y}\|_2^2$	$(\boldsymbol{X}^{\mathrm{T}}\boldsymbol{X})^{-1}\boldsymbol{X}^{\mathrm{T}}\boldsymbol{y}$
加权最小二乘线性回归	$\left\|\boldsymbol{S}^{\frac{1}{2}}\boldsymbol{X}\boldsymbol{w}-\boldsymbol{S}^{\frac{1}{2}}\boldsymbol{y}\right\|_2^2$	$(\boldsymbol{X}^{\mathrm{T}}\boldsymbol{S}\boldsymbol{X})^{-1}\boldsymbol{X}^{\mathrm{T}}\boldsymbol{S}\boldsymbol{y}$

3.3.3 拟牛顿法

1. 拟牛顿法条件

由于牛顿法需要计算海森矩阵的逆，因此计算量较大。随着未知数维度D的增大，海森矩阵（$D \times D$）也会增大，需要的存储空间增多，计算量增大，有时候甚至会大到不可计算。

拟牛顿法是一类算法的总称，目标是通过某种方式来近似地表示海森矩阵（或者其逆矩阵），避免每次迭代都计算海森矩阵的逆，其收敛速度介于梯度下降法和牛顿法之间。拟牛顿法虽然每次迭代不像牛顿法那样保证是最优化的方向，但是近似矩阵始终是正定的，因此算法始终是朝着最优化的方向在搜索。

假设经过$t+1$次迭代后，目标函数$J(\boldsymbol{\theta})$在点$\boldsymbol{\theta}^{(t+1)}$处进行二阶泰勒展开。

$$
J(\boldsymbol{\theta}) \approx J\left(\boldsymbol{\theta}^{(t+1)}\right) + \left(\boldsymbol{\theta}-\boldsymbol{\theta}^{(t+1)}\right)^{\mathrm{T}}\boldsymbol{g}^{(t+1)} + \frac{1}{2}\left(\boldsymbol{\theta}-\boldsymbol{\theta}^{(t+1)}\right)^{\mathrm{T}}\boldsymbol{H}^{(t+1)}\left(\boldsymbol{\theta}-\boldsymbol{\theta}^{(t+1)}\right), \tag{3-20}
$$

对式（3-20）两边同时取梯度算子∇，得到

$$
\nabla_{\boldsymbol{\theta}} J(\boldsymbol{\theta}) \approx \boldsymbol{g}^{(t+1)} + \boldsymbol{H}^{(t+1)}\left(\boldsymbol{\theta}-\boldsymbol{\theta}^{(t+1)}\right)。 \tag{3-21}
$$

对式（3-21）取$\boldsymbol{\theta}=\boldsymbol{\theta}^{(t)}$，得到

$$
\begin{aligned}
\boldsymbol{g}^{(t)} &\approx \boldsymbol{g}^{(t+1)} + \boldsymbol{H}^{(t+1)}\left(\boldsymbol{\theta}-\boldsymbol{\theta}^{(t+1)}\right), \\
\boldsymbol{g}^{(t+1)} - \boldsymbol{g}^{(t)} &\approx \boldsymbol{H}^{(t+1)}\left(\boldsymbol{\theta}^{(t+1)}-\boldsymbol{\theta}^{(t)}\right)。
\end{aligned}
\tag{3-22}
$$

令$\boldsymbol{s}^{(t)}=\boldsymbol{\theta}^{(t+1)}-\boldsymbol{\theta}^{(t)}$，$\boldsymbol{y}^{(t)}=\boldsymbol{g}^{(t+1)}-\boldsymbol{g}^{(t)}$，得到拟牛顿条件为

$$
\begin{aligned}
\boldsymbol{y}^{(t)} &\approx \boldsymbol{H}^{(t+1)}\boldsymbol{s}^{(t)}, \\
\boldsymbol{s}^{(t)} &\approx \left(\boldsymbol{H}^{(t+1)}\right)^{-1}\boldsymbol{y}^{(t)}。
\end{aligned}
\tag{3-23}
$$

拟牛顿条件对迭代过程中的海森矩阵$\boldsymbol{H}^{(t+1)}$进行约束。因此对海森矩阵$\boldsymbol{H}^{(t+1)}$的近似$\boldsymbol{B}^{(t+1)}$和海森矩阵的逆$\left(\boldsymbol{H}^{(t+1)}\right)^{-1}$的近似$\boldsymbol{D}^{(t+1)}$有

$$\begin{aligned}\boldsymbol{y}^{(t)}&=\boldsymbol{B}^{(t+1)}\boldsymbol{s}^{(t)},\\ \boldsymbol{s}^{(t)}&=\boldsymbol{D}^{(t+1)}\boldsymbol{y}^{(t)}。\end{aligned}\tag{3-24}$$

2. BFGS

BFGS 是一种拟牛顿法，它由四个发明人（Broyden，Fletcher，Goldfar，Shanno）的首字母组合而得名，目前 BFGS 被证明是最有效的拟牛顿优化方法。

BFGS 的目标是采用迭代的方式逼近海森矩阵$\boldsymbol{H}$。设逼近值为$\boldsymbol{B}^{(t)}\approx\boldsymbol{H}^{(t)}$，那么可以通过计算$\boldsymbol{B}^{(t+1)}=\boldsymbol{B}^{(t)}+\Delta\boldsymbol{B}^{(t)}$来达到目的（其中$\boldsymbol{B}^{(0)}$通常取单位矩阵）。

假设$\Delta\boldsymbol{B}^{(t)}=\alpha\boldsymbol{u}\boldsymbol{u}^{\mathrm{T}}+\beta\boldsymbol{v}\boldsymbol{v}^{\mathrm{T}}$，将其代入拟牛顿条件$\boldsymbol{y}^{(t)}=\boldsymbol{B}^{(t+1)}\boldsymbol{s}^{(t)}$，得到

$$\begin{aligned}\boldsymbol{y}^{(t)}&=\left(\boldsymbol{B}^{(t)}+\Delta\boldsymbol{B}^{(t)}\right)\boldsymbol{s}^{(t)}\\ &=\boldsymbol{B}^{(t)}\boldsymbol{s}^{(t)}+\Delta\boldsymbol{B}^{(t)}\boldsymbol{s}^{(t)}\\ &=\boldsymbol{B}^{(t)}\boldsymbol{s}^{(t)}+(\alpha\boldsymbol{u}\boldsymbol{u}^{\mathrm{T}}+\beta\boldsymbol{v}\boldsymbol{v}^{\mathrm{T}})\boldsymbol{s}^{(t)}\\ &=\boldsymbol{B}^{(t)}\boldsymbol{s}^{(t)}+\left(\alpha\boldsymbol{u}^{\mathrm{T}}\boldsymbol{s}^{(t)}\right)\boldsymbol{u}+\left(\beta\boldsymbol{v}^{\mathrm{T}}\boldsymbol{s}^{(t)}\right)\boldsymbol{v}。\end{aligned}\tag{3-25}$$

令$\alpha\boldsymbol{u}^{\mathrm{T}}\boldsymbol{s}^{(t)}=1$，$\beta\boldsymbol{v}^{\mathrm{T}}\boldsymbol{s}^{(t)}=-1$，以及$\boldsymbol{u}=\boldsymbol{y}^{(t)}$，$\boldsymbol{v}=\boldsymbol{B}^{(t)}\boldsymbol{s}^{(t)}$，可计算得到

$$\alpha=\frac{1}{(\boldsymbol{y}^{(t)})^{\mathrm{T}}\boldsymbol{s}^{(t)}},\ \beta=-\frac{1}{(\boldsymbol{s}^{(t)})^{\mathrm{T}}\boldsymbol{B}^{(t)}\boldsymbol{s}^{(t)}}。\tag{3-26}$$

综上可得

$$\begin{aligned}\Delta\boldsymbol{B}^{(t)}&=\alpha\boldsymbol{u}\boldsymbol{u}^{\mathrm{T}}+\beta\boldsymbol{v}\boldsymbol{v}^{\mathrm{T}}\\ &=\frac{\boldsymbol{y}^{(t)}\left(\boldsymbol{y}^{(t)}\right)^{\mathrm{T}}}{(\boldsymbol{y}^{(t)})^{\mathrm{T}}\boldsymbol{s}^{(t)}}-\frac{\boldsymbol{B}^{(t)}\boldsymbol{s}^{(t)}\left(\boldsymbol{s}^{(t)}\right)^{\mathrm{T}}\left(\mathbf{B}^{(t)}\right)^{\mathrm{T}}}{(\boldsymbol{s}^{(t)})^{\mathrm{T}}\boldsymbol{B}^{(t)}\boldsymbol{s}^{(t)}}。\end{aligned}\tag{3-27}$$

牛顿法中需要计算海森矩阵的逆矩阵，根据 Sherman-Morrison 公式可得

$$\begin{aligned}\left(\boldsymbol{B}^{(t+1)}\right)^{-1}&=\boldsymbol{D}^{(t+1)}\\ &=\left(\boldsymbol{I}-\frac{\boldsymbol{s}^{(t)}\left(\boldsymbol{y}^{(t)}\right)^{\mathrm{T}}}{(\boldsymbol{y}^{(t)})^{\mathrm{T}}\boldsymbol{s}^{(t)}}\right)\boldsymbol{D}^{(t)}+\left(\boldsymbol{I}-\frac{\boldsymbol{y}^{(t)}(\boldsymbol{s}^{(t)})^{\mathrm{T}}}{(\boldsymbol{y}^{(t)})^{\mathrm{T}}\boldsymbol{s}^{(t)}}\right)+\frac{\boldsymbol{s}^{(t)}(\boldsymbol{s}^{(t)})^{\mathrm{T}}}{(\boldsymbol{y}^{(t)})^{\mathrm{T}}\boldsymbol{s}^{(t)}}。\end{aligned}\tag{3-28}$$

算法 3-2：BFGS

（1）初始化变量$\boldsymbol{\theta}^{(0)}$，$\boldsymbol{D}^{(0)}=\boldsymbol{I}$，$t=0$；

（2）计算当前点的梯度$\boldsymbol{g}^{(t)}$，若$\left\|\boldsymbol{g}^{(t)}\right\|<\epsilon$，则退出循环，返回$\boldsymbol{\theta}^{(t)}$；

（3）确定搜索方向$\boldsymbol{d}^{(t)}=-\boldsymbol{D}^{(t)}\boldsymbol{g}^{(t)}$；

（4）更新参数$\boldsymbol{\theta}^{(t+1)}=\boldsymbol{\theta}^{(t)}+\eta\boldsymbol{d}^{(t)}$；

（5）令$\boldsymbol{y}^{(t)}=\boldsymbol{g}^{(t+1)}-\boldsymbol{g}^{(t)}$，$\boldsymbol{s}^{(t)}=\boldsymbol{d}^{(t)}$，更新$\boldsymbol{D}^{(t+1)}$：

$$\boldsymbol{D}^{(t+1)}=\left(\boldsymbol{I}-\frac{\boldsymbol{s}^{(t)}(\boldsymbol{y}^{(t)})^{\mathrm{T}}}{(\boldsymbol{y}^{(t)})^{\mathrm{T}}\boldsymbol{s}^{(t)}}\right)\boldsymbol{D}^{(t)}+\left(\boldsymbol{I}-\frac{\boldsymbol{y}^{(t)}(\boldsymbol{s}^{(t)})^{\mathrm{T}}}{(\boldsymbol{y}^{(t)})^{\mathrm{T}}\boldsymbol{s}^{(t)}}\right)+\frac{\boldsymbol{s}^{(t)}(\boldsymbol{s}^{(t)})^{\mathrm{T}}}{(\boldsymbol{y}^{(t)})^{\mathrm{T}}\boldsymbol{s}^{(t)}};$$

（6）令$t=t+1$，转至第（2）步。

这个更新方法与牛顿法的区别是，该方法在更新参数$\boldsymbol{\theta}$之后近似海森矩阵，而牛顿法是在更新$\boldsymbol{w}$之前完全地计算一遍海森矩阵。还有一种从计算上改进 BFGS 的方法被称为 L-BFGS（Limited Memory BFGS），它不直接存储海森矩阵，而是通过存储计算过程中产生的$\boldsymbol{s}^{(t)}$和$\boldsymbol{y}^{(t)}$来减少存储参数所需要的空间。

3.4 多类分类任务

前面我们讨论了两类分类任务的 Logistic 回归模型。针对多类分类任务，一种处理方法是将其转化为多个两类分类任务。对每一个类别c，$c = 1,2,\cdots,C$，正样本为本类样本，负样本为其他所有样本，训练一个两类分类器。

$$f_c(\boldsymbol{x}) = P(Y = c|\boldsymbol{x}, \boldsymbol{w}_c)。 \quad (3\text{-}29)$$

这种方法我们称之为一对其他（One-vs-Rest，OvR），如图 3-5 所示，图中所示为 1 个三类分类问题转换为 3 个两类分类问题。每个两类分类器单独训练，都有各自的正则参数和权重参数。

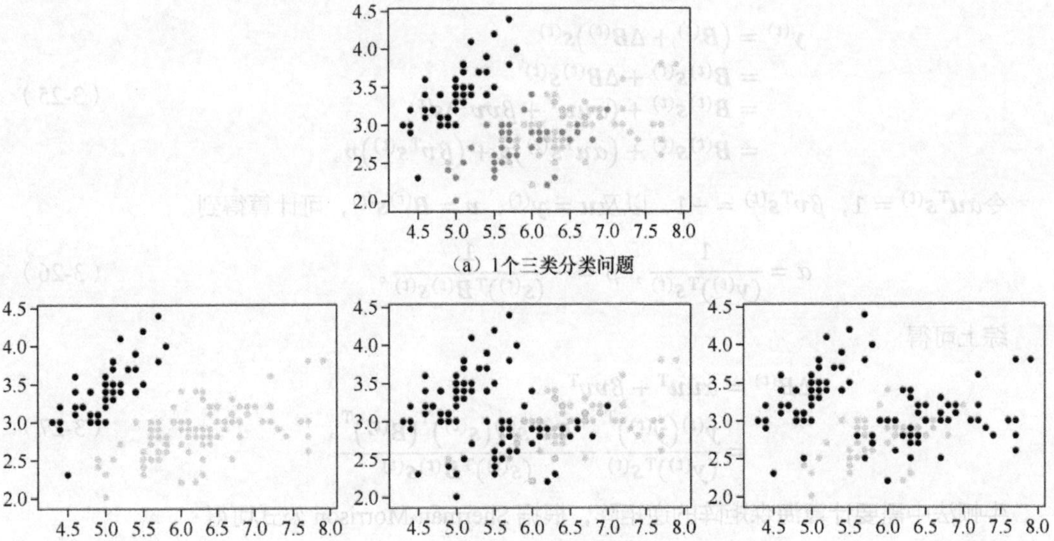

（a）1个三类分类问题

（b）3个两类分类问题

图 3-5 采用一对其他方式的多类分类器

一对其他多类分类方法的优点是普适性广，可以应用于输出值或者概率的分类器，效率高。但其缺点是容易造成训练集中两类样本数量不平衡，尤其是在类别较多的情况下，会导致正样本的数量远远不及负样本的数量，从而造成分类器的偏向性。

另一种处理多类分类任务的方法是直接用多项（Multinoulli）分布对后验概率$P(Y = c|\boldsymbol{x})$建模，类似于用Bernoulli分布表示两类分布的后验概率。

Multinoulli是人造词，由Multi（多项）+oulli（Bernoulli的后 5 个字母）组成。Multinoulli分布用于描述多类分类的概率分布，其参数为向量$\boldsymbol{\theta} = (\theta_1,\cdots,\theta_C)$，其中$\sum_{c=1}^{C}\theta_c = 1$，分量$\theta_c$表示第$c$个状态的概率，我们用符号$\text{Cat}(y;\boldsymbol{\theta})$来表示。经典的概率书中并没有将其作为一种概率分布单独表示，而是用多项分布统称。有些参考书中称其为广义 Bernoulli 分布或离散分布，有些参考书中称其为范畴分布（Categorical Distribution）。

类似多重贝努利试验成功次数输出用二项（Binnomial）分布表示，多重 Multinoulli 的输出用多项分布表示。

将类别y用独热编码（编码一个为C维向量，$y_c = \mathbb{I}(Y = c)$，即当$y = c$时，第c维为 1，其他元素均为 0），记为向量$\boldsymbol{y}$。则 Multinoulli 分布的概率函数为

$$\mathrm{Multinoulli}(\boldsymbol{y}, \boldsymbol{\theta}) = \prod_{c=1}^{C} \theta_c^{y_c} 。 \quad (3\text{-}30)$$

或者用标量y表示为

$$\mathrm{Multinoulli}(y, \boldsymbol{\theta}) = \prod_{c=1}^{C} \theta_c^{\mathbb{I}(y=c)} , \quad (3\text{-}31)$$

其中$\mathbb{I}(\cdot)$为指示函数（Indicator function），当括号中的条件满足时，函数值为 1，否则为 0。

类似两类分类模型推导，假设概率$P(Y=c|\boldsymbol{x})$可以由$z_c = \boldsymbol{w}_c^{\mathrm{T}}\boldsymbol{x}$经过Sigmoid函数变换得到，且$\sum_{c=1}^{C} P(Y=c|\boldsymbol{x}) = 1$，则有

$$P(Y=c|\boldsymbol{x}, \boldsymbol{W}) = \frac{\mathrm{e}^{z_c}}{\sum_{c'=1}^{C} \mathrm{e}^{z_{c'}}} = \frac{\mathrm{e}^{\boldsymbol{w}_c^{\mathrm{T}}\boldsymbol{x}}}{\sum_{c'=1}^{C} \mathrm{e}^{\boldsymbol{w}_{c'}^{\mathrm{T}}\boldsymbol{x}}} 。 \quad (3\text{-}32)$$

上述等式右边为 Softmax 函数，有

$$\sigma(z_c) = \frac{\mathrm{e}^{z_c}}{\sum_{c'=1}^{C} \mathrm{e}^{z_{c'}}} 。 \quad (3\text{-}33)$$

Softmax 函数为Sigmoid函数的推广，将C维向量的每个元素转换为[0,1]中的数，且转换后元素之和为 1。因此多类分类器又被称为 Softmax 分类器。对 Softmax 分类器，我们用$\boldsymbol{\mu}$表示 Multinoulli 分布的参数，有

$$\mu_c = P(Y=c|\boldsymbol{x}, \boldsymbol{W}) = \frac{\mathrm{e}^{\boldsymbol{w}_c^{\mathrm{T}}\boldsymbol{x}}}{\sum_{c'=1}^{C} \mathrm{e}^{\boldsymbol{w}_{c'}^{\mathrm{T}}\boldsymbol{x}}} 。 \quad (3\text{-}34)$$

用y_c表示标签向量$\boldsymbol{y}$的第c个元素，μ_c表示模型预测概率向量$\boldsymbol{\mu}$的第c个元素，则 Softmax 分类模型的负 log 似然损失函数为

$$\begin{aligned} \mathcal{L}(\boldsymbol{\mu}, \boldsymbol{y}) &= -\ln\left(p(\boldsymbol{y}|\boldsymbol{x}, \boldsymbol{W})\right) = \ln\left(\prod_{c=1}^{C} \mu_c^{y_c}\right) \\ &= -\sum_{c=1}^{C} y_c \ln(\mu_c) 。 \end{aligned} \quad (3\text{-}35)$$

Softmax 分类器的正则项类似两类分类器的正则项，包括C个权重向量$\boldsymbol{w}_c$。

3.5 分类任务的性能指标

分类任务中常用的模型性能指标介绍如下。

1. 正确率（Accuracy）

$$\mathrm{Accuracy}(\boldsymbol{y}, \hat{\boldsymbol{y}}) = \frac{1}{N}\sum_{i=1}^{N} \mathbb{I}(\hat{y}_i = y_i), \quad (3\text{-}36)$$

其中$\mathbb{I}(\cdot)$为指示性函数，当括号中的条件满足时，函数值为 1，否则为 0。

正确率是最常用的分类性能指标，也是 Scikit-Learn 中默认的分类任务性能指标。但准确率只包含了某个样本是否分类正确，并没有包含样本正确/错误程度的相关信息。接下来将要

介绍的几个损失函数可以弥补这一点。

2. 交叉熵损失（logloss）

$$\text{logloss}(\boldsymbol{Y},\widehat{\boldsymbol{Y}}) = -\frac{1}{N}\sum_{i=1}^{N}\sum_{c=1}^{C} y_{ic}\log(\hat{y}_{ic}), \tag{3-37}$$

其中C为类别数目，$\boldsymbol{y}_i$为第i个样本的标签的独热编码向量，$\hat{y}_{ic}$为模型预测第i个样本为类别c的概率。

3. 合页损失（Hingeloss）

$$\text{Hingeloss}(\boldsymbol{y},\widehat{\boldsymbol{y}}) = -\frac{1}{N}\sum_{i=1}^{N}\max(1-y_i\hat{y}_i), \tag{3-38}$$

合页损失是支持向量机中的损失函数，详见第 4 章。

4. 混淆矩阵（Confusion Matrix）

当不同类别的数据不均衡时，上述正确率或错误率（损失）可能还不够。例如，对一种罕见疾病设计医疗测试，假设每一百万人中只有一人患病。我们只需要让分类器一直报告没有患者，就能轻易地在检测任务上实现 99.999 9%的正确率。显然，正确率很难描述这种系统的性能，我们要关注的是那个极少量的标签。

对不均衡数据集的预测性能进行评估，我们有一个直观好用的工具：混淆矩阵。混淆矩阵$\boldsymbol{C}$的元素c_{ij} 表示真实分类是第i类，但是预测值为第j类的样本数目。因此混淆矩阵对角线上的元素值越大越好。

例 3-1：混淆矩阵的分类问题

某分类模型在手写体数字（0~9）识别任务上的混淆矩阵如下。

87	0	0	0	1	0	0	0	0	0
0	88	1	0	0	0	0	0	1	1
0	0	85	1	0	0	0	0	0	0
0	0	0	79	0	3	0	4	5	0
0	0	0	0	88	0	0	0	0	4
0	0	0	0	0	88	1	0	0	2
0	1	0	0	0	0	90	0	0	0
0	0	0	0	0	1	0	88	0	0
0	0	0	0	0	0	0	0	88	0
0	0	0	1	0	1	0	0	0	90

对两类分类问题，通常将要关注的类作为正类（如欺诈交易），将其他类作为负类（如正常交易）。定义如下。

- N_+（Positive）：正样本数目。
- N_-（Negative）：负样本数目。
- TP（True Positive）：分类器将正类预测为正类的数量。
- FN（False Negative)：分类器将正类预测为负类的数量。
- FP（FalseA Postive）：分类器将负类预测为正类的数量，虚警样本数目。
- TN（True Negative）：分类器将负类预测为负类的数量。

从而得到两类分类问题的混淆矩阵，如表 3-2 所示。

表 3-2　两类分类问题的混淆矩阵

真实值 y	预测值 $\hat{y}$		
	$\hat{y}=1$	$\hat{y}=0$	Σ
$y=1$	TP	FN	N_+
$y=0$	FP	TN	N_-
Σ	$\hat{N}_+$	$\hat{N}_-$	N

基于表 3-2，我们可以定义以下指标。

（1）**正确率**：$\text{Accuracy} = (\text{TP}+\text{TN})/(N)$，即被预测正确的样本（TP和TN）在所有样本中所占的比例。在各类样本不均衡时，正确率不能很好地表示模型性能，因为会出现大类占主导地位的情况，即大类正确率高，而少数类正确率低。在这种情况下，需要对每一类样本单独观察。

（2）**错误率**：$\text{ErrorRate} = (\text{FP}+\text{FN})/(N)$，即被预测错误的样本（FP 和 FN）在所有样本中所占的比例。

（3）**精度（查准率）**：$\text{Precision} = \text{TP}/(\hat{N}_+)$，即在所有被预测为正类的样本中，真的正类所占的比例。

（4）**召回率（查全率、真阳率、TPR）**：$\text{Recall} = \text{TPR} = \text{TP}/(N_+)$，即在所有真的正类中，被模型预测出来的比例。

（5）**假阳率**：$\text{FPR} = \text{FP}/(N_-)$，即预测结果将多少负样本预测成了正样本。

不同的问题侧重不同的指标，有的侧重精度，有的侧重召回率。对于推荐系统，因为给用户展示的窗口有限，必须尽可能地给用户展示其真实感兴趣的结果，所以其更侧重精度，即用户真正感兴趣的比例。对于医学诊断系统，其更侧重于召回率，即疾病被发现的比例。因为疾病如果被漏诊，则很可能会导致病情恶化。

精度和召回率是一对矛盾的指标。一般来说精度高时召回率往往偏低，而召回率高时精度往往偏低。

- 如果希望将所有的正类都找出来（查全率高），则最简单的做法是将所有的样本都视为正类，此时有$\text{FN}=0$，但此时查准率低。
- 如果希望查准率高，则可以只挑选有把握的正类。最简单的做法就是挑选最有把握的那一个样本，此时有$\text{FP}=0$，但这样查全率就低（只挑出了一个正类）。

（6）**F1 分数**：精确率和召回率的调和平均。F1 认为两者同等重要。

$$\text{F1} = \frac{2\times(\text{Precision}\times\text{Recall})}{\text{Precision}+\text{Recall}}。 \tag{3-39}$$

5. ROC 与 AUC 值

上面我们讨论给定分类器的混淆矩阵，从而得到TPR（真阳率）和FPR（假阳率）。给定分类器通常通过对判别函数取某个阈值τ而得到。如果我们不只关心一个阈值，而是想考察在一系列阈值上运行分类器，并画出TPR和FPR为阈值τ的隐式函数，则我们会得到接收者操作曲线（Receiver Operation Curve，ROC）。

ROC 的横坐标为FPR，纵坐标为TPR。随着阈值的减小，更多的样本值归于正类，TPR和

FPR也相应增加，所以 ROC 呈递增趋势。图 3-6 给出了一个分类模型的 ROC，其中 45 度线（图 3-6 中虚线形式的对角线）为参照线，如果直接随机将样本分类，则可得到该曲线。当我们使用某个模型进行预测时，结果应该比随机猜测要好，因此 ROC 要尽量远离参照线。模型的 ROC 离参照线越远，就越往左上方靠拢，这说明模型预测效果越好。

由于 ROC 是一条曲线，不方便比较不同的模型，更方便的是使用单值指标，用 ROC 下方的面积（Area Under ROC Curve，AUC）来表示模型性能。模型 AUC 值应该大于 0.5（在参考线之上），该值越大越好。

AUC 值可直观理解为一个概率值，当我们随机挑选一个正样本以及一个负样本时，当前的分类算法根据计算得到的预测值将这个正样本排在负样本前面的概率就是 AUC 值。AUC 值越大，当前的分类算法越有可能将正样本排在负样本前面，即能够更好地分类。

ROC 有一个很好的性质：当测试集中的正负样本的分布变化的时候，ROC 能够保持不变。而我们下面将要介绍的 P-R 曲线的形状则会发生较大变化。在实际的数据集中经常会出现此类不平衡现象，即负样本比正样本多很多（或者相反），而且测试数据中的正负样本的分布也可能会随着时间变化，此时使用对样本分布不敏感的指标就会显得十分重要。

6. P-R 曲线与 AP

P-R 曲线（Percison-Recall Curve）为不同阈值分类器的精度——召回率曲线。ROC 兼顾了正类和负类，但当正负样本不均衡时（如目标检测、信息检索、推荐系统），负样本会非常多（N_{-}很大），这会导致$FPR = FP / N_{-}$很小，此时比较TPR和FPR没有太大意义（ROC 中只有左边很小一部分有意义），因此我们只讨论正样本，即精度和召回率。

图 3-7 给出了一个分类模型的 P-R 曲线。P-R 曲线直观显示了分类器在样本总体上的查全率和查准率。因此可以通过两个分类器在同一个测试集上的 P-R 曲线来比较它们的预测能力。

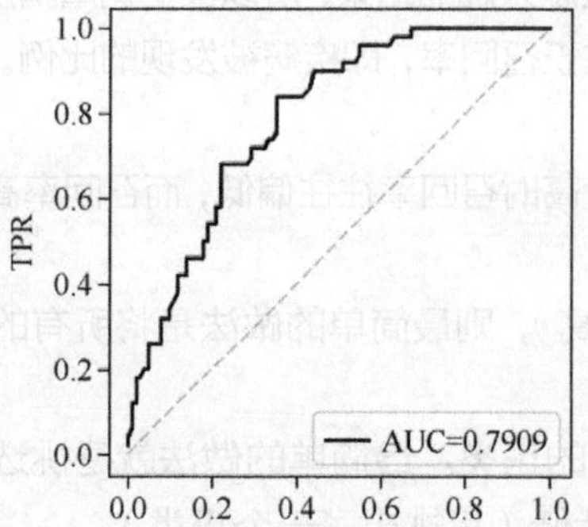

图 3-6　ROC 示例

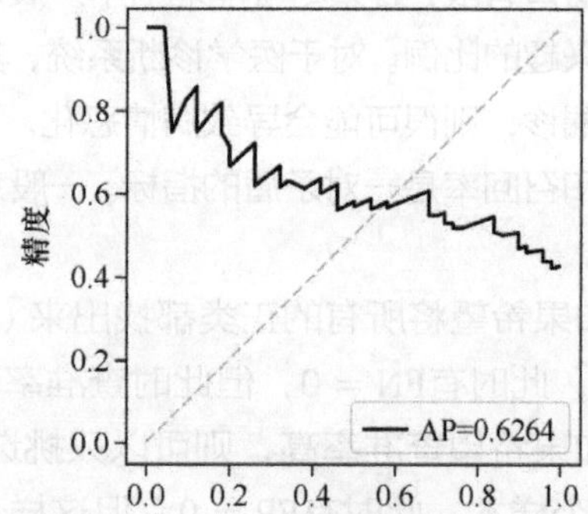

图 3-7　P-R 曲线示例

- 如果分类器 B 的 P-R 曲线被分类器 A 的曲线完全包住，则可断言：A 的性能好于 B。
- 如果分类器 A 的 P-R 曲线与分类器 B 的 P-R 曲线发生了交叉，则难以一般性地断言两者的优劣，只能在具体的查准率和查全率下进行比较。此时一个合理的判定依据是比较 P-R 曲线下方的面积。

$$AP = \sum_k P(k)\big(R(k) - R(k-1)\big)。\quad (3\text{-}40)$$

AP 也被称为平均精度（Average Percision，AP）。式（3-40）中的$P(k)$和$R(k)$分别为阈值为k时对应的精度和召回率。

7. 多类分类任务评级指标

精度、召回率和 F1 分数等均针对两类分类任务。针对多类分类任务，一种方式是将C分类的评价拆成C个两类分类的评价，然后综合多个两类分类指标以得到评价多类分类任务的指标。综合的方式有微观（Micro）、宏观（Macro）、加权（Weighted）、样本等。

- 微观：对每个样本（不分类别）计算全局的指标，每个样本的权重相同。多标签任务中首选，也可用于多类分类。
- 宏观：计算每个类别（二分类）的指标，再求平均，每个类别的权重相同，会放大少数类（样本数目较少的类的影响）。
- 加权：计算每个类别的指标，每类的权重与该类样本数目有关，可处理不同类别样本数目不均衡问题。
- 样本：计算每个样本的指标，然后求平均，仅适用于多标签问题。

3.6 数据不均衡分类问题

数据不均衡分类（Class-Imbalance）问题是指不同类别的训练样本数量不均衡。在实际应用中，数据不均衡问题很常见，如监测信用卡非法交易、客户流失预测以及医学数据分类等。

对于数据不均衡分类问题，首先我们的指标不适合用正确率，而应该更注重正样本（稀有类样本）的精度和召回率，ROC 也是一个可选方案。

解决数据不均衡分类问题的策略可以分为两大类：一类是从训练集入手，通过改变训练集样本分布，降低不均衡程度；另一类是从学习算法入手，根据算法在解决不均衡问题时的缺陷，适当地修改算法，使之适应不平衡分类问题。

3.6.1 重采样

重采样方法是指通过上采样和下采样使不均衡的样本分布变得比较均衡，从而提高分类器对稀有类的识别率。

1. 上采样与样本合成

上采样（Up-Sampling）通过增加稀有类训练样本数，降低不均衡程度。最原始的是复制稀有类样本，但易导致过学习，且对提高稀有类识别率影响不大。

启发式的上采样方法会有选择地复制稀有类样本，或者生成新的稀有类样本，如合成少数类过采样技术（Synthetic Minority Oversampling Technique，SMOTE）。SMOTE 的基本思想是对每个稀有类样本$\boldsymbol{x}_i$，从稀有类的全部N_+个样本中找到它的K个最近邻，再从中随机选择一个样本$\boldsymbol{x}_{i(nn)}$，然后生成一个 0 ~ 1 之间的随机数ζ，合成一个新的稀有类样本：$\zeta\boldsymbol{x}_i + (1-\zeta)\boldsymbol{x}_{i(nn)}$，新样本为样本$\boldsymbol{x}_i$和表示样本的点$\boldsymbol{x}_{i(nn)}$之间所连线段上的一个点（插值）。

上采样不增加任何新的数据，只是重复或者增加人工生成的稀有类样本，这样增加了训练时间，甚至由于这些重复或者周围生成的新的稀有类样本，使分类器过分注重这些样本，导致过学习。因此上采样不能从本质上解决稀有类样本的缺失和数据表示的不充分性。

2. 下采样与集成学习

下采样（Down-Sampling）通过舍弃部分多数类样本，降低不均衡程度。对多数类样本进行下采样，并结合集成学习，通常能取得较好的效果。下采样代表性的算法有简单集成（EasyEnsemble）和级联集成（BalanceCascade）。

假设正样本数目为n，负样本数目为m，我们可以通过下采样，随机无重复地生成$k=n/m$个负样本子集，并将每个子集都与相同数目的正样本合并以生成k个新的训练样本集合。在k个训练样本上分别训练一个分类器，最终将k个分类器的结果综合起来（如求平均），这就是EasyEnsemble。

BalanceCascade 算法每次从多数类中有效地选择一些样本，与少数类样本合并为新的数据集，训练一个分类器；对于那些分类正确的多数类样本不放回，对剩下的多数类样本再次进行下采样，产生第 2 个训练集，训练第 2 个分类器；以此类推，直到满足某个停止条件为止，最终的模型为多个分类器的组合。

3．舍弃所有少数类，转换为异常检测问题

若将稀有类样本作为异常点，则分类问题会被转化为异常点检测（Anomaly Detection）或变化趋势检测问题（Change Detection）。

3.6.2 代价敏感学习

采样算法从数据层面解决数据不均衡的学习问题。在算法层面，解决数据不均衡学习的方法主要是基于代价敏感学习算法（Cost-Sensitive Learning）。

在现实任务中常会遇到这样的情况：不同类型的错误所造成的后果不同。例如，在医疗诊断中，错误地把患者诊断为健康人与错误地把健康人诊断为患者，看起来都是犯了“一次错误”，但是后者的影响是增加了进一步检查的麻烦，前者的影响却可能是丧失了拯救生命的最佳时机。为了权衡不同类型错误所造成的不同损失，可为错误赋予“非均等代价”。

代价敏感学习方法的核心要素是代价矩阵，如表 3-3 所示。其中C_{ij}表示将第i类样本预测为第j类样本的代价。一般来说，$C_{ii}=0$，$i=0,1$。若将第 0 类判别为第 1 类所造成的损失更大，则$C_{01}>C_{10}$。损失程度相差越大，C_{01}与C_{10}的值差别越大。当 C_{01}与C_{10}相等时，为代价不敏感的学习问题。

表 3-3　代价矩阵

预测值$\hat{y}$	真实值y	
	0	1
0	C_{00}	C_{01}
1	C_{10}	C_{11}

基于代价矩阵分析，代价敏感学习方法主要有以下 3 种实现方式。

- 从贝叶斯风险理论出发，把代价敏感学习看成是分类结果的一种后处理。首先按照传统方法学习一个模型，模型输出概率值$P(Y=j|\boldsymbol{x}), j=0,1$，最后的分类器为：$f(\boldsymbol{x})=\operatorname{argmin}\left(\sum_{j=0}^{1}P(Y=j|\boldsymbol{x})C_{ij}\right)$。
- 从学习模型出发，对具体学习方法进行改造，使之能适应不平衡数据下的学习，如设计代价敏感的支持向量机、决策树或神经网络模型。以代价敏感的决策树为例，可从 3 个方面对其进行改进以适应不平衡数据的学习：决策阈值的选择、分裂标准的选择、剪枝。在这 3 个方面均可将代价矩阵引入。

- 从预处理的角度出发，将代价用于权重的调整，使分类器满足代价敏感的特性。Scikit-Learn 的很多分类器有可选的 class_weight 参数，可设置不同类别样本的权重，如可以将不同类别样本的权重设置为与该类样本的数目成反比。应该指出的是，调整类的重要性通常只能影响假阴性（False Negatives），它会调整分界面以降低误差。

3.7 案例分析：奥拓商品分类

本节我们以 Kaggle 2015 年举办的奥拓（Otto）商品分类竞赛数据为例，采用 Logistic 回归模型实现商品分类。

1. 数据探索和特征工程

奥拓商品分类任务是一个 9 类商品分类问题。每个样本有 93 维数值型特征，特征值均为整数，表示某种事件发生的次数，特征名已进行过脱敏处理，无法知道其物理含义。训练数据集有 61 878 个样本，测试数据集有 144 368 个样本。

我们探查了特征的统计量，如表 3-4 所示。从表中可以看出，特征的最小值到 3/4 分位数几乎均为 0，各特征的最大值不等。这说明特征值大部分是 0（稀疏），属于长尾分布（有少量特征值很大的样本）。特征的直方图也说明了这一点，图 3-8（a）给出了特征feat_1的直方图，图 3-8（b）给出了商品类别的直方图，虽然每个类别的商品样本数目不同，但差异不显著，不必特别考虑。

表 3-4 奥拓商品分类数据集中特征的统计量

特征	平均值	标准差	最小值	1/4 分位数	中位数	3/4 分位数	最大值
feat_1	0.386 68	1.525 33	0	0	0	0	61
feat_2	0.263 066	1.252 073	0	0	0	0	51
feat_3	0.901 467	2.934 818	0	0	0	0	64
feat_4	0.779 081	2.788 005	0	0	0	0	70
feat_5	0.071 043	0.438 902	0	0	0	0	19
feat_6	0.025 696	0.215 333	0	0	0	0	10

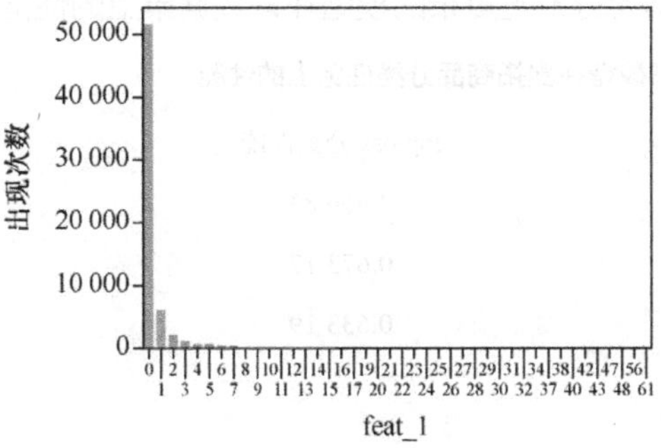

（a）特征feat_1的直方图

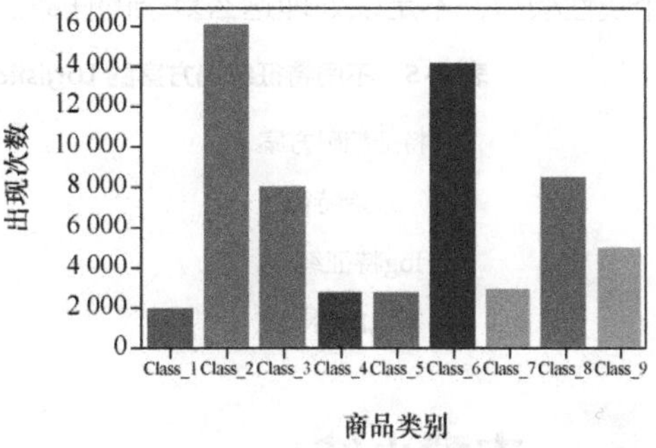

（b）商品类别的直方图

图 3-8 奥拓商品分类数据集中特征的直方图

2. 特征工程

本数据集中的特征均为数值型特征，但特征值大部分是 0（稀疏），且是长尾分布。因此特征工程可以考虑$\log(x+1)$变换，以减弱长尾中大特征值的影响，同时还能保持稀疏性。另外特征值表示某种事情发生的次数，类似文本分析中词频（Term Frequency, TF）特征的处理，特征工程也可考虑将出现频数进一步编码为更有判别力的调频-逆文本频率（Term Frequency–Inverse Document Frequency，TF-IDF），以突出对特定类别有贡献的低频词。最后我们再对这些特征进行去量纲预处理，采用 Scikit-Learn 中MinMaxScaler实现，使预处理后的特征仍能保持稀疏性。

需要指出的是，上述特征编码过程中用到的参数（如 TF-IDF 中每个单词出现的文档数目、MinMaxScaler中特征的最小值和最大值）是从训练数据中训练得到的，在对测试数据编码时须用相同的参数。

3. Logistic 回归模型的应用

在 Scikit-Learn 中，Logistic 回归模型为LogisticRegression，目标函数为$J(w) = C\sum_{i=1}^{N}\mathcal{L}(\mu(x_i,w),y_i)+R(w)$，其中$C$相当于式（3-7）中的$1/\lambda$。模型超参数包括正则项$R(w)$和正则系数$C$，需要结合GridSeachCV实现超参数调优。采用原始数据作为特征，模型超参数对模型训练的影响如图 3-9 所示（原始特征）。图中给出了 L1 正则和 L2 正则下，不同正则参数C对应的模型在训练集和测试集上的负 log 似然损失（logloss）。可以看出，在训练集上C越大（正则越少）的模型性能越好，但在测试集上当$C=100$时性能最好（L1 正则）。

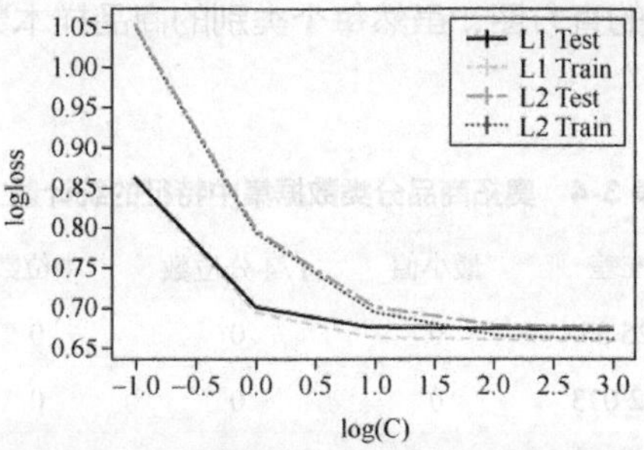

图 3-9 奥拓商品分类数据集上不同超参数对应模型的交叉验证测试误差估计和训练误差

我们分别尝试了采用原始特征、log变换后的特征以及 TF-IDF 变换后的特征作为 Logistic 回归模型的输入，得到模型在 Kaggle 的 Private Leaderboard 分数，如表 3-5 所示。从表中可以看出，Logistic 回归在该任务上的性能并不好，可能是该任务比较复杂，而 Logistic 回归只是一个线性模型，不足以处理这么复杂的任务。后续会讨论更复杂的模型在该数据集上的性能。

表 3-5 不同特征编码方案的 Logistic 回归模型在奥拓商品分类任务上的性能

特征编码方案	logloss 分类性能
原始特征	0.666 83
log特征编码	0.673 17
TF-IDF 特征	0.633 19

3.8 本章小结

本章从以下 7 个方面介绍了 Logistic 回归模型。

（1）模型的形式：Logistic 回归模型假设事件发生的 log 概率比与输入特征$\boldsymbol{x}$呈线性关系，即$\ln\frac{P(Y=1|\boldsymbol{x})}{P(Y=0|\boldsymbol{x})}=\boldsymbol{w}^{\mathrm{T}}\boldsymbol{x}$，等价于$P(Y=1|\boldsymbol{x})=\sigma(\boldsymbol{w}^{\mathrm{T}}\boldsymbol{x})$或者$y|\boldsymbol{x}\sim\text{Bernoulli}\left(\sigma(\boldsymbol{w}^{\mathrm{T}}\boldsymbol{x})\right)$，其中$\sigma(\cdot)$为Sigmoid函数。

（2）模型的目标函数：Logistic 回归模型的目标函数包含两部分，即训练集上的损失函数之和与正则项。Logistic 回归的损失函数采用负 log 似然损失（交叉熵损失），正则项可取 L2 正则、L1 正则或 L2 正则+L1 正则。

（3）目标函数的优化求解：Logistic 回归模型的目标函数无解析解，只能采用梯度下降法、牛顿法、坐标轴下降法等优化算法求解，可根据数据的规模和特点选择合适的优化算法。

（4）多类分类的实现：将两类分类中的贝努利分布扩展为 Multinoulli 分布，即$P(Y=c|x,W)=\frac{e^{w_c^{\mathrm{T}}x}}{\sum_{c'=1}^{C}e^{w_{c'}^{\mathrm{T}}x}}=\sigma(w_c^{\mathrm{T}}x)$，其中$\sigma(\cdot)$为 Softmax函数。

（5）模型性能指标：分类任务的性能指标包括正确率、log 损失、混淆矩阵以及针对两类分类任务的 ROC、P-R 曲线等，可根据任务要求选择合适的性能指标。

（6）超参数调优：Logistic 回归模型的超参数调优通过验证集上的性能进行评价。验证集可采用交叉验证的方式得到，需要注意的是，在交叉验证时要采用分层交叉验证，以保证每份数据中各类别的样本数目比例相同。

（7）不同类别样本不均衡的解决方案：可从样本和分类算法两方面考虑。

3.9 习题

1. 以下哪个选项是正确的？

（A）线性回归误差值必须为正态分布，但 Logistic 回归并非如此

（B）Logistic 回归误差值必须为正态分布，但线性回归并非如此

（C）线性回归和 Logistic 回归误差值都必须为正态分布

（D）线性回归和 Logistic 回归误差值都不是正态分布的

2. 使用梯度下降训练 Logistic 回归分类器后，如果发现它对训练集欠拟合，在训练集或验证集上没有达到所需的性能，那么以下哪些项可能是有希望采取的步骤？

（A）采用其他优化算法，因为梯度下降法得到的可能是局部极小值

（B）减少训练样本

（C）增加多项式特征值

（D）改用具有较多隐含结点的神经网络模型

3. 在 Logistic 回归中，关于一对其他方法，以下哪个选项是正确的？

（A）我们需要在C类分类问题中拟合C个模型

（B）我们需要拟合$C-1$个模型来分类C类

（C）我们只需要拟合 1 个模型来分类C类

（D）以上都不是

4. 图 3-10 是 3 个散点图和手工绘制的 Logistic 回归决策边界，请判断哪个图的决策边界过拟合了训练数据？

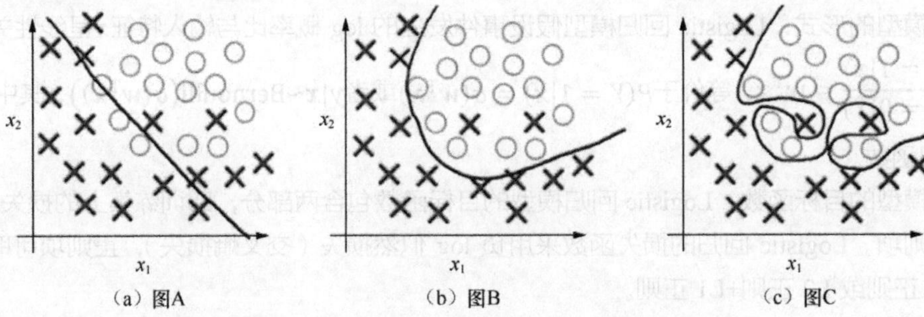

图 3-10 散点图和手工绘制的 Logistic 回归决策边界

(A) 图 A

(B) 图 B

(C) 图 C

(C) 以上都不是

5. 根据第 4 题中的图 3-10，下列说法哪些是正确的？

(A) 与图 B 和图 C 相比，图 A 中的模型的训练误差最大

(B) 最佳模型是图 C 中的模型，因为它的训练误差最小（为零）

(C) 图 B 中的模型比图 A 和图 C 中的模型更健壮

(D) 图 C 中的模型比图 A 和图 B 中的模型更为过拟合

(E) 由于我们没有看到测试数据，所以所有模型的性能相同

6. 假设第 4 题图 3-10 中的决策边界是由不同的正则参数生成的，则哪个决策边界的正则最大？

(A) 图 A

(B) 图 B

(C) 图 C

(D) 三者的正则参数相同

7. 图 3-11 显示了两个 Logistic 回归模型的 AUC-ROC，请判断曲线 1 和曲线 2 哪条 AUC-ROC 将会给出最佳结果？

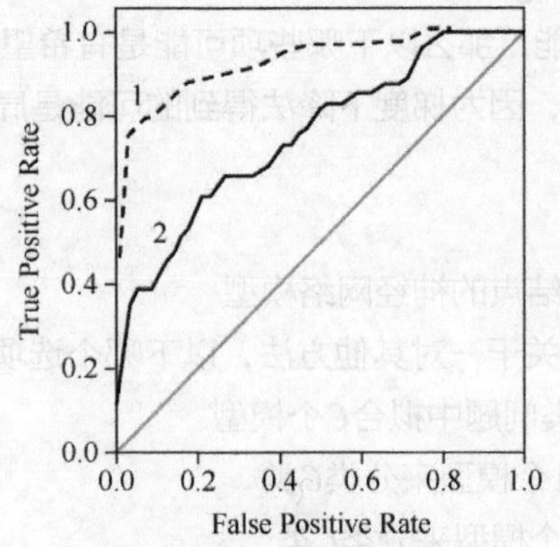

图 3-11 两个 Logistic 回归模型的 AUC-ROC

8. 请推导岭回归的牛顿法。如果采用牛顿法求解，则岭回归需要迭代多少次？

9. 给定N个训练样本$\{\boldsymbol{x}_i, y_i\}_{i=1}^N$，$\boldsymbol{x}_i$为$D$维向量，$y_i \in \{-1,1\}$。我们训练一个线性分类器

$f(\boldsymbol{x},\boldsymbol{w}) = \boldsymbol{w}^{\mathrm{T}}\boldsymbol{x}$，损失函数为指数损失：$\mathcal{L}(f(\boldsymbol{x},\boldsymbol{w}),y) = \mathrm{e}^{-yf(\boldsymbol{x},\boldsymbol{w})}$。

（1）请给出带 L2 正则的分类器的目标函数。

（2）请给出第（1）题中目标函数的梯度。

（3）请给出第（1）题中目标函数的海森矩阵。

（4）如何对正则超参数进行调优？

10. 采用 Logistic 回归模型对心脏病数据集进行建模。该数据集包含了 270 个样本，其中 120 个病人的心脏有问题。我们根据病人的基本情况和一系列的医学检查来预测病人是否患有心脏病。数据集中各字段说明如表 3-6 所示。

表 3-6 心脏病数据集的字段说明

字段名	说明
age	年龄
sex	性别：1=male，0=female
cp	胸痛类型（4 种）：1=典型心绞痛，2=非典型心绞痛，3=非心绞痛，4=无症状
trestbps	静息血压
chol	血清胆固醇
fbs	空腹血糖（>120mg/dl）：1=true，0=false
restecg	静息心电图（值为 0、1、2）
thalach	达到的最大心率
exang	运动诱发的心绞痛（1=yes，0=no）
oldpeak	相对于休息的运动所引起的 ST 值（ST 值与心电图上的位置有关）
slope	运动高峰 ST 段的坡度：1=向上倾斜，2=持平，3=向下倾斜
ca	主血管数目（0～3）
thal	地中海贫血的血液疾病：3 =正常，6 =固定缺陷，7 =可逆转缺陷
target	标签，是否生病：0=no，1=yes

（1）分析特征分布，对特征进行适当变换。注意数据集中既有数值型特征，也有离散型特征。

（2）用训练数据训练 Logsitic 回归模型，请使用 10 折交叉验证对模型的正则超参数λ和正则函数（L1 正则、L2 正则）进行调优，指标选用 logloss。

04 chapter

SVM

支持向量机最初是用于两类分类问题的线性模型，后来通过核技巧扩展到非线性模型。同 Logistic 回归直接从后验概率出发不同，SVM 从几何角度出发，寻找特征空间上间隔最大的分类器。将 SVM 的思想应用到回归任务，得到支持向量回归(Support Vector Regression，SVR)。

本章从线性 SVM 出发，引入核技巧，再将线性 SVM 扩展到核化 SVM；介绍 SVM 的优化求解算法以及支持向量回归；最后通过应用案例介绍 Scikit-Learn 中 SVM 的 API。

4.1 SVM 的基本型

4.1.1 最大间隔

要理解 SVM，我们先来看线性分类器和间隔的概念。

考虑一个两类分类问题，数据点用$\boldsymbol{x}$表示，其为一个D维向量；类别用y表示，可以取值为 1 或者-1，分别代表两个不同的类。线性分类器的目标是在D维空间中找到一个分类超平面，将两个类分开。分类超平面的方程表示为

$$\boldsymbol{w}^{\mathrm{T}}\boldsymbol{x}+b=0。\tag{4-1}$$

图 4-1 是一个二维特征空间中的线性分类示意图。二维平面（每个样本有两维特征）上有两种不同的点，一种为“-”，另一种为“+”。我们要在这个二维平面上找到一个超平面，该超平面在二维空间中可以是图中的黑色实线。从图中可以看出，以这条黑色实线为界将“+”和“-”分开，在黑色实线一边的数据点所对应的y全是-1（“-”），而在另一边的全是 1（“+”）。

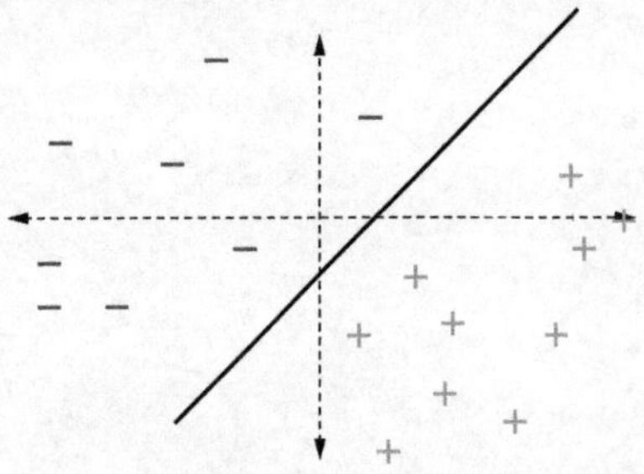

图 4-1　二维特征空间中的线性分类示意图

令分类判别函数为

$$f(\boldsymbol{x})=\boldsymbol{w}^{\mathrm{T}}\boldsymbol{x}+b。\tag{4-2}$$

显然，如果$f(\boldsymbol{x})=0$，那么$\boldsymbol{x}$是分类超平面上的点。我们不妨要求所有满足 $f(\boldsymbol{x})<0$的点对应的y等于-1，那么$f(\boldsymbol{x})>0$就对应 $y=1$的数据点。

下面我们先假设数据是线性可分的，即假设存在这样一个超平面，超平面的每一侧都是同一类样本。一个点距离超平面的远近可以表示为分类预测的置信度或准确程度。在超平面$\boldsymbol{w}^{\mathrm{T}}\boldsymbol{x}+b=0$确定的情况下，$|\boldsymbol{w}^{\mathrm{T}}\boldsymbol{x}+b|$可表示点$\boldsymbol{x}$距离超平面的距离，而$\boldsymbol{w}^{\mathrm{T}}\boldsymbol{x}+b$的符号与类别标签$y$的符号是否一致表示分类是否正确，所以，可以用$y(\boldsymbol{w}^{\mathrm{T}}\boldsymbol{x}+b)$表示分类的正确性和置信度。由此，我们引出样本到分类决策面的距离。

如图 4-2 所示，对于一个点$\boldsymbol{x}$，令其在分类决策超平面上的垂直投影为 $\boldsymbol{x}_p$，$\boldsymbol{w}$ 是垂直于超平面的一个向量，γ为样本$\boldsymbol{x}$到分类决策面的距离，则根据平面几何知识，有

$$\boldsymbol{x}=\boldsymbol{x}_p+\gamma\frac{\boldsymbol{w}}{\|\boldsymbol{w}\|_2},$$

其中$\|\boldsymbol{w}\|_2$示$\boldsymbol{w}$的 L2 范数（模长），$\boldsymbol{w}/\|\boldsymbol{w}\|_2$是单位向量。由于$\boldsymbol{x}_p$是超平面上的点，因此其满足$f(\boldsymbol{x}_p)=0$，即

$$f(\boldsymbol{x}_p)=\boldsymbol{w}^{\mathrm{T}}\boldsymbol{x}_p+b=0。$$

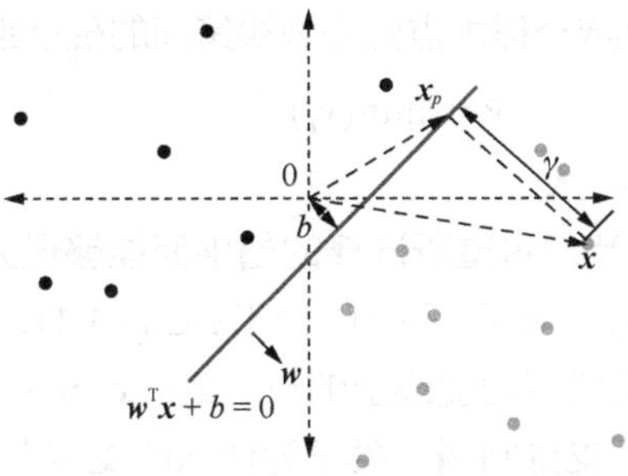

图 4-2 二维特征空间中的判别函数示意图

计算点$\boldsymbol{x}$对应的$f(\boldsymbol{x})$为

$$\begin{aligned} f(\boldsymbol{x}) &= \boldsymbol{w}^{\mathrm{T}}\boldsymbol{x}+b \\ &= \boldsymbol{w}^{\mathrm{T}}\left(\boldsymbol{x}_p+\gamma\frac{\boldsymbol{w}}{\|\boldsymbol{w}\|_2}\right)+b \\ &= \boldsymbol{w}^{\mathrm{T}}\boldsymbol{x}_p+b+\boldsymbol{w}^{\mathrm{T}}\gamma\frac{\boldsymbol{w}}{\|\boldsymbol{w}\|_2} \\ &= f(\boldsymbol{x}_p)+\gamma\frac{\boldsymbol{w}^{\mathrm{T}}\boldsymbol{w}}{\|\boldsymbol{w}\|_2} \\ &= 0+\gamma\frac{\|\boldsymbol{w}\|_2^2}{\|\boldsymbol{w}\|_2} \\ &= \gamma\|\boldsymbol{w}\|_2。\end{aligned}$$

因此，对于一个点$\boldsymbol{x}$到分类决策超平面$\boldsymbol{w}^{\mathrm{T}}\boldsymbol{x}+b=0$的距离$\gamma$为

$$\gamma=\frac{f(\boldsymbol{x})}{\|\boldsymbol{w}\|_2}。\tag{4-3}$$

原点$\boldsymbol{x}=\boldsymbol{0}$到超平面的距离为

$$\gamma_0=\frac{f(\boldsymbol{0})}{\|\boldsymbol{w}\|_2}=\frac{b}{\|\boldsymbol{w}\|_2}。$$

由上述分析可知，一个点$\boldsymbol{x}$到分类决策超平面$\boldsymbol{w}^{\mathrm{T}}\boldsymbol{x}+b=0$的距离$\gamma$的绝对值（或$yf(\boldsymbol{x})/\|\boldsymbol{w}\|_2$）越大，分类的置信度越大。对于一个包含$N$个点的数据集，我们很自然地希望每个类别的样本到决策超平面的最小距离越大越好。图 4-3（a）和图 4-3（b）中有两个不同的决策超平面，图 4-3（a）中两个类到超平面的最小距离比图 4-3（b）中两个类到超平面的最小距离大，我们期望图 4-3（a）中超平面的分类效果更好。因为图 4-3（a）中的超平面能将两个类分得更开，这样即使测试样本在训练样本的基础上有一些小的变化，这个超平面也能将两个类分开，泛化能力好。

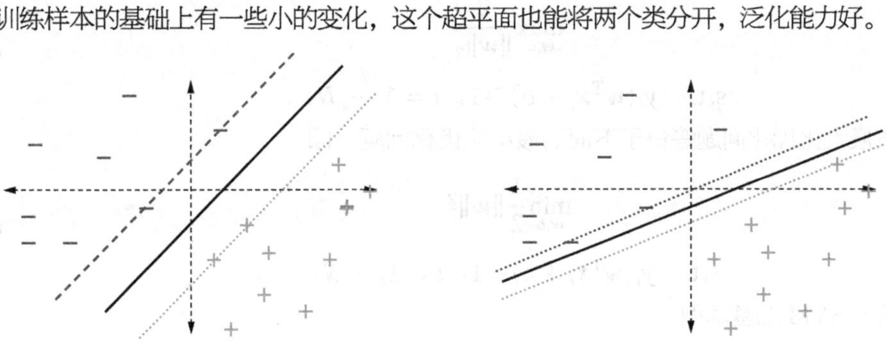

（a）距离较大　　　　（b）距离较小

图 4-3 类到超平面的距离

我们定义间隔（margin）为N个样本点到分类决策面的最小距离，则有

$$\tilde{\gamma} = \min(\gamma_i), \tag{4-4}$$

其中$\gamma_i = f(\boldsymbol{x}_i)/\|\boldsymbol{w}\|_2$，$i = 1,\cdots,N$。

为了使分类的置信度高，我们希望所选择的超平面能够最大化$\tilde{\gamma}$。为了使间隔最大，分类超平面应该位于两类的正中间（垂直平分）。由于$y \in \{-1,1\}$，我们令距离超平面最近点的$f(\boldsymbol{x}) = 1$（正类，图 4-4 中黑实线下边虚线上的点）或$f(\boldsymbol{x}) = -1$（负类，图 4-4 中黑实线上边虚线上的点），这些点被称为支持向量。关于为什么叫支持向量，请参见后续 SVM 求解的 KKT 条件介绍。

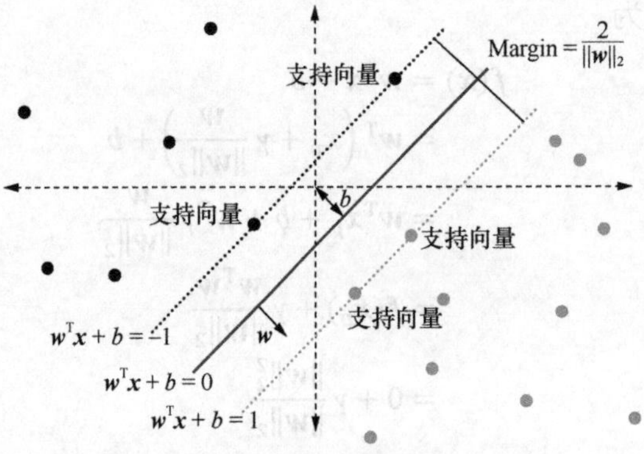

图 4-4　最大间隔分类器

将$f(\boldsymbol{x}) = 1$代入距离计算公式（4-3），得到

$$\gamma = \frac{f(\boldsymbol{x})}{\|\boldsymbol{w}\|_2} = \frac{1}{\|\boldsymbol{w}\|_2}。 \tag{4-5}$$

这是正类样本到决策面的最短距离，即$\tilde{\gamma} = \frac{1}{\|\boldsymbol{w}\|_2}$。考虑到有正负两类样本，我们用正类样本到超平面的最短距离与负类样本到超平面的最短距离之和表示分类超平面的间隔（图 4-4 中两条虚线之间的距离），即

$$\text{Margin} = 2\,\tilde{\gamma} = \frac{2}{\|\boldsymbol{w}\|_2}。 \tag{4-6}$$

因此，最大间隔分类器（Maximum Margin Classifier）的目标函数为

$$\max_{\boldsymbol{w},b} \frac{2}{\|\boldsymbol{w}\|_2}$$

$$\text{s.t.} \quad y_i(\boldsymbol{w}^{\mathrm{T}}\boldsymbol{x}_i + b) \geqslant 1，\ i = 1,\cdots,N。 \tag{4-7}$$

上述最大化优化问题等价于下面的最小化优化问题，即

$$\min_{\boldsymbol{w},b} \frac{1}{2}\|\boldsymbol{w}\|_2^2$$

$$\text{s.t.} \quad y_i(\boldsymbol{w}^{\mathrm{T}}\boldsymbol{x}_i + b) \geqslant 1，\ i = 1,\cdots,N。 \tag{4-8}$$

这就是 SVM 的基本型。

SVM 和 Logistic 回归模型均为线性分类器，判别函数为$\boldsymbol{w}^{\mathrm{T}}\boldsymbol{x} + b$。但 Logistic 回归模型是从概率出发，而 SVM 是从几何出发，直接根据判别函数的值进行分类，与概率没有直接联系，

因此称 SVM 为非概率模型。

4.1.2 SVM 的对偶问题

SVM 的目标函数式（4-8）是一个凸二次规划问题，可以用现成的优化计算包求解。不过对于 SVM，我们有更高效的求解方法。

SVM 的目标函数为带约束的优化问题，可采用拉格朗日乘子法（Lagrange Multiplier）将其变成非约束的优化问题，再进一步转换成对偶问题（dual problem）。通过求解与原问题等价的对偶问题得到原始问题的最优解，这样做的优点在于：①对偶问题往往更容易求解；②可以很自然地引入核函数，从而将线性分类模型转换成非线性分类模型。

SVM 的原问题为

$$\min_{\boldsymbol{w},b}\frac{1}{2}\|\boldsymbol{w}\|_2^2$$
$$\text{s.t.}\quad y_i(\boldsymbol{w}^{\mathrm{T}}\boldsymbol{x}_i+b)\geqslant 1,\ i=1,\cdots,N,$$

对应的拉格朗日函数为

$$L(\boldsymbol{w},b,\boldsymbol{\alpha})=\frac{1}{2}\|\boldsymbol{w}\|_2^2-\sum_{i=1}^{N}\alpha_i\left(y_i(\boldsymbol{w}^{\mathrm{T}}\boldsymbol{x}_i+b)-1\right)$$
$$\text{s.t.}\quad \alpha_i\geqslant 0, i=1,\cdots,N。\tag{4-9}$$

令

$$\theta(\boldsymbol{w},b)=\max_{\alpha_i\geqslant 0}L(\boldsymbol{w},b,\boldsymbol{\alpha}),$$

根据对偶算法，目标函数变为

$$\min_{\boldsymbol{w},b}\theta(\boldsymbol{w},b)=\min_{\boldsymbol{w},b}\max_{\alpha_i\geqslant 0}L(\boldsymbol{w},b,\boldsymbol{\alpha})=p^*,\tag{4-10}$$

其中p^*表示问题的最优解。这个问题和我们最初的问题是等价的，称为原问题。将最小和最大的位置交换，得到对偶问题，即

$$\max_{\alpha_i\geqslant 0}\min_{\boldsymbol{w},b}L(\boldsymbol{w},b,\boldsymbol{\alpha})=d^*。\tag{4-11}$$

对偶问题的最优解$d^*\leqslant p^*$，即d^*提供了原问题最优解p^*的一个下界。在满足卡罗需-库恩-塔克（Karush-Kuhn-Tucker，KKT）条件的情况下，两者相等，这时我们可以通过求解对偶问题来间接求解原问题。

在求解对偶问题的过程中，首先求$\min_{\boldsymbol{w},b}L(\boldsymbol{w},b,\boldsymbol{\alpha})$。分别令 $\partial L/\partial\boldsymbol{w}$ 和 $\partial L/\partial b$等于零，即

$$\frac{\partial L}{\partial\boldsymbol{w}}=0\Rightarrow\boldsymbol{w}=\sum_{i=1}^{N}\alpha_i y_i\boldsymbol{x}_i,$$
$$\frac{\partial L}{\partial b}=0\Rightarrow\sum_{i=1}^{N}\alpha_i y_i=0。\tag{4-12}$$

将式（4-12）的结论代入式（4-9）有

$$
\begin{aligned}
L(\boldsymbol{w},b,\boldsymbol{\alpha}) &= \frac{1}{2}|\|\boldsymbol{w}\|_2^2-\sum_{i=1}^{N}\alpha_i\left(y_i(\boldsymbol{w}^{\mathrm{T}}\boldsymbol{x}_i+b)-1\right)\\
&=\frac{1}{2}\boldsymbol{w}^{\mathrm{T}}\boldsymbol{w}-\sum_{i=1}^{N}\alpha_i y_i\boldsymbol{w}^{\mathrm{T}}\boldsymbol{x}_i-\sum_{i=1}^{N}\alpha_i y_i b+\sum_{i=1}^{N}\alpha_i\\
&=\frac{1}{2}\sum_{i=1}^{N}\sum_{j=1}^{N}\alpha_i\alpha_j y_i y_j\boldsymbol{x}_i^{\mathrm{T}}\boldsymbol{x}_j-\sum_{i=1}^{N}\sum_{j=1}^{N}\alpha_i\alpha_j y_i y_j\boldsymbol{x}_i^{\mathrm{T}}\boldsymbol{x}_j-b\sum_{i=1}^{N}\alpha_i y_i+\sum_{i=1}^{N}\alpha_i\\
&=\sum_{i=1}^{N}\alpha_i-\frac{1}{2}\sum_{i=1}^{N}\sum_{j=1}^{N}\alpha_i\alpha_j y_i y_j\boldsymbol{x}_i^{\mathrm{T}}\boldsymbol{x}_j\text{。}
\end{aligned}
$$

此时，可以得到关于对偶变量$\boldsymbol{\alpha}$的优化问题

$$
\begin{aligned}
&\max_{\alpha}\sum_{i=1}^{N}\alpha_i-\frac{1}{2}\sum_{i=1}^{N}\sum_{j=1}^{N}\alpha_i\alpha_j y_i y_j\boldsymbol{x}_i^{\mathrm{T}}\boldsymbol{x}_j,\\
\text{s.t.}\quad &\alpha_i\geqslant 0,\quad i=1,\cdots,N,\\
&\sum_{i=1}^{N}\alpha_i y_i=0\text{。}
\end{aligned}
\tag{4-13}
$$

此时的拉格朗日函数只包含一个变量$\boldsymbol{\alpha}$，很方便计算对偶问题$\max\limits_{\alpha_i\geqslant 0}\min\limits_{\boldsymbol{w},b}L(\boldsymbol{w},b,\boldsymbol{\alpha})$中外部的最大化部分。

计算出$\boldsymbol{\alpha}$后，便能求出$\boldsymbol{w}$和b，从而得到分类判别函数，即

$$
\begin{aligned}
f(\boldsymbol{x}) &= \boldsymbol{w}^{\mathrm{T}}\boldsymbol{x}+b\\
&=\left(\sum_{i=1}^{N}\alpha_i y_i\boldsymbol{x}_i\right)^{\mathrm{T}}\boldsymbol{x}+b\\
&=\sum_{i=1}^{N}\alpha_i y_i\boldsymbol{x}_i^{\mathrm{T}}\boldsymbol{x}+b\\
&=\sum_{i=1}^{N}\alpha_i y_i<\boldsymbol{x}_i,\boldsymbol{x}>+b\text{。}
\end{aligned}
\tag{4-14}
$$

这个形式的有趣之处在于，对于新点$\boldsymbol{x}$的预测，只需要计算它与训练数据点的内积$<\boldsymbol{x}_i,\boldsymbol{x}>$即可（这里 $<,>$ 表示向量内积）。这一点至关重要，是后续我们采用核方法进行非线性推广的基本前提。此外，支持向量也在这里显示出来：所有非支持向量对应的系数$\alpha_i=0$，因此对于新点的内积计算实际上只是针对少量的“支持向量”而不是所有的训练数据。

为什么非支持向量对应的α_i等于零呢？直观上理解，就是这些“后方”点对超平面是没有影响的。分类完全由超平面决定，因此这些无关的点并不会参与分类问题的计算。这个结论也可由 SVM 超平面的推导得出。回忆一下拉格朗日乘子法得到的目标函数，即

$$
\begin{aligned}
L(\boldsymbol{w},b,\boldsymbol{\alpha}) &= \frac{1}{2}\|\boldsymbol{w}\|_2^2-\sum_{i=1}^{N}\alpha_i\left(y_i(\boldsymbol{w}^{\mathrm{T}}\boldsymbol{x}_i+b)-1\right)\\
\text{s.t.}\quad &\alpha_i\geqslant 0, i=1,\cdots,N,
\end{aligned}
$$

对应的KKT条件（KKT条件的详细介绍请见附录B）为

$$\begin{cases} y_i(\boldsymbol{w}^{\mathrm{T}}\boldsymbol{x}_i + b) - 1 \geqslant 0 \\ \alpha_i \geqslant 0 \\ \alpha_i(1 - y_i(\boldsymbol{w}^{\mathrm{T}}\boldsymbol{x}_i + b) = 0。 \end{cases} \tag{4-15}$$

训练样本$(\boldsymbol{x}_i, y_i)$可分为以下两类。

- 支持向量：支持向量到超平面的距离等于 1，即$1 - y_i(\boldsymbol{w}^{\mathrm{T}}\boldsymbol{x}_i + b) = 0$，因此要满足式（4-15）的第3个约束，必须有$\alpha_i > 0$。
- 非支持向量：非支持向量到超平面的距离大于 1，即$y_i(\boldsymbol{w}^{\mathrm{T}}\boldsymbol{x}_i + b) - 1 > 0$，因此要满足式（4-15）的第3个约束，必须有$\alpha_i = 0$。从式（4-14）可以看出，由于$\alpha_i = 0$，非支持向量对预测函数没有贡献。

4.2 带松弛因子的SVM

在4.1节中我们讨论的是数据是线性可分的。但在实际应用中可能由于数据中混入了异常点，其不是线性可分的，如图4-5（a）所示。或者数据仍然可以分开，但是会严重影响模型的泛化预测效果。如果我们不考虑异常点，则SVM的超平面如图4-5（b）中的黑色线所示；但是由于有一个异常点“–”，因此学习到的超平面如图4-5（c）中的黑色线所示，这会严重影响分类模型预测效果（右边的分类超平面对应的间隔小）。

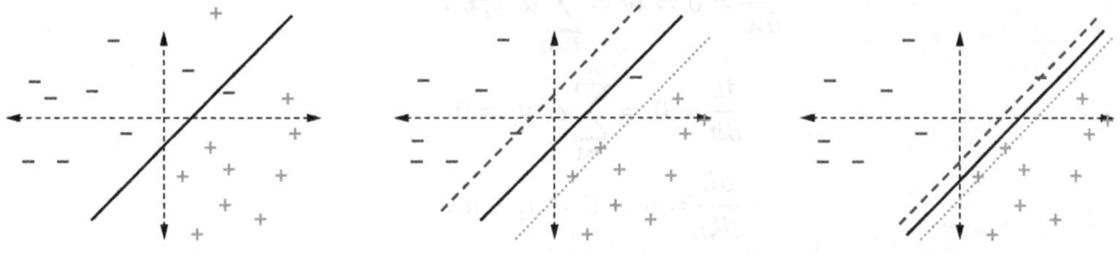

图4-5 软间隔分类器

缓解上述问题的办法之一是允许模型在一些样本上出错。为此，引入“软间隔”的概念。我们回顾一下如式（4-8）所示的硬间隔最大化的SVM，即

$$\min_{\boldsymbol{w},b} \frac{1}{2}\|\boldsymbol{w}\|_2^2$$

$$\text{s.t.} \quad y_i(\boldsymbol{w}^{\mathrm{T}}\boldsymbol{x}_i + b) \geqslant 1，\ i = 1, \cdots, N。$$

在硬间隔最大化中，要求所有样本都必须被正确分类，即$y_i(\boldsymbol{w}^{\mathrm{T}}\boldsymbol{x}_i + b) \geqslant 1$。而软间隔允许某些样本不满足该约束，为此，对每个样本$(\boldsymbol{x}_i, y_i)$引入了一个松弛变量$\xi_i \geqslant 0$，以使函数间隔加上松弛变量大于或等于1，即

$$y_i(\boldsymbol{w}^{\mathrm{T}}\boldsymbol{x}_i + b) \geqslant 1 - \xi_i，\ i = 1, \cdots, N。$$

对比硬间隔最大化，可以看到我们对样本到超平面的距离函数的要求放松了。硬间隔要求一定要大于或等于1，现在只需要加上一个大于或等于0的松弛变量能大于或等于1就可以了。当然，松弛变量是有成本的，每一个松弛变量ξ_i对应一个代价，这样就得到了软间隔最大化的SVM的最小化优化目标，即

$$\min_{w,b} \frac{1}{2}\|\boldsymbol{w}\|_2^2 + C\sum_{i=1}^{N}\xi_i$$

$$\text{s.t.} \quad y_i(\boldsymbol{w}^{\mathrm{T}}\boldsymbol{x}_i + b) \geqslant 1-\xi_i,\ \xi_i \geqslant 0,\ i=1,\cdots,N。 \tag{4-16}$$

也就是说，我们希望$\frac{1}{2}\|\boldsymbol{w}\|_2^2$尽量小，同时误分类的点尽可能少。其中$C>0$为损失的惩罚参数。显然，$C$越大，对误分类的惩罚越大，当$C=\infty$时，迫使所有样本满足硬约束（松弛变量均为 0）；$C$越小，对误分类的惩罚越小。被误分类的点的$\xi_i \geqslant 0$，因此$\sum_{i=1}^{N}\xi_i$为被误分类点的数目的上界，可视为训练误差。

目标函数式（4-15）的优化和 4.1 节中线性可分 SVM 的优化方式类似，通过拉格朗日乘子法变成对偶问题后再进行求解。

带松弛变量的 SVM 的原问题式（4-16）对应的拉格朗日函数为

$$L(\boldsymbol{w},b,\boldsymbol{\alpha},\xi,\boldsymbol{\mu}) = \frac{1}{2}\|\boldsymbol{w}\|_2^2 + C\sum_{i=1}^{N}\xi_i - \sum_{i=1}^{N}\alpha_i\left(y_i(\boldsymbol{w}^{\mathrm{T}}\boldsymbol{x}_i+b)-1+\xi_i\right) - \sum_{i=1}^{N}\mu_i\xi_i$$

$$\begin{aligned} \text{s.t.} \quad & \alpha_i \geqslant 0,\ i=1,\cdots,N \\ & \mu_i \geqslant 0,\ i=1,\cdots,N \\ & \xi_i \geqslant 0,\ i=1,\cdots,N \end{aligned} \tag{4-17}$$

首先让$L(\boldsymbol{w},b,\boldsymbol{\alpha},\xi,\boldsymbol{\mu})$ 关于$\boldsymbol{w}$，b，ξ最小化。令$\partial L/\partial \boldsymbol{w}$，$\partial L/\partial b$和$\partial L/\partial \xi_i$等于0，即

$$\frac{\partial L}{\partial \boldsymbol{w}} = 0 \Rightarrow \boldsymbol{w} = \sum_{i=1}^{N}\alpha_i y_i \boldsymbol{x}_i,$$

$$\frac{\partial L}{\partial b} = 0 \Rightarrow \sum_{i=1}^{N}\alpha_i y_i = 0,$$

$$\frac{\partial L}{\partial \xi_i} = 0 \Rightarrow C = \alpha_i + \mu_i。$$

将它们代入式（4-17）可得

$$\begin{aligned} L(\boldsymbol{w},b,\boldsymbol{\alpha},\xi,\boldsymbol{\mu}) &= \frac{1}{2}\|\boldsymbol{w}\|_2^2 + C\sum_{i=1}^{N}\xi_i - \sum_{i=1}^{N}\alpha_i\left(y_i(\boldsymbol{w}^{\mathrm{T}}\boldsymbol{x}_i+b)-1+\xi_i\right) - \sum_{i=1}^{N}\mu_i\xi_i \\ &= \frac{1}{2}\|\boldsymbol{w}\|_2^2| - \sum_{i=1}^{N}\alpha_i\left(y_i(\boldsymbol{w}^{\mathrm{T}}\boldsymbol{x}_i+b)-1+\xi_i\right) + \sum_{i=1}^{N}\alpha_i\xi_i \\ &= \frac{1}{2}\|\boldsymbol{w}\|_2^2 - \sum_{i=1}^{N}\alpha_i\left(y_i(\boldsymbol{w}^{\mathrm{T}}\boldsymbol{x}_i+b)-1\right) \\ &= \frac{1}{2}\boldsymbol{w}^{\mathrm{T}}\boldsymbol{w} - \sum_{i=1}^{N}\alpha_i y_i \boldsymbol{w}^{\mathrm{T}}\boldsymbol{x}_i - \sum_{i=1}^{N}\alpha_i y_i b + \sum_{i=1}^{N}\alpha_i \\ &= \frac{1}{2}\sum_{i=1}^{N}\sum_{j=1}^{N}\alpha_i\alpha_j y_i y_j \boldsymbol{x}_i^{\mathrm{T}}\boldsymbol{x}_j - \sum_{i=1}^{N}\sum_{j=1}^{N}\alpha_i\alpha_j y_i y_j \boldsymbol{x}_i^{\mathrm{T}}\boldsymbol{x}_j - b\sum_{i=1}^{N}\alpha_i y_i + \sum_{i=1}^{N}\alpha_i \\ &= \sum_{i=1}^{N}\alpha_i - \frac{1}{2}\sum_{i=1}^{N}\sum_{j=1}^{N}\alpha_i\alpha_j y_i y_j \boldsymbol{x}_i^{\mathrm{T}}\boldsymbol{x}_j。 \end{aligned}$$

此时，得到关于对偶变量$\boldsymbol{\alpha}$的优化问题，即

$$\begin{aligned}\max_{\alpha}\quad & \sum_{i=1}^{N}\alpha_i-\frac{1}{2}\sum_{i=1}^{N}\sum_{j=1}^{N}\alpha_i\,\alpha_j y_i y_j \boldsymbol{x}_i^{\mathrm{T}}\boldsymbol{x}_j \\ \text{s.t.}\quad & 0\leqslant\alpha_i\leqslant C,\quad i=1,\cdots,N \\ & \sum_{i=1}^{N}\alpha_i\,y_i=0\end{aligned} \tag{4-18}$$

式（4-18）的目标函数与硬间隔 SVM 的目标函数式（4-13）相同，只是约束条件有所不同：硬间隔 SVM 的约束条件为$0\leqslant\alpha_i$，而软间隔 SVM 的约束条件为$0\leqslant\alpha_i\leqslant C$。这是因为软间隔 SVM 的约束条件为

$$\begin{gathered}\alpha_{\mathrm{i}}\geqslant 0,\ i=1,\cdots,N \\ \mu_i\geqslant 0,\ i=1,\cdots,N \\ \xi_i\geqslant 0,\ i=1,\cdots,N\end{gathered}$$

再加上

$$\frac{\partial L}{\partial \xi_i}=0\Rightarrow C=\alpha_i+\mu_i,$$

综合$C=\alpha_i+\mu_i=0$，$\alpha_i\geqslant 0$，$\mu_i\geqslant 0$，可以消去μ_i，只留下α_i，进而得到$0\leqslant\alpha_i\leqslant C$。

类似硬间隔的 SVM，求解出$\boldsymbol{\alpha}$后便能求出$\boldsymbol{w}$和b，从而得到分类判别函数，即

$$\begin{aligned}f(\boldsymbol{x}) &= \boldsymbol{w}^{\mathrm{T}}\boldsymbol{x}+b \\ &= \left(\sum_{i=1}^{N}\alpha_i\,y_i\boldsymbol{x}_i\right)^{\mathrm{T}}\boldsymbol{x}+b \\ &= \sum_{i=1}^{N}\alpha_i\,y_i\boldsymbol{x}_i^{\mathrm{T}}\boldsymbol{x}+b \\ &= \sum_{i=1}^{N}\alpha_i\,y_i<\boldsymbol{x}_i,\boldsymbol{x}>+b。\end{aligned} \tag{4-19}$$

对偶问题的目标函数式（4-18）对应的 KKT 条件为

$$\begin{cases} y_i(\boldsymbol{w}^{\mathrm{T}}\boldsymbol{x}_i+b)-1-\xi_i\geqslant 0 \\ \xi_i\geqslant 0 \\ \\ \alpha_i\geqslant 0 \\ \mu_i\geqslant 0 \\ \\ \alpha_i(1-\xi_i-y_i(\boldsymbol{w}^{\mathrm{T}}\boldsymbol{x}_i+b)=0 \\ \mu_i\xi_i=0 \end{cases} \tag{4-20}$$

与硬间隔 SVM 类似，对训练样本$(\boldsymbol{x}_i,y_i)$，有$\alpha_i(1-\xi_i-y_i(\boldsymbol{w}^{\mathrm{T}}\boldsymbol{x}_i+b)=0$，所以当$\alpha_i=0$时，$(\boldsymbol{x}_i,y_i)$为非支持向量；当$\alpha_i>0$时，$y_i(\boldsymbol{w}^{\mathrm{T}}\boldsymbol{x}_i+b)=1-\xi_i$，$(\boldsymbol{x}_i,y_i)$为支持向量，此时又有以下不同的情况。

（1）若$\alpha_i<C$，则$\mu_i>0$，进而根据$\mu_i\xi_i=0\Rightarrow\xi_i=0$，可知$(\boldsymbol{x}_i,y_i)$恰好在最大间隔边界

$y_i(\boldsymbol{w}^{\mathrm{T}}\boldsymbol{x}_i+b)=1-\xi_i=1$上。

（2）若$\alpha_i=C$，则$\mu_i=0$，此时$\xi_i\geqslant 0$，又可分为两种情况。

① 若$\xi_i\leqslant 1$，则$(\boldsymbol{x}_i,y_i)$落在最大间隔边界内部，$y_i(\boldsymbol{w}^{\mathrm{T}}\boldsymbol{x}_i+b)=1-\xi_i\geqslant 0$，仍能被正确分类。

② 若$\xi_i>1$，则$(\boldsymbol{x}_i,y_i)$落在最大间隔边界外部，$y_i(\boldsymbol{w}^{\mathrm{T}}\boldsymbol{x}_i+b)=1-\xi_i\leqslant 0$，样本被错误分类。

4.3 合页损失函数

带松弛变量的 SVM（C-SVM）中，有

$$\min_{\boldsymbol{w},b}\frac{1}{2}\|\boldsymbol{w}\|_2^2+C\sum_{i=1}^{N}\xi_i$$

$$\text{s.t.}\quad 1-\xi_i-y_i(\boldsymbol{w}^{\mathrm{T}}\boldsymbol{x}_i+b)\leqslant 0,\ i=1,\cdots,N$$
$$-\xi_i\leqslant 0,\ i=1,\cdots,N$$

当$y_i(\boldsymbol{w}^{\mathrm{T}}\boldsymbol{x}_i+b)\geqslant 1$时，定义$\xi_i=0$；否则$\xi_i=1-y_i(\boldsymbol{w}^{\mathrm{T}}\boldsymbol{x}_i+b)$，即

$$\xi_i=[1-y_i(\boldsymbol{w}^{\mathrm{T}}\boldsymbol{x}_i+b)]_+$$

其中

$$[z]_+=\max(0,z)=\begin{cases}z & z>0\\ 0 & z\leqslant 0\text{。}\end{cases}$$

这样 C-SVM 的目标函数即可写为

$$\min_{\boldsymbol{w},b}\sum_{i=1}^{N}\xi_i+\lambda\|\boldsymbol{w}\|_2^2 \tag{4-21}$$

或者将$\xi_i=[1-y_i(\boldsymbol{w}^{\mathrm{T}}\boldsymbol{x}_i+b)]_+$代入其中，得到最小化目标函数为

$$J(\boldsymbol{w},b,\lambda)=\sum_{i=1}^{N}[1-y_i(\boldsymbol{w}^{\mathrm{T}}\boldsymbol{x}_i+b)]_+ +\lambda\|\boldsymbol{w}\|_2^2\text{。} \tag{4-22}$$

将式（4-22）与 Logistic 回归的目标函数

$$J(\boldsymbol{w},\lambda)=-\sum_{i=1}^{N}\ln\left(1+\exp\left(-y_i f(\boldsymbol{x}_i)\right)\right)+\lambda\|\boldsymbol{w}\|_2^2$$

进行对比，可以发现二者的形式类似，只是第 1 项损失函数不同。Logistic 回归取的是负 log 似然损失

$$\mathcal{L}_{\log}(f(\boldsymbol{x}_i),y_i)=\ln\left(1+\exp\left(-y_i f(\boldsymbol{x}_i)\right)\right),$$

其中$f(\boldsymbol{x}_i)=\sigma(\boldsymbol{w}^{\mathrm{T}}\boldsymbol{x}_i)$是模型预测$\boldsymbol{x}_i$的标签为 1 的概率。

而 SVM 取的是合页损失，即

$$\mathcal{L}_{\text{hinge}}(f(\boldsymbol{x}_i),y_i)=[1-y_i f(\boldsymbol{x}_i)]_+\text{。} \tag{4-23}$$

分类中常用的损失函数如图 4-6 所示。SVM 中的合页损失函数取名为“合页”是因为其形状像合页。事实上，负 log 似然损失与合页损失都可以被看作 0/1 损失

$$\mathcal{L}_{0/1}(f(\boldsymbol{x}_i),y_i)=\begin{cases}0, & y_i=f(\boldsymbol{x}_i)\\1, & y_i\neq f(\boldsymbol{x}_i)\end{cases} \tag{4-24}$$

的近似，被称为代理损失函数（Surrogate Loss Function），因为 0/1 损失函数非凸、非连续，优化计算不方便。

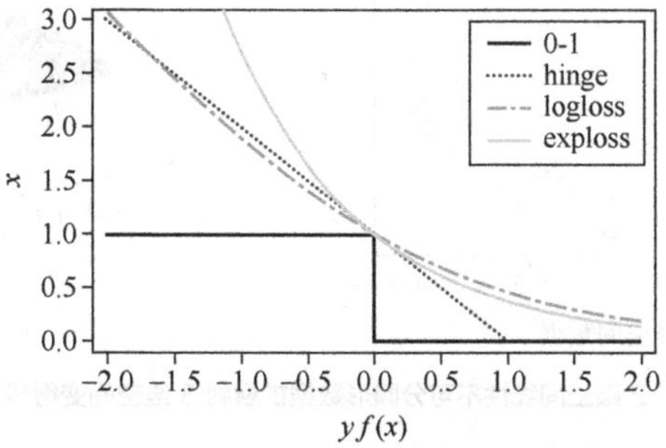

图 4-6　分类任务的代理损失函数

SVM 正是采用合页损失函数保持了支持向量机的解的稀疏性，因为合页损失函数的零区域对应的正是非支持向量的普通样本，从而所有的普通样本都不参与最终超平面的决定。

采用合页损失的方式解释 SVM 模型，使我们对 SVM 的理解可以放到机器学习模型的一般框架中，即

$$J(\boldsymbol{\theta},\lambda)=\sum_{i=1}^{N}\mathcal{L}\big(y_i,f(\boldsymbol{x}_i,\boldsymbol{\theta})\big)+\lambda R(\boldsymbol{\theta}),$$

SVM 的最佳模型为与训练数据拟合得最好的、最简单的模型，其也被称为结构风险最小化，与之对应的训练集上的损失函数值被称为经验风险。同 Logistic 回归模型类似，SVM 的正则项也可以取 L1 正则，并且 L1 正则在特征层面上可以得到稀疏解，起到特征选择的作用。

4.4 核方法

前面我们讲到了线性可分 SVM 的硬间隔最大化和软间隔最大化的算法，当数据不完全线性可分时，线性模型表现不好。本节探讨 SVM 如何处理线性不可分的数据，重点讲述核方法将线性模型非线性化，从而能处理线性不可分数据。

4.4.1 核技巧

当数据不可分时，我们可以将数据升维到高维空间。在这个高维空间，数据也许会变为线性可分，这样用线性分类器就能实现分类任务。

例如，图 4-7（a）给出了 2 维空间(x,y)的两类数据：一类是外圈圆形数据，为星形数据点；另一类是内圈圆形数据，为点状数据点。在这个 2 维平面上，找不到一条直线（2 维空间中的线性模型为直线）可以将两类圆形数据完全分开。但可以将原始数据变换到如图 4-7（b）所示的 3 维空间$\boldsymbol{z}$: (z_1,z_2,z_3)，其中$(z_1,z_2,z_3)=(x,y,x^2+y^2)$，即$z_3$表示 2 维空间中的样本点到原点的距离。由于两类数据的半径不同，加入z_3后，可以轻松地用一个平面（3 维空间中的

线性模型为平面）将两类数据分开。从上述例子可以看出，对于一维线性不可分的数据，我们将其映射到了两维以后，其就变成了线性可分的数据。

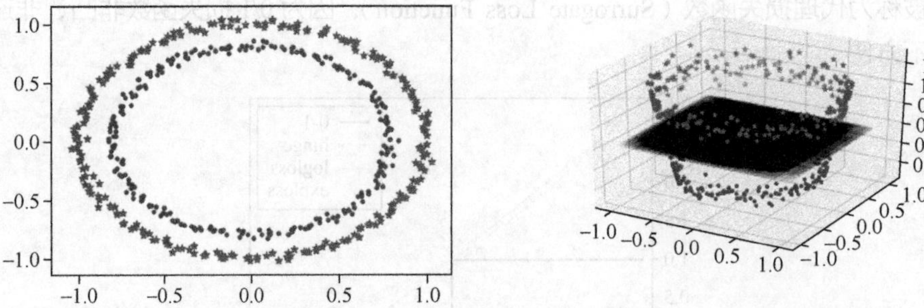

（a）2维空间数据　　（b）3维空间数据

图 4-7　2 维空间线性不可分圆形数据扩展到 3 维空间变得线性可分

假设我们用映射$\phi(\boldsymbol{x})$将$\boldsymbol{x}$映射成高维特征向量，则在特征空间中分类超平面对应的模型可表示为

$$f(\boldsymbol{x}) = \boldsymbol{w}^{\mathrm{T}}\phi(\boldsymbol{x}) + b。 \tag{4-25}$$

由于该模型在高维特征空间中仍是线性模型，因此我们完全可以照搬 4.2 节中线性 SVM 模型的推导过程，只须将原来的$\boldsymbol{x}$换成$\phi(\boldsymbol{x})$即可。

因此，SVM 原问题的最小化优化目标可写为

$$\begin{aligned} &\min_{\boldsymbol{w},b}\frac{1}{2}\|\boldsymbol{w}\|_2^2 + C\sum_{i=1}^{N}\xi_i \\ &\text{s.t.}\quad 1-\xi_i \leqslant y_i(\boldsymbol{w}^{\mathrm{T}}\phi(\boldsymbol{x}_i)+b),\ i=1,\cdots,N \\ &\qquad\quad -\xi_i \leqslant 0,\ i=1,\cdots,N \end{aligned} \tag{4-26}$$

得到对偶变量$\boldsymbol{\alpha}$的优化问题，即

$$\begin{aligned} &\max_{\alpha}\sum_{i=1}^{N}\alpha_i - \frac{1}{2}\sum_{i=1}^{N}\sum_{j=1}^{N}\alpha_i\alpha_j y_i y_j < \phi(\boldsymbol{x}_i), \phi(\boldsymbol{x}_j) > \\ &\text{s.t.}\quad 0 \leqslant \alpha_i \leqslant C,\quad i=1,\cdots,N \\ &\qquad \sum_{i=1}^{N}\alpha_i y_i = 0 \end{aligned} \tag{4-27}$$

计算出$\boldsymbol{\alpha}$后便能求出$\boldsymbol{w}$和b，从而可以得到分类判别函数，即

$$\begin{aligned} f(\boldsymbol{x}) &= \boldsymbol{w}^{\mathrm{T}}\phi(\boldsymbol{x}) + b \\ &= \left(\sum_{i=1}^{N}\alpha_i y_i \phi(\boldsymbol{x}_i)\right)^{\mathrm{T}}\phi(\boldsymbol{x}) + b \\ &= \sum_{i=1}^{N}\alpha_i y_i \phi^{\mathrm{T}}(\boldsymbol{x}_i)\phi(\boldsymbol{x}) + b \\ &= \sum_{i=1}^{N}\alpha_i y_i < \phi(\boldsymbol{x}_i), \phi(\boldsymbol{x}) > + b。 \end{aligned} \tag{4-28}$$

从上述推导过程可以看出，将线性模型中的原始特征的内积换成映射后特征的内积 $<\phi(x_i),\phi(x)>$，就完成了将线性模型非线性化。看起来似乎这样就已经完美地解决了线性不可分 SVM 的问题了。但在有些情况下，特征空间维数需要很高（甚至无穷维）才能将数据变得线性可分，而在高维空间直接计算特征空间的点积通常是困难的。

为了避开这个障碍，学者们引入了核函数！

假设ϕ是一个从低维的输入空间$\mathcal{X}$（欧氏空间的子集或者离散集合）到高维的希尔伯特空间$\mathcal{H}$的映射。如果存在函数$\kappa(x,z)$，对于任意$x,z\in\mathcal{X}$，都有

$$\kappa(x,z)=<\phi(x),\phi(z)> \tag{4-29}$$

那么就称$\kappa(x,z)$为核函数。

这样，在推导 SVM 过程中高维特征内积 $<\phi(x_i),\phi(x_j))>$ 、 $<\phi(x_i),\phi(x)>$分别用核函数$\kappa(x_i,x_j)$、$\kappa(x_i,x)$代替即可。核函数$\kappa(x,z)$是在低维特征空间中计算的，避免了上面提到的在高维空间计算内积时计算量大的问题。也就是说，我们可以享受在高维特征空间线性可分的红利，同时又避免了高维特征空间繁重的内积计算量。这种技巧被称为核技巧（Kernel Trick）。

4.4.2 核函数构造

我们还需要解决一个问题，即核函数的存在性判断和如何构造。既然我们不关心高维空间的表达形式，那么怎么才能判断一个函数是否为核函数呢？

定理：令$\mathcal{X}$为输入空间，如果$\kappa(\cdot,\cdot)$是定义在$\mathcal{X}\times\mathcal{X}$上的对称函数，则$\kappa$是核函数，当且仅当对于任意数据$\mathcal{D}=(x_1,\cdots,x_N)$，以下核矩阵$K$总是半正定的。

$$K=\begin{bmatrix}\kappa(x_1,x_1) & \kappa(x_1,x_2) & \cdots & \kappa(x_1,x_N)\\ \kappa(x_2,x_1) & \kappa(x_1,x_2) & \cdots & \kappa(x_2,x_N)\\ \vdots & \vdots & \ddots & \vdots\\ \kappa(x_N,x_1) & \kappa(x_N,x_2) & \cdots & \kappa(x_N,x_N)\end{bmatrix}。$$

事实上，只要一个函数对应的矩阵是半正定的，就总可以找到一个与之对应的映射ϕ。也就是说，任何一个核函数都隐式定义了一个再生核希尔伯特空间（Reproducing Kernel Hilbert Space，RKHL）。

通过前面的讨论可知，我们希望样本映射到高维特征空间后是线性可分的，因此特征空间的好坏对支持向量机的性能至关重要。在核方法中，特征空间由核函数决定，因此核函数的选择对支持向量机的高性能很重要。

常用的核函数有以下几种。

1. 线性核函数

线性核函数对应线性 SVM，表达式为

$$\kappa(x,z)=<x,z>。 \tag{4-30}$$

这样即可将线性可分 SVM 和核化 SVM 统一起来，区别仅在于线性可分 SVM 用的是线性核函数。

2. 多项式核函数

多项式核函数的表达式为

$$\kappa(x,z)=(\gamma<x,z>+r)^M, \tag{4-31}$$

其中γ、r、M为多项式核函数的参数。M越大，多项式阶数越高，决策边界越不平滑。

3. 高斯核函数

高斯核函数也被称为径向基核函数（Radial Basis Function，RBF），它是最主流的核函数。

$$\kappa(\boldsymbol{x}, \boldsymbol{z}) = \exp(-\gamma\|\boldsymbol{x} - \boldsymbol{z}\|^2), \tag{4-32}$$

其中$\gamma > 0$为高斯核函数的宽度的倒数。γ越大，决策边界越不平滑。

需要注意的是，计算 RBF 的值$\kappa(\boldsymbol{x}, \boldsymbol{z})$需要用$\|\boldsymbol{x} - \boldsymbol{z}\|^2$，如果各维特征的取值范围不同，则会影响特征在欧氏距离中的权值，从而影响 RBF 的值。所以基于 RBF 的 SVM 需要对特征取值范围进行缩放（正则函数也需要对特征进行去量纲）。

对基于 RBF 的 SVM，正则参数C和 RBF 参数γ共同控制模型复杂度。参数γ为核函数宽度的倒数，确定单个训练样本的影响范围，较小的值表示核函数宽度较宽，样本的影响范围“远”，此时决策函数相对平滑。参数C是正则化参数，其值越小，表示训练误差在目标函数中的权重越小，可以接受决策函数分错一部分样本，决策边界越平滑。

图 4-8 给出了在鸢尾花分类任务上（只取了前 2 维特征），不同参数值的基于 RBF 的 SVM 分类器的交叉验证精度。可以看出，模型对参数γ非常敏感。如果γ太大，则支持向量的影响区域仅包括支持向量本身，此时即使控制C进行正则也无法防止过拟合。当γ非常小时，模型过于受限，不能捕获数据的复杂性，支持向量的影响区域将包括整个训练集，此时模型类似于一个线性模型。对于中间值，可以看到在C和γ的对角线上能找到好的模型。平滑模型（γ值较低）可以通过增加正确分类每个样本点（C值较大）的重要性而变得更复杂，从而对角线对应的模型性能会变得好。对于γ的一些中间值，当C变得非常大时，模型的性能基本相同。这提示我们不必通过强制减弱训练集的重要性来实现正则，RBF 的宽度本身就是一个很好的结构正则器。在实践中，我们可以用较低的C值来简化决策函数，从而使内存更小、预测速度更快。Scikit-Learn 中默认的$\gamma = 1/(D \times \boldsymbol{X}.\mathrm{Val}())$，其中$D$为特征的维数，$\boldsymbol{X}$为训练样本组成的输入特征矩阵，Val()为方差计算函数。

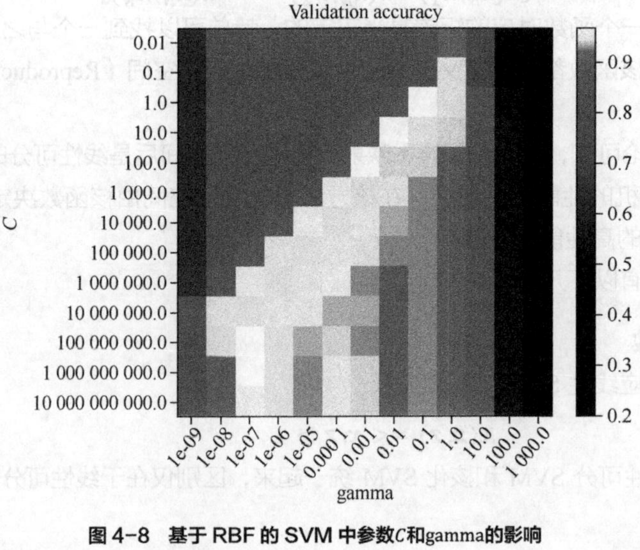

图 4-8　基于 RBF 的 SVM 中参数C和gamma的影响

此外，核函数还可以通过函数组合得到。

如果κ_1和κ_2是核函数，则下列函数也是核函数。$\gamma_1\kappa_1 + \gamma_2\kappa_2$，其中$\gamma_1 \geqslant 0$和$\gamma_2 \geqslant 0$；$\kappa_1\kappa_2$；$p(\kappa_1)$，其中$p$为$\kappa_1$的多项式；$e^{\kappa_1}$。

4.5 SVM 优化求解：SMO

4.5.1 SMO 算法原理

SVM 的对偶问题

$$
\begin{aligned}
&\max_{\alpha} \sum_{i=1}^{N} \alpha_i - \frac{1}{2}\sum_{i=1}^{N}\sum_{j=1}^{N} \alpha_i \alpha_j y_i y_j \boldsymbol{x}_i^{\mathrm{T}} \boldsymbol{x}_j \\
\text{s.t.}\quad & 0 \leqslant \alpha_i \leqslant C, \quad i = 1, \cdots, N \\
& \sum_{i=1}^{N} \alpha_i y_i = 0
\end{aligned}
$$

是一个二次规划问题，可用通用的二次规划算法求解。然而该对偶问题的未知数规模与训练样本数目N相同，这会在样本数目比较大时导致开销很大。为了避开这个障碍，学者们通过利用问题本身的特性，提出了很多高效的算法。约翰 · 普拉特（John Platt）于 1998 年提出的序列最小化优化（Sequential Minimal Optimization，SMO）算法是最快的二次规划优化算法，特别是在针对线性 SVM 和数据稀疏时性能更优。关于 SMO 算法的详细资料请参考文献[6]。

SMO 算法将原始问题中求解 N 个参数的二次规划问题分解成了多个二次规划问题进行求解，每个子问题只需要求解 2 个参数。根据坐标轴下降法（在 SVM 的对偶问题中，求函数的极大值应该采用坐标轴上升法），应该固定其他参数，每次更新一个参数α_i。但在 SVM 中，$\boldsymbol{\alpha}$并不是完全独立的，而是具有约束

$$
\sum_{i=1}^{N} \alpha_i y_i = 0,
$$

因此一个α_i变化，另一个α_j也要随之变化以满足条件。所以在 SMO 算法中我们每次都需要选择一对变量(α_i, α_j) 一起进行修改。

SMO 在整个二次规划的过程中，首先选取一对参数(α_i, α_j)，然后固定向量$\boldsymbol{\alpha}$的其他元素，对(α_i, α_j)求最优解，进而获得更新后的(α_i, α_j)。

SMO 不断执行这两个步骤直至收敛。

将 SVM 对偶问题的最大化优化目标转化为最小化优化目标，有

$$
\begin{aligned}
&\min_{\alpha} \frac{1}{2}\sum_{i=1}^{N}\sum_{j=1}^{N} \alpha_i \alpha_j y_i y_j \boldsymbol{x}_i^{\mathrm{T}} \boldsymbol{x}_j - \sum_{i=1}^{N} \alpha_i \\
\text{s.t.}\quad & 0 \leqslant \alpha_i \leqslant C，i = 1, \cdots, N \\
& \sum_{i=1}^{N} \alpha_i y_i = 0
\end{aligned} \tag{4-33}
$$

假设我们选取的两个需要优化的参数为(α_1, α_2)，则剩下的$(\alpha_3, \cdots, \alpha_N)$ 固定，并可作为常数处理。将 SVM 优化问题进行展开可得（去掉与(α_1, α_2)无关的项）

$$W(\alpha_1,\alpha_2)=\frac{1}{2}\alpha_1^2y_1^2\boldsymbol{x}_1^{\mathrm{T}}\boldsymbol{x}_1+\frac{1}{2}\alpha_2^2y_2^2\boldsymbol{x}_2^{\mathrm{T}}\boldsymbol{x}_2+\alpha_1\alpha_2y_1y_2\boldsymbol{x}_1^{\mathrm{T}}\boldsymbol{x}_2+\alpha_1y_1\sum_{i=3}^{N}\alpha_i\,y_i\boldsymbol{x}_1^{\mathrm{T}}\boldsymbol{x}_i+\alpha_2y_2\sum_{i=3}^{N}\alpha_i\,y_i\boldsymbol{x}_2^{\mathrm{T}}\boldsymbol{x}_i-\alpha_1-\alpha_2。\tag{4-34}$$

令$K_{ij}=K(\boldsymbol{x}_i,\boldsymbol{x}_j)=\boldsymbol{x}_i^{\mathrm{T}}\boldsymbol{x}_j$，且

$$\begin{aligned}v_1&=\sum_{i=3}^{N}\alpha_i\,y_i\boldsymbol{x}_1^{\mathrm{T}}\boldsymbol{x}_i=\sum_{i=3}^{N}\alpha_i\,y_iK_{1i},\\v_2&=\sum_{i=3}^{N}\alpha_i\,y_i\boldsymbol{x}_2^{\mathrm{T}}\boldsymbol{x}_i=\sum_{i=3}^{N}\alpha_i\,y_iK_{2i},\end{aligned}\tag{4-35}$$

则目标函数$W(\alpha_1,\alpha_2)$可简写为

$$W(\alpha_1,\alpha_2)=\frac{1}{2}\alpha_1^2y_1^2K_{11}+\frac{1}{2}\alpha_2^2y_2^2K_{22}+\alpha_1\alpha_2y_1y_2K_{12}+\alpha_1y_1v_1+\alpha_2y_2v_2-\alpha_1-\alpha_2。\tag{4-36}$$

根据约束条件

$$\sum_{i=1}^{N}\alpha_i\,y_i=0,$$

可得

$$\alpha_1y_1+\alpha_2y_2=-\sum_{i=3}^{N}\alpha_i\,y_i=\zeta。\tag{4-37}$$

式（4-37）两边同乘y_1，且$y_i^2=1$，则有

$$\alpha_1y_1^2+\alpha_2y_1y_2=\zeta y_1\Rightarrow\alpha_1=\zeta y_1-\alpha_2y_1y_2\tag{4-38}$$

将式（4-38）结论与$y_i^2=1$代入式（4-36），消除α_1，得到仅包含α_2的式子，即

$$\begin{aligned}W(\alpha_2)&=\frac{1}{2}(\zeta y_1-\alpha_2y_1y_2)^2K_{11}+\frac{1}{2}\alpha_2^2K_{22}+(\zeta y_1-\alpha_2y_1y_2)\alpha_2y_1y_2K_{12}+\\&\quad(\zeta y_1-\alpha_2y_1y_2)y_1v_1+\alpha_2y_2v_2-\zeta y_1+\alpha_2y_1y_2-\alpha_2\\&=\frac{1}{2}(\zeta-\alpha_2y_2)^2K_{11}+\frac{1}{2}\alpha_2^2K_{22}+y_2(\zeta-\alpha_2y_2)\alpha_2K_{12}+\\&\quad(\zeta-\alpha_2y_2)v_1+\alpha_2y_2v_2-\zeta y_1+\alpha_2y_1y_2-\alpha_2。\end{aligned}$$

我们需要对这个一元函数进行求极值，由W对α_2的一阶导数为 0 可得

$$\begin{aligned}\frac{\partial W(\alpha_2)}{\partial\alpha_2}&=-y_2(\zeta-\alpha_2y_2)K_{11}+\alpha_2K_{22}+y_2\zeta K_{12}-2\alpha_2K_{12}-y_2v_1+y_2v_2+y_1y_2-1\\&=-y_2(\zeta-\alpha_2y_2)K_{11}+\alpha_2K_{22}+y_2\zeta K_{12}-2\alpha_2K_{12}-y_2v_1+y_2v_2+y_1y_2-y_2^2\\&=(K_{11}+K_{22}-2K_{12})\alpha_2-y_2(\zeta(K_{11}-K_{12})+v_1-v_2-y_1+y_2)\\&=0。\end{aligned}$$

整理得到

$$(K_{11}+K_{22}-2K_{12})\alpha_2^{\text{new}}=y_2(\zeta(K_{11}-K_{12})+v_1-v_2-y_1+y_2)。\tag{4-39}$$

因为 SVM 对数据点的预测值为

$$f(\boldsymbol{x})=\boldsymbol{w}^{\mathrm{T}}\boldsymbol{x}+b=\sum_{i=1}^{N}\alpha_i y_i<\boldsymbol{x}_i,\boldsymbol{x}>+b=\sum_{i=1}^{N}\alpha_i y_i K(\boldsymbol{x}_i,\boldsymbol{x})+b,$$

所以式（4-35）中v_1和v_2的值可以表示成

$$\begin{aligned}v_1&=\sum_{i=3}^{N}\alpha_i y_i K_{1i}=f(\boldsymbol{x}_1)-\alpha_1 y_1 K_{11}-\alpha_2 y_2 K_{12}-b,\\ v_2&=\sum_{i=3}^{N}\alpha_i y_i K_{2i}=f(\boldsymbol{x}_2)-\alpha_1 y_1 K_{12}-\alpha_2 y_2 K_{22}-b,\end{aligned}\tag{4-40}$$

根据式（4-38）的结论$\alpha_1=\zeta y_1-\alpha_2 y_1 y_2$，两边同乘$y_1$，得到

$$\alpha_1 y_1=\zeta-\alpha_2 y_2。\tag{4-41}$$

将式（4-38）和式（4-41）代入式（4-40），得到

$$\begin{aligned}v_1-v_2&=f(\boldsymbol{x}_1)-\alpha_1 y_1 K_{11}-\alpha_2 y_2 K_{12}-w_0-(f(\boldsymbol{x}_2)-\alpha_1 y_1 K_{12}-\alpha_2 y_2 K_{22}-w_0)\\&=f(\boldsymbol{x}_1)-f(\boldsymbol{x}_2)-\alpha_1 y_1(K_{11}-K_{12})-\alpha_2 y_2(K_{12}-K_{22})\\&=f(\boldsymbol{x}_1)-f(\boldsymbol{x}_2)-(\zeta-\alpha_2 y_2)(K_{11}-K_{12})-\alpha_2 y_2(K_{12}-K_{22})\\&=f(\boldsymbol{x}_1)-f(\boldsymbol{x}_2)-\zeta(K_{11}-K_{12})+\alpha_2 y_2(K_{11}-K_{12})-\alpha_2 y_2(K_{12}-K_{22})\\&=f(\boldsymbol{x}_1)-f(\boldsymbol{x}_2)-\zeta(K_{11}-K_{12})+\alpha_2 y_2(K_{11}-K_{12}-K_{12}+K_{22})\\&=f(\boldsymbol{x}_1)-f(\boldsymbol{x}_2)-\zeta(K_{11}-K_{12})+\alpha_2 y_2(K_{11}-2K_{12}+K_{22})\\&=f(\boldsymbol{x}_1)-f(\boldsymbol{x}_2)-\zeta(K_{11}-K_{12})+(K_{11}+K_{22}-2K_{12})\alpha_2 y_2\end{aligned}$$

将上述v_1-v_2的值代入式（4-39），得到

$$\begin{aligned}&(K_{11}+K_{22}-2K_{12})\alpha_2^{\text{new}}=y_2[\zeta(K_{11}-K_{12})+v_1-v_2-y_1+y_2]\\&=y_2[\zeta(K_{11}-K_{12})+f(\boldsymbol{x}_1)-f(\boldsymbol{x}_2)-\zeta(K_{11}-K_{12})+(K_{11}+K_{22}-2K_{12})\alpha_2 y_2-y_1+y_2]\\&=y_2[f(\boldsymbol{x}_1)-f(\boldsymbol{x}_2)+(K_{11}+K_{22}-2KK_{12})\alpha_2 y_2-y_1+y_2]\\&=y_2[f(\boldsymbol{x}_1)-y_1-(f(\boldsymbol{x}_2)-y_2)]+(K_{11}+K_{22}-2KK_{12})\alpha_2。\end{aligned}$$

等式右边的α_2是更新前的值，记为α_2^{old}，并且记预测值$f(\boldsymbol{x}_i)$和真值y_i之间的差异为$E_i=f(\boldsymbol{x}_i)-y_i$，则上式可写成

$$(K_{11}+K_{22}-2K_{12})\alpha_2^{\text{new}}=(K_{11}+K_{22}-2K_{12})\alpha_2^{\text{old}}+y_2(E_1-E_2)。$$

令$\eta=K_{11}+K_{22}-2K_{12}$，得到$\alpha_2$的更新公式为

$$\alpha_2^{\text{new}}=\alpha_2^{\text{old}}+\frac{y_2(E_1-E_2)}{\eta}。\tag{4-42}$$

这样就得到了通过旧的α_2获取新的α_2的表达式，α_1^{new}可以通过α_2^{new}得到。

SMO 这种解析求解方法避免了二次规划数值解法的复杂迭代过程，不仅大大节省了计算时间，还不会牵涉迭代法造成的误差积累问题。

4.5.2 对原始解进行修剪

上面通过对一元函数求极值的方式得到的最优解（α_i,α_j）是未考虑约束条件下的最优解。下面将式（4-42）中的α_2^{new}记为$\alpha_2^{\text{new,unclipped}}$，即

$$\alpha_2^{\text{new,unclipped}}=\alpha_2^{\text{old}}+\frac{y_2(E_1-E_2)}{\eta}。$$

但是在 SVM 中的α_i是有约束的，即

$$\alpha_1 y_1 + \alpha_2 y_2 = \zeta$$
$$0 \leqslant \alpha_i \leqslant C,\ i = 1,2$$

又由于y_1，y_2只能取值 1 或者-1，这样α_1，α_2就会处在$[0, C]$和$[0, C]$形成的盒子里面，并且两者的关系直线的斜率只能为 1 或者-1，也就是说α_1，α_2的关系直线平行于$[0, C]$和$[0, C]$形成的盒子的对角线，如图 4-9 所示。

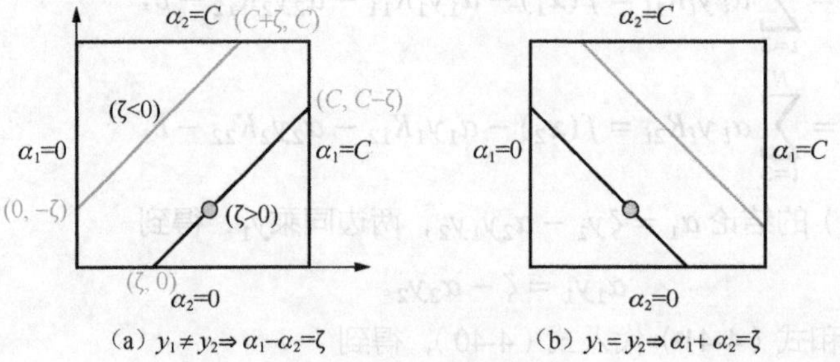

图 4-9　SVM 系数修剪

由于α_1，α_2的关系被限制在盒子里的一条线段上，所以两个变量的优化问题实际上仅是一个变量的优化问题。我们不妨假设最终是α_2的优化问题。当$y_1 \neq y_2$时，如图 4-9（a）所示，线性限制条件可以写成$\alpha_1 - \alpha_2 = \zeta$，根据$\zeta$的正负可以得到不同的上下界，统一表示成

- 下界：$L = \max(0, \alpha_2^{\text{old}} - \alpha_1^{\text{old}})$
- 上界：$H = \min(C, C + \alpha_2^{\text{old}} - \alpha_1^{\text{old}})$

当$y_1 = y_2$时（如图 4-9（b）所示），限制条件可写成$\alpha_1 + \alpha_2 = \zeta$，上下界统一表示成

- 下界：$L = \max(0, \alpha_1^{\text{old}} + \alpha_2^{\text{old}} - C)$
- 上界：$H = \min(C, \alpha_2^{\text{old}} + \alpha_1^{\text{old}})$

根据得到的上下界，可以进一步得到修剪后的α_2^{new}为

$$\alpha_2^{\text{new}} = \begin{cases} H & \alpha_2^{\text{new,unclipped}} > H \\ \alpha_2^{\text{new,unclipped}} & L \leqslant \alpha_2^{\text{new,unclipped}} \leqslant H \\ L & \alpha_2^{\text{new,unclipped}} < L。 \end{cases} \tag{4-43}$$

得到了α_2^{new}后，便可根据 $\alpha_1^{\text{old}} y_1 + \alpha_2^{\text{old}} y_2 = \alpha_1^{\text{new}} y_1 + \alpha_2^{\text{new}} y_2$得到 α_1^{new}，即

$$\alpha_1^{\text{new}} = \alpha_1^{\text{old}} + y_1 y_2 (\alpha_2^{\text{old}} - \alpha_2^{\text{new}})。 \tag{4-44}$$

4.5.3　α选择

SMO 算法需要选择合适的两个变量做迭代，并将其余的变量作为常量来进行优化，那么怎么选择这两个变量呢？

在 SMO 迭代的两个步骤中，只要(α_1, α_2)中有一个违背了 KKT 条件，那么这一轮迭代完成后，目标函数的值必然会减小。通常而言，KKT 条件违背的程度越大，迭代后的优化效果越明显，降幅越大。

与梯度下降法类似，我们要找到使之优化程度最大的方向（变量）进行优化。所以 SMO 会先选取违背 KKT 条件程度最大的变量，而第 2 个变量应该选择使目标函数值减小最快的变量。SMO 使用了一个启发式的方法，当确定了第 1 个变量后，选择使两个变量对应样本之间最大的变量作为第 2 个变量。直观来说，更新两个差别很大的变量，比起相似的变量，会带给

目标函数更大的变化。

SMO 算法称选择第 1 个变量的过程为外层循环，这个变量需要选择在训练集中违反 KKT 条件最严重的样本点。每个样本点要满足的 KKT 条件为

$$\begin{cases} y_i(\boldsymbol{w}^{\mathrm{T}}\boldsymbol{x}_i + b) - 1 \geqslant 0 \\ 0 \leqslant \alpha_i \leqslant C \\ \alpha_i(1 - y_i(\boldsymbol{w}^{\mathrm{T}}\boldsymbol{x}_i + b) = 0。 \end{cases}$$

因此

$$\begin{cases} \alpha_i = 0 & \Rightarrow y_i(\boldsymbol{w}^{\mathrm{T}}\boldsymbol{x}_i + b) \geqslant 1 \\ 0 < \alpha_i < C & \Rightarrow y_i(\boldsymbol{w}^{\mathrm{T}}\boldsymbol{x}_i + b) = 1 \\ \alpha_i = C & \Rightarrow y_i(\boldsymbol{w}^{\mathrm{T}}\boldsymbol{x}_i + b) \leqslant 1。 \end{cases}$$

一般来说，我们首先会选择违反条件$0 < \alpha_i < C \Rightarrow y_i(\boldsymbol{w}^{\mathrm{T}}\boldsymbol{x}_i + b) = 1$的点。如果这些支持向量都满足 KKT 条件，则再选择违反条件$\alpha_i = 0 \Rightarrow y_i(\boldsymbol{w}^{\mathrm{T}}\boldsymbol{x}_i + b) > 1$的点和条件$\alpha_i = C \Rightarrow y_i(\boldsymbol{w}^{\mathrm{T}}\boldsymbol{x}_i + b) < 1$的点。

SMO 算法称选择第 2 个变量的过程为内层循环，假设我们在外层循环已经找到了α_1，则第 2 个变量α_2的选择标准是让$|E_1 - E_2|$有足够大的变化（回忆：$\alpha_2^{\text{new}} = \alpha_2^{\text{old}} + \dfrac{y_2(E_1 - E_2)}{\eta}$）。由于$\alpha_1$确定时$E_1$也是确定的，要想$|E_1 - E_2|$最大，只需要在$E_1$为正时选择最小的$E_i$作为$E_2$即可；在$E_1$为负时，选择最大的$E_i$作为$E_2$，可以将所有的$E_i$保存下来以加快迭代。

如果内层循环找到的点不能让目标函数有足够的下降量，则可以将遍历支持向量点作为α_2,直到目标函数有足够的下降量为止；如果分别将所有的支持向量点作为α_2都不能满足让目标函数有足够的下降量这一条件，那么可以跳出循环，重新选择α_1。

4.5.4 更新截距项*b*

当我们更新了一对（α_i, α_j）之后都需要重新计算阈值b，这是因为b关系到$f(\boldsymbol{x})$的计算，关系到下次优化时误差E_i的计算。

为了使被优化的样本都满足 KKT 条件，当α_1^{new}不在边界上时，即$\alpha_1^{\text{new}} > 0$，根据 KKT 条件可知相应的数据点为支持向量，满足

$$y_1(\boldsymbol{w}^{\mathrm{T}}\boldsymbol{x}_1 + b) = y_1 f(\boldsymbol{x}_1) = y_1\left(\sum_{i=1}^{N} \alpha_i y_i K(\boldsymbol{x}_i, \boldsymbol{x}_1) + b\right) = 1。 \tag{4-45}$$

式（4-45）两边同乘y_1，由于$y_1^2 = 1$，得到$\sum_{i=1}^{N} \alpha_i y_i K_{i1} + b = y_1$，进而得到

$$b_1^{\text{new}} = y_1 - \sum_{i=3}^{N} \alpha_i y_i K_{i1} - \alpha_1^{\text{new}} y_1 K_{11} - \alpha_2^{\text{new}} y_2 K_{21}。$$

由于$E_1 = f(\boldsymbol{x}_1) - y_1$，因此上式等号右侧的前两项可以写成

$$y_1 - \sum_{i=3}^{N} \alpha_i y_i K_{i1} = -E_1 + \alpha_1^{\text{old}} y_1 K_{11} + \alpha_2^{\text{old}} y_2 K_{21} + b^{\text{old}}。$$

所以

$$b_1^{\text{new}} = -E_1 + \alpha_1^{\text{old}} y_1 K_{11} + \alpha_2^{\text{old}} y_2 K_{21} + b^{\text{old}} - \alpha_1^{\text{new}} y_1 K_{11} - \alpha_2^{\text{new}} y_2 K_{21}$$
$$= -E_1 - y_1 K_{11}\left(\alpha_1^{\text{new}} - \alpha_1^{\text{old}}\right) - y_2 K_{21}\left(\alpha_2^{\text{new}} - \alpha_2^{\text{old}}\right) + b^{\text{old}}。 \quad (4\text{-}46)$$

当 $\alpha_2^{\text{new}} > 0$时，同理可以得到$b_2^{\text{new}}$的表达式为

$$b_2^{\text{new}} = -E_2 - y_1 K_{12}(\alpha_1^{\text{new}} - \alpha_1^{\text{old}}) - y_2 K_{22}(\alpha_2^{\text{new}} - \alpha_2^{\text{old}}) + b^{\text{old}} \quad (4\text{-}47)$$

当b_1^{new} 和b_2^{new}都有效的时候它们是相等的，即$b^{\text{new}} = b_1^{\text{new}} = b_2^{\text{new}}$。

当两个乘子α_1和α_2都在边界上，且$L \neq H$时，b_1和b_2之间的值就与 KKT 条件的阈值一致，SMO 选择它们的中点作为新的阈值，即

$$b^{\text{new}} = \frac{b_1^{\text{new}} + b_2^{\text{new}}}{2}。 \quad (4\text{-}48)$$

得到了b^{new}后，我们需要更新E_i，即

$$E_i = \sum_S y_j\, \alpha_j K(\boldsymbol{x}_i, \boldsymbol{x}_j) + b^{\text{new}} - y_i,$$

其中 S 是所有支持向量x_j的集合。

4.5.5 SMO 小结

SMO 算法是一个迭代优化算法。在每一个迭代步骤中，算法首先选取两个待更新的向量，此后分别计算它们的误差项，并根据上述结果计算出α_2^{new}和α_1^{new}。最后再根据 SVM 的定义计算出偏移量b。误差项可以根据α_1^{new}、α_2^{new}和b的增量进行调整，而无须每次都重新计算。

算法 4-1：SMO 算法

（1）随机数初始化向量权重$\boldsymbol{\alpha}^{(0)}$，$t = 0$，并计算偏移量$b^{(0)}$；

（2）初始化误差项E_i；

（3）选取两个向量作为需要调整的点；

（4）令$\alpha_2^{(t+1)} = \alpha_2^{(t)} + \frac{y_2(E_1 - E_2)}{\eta}$，其中$\eta = K_{11} + K_{22} - 2K_{12}$；

（5）如果$\alpha_2^{(t+1)} > H$，则令$\alpha_2^{(t+1)} = H$；如果$\alpha_2^{(t)} + 1 < L$，则令$\alpha_2^{(t+1)} = L$；

（6）令$\alpha_1^{(t+1)} = \alpha_1^{(t)} + y_1 y_2(\alpha_2^{(t)} - \alpha_2^{(t)} + 1)$ ；

（7）利用更新的$\alpha_1^{(t+1)}$和$\alpha_2^{(t+1)}$，修改E_i和$b^{(t+1)}$的值；

（8）如果达到终止条件，则停止算法；否则令$t = t + 1$，转至第（3）步。

SMO 算法的终止条件是所有向量均满足 KKT 条件，即

$$\sum_{i=1}^{N} \alpha_i^{(t+1)} y_i = 0$$
$$0 \leqslant \alpha_i^{(t+1)} \leqslant C, i = 1,2,\cdots,N$$
$$\alpha_i^{(t+1)} = 0 \quad \Rightarrow y_i f(\boldsymbol{x}_i) \geqslant 1$$
$$0 \leqslant \alpha_i^{(t+1)} \leqslant C \Rightarrow y_i f(\boldsymbol{x}_i) = 1$$
$$\alpha_i^{(t+1)} = C \quad \Rightarrow y_i f(\boldsymbol{x}_i) \leqslant 1$$

或者目标函数$W(\alpha)$的增长率小于某个阈值，即

$$\frac{W(\boldsymbol{\alpha}^{(t+1)}) - W(\boldsymbol{\alpha}^{(t)})}{W(\boldsymbol{\alpha}^{(t)})} < \epsilon。$$

与通常的分解算法比较，尽管 SMO 算法可能需要更多的迭代次数，但每次迭代的计算量比较小，所以该算法表现出了快速收敛性，且不需要存储核矩阵，也没有矩阵运算。

4.6 支持向量回归

4.6.1 ϵ不敏感损失函数

在 SVM 分类模型中，我们的目标函数是$\frac{1}{2}\|\boldsymbol{w}\|_2^2$，同时每个训练样本尽量远离自己类别一边的支持向量，即$y_i(\boldsymbol{w}^{\mathrm{T}}\boldsymbol{x}_i + b) \geqslant 1$。加入松弛变量$\xi_i \geqslant 0$时，目标函数是$\frac{1}{2}\|\boldsymbol{w}\|_2^2 + C\sum_{i=1}^{N}\xi_i$，对应的约束条件变成了$y_i(\boldsymbol{w}^{\mathrm{T}}\boldsymbol{x}_i + b) \geqslant 1 - \xi_i$。

在回归模型中，优化目标函数可以继续和 SVM 分类模型保持一致，为$\frac{1}{2}\|\boldsymbol{w}\|_2^2$，但是约束条件是让训练集中的每个点$(\boldsymbol{x}_i, y_i)$尽量拟合到一个线性模型$y_i = \boldsymbol{w}^{\mathrm{T}}\boldsymbol{x}_i + b$中。回归任务中我们通常采用均方误差（L2 损失）作为损失函数，但在 SVM 中我们定义一个常量$\epsilon > 0$，对于某一个点C：

如果$|y_i - \boldsymbol{w}^{\mathrm{T}}\boldsymbol{x}_i + b| \leqslant \epsilon$，则完全没有损失；

如果$|y_i - \boldsymbol{w}^{\mathrm{T}}\boldsymbol{x}_i + b| > \epsilon$，则对应的损失为$|y_i - \boldsymbol{w}^{\mathrm{T}}\boldsymbol{x}_i + b| - \epsilon$。

这个损失函数称为ϵ不敏感损失，如图 4-10 所示。在灰色条带里面的点的损失为 0，但是外面的点是有损失的，损失大小为点与灰色条带间线段的长度。

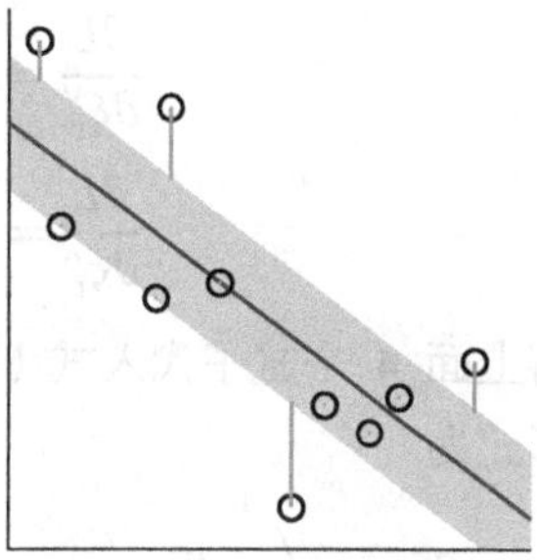

图 4-10　ϵ不敏感损失函数

4.6.2 支持向量回归

根据 4.6.1 小节定义的ϵ不敏感损失函数，得到支持向量回归的目标函数为

$$\min_{\mathbf{w},b} \frac{1}{2}\|\boldsymbol{w}\|_2^2 \tag{4-49}$$
$$\text{s.t.} \quad |y_i - \boldsymbol{w}^{\mathrm{T}}\boldsymbol{x}_i - b| \leqslant \epsilon, \quad i = 1,2,\cdots,N。$$

和 SVM 分类模型相似，回归模型也可以对每个样本$(\boldsymbol{x}_i, y_i)$加入松弛变量$\xi_i \geqslant 0$。但是由于这里用的是绝对值，因此实际上是两个不等式，即两边都需要松弛变量。将两个松弛变量分别定义为$\xi_i^{\vee}$和$\xi_i^{\wedge}$，则 SVM 回归模型的损失函数度量在加入松弛变量之后变为

$$\min_{\mathbf{w},b} \frac{1}{2}\|\boldsymbol{w}\|_2^2 + C\sum_{i=1}^{N}(\xi_i^{\vee} + \xi_i^{\wedge}) \tag{4-50}$$
$$\text{s.t.} \quad -\epsilon - \xi_i^{\vee} \leqslant y_i - \boldsymbol{w}^{\mathrm{T}}\boldsymbol{x}_i - b \leqslant \epsilon + \xi_i^{\wedge}, \quad i = 1,2,\cdots,N$$
$$\xi_{\mathrm{i}}^{\vee} \geqslant 0, \quad \xi_{\mathrm{i}}^{\wedge} \geqslant 0, \; i = 1,2,\cdots,N。$$

其依然和 SVM 分类模型相似，可以用拉格朗日乘子法得到拉格朗日函数，即

$$L(\boldsymbol{w}, b, \boldsymbol{\alpha}^{\vee}, \boldsymbol{\alpha}^{\wedge}, \xi^{\vee}, \xi^{\wedge}, \boldsymbol{\mu}^{\vee}, \boldsymbol{\mu}^{\wedge}) = \frac{1}{2}\|\boldsymbol{w}\|_2^2 + C\sum_{i=1}^{N}(\xi_i^{\vee} + \xi_i^{\wedge}) + \sum_{i=1}^{N}\alpha_i^{\vee}(-\epsilon - \xi_i^{\vee} - y_i + \boldsymbol{w}^{\mathrm{T}}\boldsymbol{x}_i + b) + \sum_{i=1}^{N}\alpha_i^{\wedge}(y_i - \boldsymbol{w}^{\mathrm{T}}\boldsymbol{x}_i - b - \epsilon - \xi_i^{\wedge}) - \sum_{i=1}^{N}\mu_i^{\vee}\xi_i^{\vee} - \sum_{i=1}^{m}\mu_i^{\wedge}\xi_i^{\wedge}。 \tag{4-51}$$

首先求拉格朗日函数L对于$\boldsymbol{w}, b, \xi_i^{\vee}, \xi_i^{\wedge}$的偏导数，有

$$\frac{\partial L}{\partial \boldsymbol{w}} = 0 \Rightarrow \boldsymbol{w} = \sum_{i=1}^{N}(\alpha_i^{\wedge} - \alpha_i^{\vee})\boldsymbol{x}_i,$$

$$\frac{\partial L}{\partial b} = 0 \Rightarrow \sum_{i=1}^{N}(\alpha_i^{\wedge} - \alpha_i^{\vee}) = 0,$$

$$\frac{\partial L}{\partial \xi_i^{\vee}} = 0 \Rightarrow C - \alpha_i^{\vee} - \mu_i^{\vee} = 0,$$

$$\frac{\partial L}{\partial \xi_i^{\wedge}} = 0 \Rightarrow C - \alpha_i^{\wedge} - \mu_i^{\wedge} = 0。$$

将上面 4 个式子代入式（4-51），对$L(\boldsymbol{w}, b, \boldsymbol{\alpha}^{\vee}, \boldsymbol{\alpha}^{\wedge}, \xi_i^{\vee}, \xi_i^{\wedge}, \boldsymbol{\mu}^{\vee}, \boldsymbol{\mu}^{\wedge})$ 进行消元，最终得到的对偶形式为

$$\max_{\alpha^{\vee}, \alpha^{\wedge}}\left(-\sum_{i=1}^{N}((\epsilon - y_i)\alpha_i^{\wedge} + (\epsilon + y_i)\alpha_i^{\vee}) - \sum_{j=1}^{N}\frac{1}{2}(\alpha_i^{\wedge} - \alpha_i^{\vee})(\alpha_j^{\wedge} - \alpha_j^{\vee})\boldsymbol{x}_i^{\mathrm{T}}\boldsymbol{x}_j\right)$$

$$\text{s.t.} \quad \sum_{i=1}^{N}(\alpha_i^{\wedge} - \alpha_i^{\vee}) = 0$$

$$0 < \alpha_i^{\vee} < C, \quad i = 1,2,\cdots,N$$

$$0 < \alpha_i^{\wedge} < C, \quad i = 1,2,\cdots,N$$

对目标函数取负号，求极小值即可得到和 SVM 分类模型类似的求极小值的目标函数，如下所示。

$$\min_{\alpha^{\vee}, \alpha^{\wedge}}\left(\sum_{i=1}^{N}((\epsilon - y_i)\alpha_i^{\wedge} + (\epsilon + y_i)\alpha_i^{\vee}) + \sum_{j=1}^{N}\frac{1}{2}(\alpha_i^{\wedge} - \alpha_i^{\vee})(\alpha_j^{\wedge} - \alpha_j^{\vee})\boldsymbol{x}_i^{\mathrm{T}}\boldsymbol{x}_j\right)$$

$$\text{s.t.} \quad \sum_{i=1}^{N}(\alpha_i^{\wedge} - \alpha_i^{\vee}) = 0 \tag{4-52}$$

$$0 < \alpha_i^{\vee} < C, \quad i = 1,2,\cdots,N$$

$$0 < \alpha_i^{\wedge} < C, \quad i = 1,2,\cdots,N$$

对应的KKT条件为

$$\begin{cases}-\epsilon-\xi_i^{\vee}\leqslant y_i-\boldsymbol{w}^{\mathrm{T}}\boldsymbol{x}_i-b\leqslant\epsilon+\xi_i^{\wedge}, \quad i=1,2,\cdots,N\\ \alpha_i^{\vee}\geqslant 0\\ \alpha_i^{\wedge}\geqslant 0\\ \xi_i^{\vee}\geqslant 0\\ \xi_i^{\wedge}\geqslant 0\\ \alpha_i^{\vee}(\epsilon+\xi_i^{\vee}+y_i-\boldsymbol{w}^{\mathrm{T}}\boldsymbol{x}_i-b)=0\\ \alpha_i^{\wedge}(\epsilon+\xi_i^{\wedge}-y_i+\boldsymbol{w}^{\mathrm{T}}\boldsymbol{x}_i+b)=0\\ \alpha_i^{\vee}\alpha_i^{\wedge}=0\\ \xi_i^{\vee}\xi_i^{\wedge}=0\\ (C-\alpha_i^{\vee})\xi_i^{\vee}=0\\ (C-\alpha_i^{\wedge})\xi_i^{\wedge}=0\end{cases} \tag{4-53}$$

根据$\alpha_i^{\vee}(\epsilon+\xi_i^{\vee}+y_i-\boldsymbol{w}^{\mathrm{T}}\boldsymbol{x}_i-b)=0$可知，只有当$\epsilon+\xi_i^{\wedge}-y_i+\boldsymbol{w}^{\mathrm{T}}\boldsymbol{x}_i+b=0$时，$\alpha_i^{\vee}$才能取非 0 值。换句话说，仅当样本$(\boldsymbol{x}_i,y_i)$落在$\epsilon$间隔中时，$\alpha_i^{\vee}$、$\alpha_i^{\wedge}$才能取非 0 值。此外，$\epsilon+\xi_i^{\wedge}-y_i+\boldsymbol{w}^{\mathrm{T}}\boldsymbol{x}_i+b=0$和$\epsilon+\xi_i^{\wedge}-y_i+\boldsymbol{w}^{\mathrm{T}}\boldsymbol{x}_i+b=0$不能同时成立，因此$\alpha_i^{\vee}$和$\alpha_i^{\wedge}$至少有一个为 0。这些样本被称为支持向量。

求出$\alpha_i^{\vee}$、$\alpha_i^{\wedge}$后，将$\boldsymbol{w}=\sum_{i=1}^{N}(\alpha_i^{\wedge}-\alpha_i^{\vee})\boldsymbol{x}_i)$代入$f(\boldsymbol{x})$，得到回归函数为

$$\begin{aligned}f(\boldsymbol{x})&=\boldsymbol{w}^{\mathrm{T}}\boldsymbol{x}+b\\&=\left(\sum_{i=1}^{N}(\alpha_i^{\wedge}-\alpha_i^{\vee})\boldsymbol{x}_i)\right)^{\mathrm{T}}\boldsymbol{x}+b\\&=\sum_{i=1}^{N}(\alpha_i^{\wedge}-\alpha_i^{\vee})\boldsymbol{x}_i^{\mathrm{T}}\boldsymbol{x}+b\\&=\sum_{i=1}^{N}(\alpha_i^{\wedge}-\alpha_i^{\vee})<\boldsymbol{x}_i,\boldsymbol{x}>+b。\end{aligned} \tag{4-54}$$

如果采用核函数，则回归函数为

$$f(\boldsymbol{x})=\sum_{i=1}^{N}(\alpha_i^{\wedge}-\alpha_i^{\vee})\kappa(\boldsymbol{x}_i,\boldsymbol{x})+b。 \tag{4-55}$$

4.7 案例分析 1：奥拓商品分类

本节我们以Kaggle 2015年举办的奥拓商品分类竞赛数据为例，采用线性SVM和基于RBF的 SVM 实现商品分类。数据集描述请见 3.7 节。

在 Scikit-Learn 中，线性 SVM 模型可用LinearSVC或SVC（参数kernel ='linear'）实现。其中LinearSVC采用 liblinear 工具包实现优化，SVC采用 libsvm 工具包实现优化。SVM 是非概率模型，因此不支持预测类别的概率输出。如果需要支持预测概率输出，则在生成SVC实例时，参

数probability须设置为True。基于 RBF 的 SVM 在 Scikit-Learn 中用SVC(参数kernel ='rbf')实现。

由于本案例中的训练样本数目较多（61 878 个样本），而 SVM（尤其是基于 RBF 的 SVM）在样本数目很多(如超过 1 万个样本)时训练速度非常慢，因此不用交叉验证(GridSearchCV) 来对模型超参数进行调优，而是直接将数据分成 80%做训练、20%做验证加以实现。这在 Scikit-Learn 中可用函数 train_test_split来实现。

在线性 SVM 中，我们采用 L2 正则，不同模型超参数C对应模型在验证集上的性能（正确率）如图 4-11（a）所示（原始特征），得到最佳超参数的值为$C = 100$，最佳正确率为 0.765 837。由于 LinearSVC不支持概率输出，无法计算 logloss，因此没有将其对测试集的预测结果提交给 Kaggle。

对基于 RBF 的 SVM，我们采用 TFIDF 特征，正则项采用 L2 正则，模型超参数包括正则参数C和 RBF 的核宽度gamma。C越小，决策边界越平滑；gamma越小，决策边界也越平滑。设置超参数gamma的搜索范围为{0.1,1,10}，C的搜索范围为{0.1,1,10,100,1 000}。不同超参数对应模型在验证集上的性能（正确率）如图 4-11（b）所示。由于当gamma = 0.1时，最大值发生在$C = 1\,000$处，此为搜索范围的最右侧，需要继续扩大C的搜索范围。而继续扩大C的搜索范围后，性能开始下降（0.790 805）。因此得到最佳超参数组合为$C = 10$，gamma = 1，对应的正确率为 0.817 065，比线性 SVM 的性能（0.765 837）好得多。

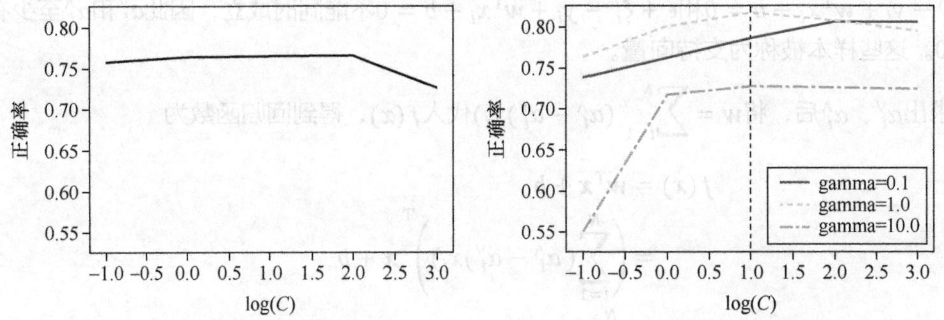

（a）线性SVM模型　　（b）基于RBF的SVM模型

图 4-11　奥拓商品分类数据集上线性 SVM 模型和基于 RBF 的 SVM 模型在验证集上的正确率

SVM支持预测概率输出，因此我们将基于 RBF 的 SVM 对测试集的预测结果提交给 Kaggle，得到其 Private Leaderboard 分数为 0.488 77（排名 1245 位），比对应的 Logistic 线性回归模型的性能（0.633 19）好得多，这可能是因为奥拓商品分类任务是一个比较复杂的任务，所以非线性模型的性能更好。

4.8 案例分析 2：共享单车骑行量预测

这节我们在共享单车数据集上，采用基于 RBF 的 SVR 实现共享单车骑行量的预测。数据说明和特征工程与 2.7 节的相同。

在 Scikit-Learn 中，基于 RBF 的 SVM 回归模型用SVR（参数kernel =' rbf '）实现，正则项采用 L2 正则，模型超参数包括正则参数C和 RBF 的核宽度gamma。从图 4-8 和图 4-12 可以看出，gamma超过 1 时效果很差，所以我们设置超参数 gamma的搜索范围为{0.01, 0.1,1}。当gamma较小时，最佳的C值更大，因此设置C的搜索范围为$\{1, 10, 10^2, 10^3, 10^4, 10^5, 10^6, 10^7\}$。不同超参数对应模型通过交叉验证得到的均方误差如图 4-12 所示，得到的最佳超参数的值为

$C = 10^6$，$\text{gamma} = 0.01$。该模型在测试集上的均方根误差为 689.787 410，远小于线性的岭回归模型的均方根误差（785.595 791），非线性的支持向量回归模型比线性回归模型的性能好。

进一步扩大gamma和C的搜索范围，不同超参数下模型的性能如表 4-1 所示。从表中可以看出，回归任务中超参数gamma和 C 对模型性能的影响类似图 4-8 所示的分类任务。除了$\text{gamma} = 1$，在其余情况下，不同gamma对应的最佳模型性能相似，只是最佳的C不同。在实际应用中，如果训练时间有限，则可以固定gamma（如采用 Scikit-Learn 的默认值），只对参数C进行调优。在本案例中，$D = 33$，$1/D \approx 0.03$，此时最佳的$C = 10^5$，虽然交叉验证集上的性能不是最佳，但在测试集上取得了最好的性能。

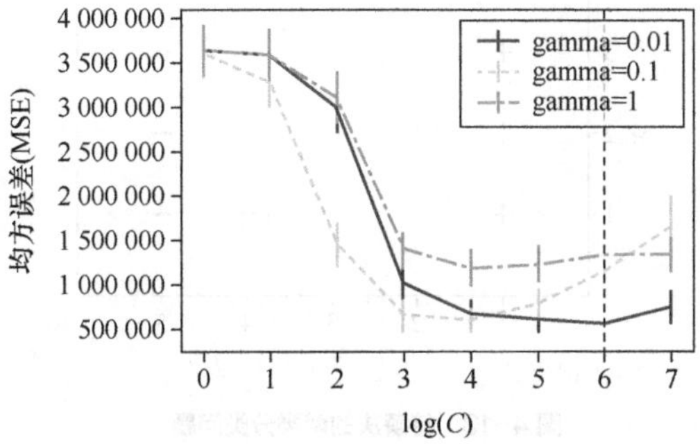

图 4-12　共享单车数据集上基于 RBF 的 SVR 模型在测试集上的均方根误差

表 4-1　共享单车数据集上不同超参数对应的 SVR 模型的性能

gamma	最佳的 C	交叉验证估计的均方根误差	测试集上的均方根误差
0.001	10^8	560 313.114 361	704.857 552
0.01	10^6	563 809.767 457	689.787 410
0.03	10^5	573 371.022 47	670.161 404
0.1	10^4	591 020.388 826	678.809 423
1	10^4	1 172 568.501 617	1 075.563 903

4.9 本章小结

SVM 算法是一个很优秀的算法，在集成学习和深度神经网络算法表现出优越性之前，SVM 算法一直占据着统治地位。在当前大数据时代的大样本背景下，SVM 算法因其在大样本时需要超大的计算量，故热度有所下降。

SVM 算法的主要优点介绍如下。

（1）SVM 算法在解决高维特征的分类问题和回归问题时很有效，在特征维度大于样本数时依然有好的效果。

（2）SVM 算法仅须使用一部分支持向量来做超平面的决策，无须依赖全部数据。

（3）将 SVM 算法结合核函数使用，可以灵活地解决非线性的分类和回归问题。

（4）SVM 算法对小样本情况尤其适用，分类准确率高，泛化能力强。

SVM 算法的主要缺点介绍如下。

（1）当样本量非常大、核函数映射维度非常高时，SVM 算法的计算量过大。

（2）SVM 算法对核函数的选择没有通用标准。

（3）SVM 对噪声数据敏感。

4.10 习题

1. 假设使用线性 SVM 分类器解决图 4-13 所示的两类分类问题，其中一些点用圆圈圈出，代表支持向量。以下哪些选项是正确的？

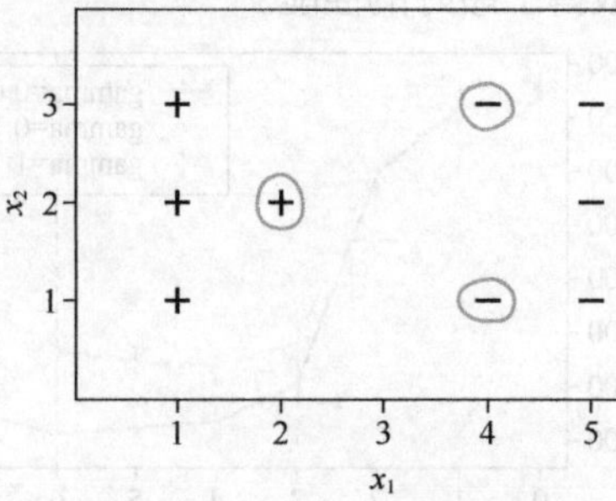

图 4-13 待解决的两类分类问题

（A）如果从数据中删除任一圆圈点，则决策界限会改变

（B）如果从数据中删除任一圆圈点，则决策界限不会改变

（C）如果从数据中删除任一非圆圈点，则决策边界会改变

（D）如果从数据中删除任一非圆圈点，则决策边界不会改变

2. SVM 的有效性取决于下列哪项？

（A）核函数选择

（B）核函数的参数

（C）软边距参数C

（D）以上所有

3. 当出现下列哪种情况时，SVM 性能不佳？

（A）数据线性可分

（B）数据干净

（C）数据有噪声

4. 假设在 SVM 中使用具有高γ值的 RBF，这意味着什么？

（A）模型将考虑离超平面很远的点

（B）模型将只考虑离超平面很近的点

（C）模型不受点到超平面距离的影响

（D）以上都不对

5. 假设采用线性 SVM 模型来处理某个任务，并且知道这个 SVM 模型是欠拟合的。那么使用下列哪些方法可以提升该模型的性能？

（A）减少训练样本

（B）增加训练样本

（C）增加特征数量

（D）减少特征数量

（E）增加参数C

（F）减少参数C

6. 如果使用数据集的所有特征，在训练集上的准确率达到 100%，而在验证集上的准确率仅为 70%，那么应该注意什么？

（A）模型是欠拟合的

（B）模型是完美的

（C）模型是过拟合的

7. 参照 SVM 的核技巧处理方式，将线性的 Logistic 回归模型转换成核 Logistic 回归模型。请分析核 Logistic 回归模型是否存在稀疏支持向量？在实际应用中为什么很少见到核 Logistic 回归模型？

8. 参照 SVM 的核技巧处理方式，将线性的岭回归模型转换成核岭回归模型。

9. 请用线性 SVM 和基于 RBF 的 SVM 对 3.9 节中的第 10 题的数据进行建模，并比较这些模型与 Logistic 回归模型的性能。

10. 请用线性 SVR 和基于 RBF 的 SVR 对 2.9 节中的第 6 题的数据进行建模，并比较这些模型与线性回归模型的性能。

chapter 05

生成式分类器

生成式分类器可以对每个类别的数据生成过程建模，这样我们不仅能对数据进行分类，还能根据学习到的生成式模型产生新的数据。生成式模型通常对数据产生过程有很强的假设，如果假设成立，那么生成式模型就能根据较少的样本训练好模型；但如果假设不满足，那么模型的性能就会欠佳。

本章介绍两种常用的生成式分类器：朴素贝叶斯分类器和高斯判别分类器，具体包括贝叶斯分类准则、两类分类器的假设及其训练，此外，还将通过案例学习 Scikit-Learn 中这两类分类器的 API。

5.1 生成式分类器

前面两章我们学习了 Logistic 回归模型和支持向量机，这两种算法都是直奔分类目标，计算后验概率$p(y|\boldsymbol{x})$，或者判别函数$f(\boldsymbol{x})$的值，从而实现分类。我们称这种分类算法为判别式分类器，因为它们直接寻找不同类别之间的最优分类边界，主要关注不同类别的数据之间的差异，根据这种差异对样本进行分类。由于判别式分类器直接面对预测，往往准确率更高。典型的判别式分类器包括 K 近邻、决策树、支持向量机、Logistic 回归、条件随机场、提升算法等。

但有时我们更关心数据的生成过程，甚至可以根据学习到的模型生成更多的样本。生成式分类器从数据中学习类条件概率$p(\boldsymbol{x}|y)$和类先验概率$p(y)$，然后根据贝叶斯规则计算出后验概率分布$p(y|\boldsymbol{x})$，从而实现分类。基于数据的联合概率密度分布$p(\boldsymbol{x},y)$，可以从分布中产生数据（如随机采样），因此这一类模型被称为生成式分类器。典型的生成式分类器有朴素贝叶斯模型、隐马尔科夫模型（Hidden Markov Models，HMM）、混合高斯模型和贝叶斯网络等。

类条件概率密度分布$p(\boldsymbol{x}|Y=c)$描述每类数据的分布情况，反映同类数据的相似度，并不关心各类的分类边界在何处。生成式分类器尝试去探索数据是怎么生成的，哪个类别最有可能生成样本则该样本就属于哪个类别。

当特征$\boldsymbol{x}$的维度很高时，类条件概率$p(\boldsymbol{x}|y)$的学习是一件很困难的事情。通常我们会对$p(\boldsymbol{x}|y)$的形式做出约束，从而简化$p(\boldsymbol{x}|y)$的学习。具体而言，我们将学习两种常用的生成式分类器：朴素贝叶斯分类器和高斯判别分类器。朴素贝叶斯分类器假设在给定类别的情况下，特征与特征之间条件独立，这样联合分布$p(\boldsymbol{x}|y)$的学习即可简化为多个一元分布$p(x_j|y)$的学习。高斯判别分类器假设在给定类别的情况下，特征的联合分布为多元高斯分布。

5.2 贝叶斯规则

5.2.1 贝叶斯公式

设Ω为试验E的样本空间，$B_1,B_2,\cdots,B_n$为E的一组事件，若$B_i\cap B_j=\varnothing$，$i\neq j$，$i,j=1,2,\cdots,n$，$B_1\cup B_2\cup\cdots\cup B_n=\boldsymbol{\Omega}$，则$B_1,B_2,\cdots,B_n$为样本空间$\boldsymbol{\Omega}$的一个划分。

如果$B_1,B_2,\cdots,B_n$为样本空间$\boldsymbol{\Omega}$的一个划分，则对于每次试验，事件$B_1,B_2,\cdots,B_n$中有且仅有一个事件发生。

设试验E的样本空间为$\boldsymbol{\Omega}$，$B_1,B_2,\cdots,B_n$为样本空间的一个划分，A为任意随机事件，则根据全概率公式有

$$p(A)=p(A|B_1)p(B_1)+p(A|B_2)p(B_2)+\cdots+p(A|B_n)p(B_n)=\sum_{i=1}^{n}p(A|B_i)p(B_i)$$

根据贝叶斯定理，设试验E的样本空间为$\boldsymbol{\Omega}$，$B_1,B_2,\cdots,B_n$为样本空间的一个划分，A为任意随机事件，则有

$$p(B_i|A)=\frac{p(B_i,A)}{p(A)}=\frac{p(B_i)p(A|B_i)}{\sum_{i'=1}^{n}p(B_{i'})p(A|B_{i'})}。$$

在分类任务中，事件A为我们观测到输入样本的特征值为$\boldsymbol{x}$，样本空间$\boldsymbol{\Omega}$为响应所有可能的类别，事件B_c对应响应值$Y=c, c=1,2,\cdots,C$，C为响应Y可能取值的数目。在分类任务为给定输入$\boldsymbol{x}$的情况下，预测响应值$Y=c$的概率为

$$p(B_c|A)=P(Y=c|\boldsymbol{x})=\frac{P(Y=c)p(\boldsymbol{x}|Y=c)}{\sum_{c'=1}^{C}P\,(Y=c')p(\boldsymbol{x}|Y=c')}, \tag{5-1}$$

其中$P(Y=c)$被称为先验概率，表示根据以往经验和分析得到的概率；$P(Y=c|\boldsymbol{x})$被称为后验概率，表示根据已经发生的事件（输入样本的特征值为$\boldsymbol{x}$）分析得到的概率；$p(\boldsymbol{x}|Y=c)$被称为类条件概率，表示每个类别的样本特征分布。

5.2.2 朴素贝叶斯分类器

朴素贝叶斯（Naïve Bayes）分类器基于贝叶斯定理和特征条件独立假设。朴素贝叶斯分类器中的“朴素”是指这种方法的思想真的很朴素，因为它假设在给定类别的条件下，特征之间是独立的，即

$$p(\boldsymbol{x}|Y=c)=\prod_{d=1}^{D}p\left(x_j|Y=c\right)。 \tag{5-2}$$

由于上述条件独立假设，特征的类条件概率$p(\boldsymbol{x}|Y=c)$的学习变得非常简单，因为D个1维的概率密度估计，比D维联合概率密度估计简单得多。虽然这些朴素思想的假设过于简单，但是朴素贝叶斯分类器在很多任务（如文本分类任务等）中仍然表现良好，且只需少量的训练数据来估计必要的参数，速度也非常快。

有了类条件概率$p(\boldsymbol{x}|y=c)$和类先验概率$P(Y=c)$之后，根据贝叶斯公式（5-1）即可得到后验概率$P(Y=c|\boldsymbol{x})$，从而完成类别预测。

1. 类先验概率$P(Y=c)$

如果类别数$C=2$，分类任务是一个两类分类任务，则类先验分布$p(y)$可用贝努利分布表示。当$C>2$时，分类任务是一个多类分类任务，类先验分布可用Multinoulli分布表示。由于两类分类是多类分类的特例，下面我们只介绍多类分类的情况。

Multinoulli分布用于描述多类分类的概率分布，其参数为向量$\boldsymbol{\theta}=(\theta_1,\cdots,\theta_C)$，其中$\sum_{c=1}^{C}\theta_c=1$，分量$\theta_c$表示第$c$个状态的概率。我们用符号Multinoulli$(y;\boldsymbol{\theta})$可将其表示为

$$\text{Multinoulli}(y,\boldsymbol{\theta})=\prod_{c=1}^{C}\boldsymbol{\theta}_c^{\mathbb{I}(y=c)}, \tag{5-3}$$

其中$\mathbb{I}(\cdot)$为指示函数，当括号中的条件满足时，函数值为1，否则为0。

2. 类条件概率$p(x_j|Y=c)$

在朴素贝叶斯分类器中，类条件概率$p(\boldsymbol{x}|Y=c)=\prod_{d=1}^{D}p\left(x_j|Y=c\right)$，因此我们只须知道单维特征的分布$p(x_j|Y=c)$即可。

特征分布$p(x_j|Y=c)$常见的情形有以下几种。

（1）贝努利分布：当特征取值只有两种可能时（如某个词语在文档中是否出现），$p(x_j|Y=c)$可用贝努利分布Bernoulli$(x_j|Y=c,p_{c,j})$表示，其中参数$p_{c,j}$表示在类别$Y=c$的情况下，特征$X_j=1$的概率。

（2）Multinoulli 分布：当特征可取多个可能的离散值时（如商品类别），$p(x_j|Y=c)$可用多项分布 Multinoulli($\boldsymbol{p}_{c,j}$)表示。若特征x_j共有M种取值，则参数向量$\boldsymbol{p}_{c,j}$共有M维，其中第m个

元素表示在类别$y=c$的情况下，特征$X_j=m$的概率。

（3）多项分布：当特征表示某个事件出现的次数（如某个词语在文档中出现的次数）时，$p(x_j|Y=c)$可用多项分布Multinomial($\boldsymbol{p}_{c,j}$)表示。若特征x_j共有M种取值，则参数向量$\boldsymbol{p}_{c,j}$共有M维，其中第m个元素表示在类别$y=c$的情况下，特征$X_j=m$的概率。

（4）高斯分布：当特征取值为连续值时（如某种花的花萼长度），$p(x_j|Y=c)$可用高斯分布$N(\mu_{c,j},\sigma_{c,j}^2)$表示，其中参数$\mu_{c,j}$和$\sigma_{c,j}^2$分别表示在类别$Y=c$的情况下特征$X_j$的分布的均值和方差。

5.2.3 朴素贝叶斯分类器的训练

在朴素贝叶斯分类器中，为了进行分类预测，需要知道类先验概率$P(Y=c)$和类条件概率$p(x_j|Y=c)$。

1. 类先验概率$P(Y=c)$

给定训练样本$\{\boldsymbol{x}_i,y_i\}_{i=1}^N$，估计$P(Y=c)$只须用到训练样本标签$y$的信息。类先验概率$P(Y=c)$用 Multinoulli 分布 Multinoulli($\boldsymbol{\theta}$)表示，参数$\boldsymbol{\theta}$可用极大似然估计得到。

log 似然函数为

$$\begin{aligned}l(\boldsymbol{\theta})&=\sum_{i=1}^N\ln(p(y_i,\boldsymbol{\theta}))\\&=\sum_{i=1}^N\ln\left(\prod_{c=1}^C\theta_c^{\mathbb{I}(Y=c)}\right)\\&=\sum_{i=1}^N\sum_{c=1}^C\mathbb{I}(Y_i=c)\ln(\theta_c)\\&=N_c\ln(\theta_c),\end{aligned}$$

其中$N_c=\sum_{c=1}^C\mathbb{I}(y_i=c)$为$y=c$的样本数目。

加入约束$\sum_{c=1}^C\theta_c=1$，可用拉格朗日乘子法得到拉格朗日函数，即

$$L(\boldsymbol{\theta},\lambda)=l(\boldsymbol{\theta},\lambda)-\lambda\left(\sum_{c=1}^C\theta_c-1\right)=N_c\ln(\theta_c)-\lambda\left(\sum_{c=1}^C\theta_c-1\right)。$$

拉格朗日函数$L(\boldsymbol{\theta},\lambda)$分别对$\theta_c$和$\lambda$求偏导数，并令其等于 0，得到

$$\frac{\partial L(\boldsymbol{\theta},\lambda)}{\partial\theta_c}=\frac{N_c}{\theta_c}-\lambda=0,$$

$$\frac{\partial L(\boldsymbol{\theta},\lambda)}{\partial\lambda}=\sum_{c=1}^C\theta_c-1=0。$$

由此得到θ_c的极大似然估计$\hat{\theta}_c$为

$$\hat{\theta}_c=\frac{N_c}{N},\tag{5-4}$$

即类先验概率$P(Y=c)=\hat{\theta}_c$为训练样本中第c类样本的比例。直观上，我们可以理解为用相对

频率$\frac{N_c}{N}$来估计概率。

除了极大似然估计，也可用共轭先验 Dirichlet 分布Dirichlet$(\boldsymbol{\theta}, \boldsymbol{\alpha})$来表示参数的先验分布，从而得到参数的贝叶斯估计为

$$\bar{\theta}_c = \frac{\alpha_c + N_c - 1}{\sum_{c'=1}^{C} \alpha_{c'} + N - C}。 \quad (5\text{-}5)$$

可以看出，当所有$\alpha_c = 1$时，$\bar{\theta}_c = \hat{\theta}_c$。在实际应用中更多地采用简化版贝叶斯估计——拉普拉斯平滑（Lapalce Smoothing）。拉普拉斯平滑相当于所有$\alpha_c = \alpha + 1$，即

$$\bar{\theta}_c = \frac{\alpha + N_c}{C\alpha + N}, \quad (5\text{-}6)$$

其中先验平滑因子$\alpha \geqslant 0$，相当于每个类别下的样本数目增加 1，可防止没有符合条件的样本出现频率为 0 的情况发生。当训练样本数目足够大时，增加平滑因子并不会对结果产生大的影响。

2. 类条件概率$p(x_j|Y = c)$

特征分布$p(x_j|Y = c)$中的参数也可用极大似然估计或贝叶斯估计求解。

（1）贝努利分布

当特征分布为贝努利分布时，参数求解推导过程类似上述先验分布参数的求解，只是研究对象为类别$Y = c$的情况下特征$X_j = 1$的概率，即参数值为在所有类别标签为$Y = c$的样本中，特征值$X_j = 1$的样本的比例。

$$\bar{\theta}_{c,j} = \frac{\alpha + N_{c,j}}{2\alpha + N_c}, \quad (5\text{-}7)$$

其中先验平滑因子$\alpha \geqslant 0$，N_c为标签$Y = c$的样本数目，$N_{c,j}$为类别标签$Y = c$且特征值$X_j = 1$的样本数目。

（2）Multinoulli 分布

当特征可以取多个离散的值（如商品类别）时，可用 Multinoulli 分布建模，参数求解推导过程类似上述先验分布参数的求解，只是研究对象为类别$Y = c$的情况下特征$X_j = m$的概率，即参数值为在所有类别标签为$Y = c$的样本中，特征值$X_j = m$的样本的比例。

$$\bar{\theta}_{c,j,m} = \frac{\alpha + N_{c,j,m}}{M_j\alpha + N_c}, \quad (5\text{-}8)$$

其中M_j为特征X_j所有可能取值的数目，先验平滑因子$\alpha \geqslant 0$，N_c为标签$Y = c$的样本数目，$N_{c,j,m}$为类别标签$Y = c$且特征值$X_j = m$的样本数目。

（3）多项分布

当特征值表示某种事件发生的次数时，可用多项分布建模。多项分布适用于 Multinoulli 分布中试验次数为多次的情况，参数求解公式同 Multinoulli 分布。

（4）高斯分布

当特征分布为高斯分布时，有

$$p(x_j|Y = c) = N(\mu_{c,j}, \sigma_{c,j}^2) = \frac{1}{\sqrt{2\pi}\sigma_{c,j}} \exp\left(-\frac{(x_j - \mu_{c,j})^2}{2\sigma_{c,j}^2}\right), \quad (5\text{-}9)$$

模型参数$\mu_{c,j}$和$\sigma_{c,j}$可采用极大似然法来估计。对上述高斯分布，数据的 log 似然函数为

$$l(\mu_{c,j},\sigma_{c,j})=\sum_{i=1}^{N_c}\ln\left(p(x_j|y=c,\mu_{c,j},\sigma_{c,j})\right)$$

$$=\sum_{i=1}^{N_c}\ln\left(\frac{1}{\sqrt{2\pi}\sigma_{c,j}}\exp\left(-\frac{(x_j-\mu_{c,j})^2}{2\sigma_{c,j}^2}\right)\right)$$

$$=-\frac{1}{2}\sum_{i=1}^{N_c}\ln(2\pi)-\sum_{i=1}^{N_c}\ln(\sigma_{cj})-\sum_{i=1}^{N_c}\frac{(x_j-\mu_{cj})^2}{2\sigma_{cj}^2}$$

$$=-\frac{N_c}{2}\ln(2\pi)-N_c\ln(\sigma_{c,j})-\sum_{i=1}^{N_c}\frac{(x_j-\mu_{c,j})^2}{2\sigma_{c,j}^2},$$

其中N_c表示标签$Y=c$的样本数目。

函数$l(\mu_{c,j},\sigma_{c,j})$分别对$\mu_{c,j}$和$\sigma_{c,j}$求偏导数，并令其等于 0，得到

$$\frac{\partial l(\mu_{c,j},\sigma_{c,j})}{\partial\mu_{c,j}}=\frac{1}{\sigma_{c,j}^2}\sum_{i=1}^{N_c}(x_j-\mu_{c,j})=\frac{1}{\sigma_{c,j}^2}\left(\sum_{i=1}^{N_c}x_j-N_c\mu_{c,j}\right)=0,$$

$$\frac{\partial l(\mu_{c,j},\sigma_{c,j})}{\partial\sigma_{c,j}}=-\frac{N_c}{\sigma_{c,j}}+\frac{1}{\sigma_{c,j}^3}\sum_{i=1}^{N_c}(x_j-\mu_{c,j})^2=0,$$

得到参数的极大似然估计为

$$\hat{\mu}_{c,j}=\frac{1}{N_c}\sum_{i=1}^{N_c}x_{i,j}=\bar{x}_{c,j},$$

$$\sigma_{c,j}^2=\frac{1}{N_c}\sum_{i=1}^{N_c}(x_{i,j}-\mu_{c,j})^2=\frac{1}{N_c}\sum_{i=1}^{N_c}(x_{i,j}-\bar{x}_{c,j})^2,\tag{5-10}$$

$\hat{\mu}_{c,j}$为所有标签$Y=c$的样本的第j维特征的均值，$\sigma_{c,j}^2$为这些样本第j维特征的样本方差。

当然，根据特征的物理含义，我们也可以定义其为某种分布，分布的参数可采用极大似然或者贝叶斯方法估计。如果特征分布不能用某种参数模型建模，则还可以采用混合高斯模型、核密度估计或者直方图表示。

例 5-1：SNS 账号真实性判断案例

给定表 5-1 所示的训练数据，采用朴素贝叶斯分类器，根据用户的属性（日志密度、好友密度、是否使用真实头像）判断用户社交网络服务（Social Networking Services，SNS）账号是否真实。

表 5-1 SNS 账号真实性判断案例

日志密度L	好友密度F	是否使用真实头像H	账号是否真实R
s	s	no	no
s	l	yes	yes

续表

日志密度L	好友密度F	是否使用真实头像H	账号是否真实R
l	m	yes	yes
m	m	yes	yes
l	m	yes	yes
m	l	no	yes
m	s	no	no
l	m	no	yes
m	s	no	yes
s	s	yes	no

（1）根据训练数据，计算类先验概率

共有 10 个样本，$N = 10$，其中账户真实的样本有 7 个，$N_0 = 7$，账号不真实的样本有 3 个，$N_1 = 3$，令$\alpha = 1$，根据式（5-6）有

$$\bar{\theta}_0 = P(R = \text{yes}) = \frac{1+7}{2+10} = \frac{2}{3}，\ \bar{\theta}_1 = P(R = \text{no}) = \frac{1+3}{2+10} = \frac{1}{3}。$$

（2）根据训练数据，计算特征的类条件概率

① 当类别标签$R = \text{yes}$时，$N_0 = 7$，特征日志密度L有 s、m、l 这 3 种取值，用 Multinoulli 分布建模，$M_L = 3$。在$R = \text{yes}$的 7 个样本中，上述 3 种特征取值的样本数分别为 1、3、3，即

$$N_{0,L,\text{s}} = 1，N_{0,L,\text{m}} = 3，N_{0,L,\text{l}} = 3，$$

根据式（5-8），得到

$$\bar{\theta}_{0,L,\text{s}} = \frac{1+1}{3+7} = \frac{1}{5}，\ \bar{\theta}_{0,L,\text{m}} = \frac{1+3}{3+7} = \frac{2}{5}，\ \bar{\theta}_{0,L,\text{l}} = \frac{1+3}{3+7} = \frac{2}{5}。$$

类似地，得到其他 2 维特征F、H的类条件分布的参数为

$$\bar{\theta}_{0,F,\text{s}} = \frac{1+1}{3+7} = \frac{1}{5}，\ \bar{\theta}_{0,F,\text{m}} = \frac{1+2}{3+7} = \frac{3}{10}，\ \bar{\theta}_{0,F,\text{l}} = \frac{1+4}{3+7} = \frac{1}{2}，$$

$$\bar{\theta}_{0,H,\text{no}} = \frac{1+3}{2+7} = \frac{4}{9}，\ \bar{\theta}_{0,H,\text{yes}} = \frac{1+4}{2+7} = \frac{5}{9}。$$

② 当类别标签$R = \text{no}$时，$N_1 = 3$，特征日志密度L有 s，m，l 这 3 种取值，用 Multinoulli 分布建模，$M_0 = 3$。在$R = \text{no}$的 3 个样本中，上述 3 种特征取值的样本数分别为 2、1、0，即

$$N_{1,L,\text{s}} = 2，N_{1,L,\text{m}} = 1，N_{1,L,\text{l}} = 0，$$

根据式（5-8），得到

$$\bar{\theta}_{1,L,\text{s}} = \frac{1+2}{3+3} = \frac{1}{2}，\ \bar{\theta}_{1,L,\text{m}} = \frac{1+1}{3+3} = \frac{1}{3}，\ \bar{\theta}_{1,L,\text{l}} = \frac{1+0}{3+3} = \frac{1}{6}。$$

类似地，得到其他 2 维特征F、H的类条件分布的参数为

$$\bar{\theta}_{1,F,\text{s}} = \frac{1+3}{3+3} = \frac{2}{3}，\ \bar{\theta}_{1,F,\text{m}} = \frac{1+0}{3+3} = \frac{1}{6}，\ \bar{\theta}_{1,F,\text{l}} = \frac{1+0}{3+3} = \frac{1}{6}，$$

$$\bar{\theta}_{1,H,\text{no}} = \frac{1+1}{2+3} = \frac{2}{5}，\ \bar{\theta}_{1,H,\text{yes}} = \frac{1+2}{2+3} = \frac{3}{5}。$$

（3）根据前两步得到的模型参数，对新的样本进行预测

现有一个用户，其日志密度为 m，好友密度为 m，使用真实头像，则

$$P(R=\text{yes}|L=\text{m},F=\text{m},H=\text{yes})$$

$$\propto P(L=\text{m}|R=\text{yes})P(F=\text{m}|R=\text{yes})\ P(H=\text{yes}|R=\text{yes})\ P(R=\text{yes})$$

$$=\bar{\theta}_{0,L,\text{m}}\times\bar{\theta}_{0,F,\text{m}}\times\bar{\theta}_{0,H,\text{yes}}\times\bar{\theta}_{0}=\frac{2}{5}\times\frac{3}{10}\times\frac{5}{9}\times\frac{2}{3}=\frac{4}{90},$$

$$P(R=\text{no}|L=\text{m},F=\text{m},H=\text{yes})$$

$$\propto P(L=\text{m}|R=\text{no})P(F=\text{m}|R=\text{no})\ P(H=\text{yes}|R=\text{no})\ P(R=\text{no})$$

$$=\bar{\theta}_{1,L,\text{m}}\times\bar{\theta}_{1,F,\text{m}}\times\bar{\theta}_{1,H,\text{yes}}\times\bar{\theta}_{1}=\frac{1}{3}\times\frac{1}{6}\times\frac{3}{5}\times\frac{1}{3}=\frac{1}{90},$$

$$P(R=\text{yes}|L=\text{m},F=\text{m},H=\text{yes})>\ P(R=\text{no}|L=\text{m},F=\text{m},H=\text{yes}),$$

因此该用户的账号真实的可能性更高。

5.2.4 案例分析 1：奥拓商品分类

本节我们以 Kaggle 2015 年举办的奥拓商品分类竞赛数据为例，采用朴素贝叶斯分类器实现商品分类。数据集介绍请见 3.7 节。

Scikit-Learn 中提供 4 种朴素贝叶斯的分类算法：GaussianNB、MultinomialNB、BernoulliNB和CategoricalNB。Scikit-Learn 中的这 4 种朴素贝叶斯模型都是假设所有特征为同一种分布，读者在使用时需要注意这一点。其中GaussianNB假设特征的类条件概率$p(x_j|y=c)$为高斯分布，通常用于连续特征值。MultinomialNB假设$p(x_j|Y=c)$为多项分布，通常用于计数特征，如文档分类中的词频特征。MultinomialNB虽然要求输入为计数特征，但 Scikit-Learn 文档也说明 TF-IDF 特征也可以取得不错的效果。BernoulliNB假设$p(x_j|Y=c)$为贝努利分布，通常用于二元离散值特征，如文档分类任务中的特征表示某个词语是否出现。相比于MultinomialNB，在短文档分析中，也许BernoulliNB更有优势。

在本案例中，特征取值均为稀疏的整数特征，特征变化也可将其转换成 TF-IDF 特征。以第 1 维特征为例，原始特征和 TF-IDF 特征的直方图如图 5-1 所示。对于原始特征，可以将其视为离散型特征，考虑BernoulliNB和MultinomialNB分类器。对于 TF-IDF 特征，可以考虑采用GaussianNB和MultinomialNB分类器。

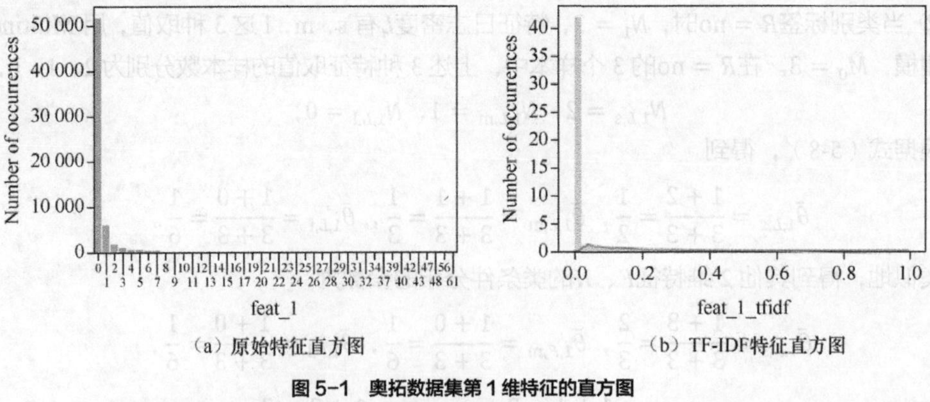

（a）原始特征直方图　　（b）TF-IDF特征直方图

图 5-1　奥拓数据集第 1 维特征的直方图

GaussianNB通常采用默认参数，没有需要调优的超参数。MultinomialNB可以设置拉普拉斯平滑α，一般采用默认值 1 即可。如果发现拟合得不好，则可以采用交叉验证进行超参数

调优，一般选择稍大于 1 或者稍小于 1 的数。BernoulliNB比MultinomialNB多出一个参数binarize，默认值为 0.0，此时BernoulliNB认为每个数据特征都已经是二元（取值为 0 或 1）的。否则，小于binarize的会归为 0，大于binarize的会归为 1。

在奥拓商品分类任务上，我们采用默认参数，上述分类器在测试集上的性能如表 5-2 所示。可以看出，BernoulliNB对特征进行二值化，丢失太多信息，分类效果不好。而GaussianNB假设特征的类条件分布为高斯分布，TF-IDF 特征的分布离高斯分布很远，所以效果很差。效果最好的是采用 TF-IDF 特征的MultinomialNB。但即使是这个最好的性能（0.796 41），与 Logistic 回归模型的性能相比仍然要差（0.633 19）。所以朴素贝叶斯分类器的假设太强（如特征条件独立、特征的条件分布类型为某种分布等），当实际数据不符合这些假设时，性能很差。相反，判别式分类器（Logistic 回归、SVM）直接从数据中找出不同类别数据之间的差异，效果更好。

表 5-2　奥拓商品分类数据集上不同朴素贝叶斯分类器的性能

分类器	特征	性能（logloss）
BernoulliNB	原始特征	1.777 29
MultinomialNB	原始特征	1.299 31
MultinomialNB	TF-IDF 特征	0.796 41
GaussianNB	TF-IDF 特征	5.225 18

5.2.5　案例分析 2：新闻分类

朴素贝叶斯分类器的一个重要的应用是文本分类。本小节我们采用朴素贝叶斯分类器对 Scikit-Learn 自带的新闻分类数据进行分类。

20 newsgroups 数据集是用于文本分类、文本挖掘和信息检索研究的国际标准数据集之一。数据集收集了大约 11 314 个新闻组文档，分档分为 20 个不同的主题。我们将其中 80%的数据作为训练数据，20%的数据作为测试数据。对每个文档，采用 Scikit-Learn 中的 TfidfVectorizer 提取其 TF-IDF 特征，另外还须采用 2 元语法模型，最终得到的特征向量为 155 785 维。用 MultinomialNB分类器得到的结果如表 5-3 所示，总体正确率为 0.894 388，取得了不错的性能。事实上朴素贝叶斯分类器在很多文本分类任务上都能取得很好的性能。我们也比较了 Logistic 回归，其正确率为 0.935 484，比朴素贝叶斯分类器性能稍好。

表 5-3　新闻分类数据集上朴素贝叶斯分类器的测试误差

新闻类别	Precision	Recall	F1-score	Support
alt.atheism	0.97	0.94	0.95	89
comp.graphics	0.79	0.84	0.81	99
comp.os.ms-windows.misc	0.89	0.91	0.90	130
comp.sys.ibm.pc.hardware	0.86	0.80	0.83	109
comp.sys.mac.hardware	0.92	0.92	0.92	117
comp.windows.x	0.92	0.89	0.91	118
misc.forsale	0.85	0.95	0.90	117
rec.autos	0.95	0.94	0.95	121
rec.motorcycles	0.96	0.97	0.97	119
rec.sport.baseball	0.98	1.00	0.99	113

续表

新闻类别	Precision	Recall	F1-score	Support
rec.sport.hockey	1.00	0.96	0.98	129
sci.crypt	0.96	0.99	0.98	109
sci.electronics	0.91	0.93	0.92	120
sci.med	0.99	0.91	0.95	123
sci.space	0.97	0.97	0.97	119
soc.religion.christian	0.93	0.98	0.95	128
talk.politics.guns	0.97	0.96	0.97	120
talk.politics.mideast	1.00	1.00	1.00	100
talk.politics.misc	0.94	0.94	0.94	106
talk.religion.misc	0.96	0.84	0.90	77
avg / total	0.94	0.94	0.94	2 263

5.3 高斯判别分析

5.3.1 高斯判别分析的基本原理

高斯判别分析假设在给定类别的情况下，每类的特征分布为多元高斯分布，即

$$\begin{aligned} p(\boldsymbol{x}|Y=c) &= \frac{1}{(2\pi)^{\frac{D}{2}}|\boldsymbol{\Sigma}_c|^{\frac{1}{2}}}\exp\left(-\frac{1}{2}(\boldsymbol{x}-\boldsymbol{\mu}_c)^{\mathrm{T}}\boldsymbol{\Sigma}_c^{-1}(\boldsymbol{x}-\boldsymbol{\mu}_c)\right) \\ &= \frac{1}{(2\pi)^{\frac{D}{2}}|\boldsymbol{\Sigma}_c|^{\frac{1}{2}}}\exp\left(-\frac{1}{2}\boldsymbol{x}^{\mathrm{T}}\boldsymbol{\Sigma}_c^{-1}\boldsymbol{x}+\boldsymbol{\mu}_c{}^{\mathrm{T}}\boldsymbol{\Sigma}_c^{-1}\boldsymbol{x}-\frac{1}{2}\boldsymbol{\mu}_c^{\mathrm{T}}\boldsymbol{\Sigma}_c^{-1}\boldsymbol{\mu}_c\right), \end{aligned} \tag{5-11}$$

其中D为特征$\boldsymbol{x}$的维度，$\boldsymbol{\mu}_c$为第 c类样本的均值向量，$\boldsymbol{\Sigma}_c$为第 c类样本的协方差矩阵。

将上述类条件概率代入贝叶斯公式可得

$$P(Y=c|\boldsymbol{x}) = \frac{p(\boldsymbol{x}|Y=c)P(Y=c)}{\sum_{c'=1}^{C}p(\boldsymbol{x}|Y=c')P(Y=c')},$$

计算两类样本的对数概率比为

$$\begin{aligned} \ln\frac{P(Y=c_1|\boldsymbol{x})}{P(Y=c_2|\boldsymbol{x})} &= \ln\frac{p(\boldsymbol{x}|Y=c_1)}{p(\boldsymbol{x}|Y=c_2)}+\ln\frac{P(Y=c_1)}{P(Y=c_2} \\ &= \frac{1}{2}\ln\frac{|\boldsymbol{\Sigma}_{c_1}|}{|\boldsymbol{\Sigma}_{c_2}|}-\frac{1}{2}(\boldsymbol{x}-\boldsymbol{\mu}_{c_1})^{\mathrm{T}}\boldsymbol{\Sigma}_{c_1}^{-1}(\boldsymbol{x}-\boldsymbol{\mu}_{c_1})+ \\ &\quad \frac{1}{2}(\boldsymbol{x}-\boldsymbol{\mu}_{c_2})^{\mathrm{T}}\boldsymbol{\Sigma}_{c_2}^{-1}(\boldsymbol{x}-\boldsymbol{\mu}_{c_2})+\ln\frac{P(Y=c_1)}{P(Y=c_2)}, \end{aligned} \tag{5-12}$$

其中$c=-\frac{1}{2}\ln\frac{|\Sigma_{c_1}|}{|\Sigma_{c_2}|}-\frac{1}{2}\boldsymbol{\mu}_{c_1}^{\mathrm{T}}\boldsymbol{\Sigma}_{c_1}^{-1}\boldsymbol{\mu}_{c_1}+\frac{1}{2}\boldsymbol{\mu}_{c_2}^{\mathrm{T}}\boldsymbol{\Sigma}_{c_2}^{-1}\boldsymbol{\mu}_{c_2}$是与$\boldsymbol{x}$无关的常数项。当两类样本的对数概率比等于 0 时，$\boldsymbol{x}$属于两类样本的概率相等，即$\boldsymbol{x}$位于决策边界上。上述对数概率比是$\boldsymbol{x}$的二次函数，所以两类样本的决策边界为二次曲线，该算法被称为二次判别分析（Quadratic Discriminant Analysis，QDA）分类器。

当两类样本的协方差$\boldsymbol{\Sigma}_{c_1}=\boldsymbol{\Sigma}_{c_2}=\boldsymbol{\Sigma}$时，两类样本的对数概率比为

$$\ln\frac{P(Y=c_1|\boldsymbol{x})}{P(Y=c_2|\boldsymbol{x})}=\frac{1}{2}(\boldsymbol{x}-\boldsymbol{\mu}_{c_1})^{\mathrm{T}}\boldsymbol{\Sigma}(\boldsymbol{x}-\boldsymbol{\mu}_{c_1})+\frac{1}{2}(\boldsymbol{x}-\boldsymbol{\mu}_{c_2})^{\mathrm{T}}\boldsymbol{\Sigma}(\boldsymbol{x}-\boldsymbol{\mu}_{c_2})+\ln\frac{P(Y=c_1)}{P(Y=c_2)} \tag{5-13}$$

$$= \boldsymbol{x}^{\mathrm{T}}\boldsymbol{\Sigma}^{-1}(\boldsymbol{\mu}_{c_1}-\boldsymbol{\mu}_{c_2})-\frac{1}{2}(\boldsymbol{\mu}_{c_1}+\boldsymbol{\mu}_{c_2})^{\mathrm{T}}\boldsymbol{\Sigma}^{-1}(\boldsymbol{\mu}_{c_1}-\boldsymbol{\mu}_{c_2})+\ln\frac{P(Y=c_1)}{P(Y=c_2)},$$

此时，决策边界是$\boldsymbol{x}$的一次函数，两类样本的决策边界为直线，该算法被称为线性判别分析（Linear Discriminant Analysis, LDA）分类器。

综上所述，特征的类条件分布$p(\boldsymbol{x}|Y=c)$为高斯分布，且又可分为以下几种情况。

- 每个类别的协方差矩阵相等：线性判别分析，决策边界为超平面，如图 5-2 左上角所示。
- 每个类别的协方差矩阵为对角阵：朴素贝叶斯，如图 5-3 左上角所示。
- 其他：二次判别分析，决策边界为二次曲面，如图 5-2 和图 5-3 的右侧图所示。

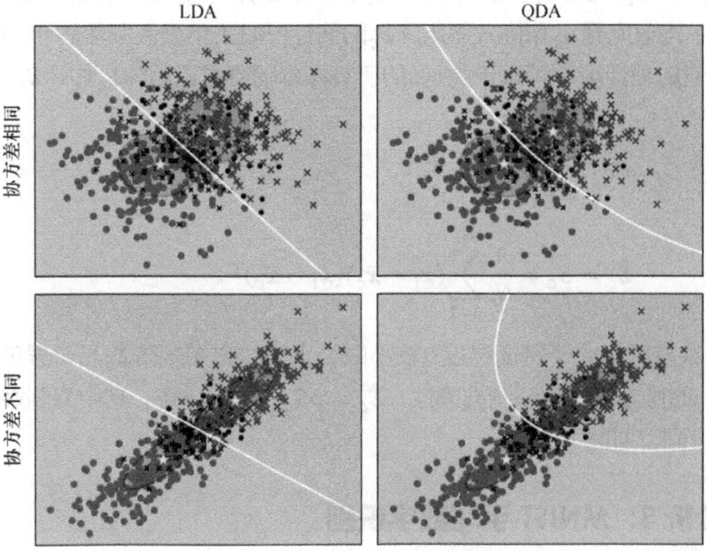

图 5-2　LDA 与 QDA 的比较

在图 5-2 中，第 1 行中两类数据的协方差相同，此时 LDA 与 QDA 的结果非常接近。第 2 行中两类数据的协方差不同，此时 LDA 分类器的决策边界与 QDA 分类器的有很大不同。五角星为每类的均值，细椭圆曲线为每类的协方差矩阵表示，粗曲线为分类器的决策边界。

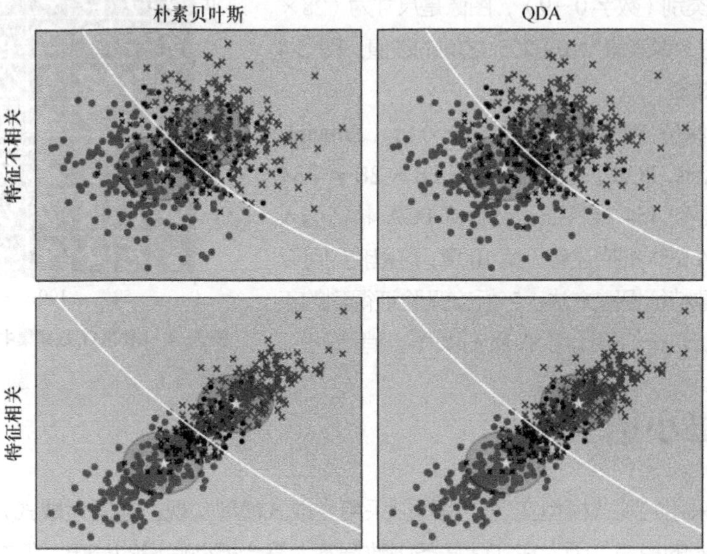

图 5-3　朴素贝叶斯与 QDA 比较

在图 5-3 中，第 1 行中两类数据的 2 维特征之间不相关（协方差矩阵为对角矩阵），此时朴素贝叶斯与 QDA 分类器的结果非常接近。第 2 行中两类数据的 2 维特征之间相关，此时朴素贝叶斯分类器的决策边界与 QDA 分类器的有很大不同。五角星为每类的均值，细椭圆曲线为每类的协方差矩阵表示，粗曲线为分类器的决策边界。

5.3.2 高斯判别分析的模型训练

训练模型时，我们需要根据训练数据估计模型参数：每个类别的先验分布$P(Y=c)$、均值向量$\boldsymbol{\mu}_c$和协方差矩阵$\boldsymbol{\Sigma}_c$。类先验概率$P(Y=c)$的参数估计与朴素贝叶斯分类器中类先验概率的参数估计相同。均值向量$\boldsymbol{\mu}_c$和协方差矩阵$\boldsymbol{\Sigma}_c$的估计一般采用极大似然估计，即用属于类别c的所有样本的均值$\widehat{\boldsymbol{\mu}}_c$估计$\boldsymbol{\mu}_c$、用属于类别$c$的所有样本的协方差矩阵$\widehat{\boldsymbol{\Sigma}}_c$估计$\boldsymbol{\Sigma}_c$。

$$
\begin{aligned}
\widehat{\boldsymbol{\mu}}_c &= \frac{1}{N_c}\sum_{i=1}^{N_c}\boldsymbol{x}_i = \overline{\boldsymbol{x}}_c, \\
\widehat{\boldsymbol{\Sigma}}_c &= \boldsymbol{S}_c = \frac{1}{N_c}\sum_{i=1}^{N_c}(\boldsymbol{x}_i-\overline{\boldsymbol{x}}_c)(\boldsymbol{x}_i-\overline{\boldsymbol{x}}_c)^{\mathrm{T}}\text{。}
\end{aligned}
\tag{5-14}
$$

当训练样本数量N_c相比于特征维度D较小时，上述协方差矩阵$\widehat{\boldsymbol{\Sigma}}_c$是奇异的，可采用收缩（Shrinkage）提升的协方差矩阵预测准确性：$\widehat{\boldsymbol{\Sigma}}_c=\delta\boldsymbol{S}_c+(1-\delta)\boldsymbol{F}$，其中$\delta$是收缩因子，$\boldsymbol{F}$是一个高度结构化的矩阵，如对角阵[7]。

5.3.3 案例分析 3：MNIST 手写数字识别

在深度学习流行之前，LDA 分类器也是用于处理图像分类（如人脸识别）任务的主流分类器之一。我们对手写体数字识别数据集 MNIST 采用 LDA 分类器进行数字识别。

Kaggle 上的 MNIST 数据集是一个手写数字图像数据集，训练集中包含 42 000 幅图像，测试集中包含 28 000 幅图像，共有 10 个类别（数字 0 ~ 9），图像是尺寸为（28 × 28）的黑白图，每个像素值为 0 ~ 255 之间的数值。图 5-4 给出了几幅示例图像。

我们首先用保持 95%能量的主成分分析（Principle Components Analysis，PCA）对原始数据（$28\times28=784$维）进行降维，得到 154 维特征，然后将 PCA 特征送入 LDA 分类器。PCA 的详细描述参见第 10 章，这里我们可以将其视为一种图像特征提取方法。5 折交叉验证得到的正确率为 0.868 452。这个结果比用 SVM 分类器要稍差一些。

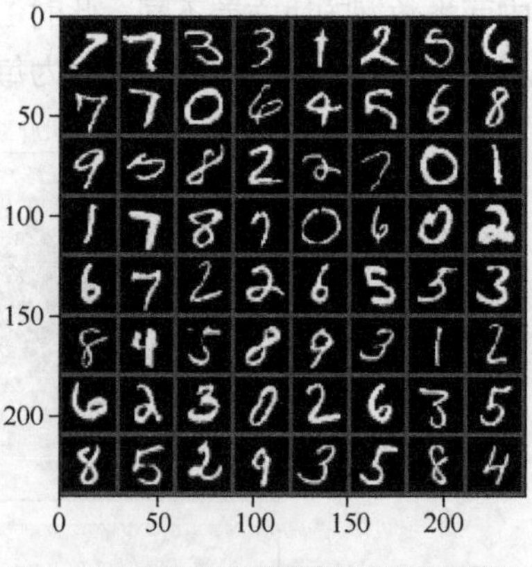

图 5-4 MNIST 数据集中的手写数字图像

5.4 本章小结

分类器可以采用判别式模型实现，也可以采用生成式模型实现。通常生成式分类器的分类性能比判别式分类器的稍差，因为在实际任务中数据不太符合模型假设的分布。但在假设正确的情况下，生成式分类器训练所需的样本更少，并且可以描述数据生成的过程，以生成新的样本。

5.5 习题

1. 采用朴素贝叶斯分类器对水果进行分类。

假设我们有 1 000 个水果的数据。水果是香蕉、橘子或其他水果，我们知道每种水果的 3 个特征：形状是否为长条、味道是否甜、颜色是否为黄色。这 1 000 个水果的信息如表 5-4 所示。

表 5-4 1 000 个水果的数据信息

水果类型	总个数（个）	是否为长条（个）	是否甜（个）	是否为黄色（个）
香蕉	500	400	350	450
橘子	300	0	150	300
其他	200	100	150	50
总共	1 000	500	650	800

（1）根据上述数据，估计每类水果的先验概率；

（2）根据上述数据，估计每个特征的类条件概率；

（3）现有一个水果，形状为长条、味道甜且颜色为黄色，请问它最有可能是哪种水果？

2. 二次判别分析和线性判别分析。

假设 2 维空间中有 12 个样本点，分为以下 3 类。

第 1 类样本：$\begin{bmatrix}0\\2\end{bmatrix}$，$\begin{bmatrix}-2\\0\end{bmatrix}$，$\begin{bmatrix}5\\3\end{bmatrix}$，$\begin{bmatrix}-3\\-5\end{bmatrix}$；

第 2 类样本：$\begin{bmatrix}\sqrt{2}\\\sqrt{2}\end{bmatrix}$，$\begin{bmatrix}-\sqrt{2}\\\sqrt{2}\end{bmatrix}$，$\begin{bmatrix}4\sqrt{2}\\-\sqrt{2}\end{bmatrix}$，$\begin{bmatrix}-4\sqrt{2}\\-\sqrt{2}\end{bmatrix}$；

第 3 类样本：$\begin{bmatrix}3\\5\end{bmatrix}$，$\begin{bmatrix}1\\3\end{bmatrix}$，$\begin{bmatrix}8\\6\end{bmatrix}$，$\begin{bmatrix}0\\-2\end{bmatrix}$。

（1）计算每类样本的均值$\boldsymbol{\mu}_c$和协方差矩阵$\boldsymbol{\Sigma}_c$，$c=1$，2，3；

（2）计算每类样本的先验概率π_c；

（3）在图 5-5 中大致画出每类样本的 QDA 分类边界和正态分布（中心位置、长短轴的方向和长度）。

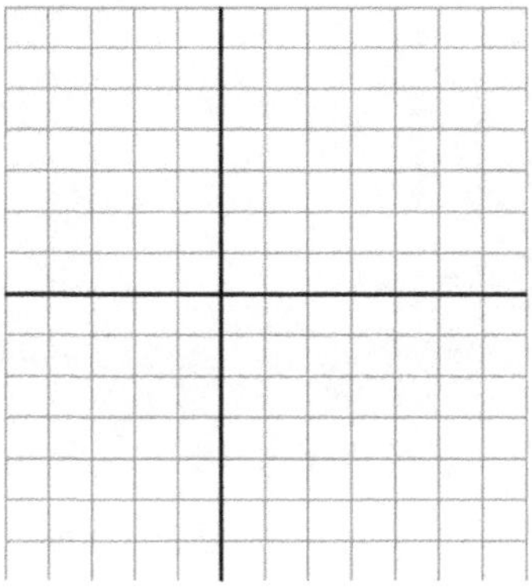

图 5-5 习题 2 配图

（4）如果采用 LDA 分类器，那么会得到好的分类边界吗？

3. 朴素贝叶斯分类器和 SVM 在垃圾邮件过滤任务中均有较好的性能。请用朴素贝叶斯分类器对国际文本检索会议提供的中文垃圾邮件过滤数据集（trec06c）进行分类。作业提供的数据集已经经过数据预处理，每个样本有 2 个字段：每封邮件正文的类别（正常邮件为 0、垃圾邮件为 1）、分词后以空格隔开的邮件正文。

（1）对每封邮件，提取词频特征（TF）和 TF-IDF 特征。

（2）从上述数据集中随机选择 80%的数据作为训练集，剩余 20%的数据作为测试集，分别采用 TF 特征和 TF-IDF 特征训练朴素贝叶斯分类器，并比较二者在测试集上的性能。注意 SVM 的超参数调优。

（3）采用和第（2）题相同的训练集和测试集划分，分别采用线性 SVM 和基于 RBF 的 SVM 分类器实现垃圾邮件过滤，并与朴素贝叶斯分类器的性能做比较。

4. 请采用 QDA 对 5.3.3 小节中的 MINIST 数据集进行手写数字识别，并与 LDA 的性能做比较。

06 chapter 决策树

顾名思义，决策树模型为树状结构，可以实现分类或回归。决策树模型可被视为一组 if-then 规则，可解释性强。决策树是一种非线性模型，表示能力强。随着树结构的变化，决策树模型可以很简单，也可以很复杂，因此模型复杂度控制是决策树模型的重要问题。

本章我们讨论决策树的构建过程，包括树的构建和剪枝，并通过案例学习 Scikit-Learn 中决策树模型用于回归和分类的 API。

6.1 决策树基本原理

决策树模型由结点和有向边组成，其中结点表示特征空间子集，有向边表示一个划分规则，从根结点到叶子结点的有向边代表了一条决策路径。决策树的路径是互斥并且完备的，因此决策树将特征空间划分为互不相交的单元。图 6-1 给出了鸢尾花分类数据上的一个 3 层决策树及其在 2 维特征空间上的划分。

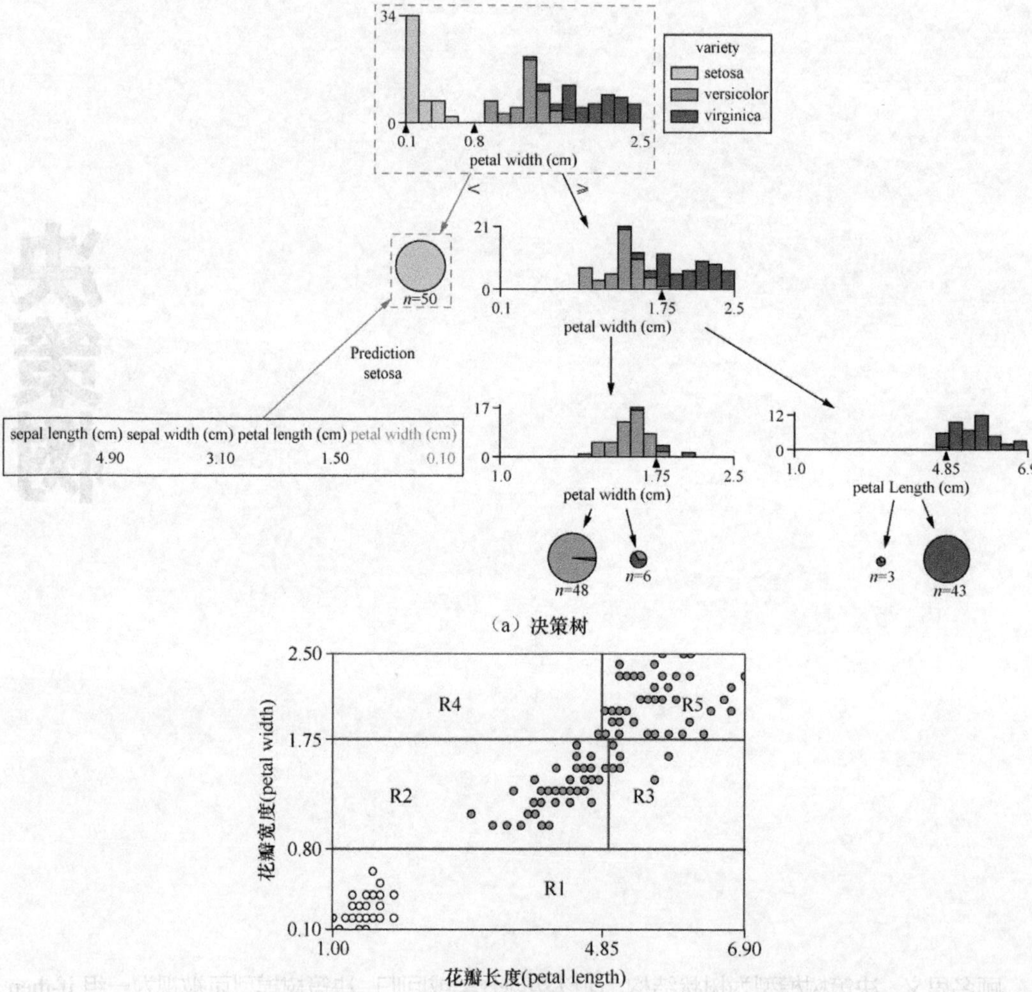

(a) 决策树

(b) 特征空间划分

图 6-1 决策树示意

用决策树进行预测时，从根结点开始，对样本的相应特征进行测试，根据测试结果将样本分配到相应的叶子结点，所以决策树模型可以被认为是 if-then 规则的集合。然后递归地对样本进行测试，直至样本被划分到某个叶子结点。最后根据该叶子结点的分数$\boldsymbol{w}_m$对测试样本进行预测。

$$f(\boldsymbol{x}) = \sum_{m=1}^{M} \boldsymbol{w}_m \mathbb{I}(\boldsymbol{x} \in \boldsymbol{R}_m) = \sum_{m=1}^{M} \boldsymbol{w}_m \phi(\boldsymbol{x}, \boldsymbol{v}_m), \tag{6-1}$$

其中R_m表示第m个叶子结点代表的特征空间；$\mathbb{I}(\cdot)$表示指示性函数，括号中的条件满足时取 1，否则取 0；$\boldsymbol{v}_m$为第m个叶子结点对应的参数，包括从根结点到第m个叶子结点的路径上，每个结点选择的特征及划分阈值；$\boldsymbol{w}_m$是第m个叶子结点的预测值。对回归任务，$\boldsymbol{w}_m$通常为第m个叶子结点所有样本的y的均值，这时预测的结果 L2 损失最小；对分类任务，$\boldsymbol{w}_m$通常为第m个叶子结点所有样本的y的分布，分类结果可以取分布中概率最大的类别。

例如，对图 6-1（a）中的决策树，输入一个样本，其特征值为（4.90，3.10，1.50，0.10），决策时从树的根结点出发，取该样本的第 4 维特征花瓣宽度（pedal width）的值为 0.10，由于$0.10 < 0.8$，走左侧分支，到底叶子结点，对应特征区间划分R1。该叶子结点对应的鸢尾花的类别为山鸢尾（setosa），因此模型将该样本的类别判定为山鸢尾。

同其他机器学习模型一样，决策树模型的目标函数包含两部分：训练集上的损失函数之和以及正则项。决策树模型的损失函数与结点的不纯净度有关，不同的决策树算法中不纯净度的度量稍有不同，下面我们会详细讨论。正则项可取 L1 正则（叶子结点的数目）或 L2 正则（叶子结点的分数）。

6.2 建树

决策树的训练就是决策树的建树过程，对应特征空间的划分。选择最优决策树的问题是个 NP 完全问题，因此我们一般采用启发式方法近似求解。决策树的学习算法通常会递归地选择最优特征及划分阈值，并根据该特征对训练数据进行划分，使划分后的各个数据子集越纯净越好。

算法 6-1：决策树生成算法

（1）构建根结点：将所有训练数据放在根结点处，并将该结点加入叶子结点列表。

（2）若叶子结点列表为空，则算法结束；否则，从叶子结点列表中挑选 1 个叶子结点。

① 若该叶子结点的样本集合已足够纯净，则计算该叶子结点对应的预测分数，并将其从叶子结点列表中删除（最终叶子结点不再划分）；

② 否则，采用每个特征的每个可能的划分方式对该结点的样本集合进行划分，计算划分后的纯净度；从所有的划分中，选择一个最优划分（划分后不纯净度下降最多），将训练数据划分成若干子集，每个子集为当前结点的子结点，并将这些子结点加入叶子结点列表。

历史上出现过 3 种比较流行的决策树模型：ID3、C4.5、分类回归树（Classification And Regression Tree，CART）。其中 ID3 和 C4.5 的建树过程几乎一样，只是算法中计算不纯净度的方式不同，ID3 采用的准则是信息增益，而 C4.5 采用的准则是信息增益比。ID3 和 C4.5 可以是多叉树。CART 是二叉树，既可以做分类，也可以做回归，特征选择准则是 Gini 指数（回归任务中为 L2 损失）。

6.2.1 ID3 和 C4.5

ID3 和 C4.5 选择特征的准则与信息熵有关。

熵表示不确定程度。对于随机变量Y，熵定义为

$$H(Y) = -\sum_{c=1}^{C} P(Y=c)\log_2 P(Y=c)。 \quad (6\text{-}2)$$

数据集$\mathcal{D}$的经验熵定义为

$$H(\mathcal{D}) = -\sum_{c=1}^{C} \frac{N_c}{N} \log_2\left(\frac{N_c}{N}\right), \tag{6-3}$$

其中N为数据集$\mathcal{D}$中的样本数目，样本的类别Y可取值为$\{1,2,\cdots,C\}$，N_c为第c个类别数据子集中的样本数目。式（6-3）相当于我们用每个类别样本出现的频率$\frac{N_c}{N}$去估计概率$P(Y=c)$，因此$H(\mathcal{D})$是熵$H(Y)$的估计，刻画了数据集$\mathcal{D}$中样本的类别分布的散布程度，也可作为数据集的不纯净程度度量。熵越大，表示该数据集中不同类别样本的分布越均衡，数据集越不纯净。

对于某个特征X，定义其条件熵为

$$\begin{aligned} H(Y|X) &= \sum_{m=1}^{M} P(X=m) H(Y|X=m) \\ &= \sum_{m=1}^{M} P(X=m) \sum_{c=1}^{C} P(Y=c|X=m) \log_2 P(Y=c|X=m), \end{aligned} \tag{6-4}$$

其中M为特征X可取值的数目，此处X只能取离散值，特征X可取值为$\{1,2,\cdots,M\}$。条件熵$H(Y|X)$表示已知X后Y的不确定程度。可以证明条件熵$H(Y|X)$和联合熵$H(X,Y)$之间的关系为$H(Y|X)=H(X,Y)-H(X)$。

定义数据集$\mathcal{D}$关于特征X的经验条件熵为

$$H(\mathcal{D}|X) = \sum_{m=1}^{M} \frac{N_{x_m}}{N} \sum_{c=1}^{C} -\frac{N_{x_m,c}}{N_{x_m}} \log_2\left(\frac{N_{x_m,c}}{N_{x_m}}\right), \tag{6-5}$$

其中N为数据集$\mathcal{D}$中的样本数目，特征X可取值为$\{1,2,\cdots,M\}$，N_{x_m}为数据集$\mathcal{D}$中特征X的值为m的样本数目，$N_{x_m,c}$为数据集$\mathcal{D}$中特征X的值为m且类别Y为c的样本数目。$\sum_{c=1}^{C} -\frac{N_{x_m,c}}{N_{x_m}} \log_2\left(\frac{N_{x_m,c}}{N_{x_m}}\right)$为条件熵$H(Y|X=m)$的估计，刻画了数据集$\mathcal{D}$中属性为$X=m$的那些样本的类别的分布情况。$H(\mathcal{D}|X)$是熵$H(Y|X)$的估计，刻画了将数据集$\mathcal{D}$按照特征$X$的取值分为$M$个子集后，各子集中样本的类别分布的平均散布程度，也可视为将数据集分为多个子集后的平均不纯净程度。

1. 信息增益

特征X对训练数据集$\mathcal{D}$的信息增益$g(\mathcal{D},X)$定义为：数据集$\mathcal{D}$的经验熵$H(\mathcal{D})$与关于特征X的经验条件熵$H(\mathcal{D}|X)$之差，即

$$g(\mathcal{D},X) = H(\mathcal{D}) - H(\mathcal{D}|X)。 \tag{6-6}$$

综上所述，可得出以下结论。

- 经验熵$H(\mathcal{D})$刻画了数据集$\mathcal{D}$的不纯净度（不确定性）。
- 经验条件熵$H(\mathcal{D}|X)$刻画了在给定特征X的条件下，将样本根据特征X分成M个子集，各子集的平均不纯净度。
- 信息增益$g(\mathcal{D},X)$刻画了根据特征X的值，将数据集$\mathcal{D}$划分为M个子集后，各子集的

平均不确定性减少量。

ID3 决策树算法每次选择信息增益最大的特征对数据集进行划分。信息增益越大，表示根据这个特征取值对数据集进行划分后，每个子集的数据集越纯净，从而对应的分类器的分类能力越强。

2. 信息增益比

以信息增益$g(\mathcal{D},X)$作为划分训练集的特征选取方案，会偏向于选取值较多的特征。因为特征取值较多，会将数据集划分为更多个子集，从而每个子集会相对较小，数据偏向于更纯净。极端情况下，特征X在每个样本上的取值都不同（如每个样本的编号），此时根据特征X对数据集进行划分，每个样本会被划分到不同的子集，即$N_{x_m}=1$，$N_{x_m,c}=1$，此时条件熵取极小值：$H(\mathcal{D}|X)=0$。这意味着信息增益达到了最大，但是很显然这个特征不是最佳选择，因为它并不具有分类能力。

C4.5 通过信息增益比来解决该问题。特征X对训练集$\mathcal{D}$的信息增益比$g_R(\mathcal{D},X)$定义为信息增益$g(\mathcal{D},X)$与关于特征的熵$H_X(\mathcal{D})$之比，即

$$g_R(\mathcal{D},X)=\frac{g(\mathcal{D},X)}{H_X(\mathcal{D})},\tag{6-7}$$

其中$H_X(\mathcal{D})=-\sum_{m=1}^{M}\frac{N_{x_m}}{N}\log_2\left(\frac{N_{x_m}}{N}\right)$，表征了特征$X$对训练集$\mathcal{D}$的拆分能力，其中$N$为训练集$\mathcal{D}$中的样本数，$N_{x_m}$表示训练集$\mathcal{D}$中特征$X$取值为$m$的样本数。因为$H_X(\mathcal{D})$只考虑样本在特征$X$上的取值，而不考虑样本的标签$y$，所以这种拆分并不是对样本的分类。

信息增益比本质上是对信息增益乘以一个加权系数，希望增加信息不要以分割太细为代价。一般来说，当特征X的取值集合较大时，加权系数较小，表示抑制该特征；当特征X的取值集合较小时，加权系数较大，表示鼓励该特征。

例 6-1：账号真实性判断案例

采用 ID3 和 C4.5，根据用户属性（日志密度、好友密度、是否使用真实头像），判断该用户的 SNS 账号是否真实。训练数据集如表 6-1 所示。

表 6-1　账号真实性判断案例训练数据集

日志密度L	好友密度F	是否使用真实头像H	账号是否真实R
s	s	no	no
s	l	yes	yes
l	m	yes	yes
m	m	yes	yes
l	m	yes	yes
m	l	no	yes
m	s	no	no
l	m	no	yes
m	s	no	yes
s	s	yes	no

在N=10 个样本中，真实的账号有$N_0=7$个，不真实的账号有$N_1=3$个，因此

$$H(\boldsymbol{D})=-\frac{7}{10}\log_2\frac{7}{10}-\frac{3}{10}\log_2\frac{3}{10}=0.879。$$

日志密度L有 s、m、l 共 3 种取值，每种取值的样本数为$N_{L_s}=3$，$N_{L_m}=4$，$N_{L_l}=3$。在特征L取值为 s 的 3 个样本中，真实账号的样本数为$N_{L_s,0}=1$，$\frac{N_{L_s,0}}{N_{L_s}}=\frac{1}{3}$，不真实账号的样本数为$N_{L_s,1}=2$，$\frac{N_{L_s,0}}{N_{L_s}}=\frac{2}{3}$；在特征$L$取值为 m 的 4 个样本中，真实账号的样本数为$N_{L_m,0}=3$，$\frac{N_{L_m,0}}{N_{L_m}}=\frac{3}{4}$，不真实账号的样本数为$N_{L_m,1}=1$，$\frac{N_{L_m,0}}{N_{L_m}}=\frac{1}{4}$；在特征$L$取值为 l 的 3 个样本中，全部为账号真实的样本，$N_{L_l,0}=3$，$\frac{N_{L_l,0}}{N_{L_l}}=\frac{3}{3}$，$N_{L_l,1}=0$，$\frac{N_{L_l,1}}{N_{L_l}}=\frac{0}{3}$。因此

$$\begin{aligned}H(\boldsymbol{D}|L)=&\frac{3}{10}\times\left(-\frac{1}{3}\log_2\left(\frac{1}{3}\right)-\frac{2}{3}\log_2\left(\frac{2}{3}\right)\right)+\\&\frac{4}{10}\times\left(-\frac{3}{4}\log_2\left(\frac{3}{4}\right)-\frac{1}{4}\log_2\left(\frac{1}{4}\right)\right)+\\&\frac{3}{10}\times\left(-\frac{3}{3}\log_2\left(\frac{3}{3}\right)-\frac{0}{3}\log_2\left(\frac{0}{3}\right)\right)\\=&0.603,\end{aligned}$$

$$g(\boldsymbol{D},L)=H(\boldsymbol{D})-H(\boldsymbol{D}|L)=0.276,$$

同理，得到

$$g(\boldsymbol{D},F)=0.553,$$
$$g(\boldsymbol{D},H)=0.033。$$

所以 ID3 选择信息增益最大的特征，即F。

为了计算信息增益比，须先计算熵，有

$$H_L(\boldsymbol{D})=-\frac{3}{10}\log_2\frac{3}{10}-\frac{3}{10}\log_2\frac{3}{10}-\frac{4}{10}\log_2\frac{4}{10}=1.571,$$

$$H_F(\boldsymbol{D})=-\frac{4}{10}\log_2\frac{4}{10}-\frac{3}{10}\log_2\frac{3}{10}-\frac{2}{10}\log_2\frac{2}{10}=1.522,$$

$$H_H(\boldsymbol{D})=-\frac{5}{10}\log_2\frac{5}{10}-\frac{5}{10}\log_2\frac{5}{10}=1。$$

则信息增益比为

$$g_R(\boldsymbol{D},L)=\frac{g(\boldsymbol{D},L)}{H_L(\boldsymbol{D})}=\frac{0.276}{1.571}=0.176,$$

$$g_R(\boldsymbol{D},F)=\frac{g(\boldsymbol{D},F)}{H_F(\boldsymbol{D})}=\frac{0.553}{1.522}=0.363,$$

$$g_R(\boldsymbol{D},H)=\frac{g(\boldsymbol{D},H)}{H_H(\boldsymbol{D})}=\frac{0.033}{1}=0.033。$$

C4.5 选择信息增益率最大的特征，也是F。

根据特征F的 3 个取值，上述 10 个样本被分为 3 个子集，对应的树结构如图 6-2 所示。特

征取值为l的 2 个样本对应的标签R均为yes，无须再细分叶子结点；特征取值为m的 4 个样本对应的标签R均为yes，无须再细分叶子结点；特征取值为s的 4 个样本对应的标签R两种取值都有，生成中间结点会再细分。

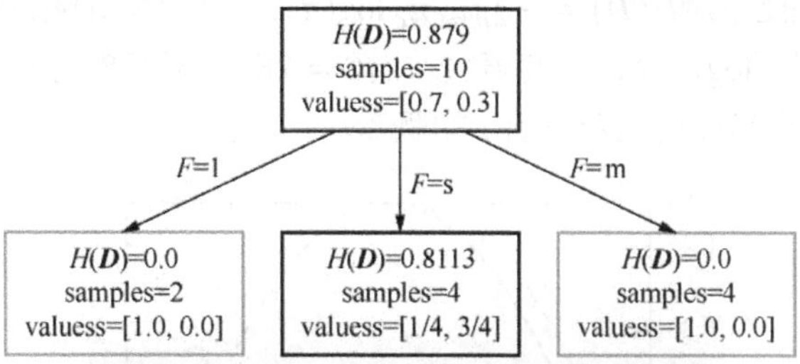

日志密度L	好友密度F	是否使用真实头像H	账号是否真实R
s	s	no	no
m	s	no	no
m	s	no	yes
s	s	yes	no

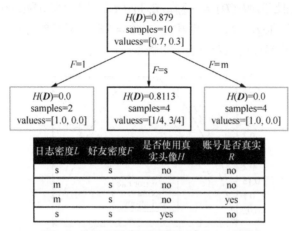

图 6-2　SNS 账号真实性判断的 ID3/C4.5 决策树

6.2.2　CART

CART 是二叉树，可以递归地二分特征，将输入空间划分为有限个单元。与 ID3 和 C4.5 根据某个特征的多个取值将数据集分为多个子集不同，CART 每次只能将数据集$\mathcal{D}$分为左、右两个集合：$\mathcal{D}_L$、$\mathcal{D}_R$，在每次增加结点时，不仅要选择最佳特征，还要选择该特征的最佳划分阈值。我们设特征值小于或等于划分阈值为左侧分支，特征值大于划分阈值为右侧分支。选择特征及其划分阈值的准则也是分割后两个分支的样本越纯净越好。

令结点的样本集合为$\mathcal{D}$，对候选划分$\boldsymbol{\theta} = (X, t)$，选择特征$X$，分裂阈值设为$t$，将样本分裂成左右两个分支$\mathcal{D}_L$和$\mathcal{D}_R$，定义数据集$\mathcal{D}$关于特征$X$和划分阈值$t$的不纯净度度量为

$$H(\mathcal{D}|\boldsymbol{\theta}) = \frac{N_L}{N}H(\mathcal{D}_L) + \frac{N_L}{N}H(\mathcal{D}_R), \tag{6-8}$$

其中$H(\cdot)$为某种不纯净度度量。$H(\cdot)$可以有以下两种情况。

- 回归：集合中样本响应y与响应均值 $\overline{y} = \frac{1}{N}\sum_{i=1}^{N} y_i$ 的残差平方和，也是集合内的样本方差。

$$\mathrm{Var}(\mathcal{D}) = \sum_{i=1}^{N}(y_i - \overline{y}^2)。 \tag{6-9}$$

集合内的样本方差越小，表示该集合样本的响应变化越小，即数据越纯净。$\mathrm{Var}(\mathcal{D})$越小，也表示我们对该特征区域用响应均值 $\overline{y}$ 预测时，预测残差平方（L2 损失）最小。

- 分类：基尼指数（Gini Index）。

$$\mathrm{Gini}(\mathcal{D}) = \sum_{c=1}^{C}\hat{\pi}_c(1 - \hat{\pi}_c), \tag{6-10}$$

$$\hat{\pi}_c = \frac{N_c}{N}。$$

基尼指数表示在样本集合中，随机选中一个样本，该样本被分错的概率。基尼指数越小，表示越不容易分错。相比于熵$H(\mathcal{D}) = -\sum_{c=1}^{C} \hat{\pi}_c \log(\hat{\pi}_c)$，基尼指数随分布的变化趋势同熵一致，但基尼指数计算无须log运算，速度更快。当$C = 2$时，不同$\hat{\pi}_c$对应的熵和基尼指数的对比如图 6-3 所示，图中横坐标π_1表示类别 1 的概率。

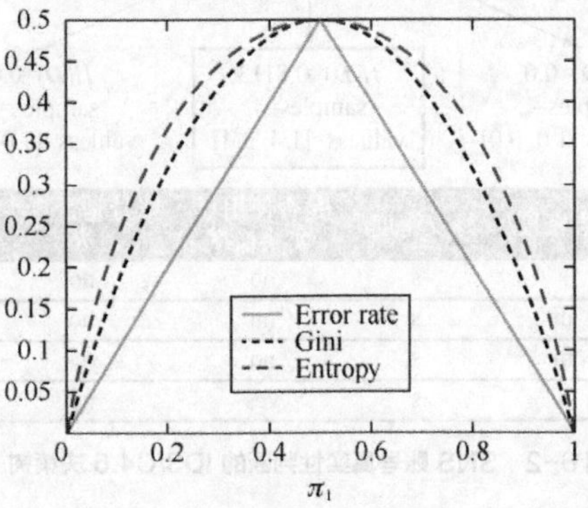

图 6-3　两类分类的不纯净度度量（错误率、熵和 Gini 指数）的比较

例 6-2：账号真实性判断的 CART

采用 CART，根据用户属性（日志密度、好友密度、是否使用真实头像），判断该用户的 SNS 账号是否真实。训练数据集如表 6-1 所示。

（1）根据日志密度L，候选划分方式有以下 3 种。

① 左侧分支$L = \text{s}$，右侧分支$L = \{\text{l}, \text{m}\}$。

$$N_L = 3，N_R = 7，H(\mathcal{D}_L) = \frac{4}{9}，H(\mathcal{D}_R) = \frac{12}{49}，$$

$$H(\mathcal{D}|\boldsymbol{\theta}) = \frac{3}{10} \times \frac{4}{9} + \frac{7}{10} \times \frac{12}{49} = \frac{64}{210}。$$

② 左侧分支$L = \text{l}$，右侧分支$L = \{\text{s}, \text{m}\}$。

$$N_L = 3，N_R = 7，H(\mathcal{D}_L) = 2，H(\mathcal{D}_R) = \frac{24}{49}，$$

$$H(\mathcal{D}|\boldsymbol{\theta}) = \frac{3}{10} \times 2 + \frac{7}{10} \times \frac{24}{49} = \frac{201}{210}。$$

③ 左侧分支$L = \text{m}$，右侧分支$L = \{\text{s}, \text{l}\}$。

$$N_L = 4，N_R = 6，H(\mathcal{D}_L) = \frac{3}{8}，H(\mathcal{D}_R) = \frac{4}{3}，$$

$$H(\mathcal{D}|\boldsymbol{\theta}) = \frac{4}{10} \times \frac{3}{8} + \frac{6}{10} \times \frac{4}{3} = \frac{228}{240}。$$

（2）类似地，根据好友密度F，候选划分方式有以下 3 种。

① 左侧分支$F = \text{s}$，右侧分支$F = \{\text{l}, \text{m}\}$。

$$H(\mathcal{D}|\boldsymbol{\theta}) = \frac{4}{10} \times \frac{3}{8} + \frac{6}{10} \times \frac{4}{9} = \frac{5}{12}。$$

② 左侧分支$F=\mathrm{l}$，右侧分支$F=\{\mathrm{s},\mathrm{m}\}$。

$$H(\boldsymbol{\mathcal{D}}|\boldsymbol{\theta})=\frac{2}{10}\times 2+\frac{8}{10}\times\frac{15}{32}=\frac{248}{320}。$$

③ 左侧分支$F=\mathrm{m}$，右侧分支$F=\{\mathrm{s},\mathrm{l}\}$。

$$H(\boldsymbol{\mathcal{D}}|\boldsymbol{\theta})=\frac{4}{10}\times 2+\frac{6}{10}\times\frac{1}{2}=\frac{7}{10}。$$

（3）类似地，根据是否使用真实头像H，候选划分方式只有 1 种。

左侧分支$H=\mathrm{yes}$，右侧分支$H=\mathrm{no}$。

$$H(\boldsymbol{\mathcal{D}}|\boldsymbol{\theta})=\frac{5}{10}\times\frac{8}{25}+\frac{5}{10}\times\frac{12}{25}=\frac{2}{5}。$$

在这些划分方式中，最小的$H(\boldsymbol{\mathcal{D}}|\boldsymbol{\theta})$为$\frac{64}{210}$，对应的划分为根据日志密度$L$，左侧分支为$L=\mathrm{s}$，右侧分支$L=\{\mathrm{l},\mathrm{m}\}$，树结构如图 6-4 所示。

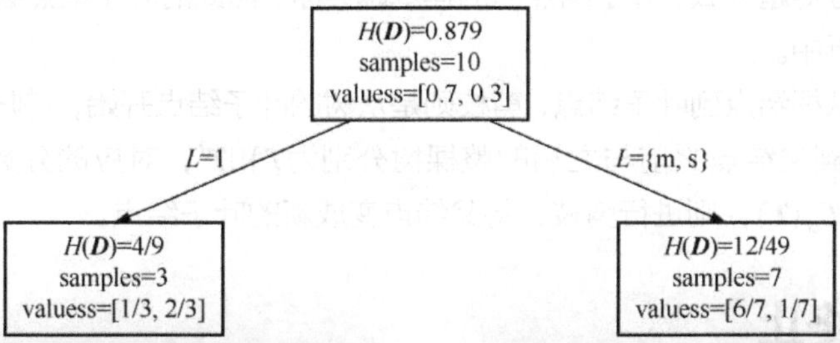

日志密度 L	好友密度 F	是否使用真实头像H	账号是否真实R
s	s	no	no
s	l	yes	yes
s	s	yes	no

日志密度 L	好友密度 F	是否使用真实头像H	账号是否真实R
l	m	yes	yes
m	m	yes	yes
…	…	…	…

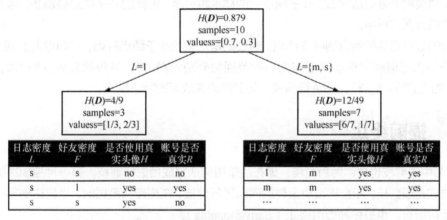

图 6-4　SNS 账号真实性判断的 CART

在上述决策树的构建过程中，需要计算经验熵，原则上只支持离散型特征。对连续型特征，通常采用二分法将其离散化。假设特征X在$\boldsymbol{\mathcal{D}}$中出现了M个不同的取值，将这些值从小到大进行排序，记作$a_1,a_2,\cdots,a_M$，则共有$M-1$个候选划分点，依次为：$\frac{a_1+a_2}{2},\frac{a_2+a_3}{2},\dots,\frac{a_{M-1}+a_M}{2}$。对大数据集，训练数据中特征的取值数目$M$可能有很多，要考虑所有$M-1$个候选点的开销太大，此时可考虑将特征分成多个区间（等间隔划分或根据百分位数划分），采用直方图方式快速寻找近似的最佳划分点。第 7 章中将要介绍的 XGBoost 和 LightGBM 都支持这种快速建树方式。

6.3 剪枝

6.2 节中所述的决策树建树过程只考虑了决策树对训练样本的拟合程度，而和训练数据集拟合得很好，未必意味着对未知的测试数据也有好的性能，即可能发生过拟合的现象。一种解决方案是对生成的决策树进行剪枝，即简化树结构，使其具有更好的泛化能力。剪枝是去掉过于细分的叶子结点，使该叶子结点中的子集回退到其父结点并让其父结点成为叶子结点。

设树$\boldsymbol{T}$的叶子结点个数为$|\boldsymbol{T}|$，叶子结点的索引为$t=1,2,\cdots,|\boldsymbol{T}|$，定义树的分数为

$$C_\alpha(T)=\sum_{t=1}^{|T|}|\mathcal{D}_t|H(\mathcal{D}_t)+\alpha|T|, \tag{6-11}$$

其中$|\mathcal{D}_t|$表示集合$\mathcal{D}_t$中包含的训练样本的数目，α为正则参数。这样上述表达式的形式同机器学习模型的目标函数

$$J(\boldsymbol{\theta},\alpha)=\sum_{i=1}^{N}\mathcal{L}\left(f(\boldsymbol{x}_i;\boldsymbol{\theta}),y_i\right)+\alpha R(\boldsymbol{\theta})$$

的形式一致。注意这里对所有叶子结点求和等价于对所有样本求和（一个样本总会落入某个叶子结点），叶子结点的不纯净度表示模型预测值和真实值的损失，正则项为叶子结点的数目。

一般来说，叶子结点数目$|\boldsymbol{T}|$越大，决策树越复杂；叶子结点的不纯净度越大，表示叶子结点的样本类别分布越分散，损失函数越大；叶子结点的不纯净度还需要加权，权重为叶子结点大小，即叶子结点越大，其预测错误的影响越大。

通常决策树划分得越细致，叶子结点内的样本越纯净，但此时叶子结点会越多。因此最佳模型是这两方面的折中。

建树的过程是从根结点到叶子结点，剪枝则是从树的叶子结点开始，递归地向上回退。设某个叶子结点回退到父结点之前与之后的整棵树分别为$\boldsymbol{T}$和$\boldsymbol{T}'$，对应的分数分别为$C_\alpha(\boldsymbol{T})$和$C_\alpha(\boldsymbol{T}')$。若$C_\alpha(\boldsymbol{T}')\leqslant C_\alpha(\boldsymbol{T})$，则进行剪枝，将父结点变成新的叶子结点。

6.4 提前终止

6.3 节中的剪枝也被称为后剪枝，即在决策树构造完成后进行剪枝。另一种控制决策树复杂度的方式是预剪枝，即在构造决策树的同时进行剪枝。在构建决策树时，当树达到某些条件时，停止树增长，也被称为提前终止（Early Stopping）。

常用的提前终止条件包括：达到最大树深度；叶子结点数目达到最大值；叶子结点的纯净度达到一定精度；结点中的样本数量小于某个阈值；最优划分带来的增益（不纯净度的减少）小于某个阈值。

6.5 案例分析 1：蘑菇分类

本节我们采用决策树对蘑菇分类数据集进行分类。数据集中每个样本包含模型的 22 个属性，如形状、气味、颜色等。我们从数据集中分离出 80%的样本（6513 个）作为训练样本，其余 20%的样本（1611 个）作为测试样本。蘑菇的属性均为字符表示的离散值，通过 Scikit-Learn 的 LabelEncoder 类将其编码为数字（标签编码）。由于决策树中特征取值不参与算术运算，标签编码结果的不同数字表示不同的特征取值，因此不一定要对离散值特征进行独热编码。

Scikit-Learn 中决策树分类器接口为DecisionTreeClassifier，建树过程中穷举搜索所有特征的所有可能的分裂点。Scikit-Learn 实现了 CART 算法的改进版本，没有后剪枝操作，采用预剪枝控制树的复杂度。模型的超参数如表 6-2 所示，这些超参数须可通过验证集上的性能进行

调优。由于超参数较多，为了避免多个参数一起调优产生组合爆炸问题，通常每次仅对 1～2 个参数一起调优。如有必要，则可进行多轮超参数调优，一般不超过两轮。我们对最重要的两个超参数（max_depth和min_samples_leaf）进行了调优，其他参数的调优类似。max_depth越大，模型越复杂；min_samples_leaf越小，模型越复杂。不同超参数对应的模型性能如图 6-5（a）所示。在本案例中，树的最大深度max_depth对模型性能的影响很大（最佳值为 7），叶子结点包含的最小样本数min_samples_leaf 对模型性能的影响较小。

表 6-2　DecisionTreeClassifier 的超参数

参数	说明	备注
max_depth	树的最大深度。默认为 None，表示在建树时不限制树的深度，直到每个叶子结点都是纯净的或叶子结点的样本数目小于 min_samples_split	数据少或者特征少的时候可以设为默认值。如果模型样本量多、特征也多，则推荐限制最大深度。通常可取值 10～100
max_leaf_nodes	最大叶子结点数目。以最好优先（best-first）的方式生成树时，用该参数限制叶子结点的数目。默认为 None，表示不限制叶子结点的数目	如果不为 None，则忽略 max_depth。max_depth 和 max_leaf_nodes 约束选一个即可
min_samples_split	对中间结点进行分裂的最小样本数。整数：样本绝对数目。浮点数：样本百分比，默认值为 2	如果样本量数量级非常大，则推荐增大该参数。如 10 万个样本，则可设 minsamplessplit=10
min_samples_leaf	叶子结点包含的最小样本数。整数：样本绝对数目。浮点数：样本百分比，默认值为 1	如果某叶子结点的数目小于该参数，则会与兄弟结点一起被剪枝
min_weight_fraction_leaf	叶子结点所有样本权重和的最小值。默认值为 0，表示不考虑权重约束	如果叶子结点样本权重和小于该参数，则会与兄弟结点一起被剪枝
minim_purity_decrease	结点分裂最小不纯净度。如果结点的不纯净度（基尼系数、信息增益、均方差、绝对差）小于该阈值，则该结点不再分裂，为叶子结点	

决策树模型的一个好处是可以得到特征的重要性，并且可以自动实现特征选择。没有在树中出现过的特征不被模型选中，其重要性为 0。决策树模型中的特征重要性表示该特征带来的度量指标（基尼指数或 L2 损失）的下降程度。蘑菇数据集上的特征重要性如图 6-5（b）所示，可见只有 13 个特征对模型有贡献，其余 9 个特征的重要性为 0。

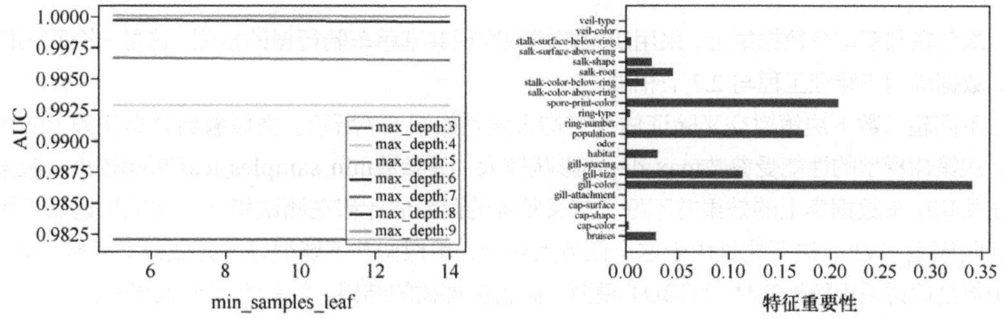

（a）交叉验证性能　　（b）最佳模型的特征重要性

图 6-5　蘑菇数据集上决策树模型的特征重要性

如果有必要，还可以根据特征重要性进一步进行特征选择。根据特征的重要性对特征继续排序，每次去掉较不重要的一部分特征，重新训练模型并在验证集上评估模型的性能，如果去掉部分特征后的模型性能更好，则说明确实可以去掉这些特征。在蘑菇数据集上，我们发现最终只需 7 维特征即可完美地对训练数据和测试数据进行分类。

在这个数据集上，决策树可以做到极致，AUC 的值为 1，得到的决策树模型如图 6-6 所示。从图中可以很清楚地看到模型做决策的过程，因此决策树模型的可解释性很好，这也是决策树模型在很多领域受欢迎的原因之一。

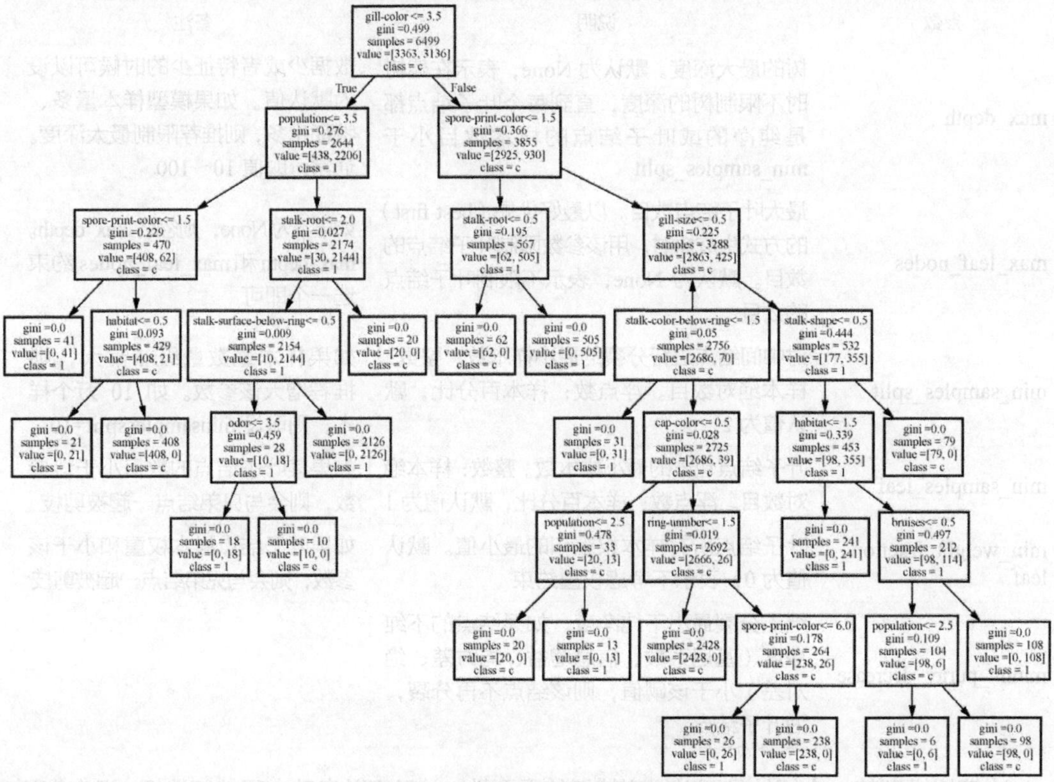

图 6-6　蘑菇数据集上得到的决策树模型

6.6 案例分析 2：共享单车骑行量预测

本节在共享单车数据集上，采用决策树模型实现共享单车骑行量的预测，这是一个回归任务。数据说明和特征工程与 2.7 节相同。

不同超参数下决策树交叉验证估计的均方误差如图 6-7 所示。类似蘑菇分类任务上的表现，决策树模型的性能受参数max_depth影响较大，受参数min_samples_leaf 影响较小。决策树在共享单车数据集上的效果并不好，交叉验证的误差估计和在测试集上的性能均远低于线性回归模型 SVR。这可能是由于这个任务太复杂，单棵树并不能很好地完成分类任务。第 7 章中将会探讨采用随机森林和 GBDT 模型，融合多棵树的结果，性能会有很大提升。

另外，对离散型特征，也可采用标签编码（将不同的特征取值转换成不同的整数），而不是独热编码。共享单车数据集上的试验结果表明，这两种编码方式的性能相差不大。共享单车数据集的特征有很大冗余，决策树模型的特征重要性也表明了这一点。在该数据集的 33 维特征中，只有 13 维特征的重要性非 0。

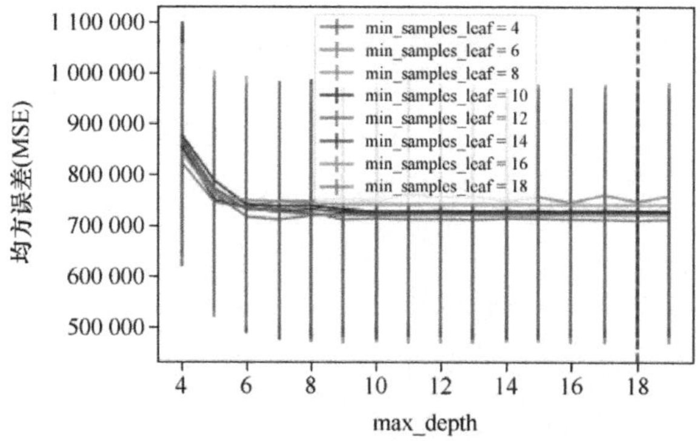

图 6-7　不同超参数下决策树模型在共享单车数据集上的性能

6.7 本章小结

决策树模型是一种常用的机器学习模型。它是非线性模型，学习能力强，但这也提醒我们要控制好模型复杂度。可以通过调节叶子结点包含的样本数目、树的深度、叶子结点的数目以及每次划分带来的收益等因素来控制决策树模型的复杂度。

因为决策树模型可简可繁，所以其是集成学习中很好的基学习器，如决策树和 Bagging 相结合，可以得到随机森林模型；决策树和基于梯度的提升算法相结合，可以得到基于树的梯度提升模型。

6.8 习题

1. 关于决策树的超参数max_depth（树的最大深度），下面说法哪些正确？

（A）如果验证准确率相同，则值越低越好

（B）如果验证准确率相同，则值越高越好

（C）max_depth 增加可能会导致过拟合

（D）max_depth 增加可能会导致欠拟合

2. 对 5.5 节中习题 1 的数据集，分别采用 ID3、C4.5 和 CART 算法，建立深度为 1 的决策树模型（也被称为树桩模型）。

3. 请用决策树模型对 3.9 节中的第 10 题的数据进行建模，并比较所建模型与 Logistic 回归模型和 SVM 的性能。

4. 请用决策树模型对 2.9 节中的第 6 题的数据进行建模，并比较所建模型与线性回归模型和 SVR 的性能。

07

chapter

集成学习

单个模型的性能通常是有限的，我们可以考虑将多个学习器通过合适的方式进行组合，从而得到性能更好的学习器。这种组合多个学习器得到一个性能更好的学习器的方式，被称为集成学习，被组合的学习器称为基学习器，融合后的模型被称为强学习器。

如果基学习器是用同一种学习算法产生的，则称该集成学习是同质的（homogenerous）。如果基学习器是用几种不同学习算法产生的，则称该集成学习是异质的（heterogenous）。集成学习中，通常基学习器之间的互补性越强，集成效果更好。

本章我们将介绍 3 种常用的集成学习算法：Bagging、提升和融合（Blending），并讨论这些集成学习算法能提高模型性能的原因。我们还将探讨两种常用的基于决策树的提升算法的高效实现工具包的原理和 API：XGBoost 和 LightGBM。

7.1 误差的偏差-方差分解

7.1.1 点估计的偏差-方差分解

记根据训练样本集$\mathcal{D}$估计某个参数θ的点估计为：$\hat{\theta}=g(\mathcal{D})$。根据频率学派的观点，真实参数值$\theta$是固定但却未知的，而$\hat{\theta}$是数据$\mathcal{D}$的函数。由于数据是随机采样的，因此$\hat{\theta}$是一个随机变量。

点估计的偏差定义为

$$\mathrm{bias}(\hat{\theta})=\mathbb{E}\left[\hat{\theta}\right]-f(\theta)。\tag{7-1}$$

这里期望$\mathbb{E}$作用在所有数据上。为了理解这里的期望，假设我们可以对整个流程重复多次，每次收集训练数据集$\mathcal{D}$，利用训练数据通过训练得到$\hat{\theta}$。由于每次收集到的样本$\mathcal{D}$稍有不同（每次收集到的训练数据集可被视为总体数据独立同分布的样本，由于存在随机性，因此每次收集到的训练数据集会有差异），每次得到的参数估计$\hat{\theta}$也稍有不同。多个不同的参数估计的均值可被视为期望 $\mathbb{E}[\hat{\theta}]$的估计。

如果$\mathrm{bias}(\hat{\theta})=0$，则称估计量是无偏的。

点估计的方差记作$\mathrm{Var}[\hat{\theta}]$，它刻画的是从潜在的数据分布中独立地获取样本集时，点估计的变化程度。

假设从均值为μ的贝努利分布中得到独立同分布样本$x_1,x_2,\cdots,x_N$，则有

$$\mathbb{E}\left[x_i\right]=\mu,\ \mathrm{Var}[x_i]=\mu(1-\mu)。$$

样本均值$\bar{x}$可作为参数μ的一个点估计，即$\hat{\mu}=\frac{1}{N}\sum_{i=1}^{N}x_i$。

因为 $\mathbb{E}[\hat{\mu}]=\mathbb{E}\left[\frac{1}{N}\sum_{i=1}^{N}x_i\right]=\frac{1}{N}\sum_{i=1}^{N}\mathbb{E}[x_i]=\mu$，所以$\hat{\mu}$为$\mu$的无偏估计。

估计$\hat{\mu}$的方差为$\mathrm{Var}[\hat{\mu}]=\mathrm{Var}\left[\frac{1}{N}\sum_{i=1}^{N}x_i\right]=\frac{1}{N^2}\sum_{i=1}^{N}\mathrm{Var}[x_i]=\frac{1}{N}\mu(1-\mu)$，因此估计的方差会随样本数量$N$的增加而下降。

估计的方差随着样本数量的增加而下降，这是所有估计的共性，因此训练样本数据越多越好。

7.1.2 预测误差的偏差-方差分解

我们希望模型能尽可能准确地描述数据产生的真实规律，这里的准确是指模型测试集上的预测误差小。模型在未知的测试集上的误差，被称为泛化误差（Generalization Error）。模型的泛化误差有 3 种来源：随机误差、偏差、方差。

（1）随机误差

随机误差ϵ是不可消除的，与数据的产生机制有关（如不同精度的设备得到的数据的随机误差不同），并且与真值y^*相互独立。对数值型响应（如回归任务），一般认为随机误差服从 0 均值的正态分布，记作$\epsilon\sim N(0,\sigma_\epsilon^2)$，其中$N$为正态分布。观测值$y$与真值$y^*$之间的关系为$y=y^*+\epsilon$，因此 $y\sim N(y^*,\sigma_\epsilon^2)$。

（2）偏差

假设给定训练数据集$\mathcal{D}$，利用训练数据训练得到模型$f_{\mathcal{D}}$。根据训练好的模型$f_{\mathcal{D}}$对测试样本$\boldsymbol{x}$进行预测，得到预测结果$\hat{y}_{\mathcal{D}} = f_{\mathcal{D}}(\boldsymbol{x})$。模型预测的偏差的平方度量模型预测值$\hat{y}_{\mathcal{D}}$的期望与真实规律$y^*$之间的差异为

$$\text{bias}^2(\hat{y}_{\mathcal{D}}) = (\mathbb{E}[\hat{y}_{\mathcal{D}}] - y^*)^2。\quad (7\text{-}2)$$

偏差表示学习算法的期望预测与真实值之间的偏离程度，刻画了学习算法本身的拟合能力。

（3）方差

模型预测的方差记为

$$\text{Var}[\hat{y}_{\mathcal{D}}] = \mathbb{E}[(\hat{y}_{\mathcal{D}} - \mathbb{E}[\hat{y}_{\mathcal{D}}])^2]。\quad (7\text{-}3)$$

方差表示训练集的变动所导致的预测性能的变化，刻画了数据扰动所造成的影响。

当损失函数取平方误差损失（L2 损失）$\mathcal{L}(\hat{y}_{\mathcal{D}}, y) = (\hat{y}_{\mathcal{D}} - y)^2$时，记$\overline{y} = \mathbb{E}[\hat{y}_{\mathcal{D}}]$，此时泛化误差为损失函数的期望，即

$$\begin{aligned}
\text{Error} &= \mathbb{E}[(\hat{y}_{\mathcal{D}} - y)^2] \\
&= \mathbb{E}[(\hat{y}_{\mathcal{D}} - (y^* + \epsilon))^2] \\
&= \mathbb{E}[(\hat{y}_{\mathcal{D}} - y^*)^2] + \mathbb{E}[\epsilon^2] \\
&= \mathbb{E}[(\hat{y}_{\mathcal{D}} - y^*)^2] + \text{Var}[\epsilon] \\
&= \mathbb{E}[(\hat{y}_{\mathcal{D}} - \overline{y}) + (\overline{y} - y^*)]^2 + \text{Var}[\epsilon] \\
&= \mathbb{E}[(\hat{y}_{\mathcal{D}} - \overline{y})^2] + \mathbb{E}[(\overline{y} - y^*)^2] - 2\mathbb{E}[(\hat{y}_{\mathcal{D}} - \overline{y})(\overline{y} - y^*))] + \text{Var}[\epsilon] \\
&= \text{Var}[\hat{y}_{\mathcal{D}}] + (\overline{y} - y^*)^2 - 2(\overline{y} - y^*)(\mathbb{E}(\hat{y}_{\mathcal{D}}) - \overline{y}) + \text{Var}[\epsilon] \\
&= \text{Var}[\hat{y}_{\mathcal{D}}] + (\overline{y} - y^*)^2 - 2(\overline{y} - y^*)(\overline{y} - \overline{y}) + \text{Var}[\epsilon] \\
&= \text{Var}[\hat{y}_{\mathcal{D}}] + (\overline{y} - y^*)^2 + \text{Var}[\epsilon],
\end{aligned} \quad (7\text{-}4)$$

即泛化误差可以分解为预测的偏差的平方、预测的方差以及数据的噪声。我们称之为泛化误差的偏差-方差分解。虽然其他损失函数不能解析证明泛化误差可分解为偏差的平方、方差和噪声，但大致趋势相同。

偏差-方差分解表明模型性能是由模型的拟合能力、数据的充分性以及学习任务本身的难度共同决定的。

① 偏差：度量模型的期望预测与真实结果之间的偏离程度，刻画模型本身的拟合能力。

② 方差：度量训练集的变动所导致的模型性能的变化，刻画数据扰动所造成的影响。

③ 噪声：度量在当前任务上任何模型所能达到的期望泛化误差的下界，刻画学习问题本身的难度。

例 7-1：曲线拟合

数据产生的过程为$y = \sin(2\pi \boldsymbol{x}) + \varepsilon$，其中输入$\boldsymbol{x}$在$[0,1]$中均匀采样 25 个点，$\varepsilon \sim N(0, 0.3^2)$。我们重复$L = 100$次试验，每次用 25 个样本点训练一个 25 阶多项式的岭回归模型，岭回归模型的超参数λ在$[10^{-6}, 10^1]$之间的log空间中均匀采样 40 个点，即尝试 40 个不同复杂度的模型。可以看出，当正则参数很小，即$\lambda = 10^{-6}$时，不同训练样本集得到的模型变化较大，即方差大，此时偏差几乎为 0；最佳模型为$\lambda = 3 \times 10^{-4}$，此时偏差的平方+方差最小，模型的预测平方误差和也最小；当正则参数很大，即$\lambda = 10^1$时，方差很小，但此时模型过于平滑，偏差很大。岭回归模型误差的偏差-方差分解示例如图 7-1 所示。

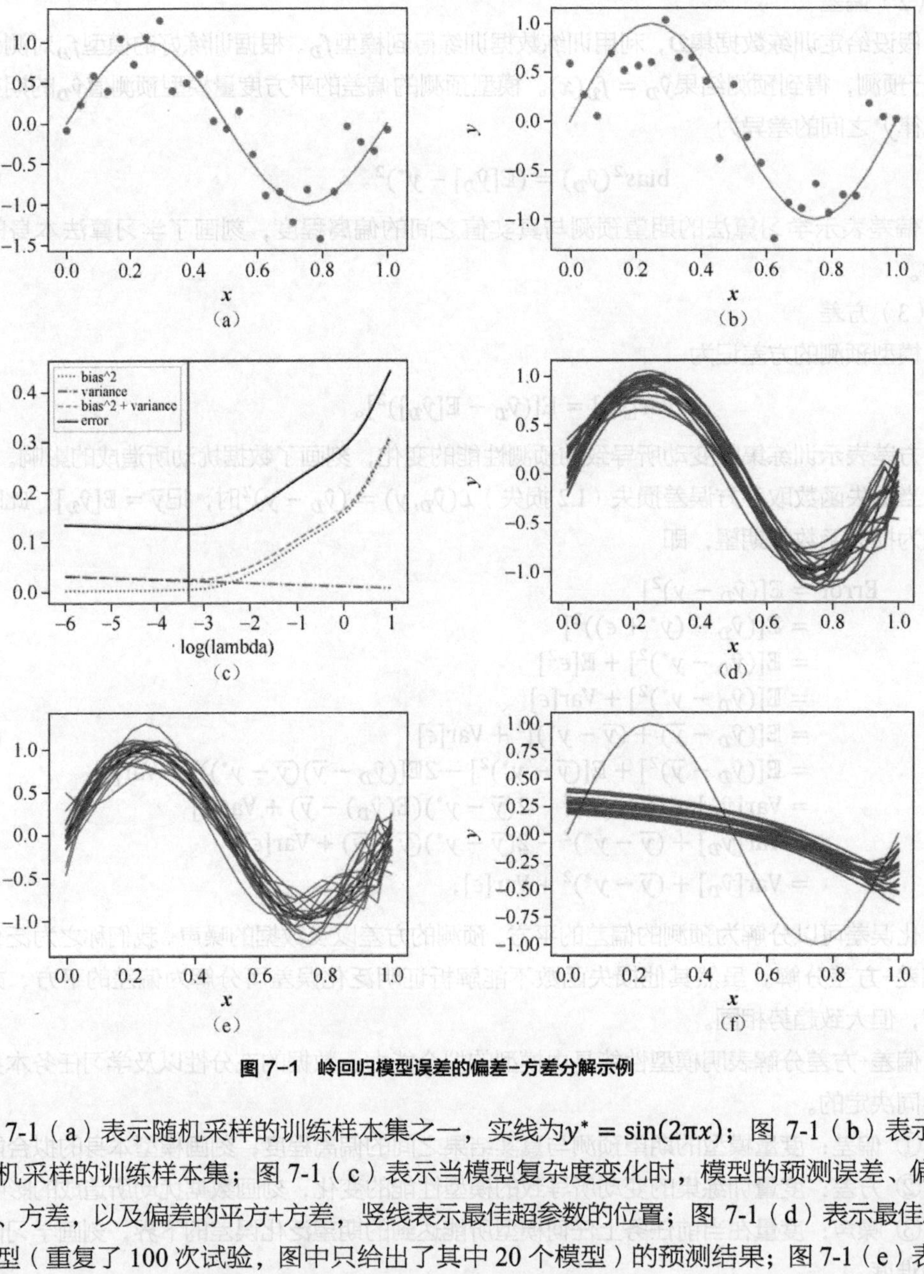

图 7-1　岭回归模型误差的偏差-方差分解示例

图 7-1（a）表示随机采样的训练样本集之一，实线为$y^* = \sin(2\pi x)$；图 7-1（b）表示另一组随机采样的训练样本集；图 7-1（c）表示当模型复杂度变化时，模型的预测误差、偏差的平方、方差，以及偏差的平方+方差，竖线表示最佳超参数的位置；图 7-1（d）表示最佳λ对应的模型（重复了 100 次试验，图中只给出了其中 20 个模型）的预测结果；图 7-1（e）表示$\lambda = 10^{-6}$对应模型的预测结果，此时处于过拟合状态，偏差小但方差大；图 7-1（f）表示 $\lambda = 10$对应模型的预测结果，此时处于欠拟合状态，偏差大但方差小。

7.2 Bagging

Bagging 的全称是 Bootstrap aggregating，其中 Bootstrap 是指基学习器的训练样本是通过对原始训练数据进行自助采样（Bootstrap Sampling）得到的，aggregating 是指集成学习器的预测结果为多个训练好的基学习器预测结果的平均或投票。

给定包含N个样本的数据集$\mathcal{D}$，自助采样的步骤如下。随机取出一个样本放入采样集中，再把该样本放回原始数据集；经过N次这样的随机采样操作，得到包含N个样本的采样集。

因此初始训练集中某个样本在采样集中可能出现多次，也有可能不出现。一个样本不在采样集中出现的概率是$\left(1-\frac{1}{N}\right)^N$。$\lim_{N\to\infty}\left(1-\frac{1}{N}\right)^N=0.368$，因此原始训练集中约有$1-0.368=63.2\%$的样本出现在采样集中。

算法 7-1：Bagging

（1）for $m=1,2,\cdots,M$。

① 自助采样，得到包含N个训练样本的采样集$\mathcal{D}^{(m)}$。

② 基于采样集$\mathcal{D}^{(m)}$，训练一个基学习器f_m。

（2）将M个基学习器进行组合，得到集成模型。

① 分类任务通常采取简单投票法，取多个基学习器的预测类别的众数。

② 回归任务通常使用简单平均法，取多个基学习器的预测值的平均，即

$$f(\boldsymbol{x})=\frac{1}{M}\sum_{m=1}^{M}f_m(\boldsymbol{x})。$$

由于每个基学习器的训练样本来自对原始训练集的随机采样，每个基学习器也会稍有不同，即 Bagging 中基学习器的“多样性”来自样本扰动。另外每个基学习器的训练集为一个自助采样集，只用到初始训练集中约 63.2%的样本，这部分样本被称为包内数据；剩下的约 36.8%的样本被称为包外数据，可用作验证集，用于对泛化性能进行估计，这样无须额外留出验证集。

从偏差-方差分解的角度看，Bagging 通过取多个基学习器的平均，集成模型的方差比基学习器的方差小。根据 7.1.1 小节中将样本均值作为分布均值的估计，估计的方差会随样本数的增多而减少。这里 1 个基学习器的预测结果可以被视为 1 个样本，Bagging 的结果为样本均值，因此样本均值的方差（Bagging 模型）比单个样本（单个基学习器）的方差小，偏差保持不变，从而集成模型总的性能比单个基学习器的好。因此 Bagging 对方差大的模型，如非剪枝决策树、神经网络等，效果更为明显。

在 Scikit-Learn 中，Bagging 的实现可使用BaggingClassifier和BaggingRegressor，二者分别用于分类任务和回归任务。基学习器可以是任意学习器，默认为决策树，既支持从原始样本中随机采样，又支持从所有原始特征中随机采样部分特征，构成基学习器的训练样本。在 Bagging 中，通常基学习器的数目越多，效果越好，所以参数基学习器数目不是模型复杂度参数，无须通过验证集来确定。但随着基学习器数目的增多，测试与训练的计算时间也会随之增加。且当基学习器的数量超过一个临界值之后，算法的效果增加会变得不再显著。一个典型的曲线如图 7-2 所示，可以看出，基学习器的数目在 10～50 之间时，交叉验证得到的模型正确率显著增大，其数目超过 150 后正确率增加缓慢，因此我们可以取 150 个基学习器。

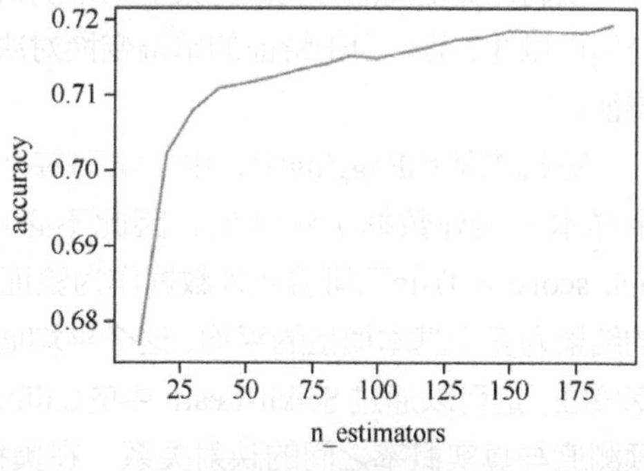

图 7-2　Bagging 中基学习器数目 n_estimators 与模型性能之间的关系

实际应用中，也可以根据特征维数D简单地设置基学习器数目：对分类问题，可设置基学习器数目为$\sqrt{D}$；对回归问题，可设置基学习器数目为$D/3$。

7.3 随机森林

7.3.1 随机森林的基本原理

随机森林是弱学习器为决策树的 Bagging 算法，但更随机。随机森林中每个基学习器的多样性不仅来自样本扰动，还来自属性扰动，即随机采样一部分原始样本的部分属性以构成基学习器的训练数据（Scikit-Learn 实现的 Bagging 也支持属性扰动）。这使得集成学习器的泛化性能可以通过基学习器之间差异度的增加而进一步提升。

随机森林的优点如下。

① 简单、容易实现。

② 训练效率较高，单个决策树只需要考虑所选的属性和样本的子集。

③ 多棵决策树可并行训练。

④ 在很多现实任务中性能不错，被称作“代表集成学习技术水平的方法”。

随着决策树的数量增加，随机森林可以有效缓解过拟合。因为随着决策树的数量增加，模型的方差会显著降低。但是决策树的数量增加并不会纠正偏差，因此随机森林的决策树通常比较复杂，从而使模型的偏差不会太大（当然也不能过于复杂，过于复杂可能会导致过拟合）。

在 Scikit-Learn 中，随机森林支持分类和回归，实现的类分别为 RandomForestClassifier和RandomForestRegression。另外，Scikit-Learn 还实现了一种更随机的随机森林，我们称之为极端随机森林，实现的类分别为ExtraTreesClassifier和ExtraTreesRegressor。这种“更随机”表现在：在分裂时，RandomFores寻找特征最佳阈值；而ExtraTrees随机选取每个候选特征的一些阈值，然后从这些随机选取的阈值中寻找最佳阈值。因此当特征可选的划分阈值很多时，ExtraTrees训练更快。在大数据集上，二者的性能差异不大。

7.3.2 案例分析：奥拓商品分类

我们在奥拓商品分类数据集上采用随机森林模型对商品进行分类。奥拓商品分类数据集的介绍详见 3.7 节。由于特征的单调变换对决策树没有影响，这里我们只采用原始特征+TF-IDF特征。

随机森林和Bagging中，由于学习每个基学习器只用了一部分样本（包内数据），可用其余样本（包外数据）做验证，因此不必再通过交叉验证方式留出验证集，通过设置参数oob_score = True即可将包外数据作为验证集。另外，诸如Bagging和随机森林算法，集成模型的结果为多个基本模型的平均，这个平均值很难处在 0 和 1 附近，因此需要对其结果输出做概率校准。这可以通过 Scikit-Learn 中的CalibratedClassifierCV类，采用交叉验证的方式得到模型预测值与真实概率之间的映射关系。在奥拓商品分类任务上，校准后的随机森林的logloss为0.520 46（排名第 1579 位），相比单棵决策树（logloss为 1.071 44），性能有了很大提升。

7.4 梯度提升

梯度提升（Gradient Boosting）是另一大类集成学习算法，在众多机器学习任务上取得了优异的成绩。基于决策树的梯度提升算法在工业界广泛应用于点击率预测、搜索排序等任务。GBDT 也是各种数据挖掘竞赛的有利武器。据统计，在 2015 年 Kaggle 竞赛的优胜解决方案中，有超过一半的解决方案都用了 GBDT。

Boosting，译为提升，其基本思想为将一个弱学习器修改成为更好的算法。迈克尔·凯恩斯（Michael Kearns）从实践的角度明确提出这个目标：将相对较差的假设转化为非常好的有效算法。弱学习器被定义为一个性能至少略好于随机猜测的学习器。

算法 7-2：提升算法

（1）初始化$f_0(\boldsymbol{x})$；

（2）for $m = 1{:}M$ do

① 找一个弱学习器$\phi_m(\boldsymbol{x})$，使得$\phi_m(\boldsymbol{x})$能改进$f_{m-1}(\boldsymbol{x})$；

② 更新$f_m(\boldsymbol{x}) = f_{m-1}(\boldsymbol{x}) + \phi_m(\boldsymbol{x})$；

（3）return $f_M(\boldsymbol{x})$。

梯度提升机（Gradient Boosting Machines，GBM）则是一种实用的实现提升算法的方式。GBM 将提升视为一个数值优化问题，通过对目标函数使用类似梯度下降的过程来添加弱学习器。这类算法也被描述为渐进加法模型（Stage-wised Additive Model），这是因为每次增加一个新的弱学习器时，模型中已有的弱学习器会被冻结以保持不变。这样提升算法就能处理任意可微的目标函数，能处理的任务包括两类分类、多类分类、回归、排序学习等。

算法 7-3：梯度提升算法

（1）初始化$f_0(\boldsymbol{x})$；

（2）for $m = 1{:}M$ do

① 计算目标函数负梯度$r_{m,i} = -\left.\frac{\partial J(y_i, f(\boldsymbol{x}_i))}{\partial f}\right|_{f=f_{m-1}}$；

② 找一个弱学习器$\phi_m(\boldsymbol{x})$拟合负梯度，使$\sum_{i=1}^{N}(r_{m,i} - \phi_m(\boldsymbol{x}_i))^2$最小；

③ 更新$f_m(\boldsymbol{x}) = f_{m-1}(\boldsymbol{x}) + \beta_m\phi_m(\boldsymbol{x})$，其中$\beta_m$为学习率；

（3）return $f_M(\boldsymbol{x})$。

例 7-2：L2Boosting

当损失函数取 L2 损失$\mathcal{L}(f(\boldsymbol{x}),y) = \frac{1}{2}(y - f(\boldsymbol{x}))^2$时，得到 L2 损失的梯度提升算法 L2Boosting。假设目标函数暂时只考虑训练误差

$$J(\phi,\beta) = \frac{1}{2}\sum_{i=1}^{N}\left(y_i - f(\boldsymbol{x}_i)\right)^2,$$

目标函数的梯度

$$\frac{\partial J}{\partial f} = \frac{\partial \frac{1}{2}\sum_{i=1}^{N}\left(y_i - f(\boldsymbol{x}_i)\right)^2}{\partial f} = \sum_{i=1}^{N}(f(\boldsymbol{x}_i) - y_i)$$

为当前模型的预测残差之和，从而得到 L2Boosting。

根据算法 7-3 进行以下操作。

（1）初始化 $f_0(\boldsymbol{x}) = \bar{y} = \frac{1}{N}\sum_{i=1}^{N} y_i$，因为当预测函数取常数时，样本均值 $\bar{y} = \frac{1}{N}\sum_{i=1}^{N} y_i$与所有样本的平均距离平方和最小；

（2）for $m = 1{:}M$ do

① 计算目标函数的负梯度

$$r_{m,i} = -\frac{\partial J\left(y_i, f(\boldsymbol{x}_i)\right)}{\partial f}\bigg|_{f=f_{m-1}} = -(f_{m-1}(\boldsymbol{x}_i) - y_i);$$

② 找一个弱学习器$\phi_m(\boldsymbol{x})$，使$\sum_{i=1}^{N}(r_{m,i} - \phi_m(\boldsymbol{x}_i))^2$最小；

③ 更新$f_m(\boldsymbol{x}) = f_{m-1}(\boldsymbol{x}) + \beta_m\phi_m(\boldsymbol{x})$，其中$\beta_m$为学习率。

（3）return $f_M(\boldsymbol{x})$。

由于在梯度提升算法中，弱学习器要拟合目标函数的负梯度，因此弱学习器训练是一个回归问题（即使原始问题是一个分类任务）。如果弱学习器采用决策树，则我们采用决策树做回归。

读者可自行推导分类任务中损失函数取负 log 似然损失时，对应的梯度提升算法（logitBoost）。最早的 Boosting 算法 AdaBoost 也可被视为损失函数取指数损失$\mathcal{L}(f(\boldsymbol{x}),y) = \exp\left(-yf(\boldsymbol{x})\right)$对应的梯度提升算法，其中$y \in \{-1,1\}$，对应两类分类问题。

虽然 Scikit-Learn 中也实现了 GBM，但后来又出现了性能更好、训练更快的 GBM：XGBoost 和 LightGBM。XGBoost 和 LightGBM 的基本原理类似，但 LightGBM 采用了额外的近似技术，训练速度更快。

7.5 XGBoost

XGBoost 是提升算法的 C++优化实现，快速、高效。自 2015 年发布以来，XGBoost 深受大家喜欢，并迅速成为了各大竞赛任务中的神器，在很多任务上表现出了优异性能。

7.5.1 XGBoost 基本原理

相较于传统的 GBDT，XGBoost 在目标函数中显式地加入了用于控制模型复杂度的正则项$R(f)$，因此目标函数的形式为

$$J(f) = \sum_{i=1}^{N} \mathcal{L}(f(\boldsymbol{x}_i),y_i) + R(f)。 \tag{7-5}$$

当弱学习器为决策树时，正则项可以包含 L1 正则（树的叶子结点的数目T）和 L2 正则（叶子结点的分数w_t的平方和）

$$R(f) = \gamma T + \frac{1}{2}\lambda\sum_{t=1}^{T} w_t^2, \tag{7-6}$$

其中γ、λ分别为 L1 正则和 L2 正则的权重。

传统 GBDT 算法采用的是梯度下降，优化时只用到了一阶导数（用决策树拟合目标函数的负梯度）。而 XGBoost 采用二阶泰勒展开近似损失函数，因此 XGBoost 也被称为牛顿提升法（Newton Boosting）。

根据二阶泰勒展开公式

$$\mathcal{L}(f + \Delta f) \approx \mathcal{L}(f) + \mathcal{L}'(f)\Delta f + \frac{1}{2}\mathcal{L}''(f)\Delta f^2,$$

在第m步时，令

$$g_{m,i} = \frac{\partial\mathcal{L}(f(\boldsymbol{x}_i), y_i)}{\partial f}\bigg|_{f=f_{m-1}}, \quad h_{m,i} = \frac{\partial^2\mathcal{L}(f(\boldsymbol{x}_i), y_i)}{\partial^2 f}\bigg|_{f=f_{m-1}},$$

对损失函数$\mathcal{L}$在f_{m-1}处进行二阶泰勒展开，得到

$$\mathcal{L}(f_{m-1}(\boldsymbol{x}_i)+\phi(\boldsymbol{x}_i),y_i)=\underbrace{\mathcal{L}(f_{m-1}(\boldsymbol{x}_i),y_i)}_{\text{与未知量}\phi(\boldsymbol{x}_i)\text{无关}}+g_{m,i}\phi(\boldsymbol{x}_i)+\frac{1}{2}h_{m,i}\phi(\boldsymbol{x}_i)^2。$$

忽略与未知量$\phi(\boldsymbol{x}_i)$无关的项，得到

$$\mathcal{L}(f_{m-1}(\boldsymbol{x}_i)+\phi(\boldsymbol{x}_i),y_i)=g_{m,i}\phi(\boldsymbol{x}_i)+\frac{1}{2}h_{m,i}\phi(\boldsymbol{x}_i)^2。$$

对 L2 损失，有

$$\mathcal{L}(f(\boldsymbol{x}),y)=\frac{1}{2}(y-f(\boldsymbol{x}))^2,\quad \nabla_f\mathcal{L}(f)=f(\boldsymbol{x})-y,\quad \nabla_f^2\mathcal{L}(f)=1,$$

所以

$$g_{m,i}=f_{m-1}(\boldsymbol{x}_i)-y_i,\ h_{m,i}=1。$$

XGBoost 中，弱学习器采用二叉的回归决策树。我们将决策树拆分成结构部分q和叶子结点分数部分$\boldsymbol{w}$。对于输入$\boldsymbol{x}$，弱学习器的预测为$\phi(\boldsymbol{x})$，即$\boldsymbol{x}$所在叶子结点的分数为

$$\phi(\boldsymbol{x})=w_{q(\boldsymbol{x})},\quad q:R^D\rightarrow\{1,\cdots,T\},$$

其中，结构函数q将输入$\boldsymbol{x}$映射到叶子结点的索引号，T为决策树中叶子结点的数目，D为输入特征的维数。一个例子如图 7-3 所示。决策树中有 3 个叶子结点，编号分别为 1、2、3，小男孩$\boldsymbol{x}_1$在第 1 个叶子结点，所以$q(\boldsymbol{x}_1)=1$；老奶奶$\boldsymbol{x}_2$在第 3 个叶子结点，所以$q(\boldsymbol{x}_2)=3$。

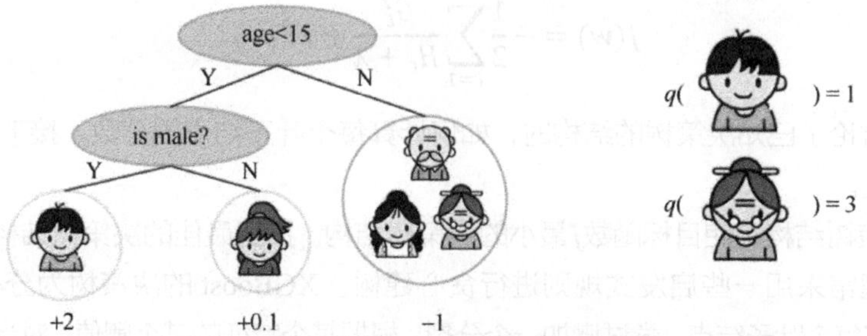

图 7-3 XGBoost 中的弱学习器——回归决策树[8]

假设决策树的结构已知，且令每个叶子结点t上的样本集合为$I_t=\{i|q(\boldsymbol{x}_i)=t\}$，综合损失函数的二阶泰勒展开和正则项，得到目标函数为

$$\begin{aligned}J(\boldsymbol{w})&=\sum_{i=1}^{N}\mathcal{L}(f_{m-1}(\boldsymbol{x}_i)+\phi(\boldsymbol{x}_i),y_i)+R(f)\\&\approx\sum_{i=1}^{N}\left(g_{m,i}\phi(\boldsymbol{x}_i)+\frac{1}{2}h_{m,i}\phi(\boldsymbol{x}_i)^2\right)+\gamma T+\frac{1}{2}\lambda\sum_{t=1}^{T}w_t^2\\&=\sum_{i=1}^{N}\left(g_{m,i}w_{q(x)}+\frac{1}{2}h_{m,i}w_{q(x)}^2\right)+\gamma T+\frac{1}{2}\lambda\sum_{t=1}^{T}w_t^2\end{aligned}\tag{7-7}$$

$$=\sum_{t=1}^{T}\left(\underbrace{\sum_{i\in I_t} g_{m,i}}_{G_t} w_t+\frac{1}{2}\underbrace{\sum_{i\in I_t} h_{m,i}}_{H_t} w_t^2\right)+\gamma T+\frac{1}{2}\lambda\sum_{t=1}^{T} w_t^2$$

$$=\sum_{t=1}^{T}\left(G_t w_t+\frac{1}{2}H_t w_t^2\right)+\gamma T+\frac{1}{2}\lambda\sum_{t=1}^{T} w_t^2$$

$$=\sum_{t=1}^{T}\left(G_t w_t+\frac{1}{2}H_t w_t^2+\frac{1}{2}\lambda w_t^2\right)+\gamma T$$

$$=\sum_{t=1}^{T}\left(G_t w_t+\frac{1}{2}(H_t+\lambda)w_t^2\right)+\gamma T。$$

令 $\frac{\partial J(\boldsymbol{w})}{\partial w_t}=G_t+(H_t+\lambda)w_t=0$，得到最佳的模型参数

$$w_t=-\frac{G_t}{H_t+\lambda}。$$

最佳w_t对应的目标函数的值为

$$J(\boldsymbol{w})=-\frac{1}{2}\sum_{t=1}^{T}\frac{G_t^2}{H_t+\lambda}+\gamma T。$$

上面我们讨论了已知决策树的结构时，如何计算每个叶子结点的分数。接下来讨论决策树的结构如何确定。

最佳的决策树结构是使目标函数J最小的决策树结构。找到最佳的决策树结构是一个 NP 困难问题，因此通常采用一些启发式规则进行贪心建树。XGBoost 的决策树为分类回归树。

对决策树的每个叶子结点，尝试增加一个分裂，根据某个特征的某个阈值，对当前结点中样本集合$\boldsymbol{\mathcal{D}}$中的每个样本而言，若该样本的特征值小于或等于阈值，则将该样本划分到左叶子结点；否则将其划分到右叶子结点。令$\boldsymbol{\mathcal{D}}_L$和$\boldsymbol{\mathcal{D}}_R$分别表示分裂后左右叶子结点的样本集合，定义

$$G_L=\sum\nolimits_{i\in\mathcal{D}_L} g_{m,i}\text{，}G_R=\sum\nolimits_{i\in\mathcal{D}_R} g_{m,i}\text{，}$$
$$H_L=\sum\nolimits_{i\in\mathcal{D}_L} h_{m,i}\text{，}H_R=\sum\nolimits_{i\in\mathcal{D}_R} h_{m,i}\text{，}\tag{7-8}$$

则增加该分裂后目标函数的变化为该分裂带来的增益为

$$\text{Gain}=\frac{1}{2}\left(\frac{G_L^2}{H_L+\lambda}+\frac{G_R^2}{H_R+\lambda}-\frac{G_L^2+G_R^2}{H_L+H_R\lambda}\right)+\gamma。\tag{7-9}$$

如果Gain是正的，并且值越大，则表示分裂后的目标函数的值越小于分裂前的目标函数值，这说明越值得分裂。如果Gain是负的，则表示分裂后的目标函数的值反而变大了，这说明该分裂得不偿失。

穷举搜索所有可能特征、所有可能分裂点，从中选择最佳分裂的精确搜索分裂点的贪心建

树过程如算法 7-4 所示。

算法 7-4：精确搜索分裂点的贪心建树过程

```
输入：当前结点的样本集合𝓓
      特征维度D
Gain ← 0                                    #初始化
G = Σ_{i∈I} g_i , H = Σ_{i∈I} h_i           #分裂前
for j = 1 to D                              #对每个特征
    G_L ← 0, H_L ← 0                        #初始化
    for i in sorted(𝓓, by x_ij)             #（根据第j维特征，将集合𝓓中的样本进行排序，以排
    序后第i个样本的特征值x_ij为阈值），对于所有的阈值，只须做一遍从左到右的扫描就可以
    枚举出所有分割的G_L、G_R
        G_L = G_L + g_i, H_L = H_L + h_i    #分裂后左叶子结点
        G_R = G − G_L, H_R = H − H_L        #分裂后右叶子结点
        Gain ← max(Gain, 1/2 (G_L^2/(H_L+λ) + G_R^2/(H_R+λ) − (G_L^2+G_R^2)/(H_L+H_R+λ)) + γ)
    end
end
输出：最大Gain对应的分裂特征和阈值，分裂子树
```

其中增益计算为：

$$\text{Gain} \leftarrow \max\left(\text{Gain},\ \frac{1}{2}\left(\frac{G_L^2}{H_L+\lambda}+\frac{G_R^2}{H_R+\lambda}-\frac{G_L^2+G_R^2}{H_L+H_R+\lambda}\right)+\gamma\right)$$

7.5.2 XGBoost 优化

XGBoost 在实现上做了很多细节工作，以优化参数学习和迭代速度，包括特征压缩、缺失值处理、样本采样和特征采样、基于直方图的阈值分裂、特征选择并行等。

- 对缺失值的处理。对于有缺失（特征）值的样本，XGBoost 会自动学习出缺失值走左侧分支还是右侧分支。
- 并行。XGBoost 虽然不能在决策树粒度上并行，但支持特征粒度上并行。决策树训练最耗时的一个步骤是对特征值进行排序（因为要确定最佳分裂阈值）。XGBoost 在训练之前，预先对数据进行排序，然后保存为块（block）结构，后面的迭代中重复地使用这个结构，大大减小了计算量。这个块结构也使并行成为了可能，在进行结点的分裂时，需要计算每个特征的增益，最终选增益最大的那个特征去做分裂，那么各个特征的增益计算就可以多线程进行。这是 XGBoost 比一般 GBDT 快的一个重要原因。
- 直方图寻找最佳分裂点。决策树结点在进行分裂时，需要计算每个特征的每个分割点对应的增益，即用贪心法枚举所有可能的分裂点。当数据无法一次载入内存或者在分布式情况下，贪心算法的效率会变得很低，所以 XGBoost 还提出了一种直方图近似算法，用于高效地生成候选的分裂点。LightGBM 则完全放弃了穷举搜索，而是采用直方图的方式寻找最佳特征分裂点。

7.5.3 XGBoost 使用指南

XGBoost 的参数较多，下面只介绍常用的参数和 API。更多参数和 API，以及 GPU 和分布式模式等的介绍，读者可仔细阅读其官方文档进行了解。

1. XGBoost 常用的参数

XGBoost 的参数大致分为 3 类。

（1）通用参数

- booster：弱学习器类型。可取值gbtree、gbliner、dart，分别表示弱学习器采用决策树、线性模型、带丢弃的决策树，默认值为gbtree。
- nthread：线程数，推荐设置为 CPU 的核数。现代的 CPU 都支持超线程，如 4 核 8 线程，此时，nthread应设置为 4 而不是 8。默认值为当前系统可以获得的最大线程数。

（2）booster参数

booster参数是控制弱学习器的参数，这里只介绍弱学习器为决策树的情况。这部分参数通常需要通过交叉验证等方式针对具体任务进行超参数调优。另外为了兼容，有些参数有多个可选的名字/别名（如 learning_rate和eta表示的是同一个参数），大家根据自己的习惯选用一套表示就行。

- 学习率learning_rate和弱学习器数目n_estimators：通常学习率越小，n_estimators越大。在实际应用中，通常固定learning_rate，再采用交叉验证的方式得到最佳的n_estimators。因为 GBDT 中弱学习器的增加是串行的（要得到m个弱学习器的模型，首先要有$m-1$个弱学习器的模型），所以可以验证连续的n_estimators 的性能，而一般交叉验证中通常只能对有限的几个超参数进行验证。在 XGBoost 和 LightGBM 中内嵌的交叉验证就是以这种方式实现的。learning_rate 的取值范围为[0,1]，默认值为 0.3。
- 树的最大深度max_depth：建议 3～10，值越大模型越复杂，默认值为 6。注意：因为随机森林不能改变模型的偏差，所以单棵决策树需要足够复杂，max_depth值较大。而在 GBDT 中，单棵决策树用来拟合当前目标函数的负梯度，因此决策树不用太复杂，max_depth值无须设得过大。
- 叶子结点最小样本权重和min_child_weight：默认值为 1。这里的权重和是指叶子结点中所有样本的 Hessian 和（$H_t=\sum_{i\in I_t} h_i$）。当损失函数取 L2 损失时，$h_i=1$，此时H_t为叶子结点的样本数。min_child_weight值越大，模型越保守（简单）。
- 控制是否预剪枝的参数gamma：如果分裂一个叶子结点带来的损失减少量小于gamma，则不再分裂该叶子结点。默认值为 0，值越大，模型越保守。
- 训练决策树的样本（行）采样比例subsample：取值范围为（0,1）。如果设置为 0.6，则意味着从整个样本集合中随机抽取 60%的样本用于训练决策树模型。默认值为 1.0，表示训练每棵决策树会用到所有样本。Subsample的值越小，训练单棵决策树的样本越少，训练速度越快，但训练决策树的样本数过小会使决策树训练得不充分。同时不同决策树的训练样本不同还可以增加决策树之间的多样性。
- 训练决策树的特征（列）采样的比例colsample_bytree：取值范围为（0,1）。如果设置为 0.6，则意味着从所有特征中随机抽取 60%的特征用于训练决策树模型。默认值为 1.0，表示训练每棵决策树会用到所有特征。
- 训练决策树的每个分裂/层的特征（列）采样比例colsample_bylevel：取值范围为 (0,1]，默认值为 1.0。
- L2 正则参数lambda：默认值为 1，该值越大则模型越简单。
- L1 正则参数alpha：默认值为 0，该值越大则模型越简单。
- 正负样本的权重scale_pos_weight：常用于类别不平衡的分类问题。默认值为 1，可设置为负样本数量/正样本数量。

（3）学习目标参数

• 任务类型objective：XGBoost 可用于回归、两类分类、多类分类、排序等任务，默认为reg: linear，表示线性回归模型。当任务为多类分类问题时，还须设置参数num_class（类别个数）。

• 验证集的评估指标eval_metric：与任务类型有关的模型性能指标。

XGBoost 支持穷举或近似搜索特征的分裂阈值，支持 GPU 和分布式计算，相关介绍详见官方文档。

XGBoost 使用 key-value 字典的方式存储参数，一个典型的参数设置如下。

```
params = {
    'booster': 'gbtree',
    'objective': 'multi:softmax',
    'num_class': 3,
    'nthread': 4,
    'learning_rate': 0.1,
    'n_estimators': 200,
    'max_depth': 6,
    'min_child_weight': 1,
    'gamma': 0.1,
    'lambda': 2,
    'subsample': 0.7,
    'colsample_bytree': 0.7
}
```

为了使训练速度更快，可以先设置learning_rate为一个较大的值（如 0.1），此时最佳的n_estimators 较小。在设置了此参数的情况下对其他超参数进行调优，最后再调小 learning_rate，以找到最佳的n_estimators。

当模型出现过拟合时，可以使用以下两类参数进行缓解。

• 第 1 类参数：直接控制模型的复杂度，包括max_depth、min_child_weight、gamma等参数。

• 第 2 类参数：增加随机性，从而使模型在训练时对噪声不敏感，包括subsample、colsample_bytree等参数。

2. XGBoost 常用的 API

XGBoost 常用的 Python API 有两种类型：XGBoost 原生接口和 Scikit-Learn 封装接口。虽然只用一种接口也可以完成任务，但二者搭配使用效率更高。

（1）XGBoost 原生接口

在 XGBoost 原生接口中，完成一个学习任务的步骤如下。

① 装载数据：XGBoost 的数据存储在DMatrix对象中。XGBoost 支持直接从 libsvm 文本格式的文件、NumPy 的二维数组、SciPy 的稀疏数组和 XGBoost 二进制文件中加载数据。

② 训练模型：Booster 是 XGBoost 的模型，包含了训练、预测、评估等任务的底层实现。但 Booster 对象没有模型训练方法，模型训练可以多次调用xgboost. Booster. update()方法或者直接调用xgboost. train()方法或xgboost. cv()方法加以实现。在train()方法中，须设置模型超参数，训练数据集、验证集和指标，及早停止参数（early_stoppingrounds）调优等。cv()的功能基本与train()类似，只是验证集通过交叉验证方式得到。如果模型训练时设置了early_stoppingrounds参数，则模型会一直增加弱学习器，直到验证集上的评估指标连续early_stoppingrounds次不再上升为止。如果early_stoppingrounds存在，则模型Booster会生成3 个属性，即best_score、best_iteration和best_ntree_limit。注意train()会返回最后一次迭代的模型，而不是最佳模型。cv()方法会返回历史评价，即最后一个元素为最佳的迭代次数。XGBoost 允许在每一轮迭代（每增加一个弱学习器）中使用交叉验证，因此可以方便地获得最优迭代次数。需要注意的是，如果需要进行超参数调优，则要自己写代码来管理超参数空间的搜索和不同超参数对应的性能。如果采用下面的 Scikit-Learn 封装接口，则可以更方便地结合 Scikit-Learn 中的GridSearchCV进行超参数调优，但寻找最优迭代次数时，如果采用GridSearchCV，则只能评估有限迭代次数。因此在实际应用中，我们对迭代次数参数采用 cv()方法进行超参数调优，其他超参数调优可采用GridSearchCV。

③ 用训练好的模型进行预测：调用Booster的predict()方法。

④ 模型解释和可视化：plot_importance()方法可以给出模型中每个特征的重要性；plot_tree()方法可以将模型中指定的决策树可视化。

（2）Scikit-Learn 封装接口

XGBoost 给出了针对 Scikit-Learn 接口的 API，这样 XGBoost 的调用方式与 Scikit-Learn 中其他学习器（如 Logistic 回归）类似，并且方便采用GridSearchCV进行超参数调优。XGBoost 中的分类器和回归器分别为XGBClassifier和XGBRegressor。

7.5.4 案例分析：奥拓商品分类

我们在奥拓商品分类数据集上采用 XGBoost 对商品进行分类。奥拓商品分类数据集的介绍详见 3.7 节，由于 XGBoost 的超参数较多，训练速度较慢，这里我们只使用原始特征。

在案例中，我们对影响 XGBoost 性能的几个主要超参数进行了调优。由于超参数很多，无法对这些超参数一起进行调优，我们采用类似坐标轴下降法的方式实现。一种可选的超参数调优步骤如下。

（1）设置较小的学习率（learning_rate = 0.1），采用默认超参数，采用xgboost. cv()方法寻找最佳的决策树的数目n_estimators。

（2）采用GridSearchCV，对参数max_depth和min_child_weight进行超参数调优。

（3）采用GridSearchCV，对随机采样参数colsample_bytree和subsample进行超参数调优。

（4）采用GridSearchCV，对正则参数lambdal1（reg_alpha）和lambdal2（reg_lambda）进行超参数调优。

（5）调小学习率（learning_rate = 0.01），再次使用xgboost. cv()方法寻找最佳的决策树的数目n_estimators。

经过上述超参数调优后，XGBoost 在测试集上的 logloss 为 0.447 29（排名第 636 位），比采用原始特征+TF-IDF 特征的随机森林（0.520 46）性能又有了很大提升。

7.6 LightGBM

LightGBM 是 GBDT 模型的另一个进化版本，由微软公司提供。LightGBM 在原理上和 XGBoost 类似，但训练速度更快、内存消耗更低、支持并行学习、可处理大规模数据。LightGBM 的主要特点如下。

- 基于直方图的决策树构造算法。
- 直方图加速。
- 支持离散型特征。
- 带深度限制的按叶子生长策略。
- 缓存命中率优化。
- 基于直方图的稀疏特征优化。
- 多线程优化。

7.6.1 基于直方图的决策树构造算法

XGBoost 默认使用预排序算法，能够准确找到分裂点，但是在空间和时间方面开销大。LightGBM 使用直方图算法，基本思想是将连续特征离散成K个离散值，并构造桶（bins）数目为K的直方图，统计落入每个桶中的样本数。在构造决策树选择特征及特征分裂点时，遍历K个离散值，寻找最优分裂点。直方图算法如算法 7-5 所示。

算法 7-5：直方图算法构造决策树（按叶子生长方式）

输入：所有训练数据$\boldsymbol{X}$，当前模型$T_{c-1}(\boldsymbol{X})$

所有训练样本的一阶梯度$\boldsymbol{g}$和海森（二阶梯度）值$\boldsymbol{h}$

```
for all leaf p in T_{c-1}(D)                    #遍历所有叶子结点
        for all f in X.Features                 #遍历所有特征
                H = new Histgorm()              #生成新的直方图
                for i in p.num_of_rows          #遍历该叶子结点的所有样本
                        H[f.bins[i] ].g+= g_i   #每个桶的一阶梯度和
                        H[f.bins[i] ].h+= h_i   #每个桶的二阶梯度和
                end
                Gain ← 0                        #初始化
                for i in len(H)                 #在直方图的所有桶中寻找最优分裂点
                        G_L+= H[i].g, H_L+= H[i].h
                        G_R = G_p − G_L, H_R = H_p − H_L
                        Gain ← max(Gain, 1/2(G_L^2/(H_L+λ) + G_R^2/(H_R+λ) − (G_L^2+G_R^2)/(H_L+H_R+λ)) + γ)
                end
        end
end
```

$$G_L \mathrel{+}= H[i].\boldsymbol{g},\ H_L \mathrel{+}= H[i].\boldsymbol{h}$$

$$G_R = G_p - G_L,\ H_R = H_p - H_L$$

$$\text{Gain} \leftarrow \max\left(\text{Gain}, \frac{1}{2}\left(\frac{G_L^2}{H_L+\lambda}+\frac{G_R^2}{H_R+\lambda}-\frac{G_L^2+G_R^2}{H_L+H_R+\lambda}\right)+\gamma\right)$$

输出：Gain对应的分裂特征和阈值，分裂叶子结点，输出新的模型$T_c(\boldsymbol{X})$

具体实现时，LightGBM 支持真实海森值和常数海森值（常数海森值取 1，等于 L2 损失函数对应的海森值，此时海森值之和为样本数）。直方图算法的特征分裂点只能在K个候选值中找，找到的并不是精确的分裂点，因此直方图算法是牺牲了一定的分裂准确性，以换取训练速度以及节省内存空间消耗。但在不同的数据集上的试验结果表明，离散化的分裂点对最终的精度影响并不大，甚至有时候还会更好一点。出现上述情况可能的原因包括：决策树本来就是弱模型，分裂点是不是精确的并不是太重要；另外，较粗的分裂点也有正则化的效果，可以有效防止过拟合；即使单棵决策树的训练误差比精确分裂点的算法稍大，但在梯度提升的框架下没有太大的影响。

7.6.2 直方图加速：基于梯度的单边采样算法

上述直方图算法中，在构造每个特征的直方图时，需要遍历所有叶子结点的所有样本，即时间复杂度为$O(\#data \times \#feature)$，其中#data为样本数，#feature为特征维度。如果能降低样本数，训练的时间会大大减少。因此 LightGBM 提出了基于梯度的单边采样（Gradient-based One-Side Sampling，GOSS）算法，目的是减少参与计算的样本数。

要减少样本数，一个直接的想法是抛弃那些不太重要的样本，而梯度恰好是一个很好的衡量样本重要性的指标。如果一个样本的梯度很小，则说明该样本的训练误差很小，或者说该样本已经能被模型很好地表示。但是直接抛弃梯度很小的样本会改变样本训练集的分布，这可能会使模型准确率下降。

GOSS 根据样本的梯度的绝对值进行采样，以减少实际访问样本数，其步骤介绍如下。

（1）根据梯度的绝对值将样本进行降序排序。

（2）保留所有的梯度较大的样本：选择前$a \times 100\%$个样本，这些被样本称为$\boldsymbol{\mathcal{A}}$。

（3）随机采样梯度小的样本：在剩下的$(1-a) \times 100\%$个样本中，随机抽取$b \times 100\%$个样本，这些样本被称为$\boldsymbol{\mathcal{B}}$。

（4）为了抵消对数据分布的影响，在计算增益时，对小梯度数扩大常量倍：对$\boldsymbol{\mathcal{B}}$中样本的梯度扩大$(1-a)/b$倍。

算法 7-6：基于梯度的单边采样算法

输入：所有训练数据$\boldsymbol{\mathcal{D}}$

迭代次数M（弱学习器的数目）

大梯度的采样比例a

小梯度的采样比例b

损失函数$\mathcal{L}$

弱学习器L

models $\leftarrow 0$ #模型初始化

fact $\leftarrow \dfrac{1-a}{b}$ #小梯度样本的梯度缩放因子

topN $\leftarrow a \times \text{len}(\boldsymbol{\mathcal{D}})$ #大梯度的样本数

randN $\leftarrow b \times \text{len}(\boldsymbol{\mathcal{D}})$ #随机选择的小梯度的样本数

for $i = 1$ *to* M

    preds $\leftarrow$ models.predict($\boldsymbol{\mathcal{D}}$) #当前模型的预测值

```
g ← ℒ(𝒟, preds)                              #当前损失
sorted ← GetSortedIndices(abs(g))            #根据梯度的绝对值降序排序
topSet ← sorted[1: topN]                     #取前topN个样本（梯度绝对值最大）
randSet ← RandomPick(sorted[topN: len(𝒟)], randN)   #在剩下的样本集中随机取randN
                                                    #个样本（梯度小）
usedSet ← topSet + randSet
w[randSet] ×= fact                                  #修改小梯度样本的权重
newModel ← L(I[usedSet], −g[usedSet], w[usedSet])   #在新样本集中学习新的弱学习器
models.append(newModel)
```

7.6.3 直方图加速：互斥特征捆绑算法

另一种加速直方图构建的方式是减少特征数目。高维数据通常是非常稀疏的，而且很多特征是互斥的（两个或多个特征列不会同时为 0），LightGBM 对这类数据采用互斥特征捆绑（Exclusive Feature Bundling，EFB）策略，可将这些互斥特征捆绑成一束（bundle）。通过这种方式可降低特征维度，同时，构建直方图的时间复杂度也会从$O(\#\text{data} \times \#\text{feature})$变为$O(\#\text{data} \times \#\text{bundle})$。

要完成这个任务，须考虑以下两个问题。

（1）哪些特征可以捆绑在一起，组成一束。

（2）如何构建特征束，从而实现特征降维。

将特征分组为少量互斥特征束是 NP 困难的。LightGBM 将这个问题转化为图着色问题，每个特征为图$\mathcal{G}$的一个顶点，两个特征的总冲突值为边的权重，图着色问题将相邻的顶点涂上不同的颜色（不互斥的顶点放在不同的特征束中），同时总的颜色越少越好（总的特征束越少越好）。如果算法允许小的冲突，则可以得到更小的特征束数量，计算效率会更高。证明发现随机污染一小部分特征值，最多会影响训练精度$O([(1-\gamma)n]-2/3)$，其中γ是特征束中最大的冲突比率。通过选取合适的γ，可以在效率和精度之间寻找平衡。

基于上述讨论，互斥特征捆绑算法如算法 7-7 所示。首先计算结点的度，根据度对特征进行排序；然后对每个特征，看是否应该加入一个已有特征束或新建一个特征束。该过程在训练之前只进行一次，其时间复杂度为$O(\#\text{feature}^2)$。当特征数目特别多时，直接根据特征的非零值个数排序，即用特征非零值数目近似图结点的度。

算法 7-7：互斥特征捆绑算法

```
输入：特征F，
      最大冲突计数K
构造图𝒢模型
searchOrder ← 𝒢.sortByDegree()              #根据图中每个特征的度对特质进行排序
bundles ← {}，bundlesConflict ← {}          #初始化
for i in searchOrder                        #按顺序遍历特征
    needNew ← True                          #当前模型的预测值
    for j = 1 to len(bundles)               #对每个已有的束
```

```
            cnt ← Conflict(bundles[j], F[i])   #计算特征与已有束的冲突程度
            if cnt + bundlesConflict[i]≤K then
                bundles[j].add(F[i])           #将特征加入束j
                needNew  ← False
                break                          #不再加入其他束
            end
        end
        if needNew then                        #不能加入已有的束
            Add F[i] 加入一个新的束bundle,
            将bundle加入bundles
        end
    end
    输出：bundles
```

确定每个特征束的特征后，对每个特征束构造一个直方图以用于后续操作。为了在特征束的直方图中能区分不同特征，我们用直方图中不同的桶来表示不同的特征。想象将类别型特征独热编码成多个特征（编码后的特征互斥），然后再将这些特征用一个直方图表示，直方图的每个桶表示一个特征取值对应的样本数。当然在 LightGBM 中对类别型特征无须经过上述过程，而是直接用直方图表示即可。特征捆绑的直方图构建与之类似，只是每个特征可以用多个桶表示，这样不同的特征就可以用直方图中不同的桶表示，后续特征对应的桶须加上偏置量（前面特征已占用的桶的数目）。例如，特征 A 的桶值为[0,10)，特征 B 的桶值为[0,20)，若将两个特征合并，则合并后桶的数目为 30，特征 A 的桶值仍是[0,10)，而特征B的桶值加上了偏置量 10，其取值区间将变为了[10,30)。

7.6.4 支持离散型特征

在很多应用（如 CTR 预估等任务）中有大量的离散型特征，如商品 ID、用户地址等，但大多数机器学习工具无法直接支持离散型特征，一般需要把类别型特征通过独热编码的方式编码成多维稀疏特征，以降低空间和时间效率。LightGBM 优化了对类别型特征的支持，可以直接输入类别型特征，并在决策树算法上增加了类别型特征的决策规则。

独热编码是处理类别型特征的一个通用方法，然而在决策树模型中，这可能并不是一个好的方法，尤其在类别型特征中类别个数很多的情况下。使用独热编码常见的主要问题如下。

- 可能无法在这个类别型特征上进行切分（即浪费了这个特征）。使用独热编码，意味着在每一个决策树结点上只能使用“1 vs 其他”（例如，是狗和不是狗）这样的分裂方式。当类别值很多时，每个类别上的数据可能会比较少，这时候切分会产生不平衡，这意味着切分增益也会很小。
- 影响决策树的学习。当特征取值较多时，可能会将数据分裂到很多零碎的小空间，而有些小空间的样本数不多，统计信息不准确，这又会使决策树学习困难。

在 LightGBM 中，通常只有当类别型特征取值很少时，才采用独热编码方式。更多情况下会采用“多对多”的分裂方式，来实现类别型特征的最优分裂。其基本思想是将每个特征取值

作为一个桶，建立直方图，并去掉那些样本数少的桶；然后根据每个桶中的平均梯度$\frac{G}{H+\lambda}$进行排序；对排序好的直方图，按类似连续特征的方式寻找最佳分裂点。

7.6.5 带深度限制的按叶子生长策略

LightGBM 抛弃了大多数 GBDT 工具使用的按层生长（level-wise）的决策树生长策略，而使用了带深度限制的按叶子生长（leaf-wise）的算法。按层生长过一次的数据可以同时分裂同一层的叶子，容易进行多线程优化，也好控制模型的复杂度。但按层生长会不加区分地对待同一层的叶子，带来一些没必要的开销，因为有些叶子的分裂增益较低，没必要进行搜索和分裂。

按叶子生长策略是每次从当前所有叶子中找到分裂增益最大的一个叶子，然后分裂，如此循环。因此同按层生长相比，在分裂次数相同的情况下，按叶子生长可以减小更多的误差，得到更好的精度。但按叶子生长策略可能会长出比较深的决策树，进而产生过拟合。因此 LightGBM 在按叶子生长策略之上增加一个最大深度的限制，从而在保证高效率的同时防止了过拟合。

7.6.6 案例分析：奥拓商品分类

LightGBM 的使用和 XGBoost 基本类似，下面介绍二者之间的一些不同点。

（1）LightGBM 采用按叶子生长策略构造决策树，因此超参数叶子结点数目num_leaves比数的最大深度max_depth更重要。通常将num_leaves设置成可在 50～90 中搜索最佳分裂点，将max_depth设置成满足$\text{num_leaves} < 2^{\text{max_depth}}$。

（2）LightGBM 采用直方图方式，可以设置每个特征直方图的桶的数目max_bin，默认值为 255。

由于 LightGBM 训练速度比 XGBoost 更快，可以考虑更多特征，以获得更好的性能。在奥拓商品分类任务上，我们采用了原始特征和 TF-IDF 变换后的特征（特征重要性表明 TF-IDF 变换后的特征更重要）。案例中boosting_type设置为'gbdt'，在测试集上的性能为 0.443 66。如果希望训练速度更快，可考虑设置boosting_type为'goss'。

7.7 融合

基于融合的集成学习可以将不同的基学习器组合起来。训练数据一般被分为两部分，其中较多的部分用于训练基学习器，较少的部分用于训练融合模型。如果训练数据不够多，则可采用交叉验证方式将训练数据分成K份，其中$K-1$份用于训练基学习器，剩下的 1 份用于产生集成模型的训练集，训练融合模型。模型融合流程如图 7-4 所示。

融合集成算法的工作流程如下。

（1）训练基学习器。若采用K交叉验证方式，则对每一种基模型，每次用$K-1$份数据训练该基模型，然后对剩下的 1 份数据做预测，预测结果为融合模型对应样本的特征之一。因此若有M种基模型，则融合模型的输入特征为M维。由于每折交叉验证的训练数据均不同，每种基模型会有K个不同的模型。使用这些模型对每个测试样本进行预测，会得到K个预测值，将这K个值的平均作为融合模型的该测试样本的输入特征。

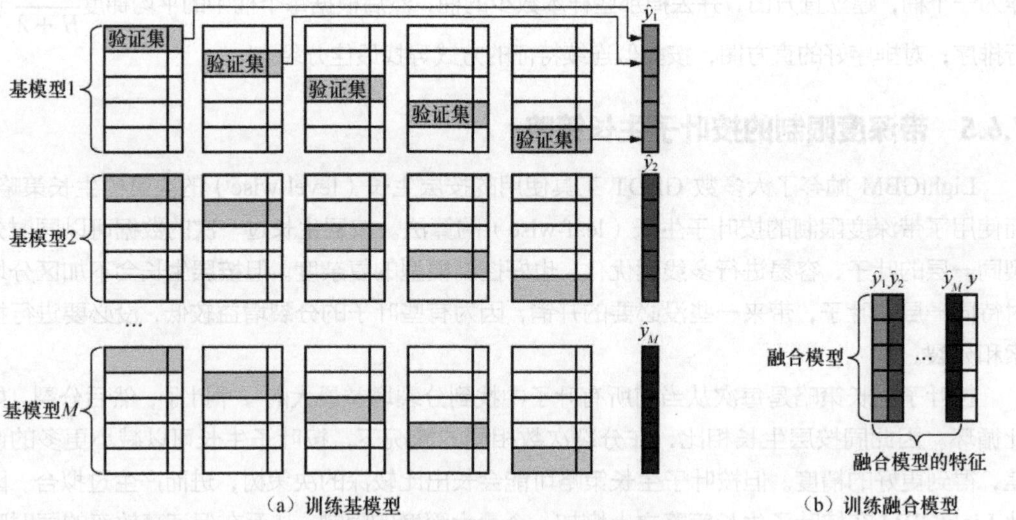

图 7-4 采用交叉验证方式的模型融合示意

（2）训练融合模型。融合模型通常采用简单的线性回归或 Logistic 回归。

7.8 本章小结

在 Bagging 和融合集成学习中，各基学习器的地位相同，可以并行训练多个基学习器。通常基学习器的多样性越大，集成模型的性能越好。这种多样性一般通过在学习过程中引入随机性实现。如果基模型的类型相同，则可采用样本、输入特征、输出表示、算法参数等进行随机扰动。通常对决策树和神经网络等“不稳定基学习器”（训练样本稍加变化就会导致基学习器有显著的变动）采用训练样本扰动（如随机采样），对线性学习器、支持向量机、朴素贝叶斯、近邻学习器等“稳定基学习器”（对数据样本的扰动不敏感）采用输入特征扰动等其他扰动机制。输出扰动会对训练样本的输出表示稍做变动；而算法参数扰动是指将基学习器的超参数设置成不同值或进行随机设置，从而产生差别较大的基学习器。当然不同的多样性增强机制也可以同时使用，如随机森林同时使用了数据样本扰动和输入属性扰动。

在提升算法中，不同基学习器不能并行训练。当然，可以将每个基学习器的训练样本的输出不同（目标函数的当前梯度）看成是一种特殊的输出扰动。

7.9 习题

1. 下列关于 Bagging 和提升算法的描述中，哪些是正确的?

（A）在 Bagging 中，每个弱学习器都是独立的

（B）Bagging 是一种通过对弱学习器的结果进行综合来提升能力的方法

（C）在提升算法中，每个弱学习器都是相互独立的

（D）提升算法是一种通过对弱学习器的结果进行综合来提升能力的方法

2. 在随机森林里生成几百棵决策树，然后对这些决策树的结果进行综合，下面关于随机森林中每棵决策树的说法哪些是正确的?

（A）每棵决策树都是通过数据集的子集和特征的子集构建的

（B）每棵决策树都是通过所有的特征构建的

（C）每棵决策树都是通过所有数据的子集构建的

（D）每棵决策树都是通过所有的数据构建的

3. 在 XGBoost 中，下面关于超参数max_depth的说法，哪些是正确的?

（A）对于相同的验证准确率，越低越好

（B）对于相同的验证准确率，越高越好

（C）max_depth 增加可能会导致过拟合

（D）max_depth 增加可能会导致欠拟合

4. 如果随机森林模型现在处于欠拟合状态，则下列哪个操作可以提升其性能？

（A）增大叶子结点的最小样本数

（B）增大决策树的最大深度

（C）增大中间结点分裂的最小样本数

5. 推导两类分类任务中交叉熵损失（不考虑正则项）的梯度提升算法。

6. 推导两类分类任务中指数损失（不考虑正则项）的梯度提升算法。

7. 请用随机森林和 LightGBM 对 3.9 节中的第 10 题的数据进行建模，并比较所建模型与 Logistic 回归模型和 SVM 的性能。

8. 请用随机森林和 LightGBM 对 2.9 节中的第 6 题的数据进行建模，并比较所建模型与线性回归模型和 SVR 的性能。

08 chapter

神经网络结构

多层（深度）神经网络是机器学习当前最活跃的分支之一，在计算机视觉、语音以及自然语言处理等方面均有成功应用。

本章主要讨论常用的神经网络结构：前馈全连接神经网络、卷积神经网络、循环神经网络、残差网络。神经网络模型在历史上很早就已出现，但在大型应用中真正大展威力是在 2010 年之后。现实中的问题通常比较复杂，需要建立复杂的模型，多层（深度）神经网络模型自然是一个不错的选择。但深度模型训练困难，需要更多的训练数据和计算资源。随着大数据时代的到来和计算能力的提高，以及各种优化技术的发展，深度学习在机器学习中的地位更加重要，并在视觉、语音以及自然语言处理等非结构化数据分析方面取得了重要进展。

8.1 神经元的基本结构

人脑包含有 1 000 多亿个神经元，每个神经元都可能在几个方向上与其他神经元互相连接，这些大量的神经元及其连接形成了一个超大型网络。一个典型的神经元结构如图 8-1（a）所示。一个神经元通常具有多个树突，主要用来接收传入的信息；而轴突只有一条，轴突尾端有许多突触可以给其他神经元传递信息。

受人类大脑的启发，神经生理学家沃伦·麦克洛克和数学家沃尔特·皮兹于 1943 年提出 M-P 神经元模型，如图 8-1（b）所示。神经元模型模拟大脑神经元的运行过程，包含输入、输出与计算功能，其中输入x_j可以类比为神经元的树突，而输出y可以类比为神经元的轴突，计算则可以类比为细胞核。

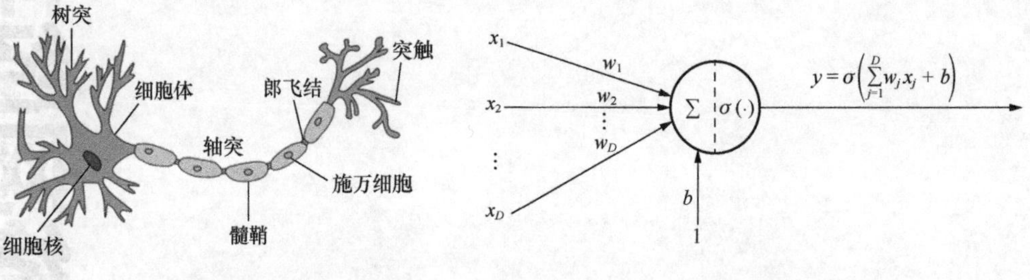

（a）典型神经元结构[9]　　（b）M-P神经元模型

图 8-1　神经元和 M-P 神经元模型

神经元的功能为

$$y = \sigma\left(\sum_j w_j x_j + b\right)。 \quad (8\text{-}1)$$

其中，每一个输入$x_j, j = 1, \cdots, D$对应一个权重w_j，神经元对输入与权重做乘法后求和$\sum_j w_j x_j$，求和的结果与偏置/激活阈值b进行比较，最终将结果经过激活函数σ输出。非线性的激活函数使神经网络具有非线性建模能力。如果没有激活函数，则即使多个神经元连接也只能进行线性映射。常用的激活函数有 Sigmoid 函数和整流线性单元函数，更多激活函数的相关内容详见 9.2 节。

8.2 前馈全连接神经网络

多个神经元连接构成神经网络，最常见的一种网络结构为前馈全连接神经网络，也称为多层感知机（Multi-Layer Perception，MLP）或深度神经网络（Deep Neural Network，DNN）。

一个典型的前馈全连接神经网络的结构如图 8-2 所示。在输入层和输出层之间，可能有一个或多个隐含层。前馈全连接神经网络的信息只向前移动，从输入层开始，通过隐藏层，再到输出层，网络中没有循环或回路。

通常用$a_i^{(l)}$表示第l层第i个神经元的输出，向量$\boldsymbol{a}^{(l)}$表示该层所有神经元的输出，$w_{i,j}^{(l)}$表示第$l-1$层第j个神经元到第l层第i个神经元的连接权重，矩阵向量$\boldsymbol{W}^{(l)}$表示所有第$l-1$层神经元到第l层神经元的连接权重，$b_i^{(l)}$表示第l层第i个神经元的偏置，向量$\boldsymbol{b}^{(l)}$表示该层所有神经元的偏置，$z_i^{(l)}$表示第l层第i个神经元激活函数的输入，向量$\boldsymbol{z}^{(l)}$表示该层所有神经元激活函数的输入，则相邻两层神经元之间的关系为

$$\begin{aligned} a_i^{(l)} &= \sum_j^{N_{l-1}} w_{i,j}^{(l)} h_j^{(l-1)} + b_i^{(l)}, \\ h_i^{(l)} &= \sigma\left(a_i^{(l)}\right)。 \end{aligned} \tag{8-2}$$

式（8-2）写成向量/矩阵形式为

$$\begin{aligned} \boldsymbol{a}^{(l)} &= \boldsymbol{W}^{(l)}\boldsymbol{h}^{(l-1)} + \boldsymbol{b}^{(l)}, \\ \boldsymbol{h}^{(l)} &= \sigma(\boldsymbol{a}^{(l)}) = \sigma(\boldsymbol{W}^{(l)}\boldsymbol{h}^{(l-1)} + \boldsymbol{b}^{(l)})。 \end{aligned} \tag{8-3}$$

为了书写简洁，记$\boldsymbol{h}^{(l)} = \sigma(\boldsymbol{a}^{(l)}) = [\sigma(a_1^{(l)}), \cdots, \sigma(a_{N_l}^{(l)})]^{\mathrm{T}}$。因此神经网络内部实际上就是矩阵计算。

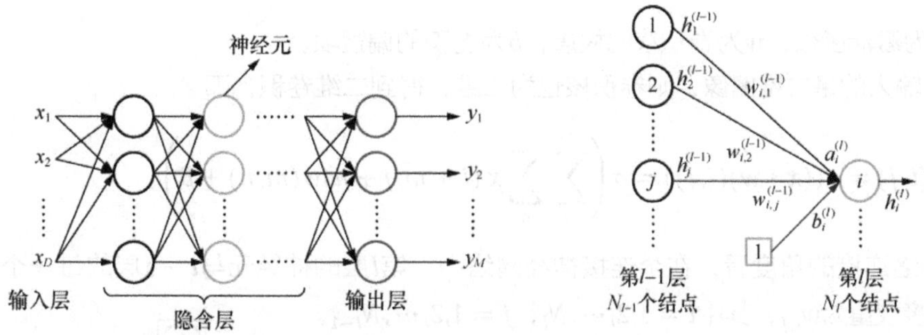

（a）全连接神经网络层间连接　（b）相邻层结点之间的连接详情

图 8-2　前馈全连接神经网络

8.3 卷积神经网络

卷积神经网络（Convolutional Neural Network，CNN）也是一种前馈全连接神经网络，至少包含一个卷积层。卷积层的输入和输出之间不是全连接，输出结点只与一部分输入结点连接，并且不同位置的输出结点与输入结点的连接权重相等（连接权值共享）。卷积神经网络经常用来处理具有网格结构的数据（如时间序列数据或图像数据），最近研究者们也开始研究可对非网格的图结构数据进行卷积的图卷积神经网络。

一个典型的 CNN 通常由以下 3 部分构成。

- 卷积层：提取信号中的局部特征。
- 池化层：降低分辨率/扩大感受野，同时大幅降低参数量（降维）。
- 全连接层：与传统全连接神经网络的全连接层相似，用于输出结果。

8.3.1 卷积层

卷积是一种特殊的线性运算，是信号处理中的常用操作，用于提取信号中的局部特征。在信号处理中，为了使卷积操作满足可交换性，通常会对卷积核进行翻转。输入$\boldsymbol{x}$与卷积核$\boldsymbol{w}$进行一维离散卷积的结果为

$$y(i) = (\boldsymbol{x} * \boldsymbol{w})(i) = \sum_m x(m)w(i-m)$$
$$= (\boldsymbol{w} * \boldsymbol{x})(i) = \sum_m x(i-m)w(m)。 \quad (8\text{-}4)$$

在卷积神经网络中，卷积核$\boldsymbol{w}$是通过学习得到的，因此卷积核是否翻转不重要。为了书写和计算简单，我们不翻转卷积核，这样得到的其实是互相关函数（cross-correlation），即

$$y(i) = (\boldsymbol{x} * \boldsymbol{w})(i) = \sum_m x(i+m)w(m)。 \quad (8\text{-}5)$$

许多机器学习库实现的是互相关函数，但人们常称之为卷积。在神经网络中，我们对卷积的输出通过激活函数再施加一个非线性变换实现。

$$y(i) = \sigma\big((\boldsymbol{x} * \boldsymbol{w})(i)\big) = \sigma\left(\sum_m x(i+m)w(m) + b\right), \quad (8\text{-}6)$$

其中$\sigma(\cdot)$为激活函数，$\boldsymbol{w}$为卷积核的权重，b为卷积的偏置项。

如果输入的是二维图像，则卷积核也为二维，得到二维卷积，即

$$y(i,j) = \sigma((\boldsymbol{x} * \boldsymbol{w})(i,j)) = \sigma\left(\sum_m \sum_n x(i+m, j+n)w(m,n) + b\right)。 \quad (8\text{-}7)$$

从网络连接的角度看，在全连接神经网络中，第l层的神经元与$l-1$层的每一个神经元相连，连接权重为$w_{i,j}$，其中$i = 1,2,\cdots,N_l$，$j = 1,2,\cdots,N_{l-1}$。而卷积神经网络中卷积核的大小通常小于输入元素的维度，因此卷积层的神经元与前一层神经元之间是局部连接而非全连接。如图 8-3 所示（图中相同灰度的连接表示连接权重相等），卷积层输出神经元 1 只与输入神经元 1、2、3 这 3 个神经元相连，与 4、5 不相连，我们称该卷积的感受野（Receptive Field）大小为 3。感受野原指听觉、视觉等神经系统中一些神经元的特性，即神经元只接受其所支配的刺激区域内的信号，这里表示输出神经元只受感受野内输入的影响。

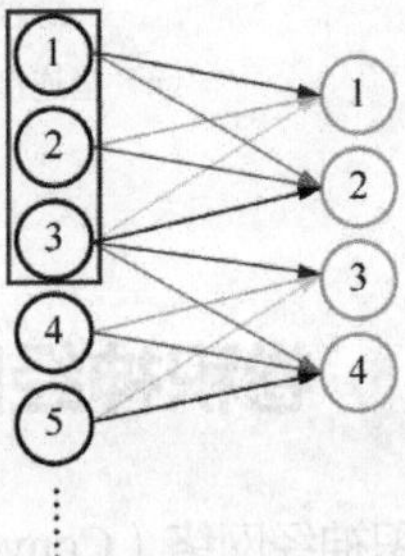

图 8-3　卷积层的局部连接和权值共享

卷积层的另一个特点是权值共享。例如在图 8-3 中，输出神经元 1 和 3 的权重相同、2 和 4 的权重相同。我们可以理解为输出神经元 1 和 3 提取低层输入中相邻位置的相同特征（如水平边缘），而神经元 2 和 4 提取的是图像的另一种特征（如竖直边缘）。我们称神经元 1 和 3 为一个滤波器（Filter）、一个卷积核（Kernel）或一个通道（Channel）。图 8-3 中共有两个滤波器。由于输出神经元 1 的输入为 1、2、3，输出神经元 3 的输入为 3、4、5，这样两个相邻神经元的输入有两个单位位置的差异，我们称该卷积的步幅（Stride）为 2。

和全连接相比，卷积层通过局部连接和权重共享大大减少了参数的数目，从而使模型更简单，这在一定程度上能够预防模型过拟合。例如 5 个输入结点和 4 个输出结点之间的全连接参数数目为$4 \times (5+1) = 24$，而图 8-3 所示的卷积层需要的参数数目为$2 \times (3+1) = 8$，其中1是偏置项。当输入神经元数目更多时，全连接神经网络的参数更多，而卷积神经网络的

参数则不变。

一个二维图像的卷积操作如图 8-4 所示。为了考虑图像中像素间的空间关系，卷积核也是二维，如3×3。给定一个6 像素 × 6 像素的图像，经过步幅为 1 的3×3卷积核卷积后，得到大小为4 像素 × 4 像素的图像，输出图像的大小比输入的变小了。在上述卷积中，中间的像素有可能参与多次计算，但是边界像素可能只参与一次计算。因此结果可能会丢失边界信息。为了弥补这个问题，我们引入了边界填充（Padding），即通过在图片外围补充一些像素，以扩充输入图像。这些扩充的像素通常会被初始化为 0。如图 8-4（b）所示，虚线部分为填充区域。填充区域越大，输出的特征图就越大。

另外，也可以通过增大步幅来缩小输出特征图的大小。如图 8-4（c）所示，我们将步幅设置为 2，则输出特征图的大小为2×2。

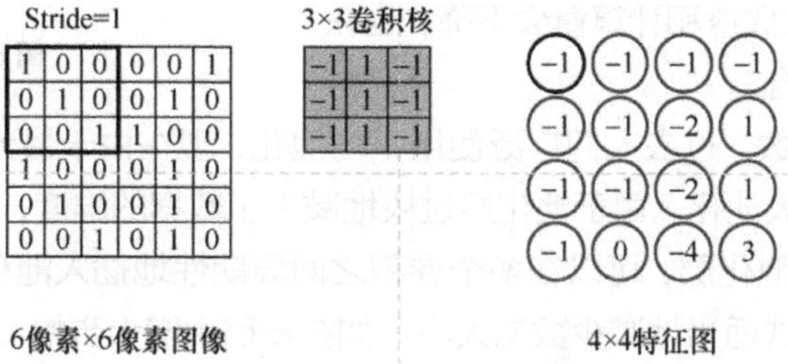

（a）步幅为1的二维卷积

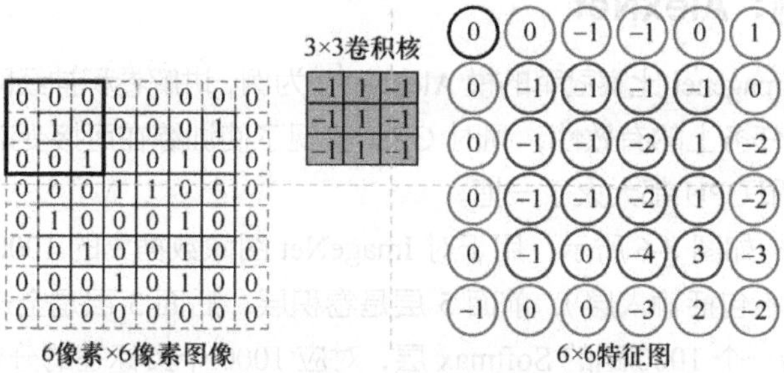

（b）边界填充为1的二维卷积

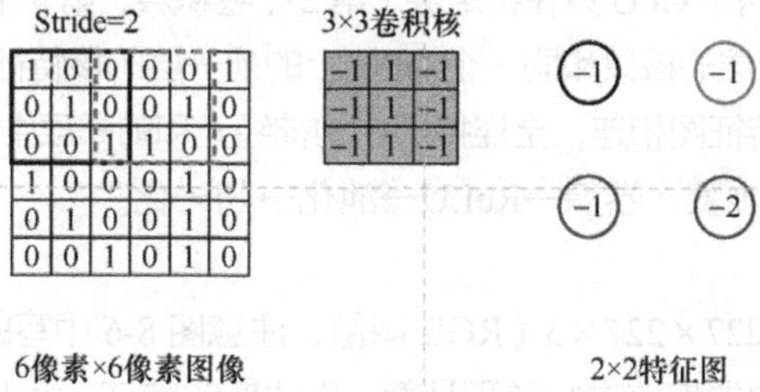

（c）步幅为2的二维卷积

图 8-4 二维卷积

输出特征图宽度W_2与输入图像宽度W_1、卷积核宽度F、单边填充区域宽度P以及步幅S之间的关系为

$$W_2 = \left\lfloor \frac{W_1 - F + 2P}{S} \right\rfloor + 1。 \tag{8-8}$$

输出特征图高度的计算方式类似。

8.3.2 池化层

池化（Pooling）是卷积神经网络中的一个重要的概念。池化实际上是一种降采样，通常采用最大池化（Max pooling）或平均池化（Mean Pooling）。池化过程如图 8-5 所示，将输入信号划分为若干个矩形区域，对每个区域输出最大值（最大池化）或平均值（平均池化）。

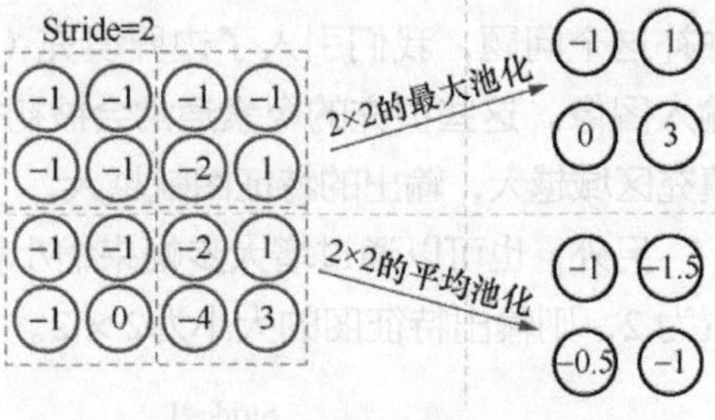

图 8-5 池化

池化的用途之一是使特征有一定的平移不变性，即特征的精确位置不重要。池化层的另一个作用是迅速减少特征维度，通常采用步幅为 2 且大小为 2 × 2的池化，特征的维度经过一轮池化后变成原来的1/4。这样模型的参数数量和计算量会下降，也在一定程度上控制了过拟合。

池化层一般没有参数。过去人们广泛使用平均池化，现在由于最大池化在实践中表现更好，人们更多地使用最大池化。由于池化层过快地减少了数据的维度，因此通常 CNN 不需要在每个卷积层后都接入池化层，可以在多个卷积之间周期性地插入池化层，甚至不再使用池化层，而是通过其他方式适当地减少数据大小（如在卷积中增大步幅）。

8.3.3 CNN 示例：AlexNet

我们以 2012 年 Imagenet 比赛冠军的模 AlexNet[10]为例，讲解卷积神经网络的组成。AlexNet 验证了 CNN 在复杂任务上的有效性，同时 GPU 实现了使训练在可接受的时间范围内可以得到结果，这使 CNN 和 GPU 都大火了一把。

AlexNet 网络结构如图 8-6 所示，用于对 ImageNet 图像数据集的 1000 类图像进行分类。AlexNet 共有 8 层（不包括输入层），前面 5 层是卷积层，后面 3 层是全连接层，最后一个全连接层的输出传递给一个 1000 路的 Softmax 层，对应 1000 个类标签的分布。由于 AlexNet 采用两个 GPU 进行训练，因此该网络结构图由上下两部分组成，一个 GPU 运行图上方的层，另一个 GPU 运行图下方的层，两个 GPU 只在特定层（第 2 个卷积层、第 5 个卷积层、全连接层）通信。例如，第 2、4、5 个卷积层的核只和同一个 GPU 上的前一层的核特征图相连，第 3 个卷积层和第 2 个卷积层中所有的核特征图相连，全连接层中的神经元和前一层中的所有神经元相连。

第 1 个卷积层包含 4 个步骤：卷积→ReLU→池化→归一化。

（1）卷积

输入的原始图像大小为 227 × 227 × 3（RGB 图像，注意图 8-6 中写的是 224 × 224 × 3），在本层使用 96 个 11 × 11 × 3 的卷积核进行卷积计算，生成新的特征。由于采用了两个 GPU 并行运算，因此，网络结构图中上下两部分分别承担了 48 个卷积核的运算。AlexNet 中本层的卷积移动步幅$S = 4$，因此卷积后生成的特征图大小为

$$W_2 = \left\lfloor \frac{W_1 - F + 2P}{S} \right\rfloor + 1 = (227 - 11 + 2 \times 0)/4 + 1 = 55,$$

即 55 × 55。

（2）激活层：ReLU

卷积后的 55 × 55 特征经过激活函数，输出仍然是 55 × 55 特征。AlexNet 采用的激活函

数为 ReLU。

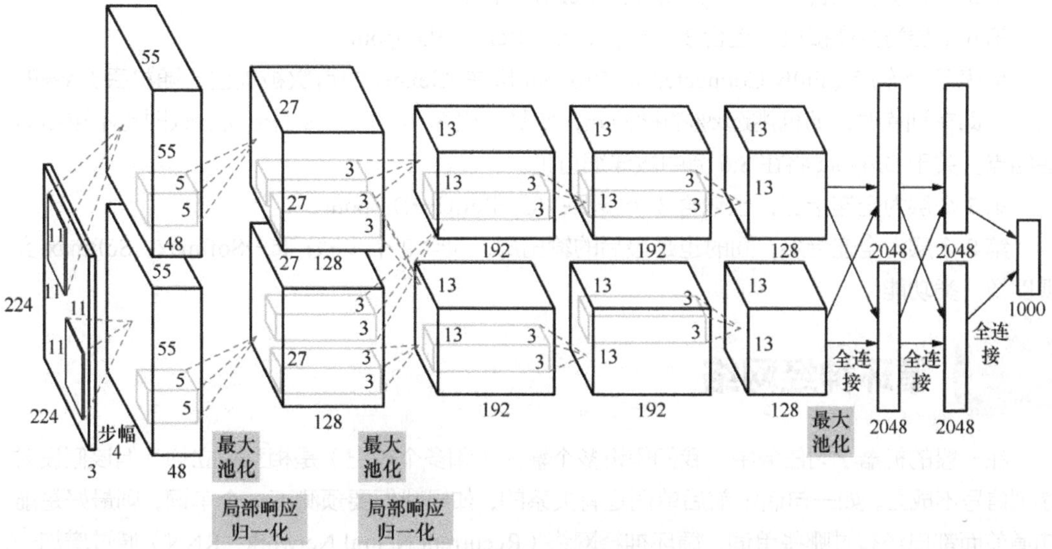

图 8-6 AlexNet 网络结构[9]

（3）池化

CNN 中的池化一般是不重叠的，但 AlexNet 中的池化为重叠池化，目的是使信号的维度缩减程度不致于太严重。重叠池化和卷积操作类似，可以定义步幅参数，其与卷积的不同在于：卷积操作将窗口元素和卷积核求内积，而池化操作则是求最大值、平均值等，窗口的滑动等的原理则完全相同。

AlexNet 中池化运算的尺寸为3×3，步幅为 2，池化后图像的尺寸为$(55-3)/2+1=27$。AlexNet 中的池化采用的是最大池化。

（4）归一化

池化后的特征层再进行归一化处理，归一化后特征的大小不变。AlexNet 中归一化采用的是局部归一化（Local Response Normalization，LRN），借鉴了生物学上“侧抑制”的做法，利用邻域数据做归一化，使归一化后响应比较大的值变得相对更大，并抑制其他反馈较小的神经元。因为前一个步骤使用了 ReLU，ReLU 的响应结果是无界的（可能非常大），所以需要归一化。

LRN 的处理公式为

$$\boldsymbol{b}_{x,y}^{i}=\frac{\boldsymbol{a}_{x,y}^{i}}{\left(k+\sum_{j=\max(0,i-n/2)}^{\min(N-1,i+n/2)}\left(\boldsymbol{a}_{x,y}^{j}\right)^{2}\right)^{\beta}}, \tag{8-9}$$

其中$\boldsymbol{a},\boldsymbol{b}$分别表示归一化的输入和输出，是一个三维数组[height, width, channel]，分别表示输入信号的高度、宽度和通道数；x,y表示输入的空间位置索引；i为通道索引。注意求和（$\sum$）是沿着通道方向进行的，N表示总的通道数，$n/2$和k分别表示求和的通道半径和偏置。可设$k=2$，$n=5$，$\alpha=10^{-4}$，$\beta=0.75$。

不过后来的 CNN 采用批量归一化取代了 LRN。BN 的详细描述参见 9.4 节。

第 2 个卷积层和第 1 个卷积层类似，也包含 4 个步骤：卷积→ReLU→池化→归一化。

第 3 个卷积层和第 4 个卷积层均只包含 2 个步骤：卷积→ReLU。

第 5 个卷积层包含 3 个步骤：卷积→ReLU→池化。

第 6 个层为全连接层，包含 3 个步骤：fc→ReLU→Dropout。

fc 表示全连接（Fully Connected）。Dropout 层在 Alexnet 中首次被提出，随机丢弃x%的结点，即在训练时，随机挑选x%的神经元，使其输出为 0，反向传播更新参数时也不更新这些结点。关于 Dropout 将在 8.6 节中做详细讨论。

第 7 个层为全连接层，也包含 3 个步骤：fc→ReLU→Dropout。

第 8 个层为全连接层，同时也是最后的输出层，包含 2 个步骤：fc→Softmax。Softmax 实现图像分类功能。

8.4 循环神经网络

在一般的机器学习任务中，我们假设多个输入（和多个输出）是相互独立的，但该假设对序列信号不成立。如一句话中前后单词是有关系的，如果我们要预测下一个单词，则最好是能知道前面都已经有过哪些单词。循环神经网络（Recurrent Neural Network，RNN）通过增加一个存储单元，存储序列中的信息，从而达到利用序列信息的目的。

8.4.1 简单循环神经网络

一个典型的 RNN 结构如图 8-7 所示。循环神经网络存储先前时刻输入对应的隐含状态$\boldsymbol{h}_{t-1}$，并与当前输入$\boldsymbol{x}_t$结合，从而保持当前输入与先前输入的某些关系，即

$$\begin{aligned}\boldsymbol{h}_t &= f(\boldsymbol{U}\boldsymbol{x}_t + \boldsymbol{W}\boldsymbol{h}_{t-1} + \boldsymbol{b}),\\ \boldsymbol{y}_t &= g(\boldsymbol{V}\boldsymbol{h}_t + \boldsymbol{c}),\end{aligned} \tag{8-10}$$

其中f通常为Tanh激活函数，g通常为 Softmax函数或 Sigmoid函数，$\boldsymbol{U}$是输入层到隐藏层的权重矩阵，$\boldsymbol{y}_t$是输出层的值，$\boldsymbol{V}$是隐藏层到输出层的权重矩阵，$\boldsymbol{W}$是相邻隐藏层之间的权重矩阵。

循环神经网络之所以说是“循环”，是因为一个序列当前的输出与前面的输出有关。我们对t时刻的输出进行展开（为了表达简洁，这里忽略了偏置项），有

$$\begin{aligned}\boldsymbol{y}_t &= g(\boldsymbol{V}\boldsymbol{h}_t)\\ &= g\big(\boldsymbol{V}f(\boldsymbol{U}\boldsymbol{x}_t + \boldsymbol{W}\boldsymbol{h}_{t-1})\big)\\ &= g\Big(\boldsymbol{V}f\big(\boldsymbol{U}\boldsymbol{x}_t + \boldsymbol{W}f(\boldsymbol{U}\boldsymbol{x}_{t-1} + \boldsymbol{W}\boldsymbol{h}_{t-2})\big)\Big)\\ &= g\Bigg(\boldsymbol{V}f\Big(\boldsymbol{U}\boldsymbol{x}_t + \boldsymbol{W}f\big(\boldsymbol{U}\boldsymbol{x}_{t-1} + \boldsymbol{W}f(\boldsymbol{U}\boldsymbol{x}_{t-2} + \boldsymbol{W}\boldsymbol{h}_{t-3})\big)\Big)\Bigg)\\ &= g\Bigg(\boldsymbol{V}f\Big(\boldsymbol{U}\boldsymbol{x}_t + \boldsymbol{W}f\big(\boldsymbol{U}\boldsymbol{x}_{t-1} + \boldsymbol{W}f(\boldsymbol{U}\boldsymbol{x}_{t-2} + \boldsymbol{W}f(\boldsymbol{U}\boldsymbol{x}_{t-3} + \cdots))\big)\Big)\Bigg)。\end{aligned}$$

从上式可以看出，循环神经网络的输出值$\boldsymbol{y}_t$受前面历次输入值$\boldsymbol{x}_t$、$\boldsymbol{x}_{t-1}$、$\boldsymbol{x}_{t-2}$、…的影响。

按时间步展开后，我们会发现 RNN 在所有时间步循环神经元的权重相同，不同时刻只是当前时刻的输入不同，以及前面已经有过的输入不同。注意图 8-7 中我们用一个长方形表示网络的一层，表示一个向量，而不是同 8.2 节中一样用一个神经元来表示一个标量。如果将图 8-7 中的向量展开，则得到的表示如图 8-8 所示。

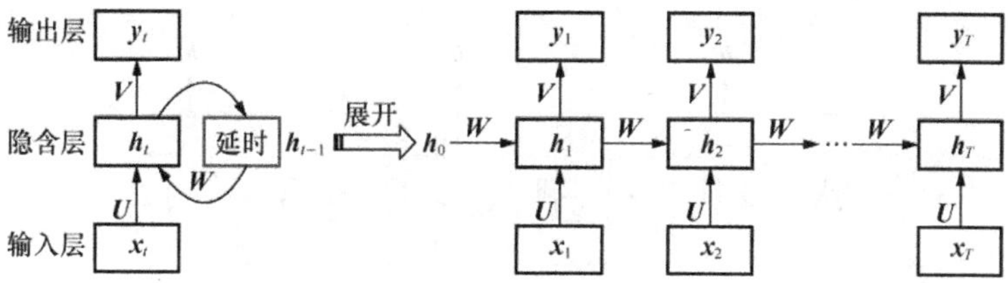

图 8-7 循环神经网络

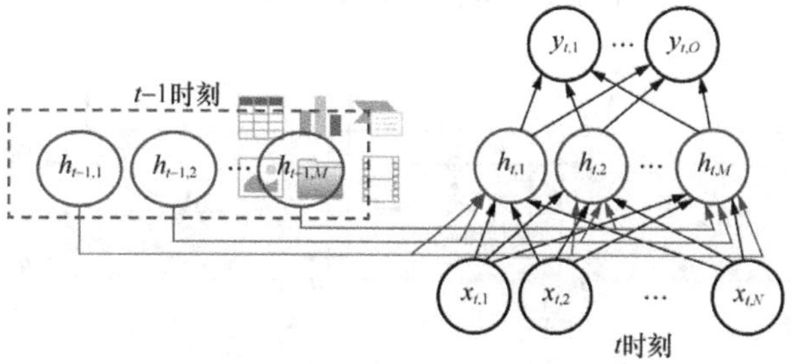

图 8-8 按神经元展开的 RNN 结构

RNN 的结构非常灵活，可以是图 8-7 所示的多个输入、多个输出，例如在机器翻译中为序列输入、序列输出。RNN 还可以是序列输入、单个输出，例如根据一个句子判断该语句所要表达的感情，如图 8-9（a）所示；或者是单个输入、序列输出，例如根据一幅图像产生图像的语言描述，如图 8-9（b）所示。

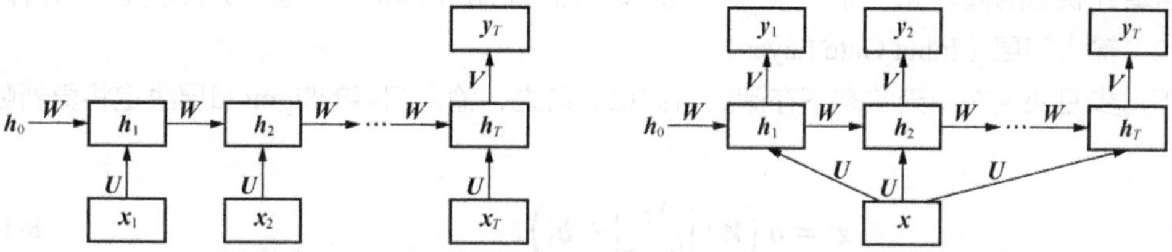

（a）序列输入、单个输出　　（b）单个输入、序列输出

图 8-9 各种形式的 RNN

8.4.2 长短时记忆网络

RNN 在反向传播过程中进行参数更新时，会产生梯度消失或梯度爆炸问题（详见 9.1 节）。长短时记忆网络（Long Short-Term Memory，LSTM）就是用来解决 RNN 中的梯度消失问题的，其可以处理长序列。LSTM 在各种各样的问题上都工作得很好，被广泛使用。

LSTM 的结构如图 8-10 所示，增加 3 个控制门来记忆长的短时信息：输入门$\boldsymbol{z}^i$、遗忘门$\boldsymbol{z}^f$和输出门$\boldsymbol{z}^o$。门是一种可选择地让信息通过的方式，由一个 Sigmoid神经网络层和点乘运算组成。LSTM 单元一般会输出两种状态到下一个单元，即单元状态$\boldsymbol{c}_t$和隐藏状态$\boldsymbol{h}_t$。

（1）遗忘门层（Forget Gate Layer）

LSTM 的第 1 步就是要决定从单元状态中丢弃什么信息。这个决定由一个Sigmoid层做出，称其为遗忘门层。遗忘门层有$\boldsymbol{h}_{t-1}$和$\boldsymbol{x}_t$两个输入，其中$\boldsymbol{h}_{t-1}$为前一个单元的隐藏状态，$\boldsymbol{x}_t$为当前时间步的输入。遗忘门层的计算过程为

$$\boldsymbol{z}^f=\sigma\left(\boldsymbol{W}^f\begin{bmatrix}\boldsymbol{x}_t\\ \boldsymbol{h}_{t-1}\end{bmatrix}+\boldsymbol{b}_f\right)。\tag{8-11}$$

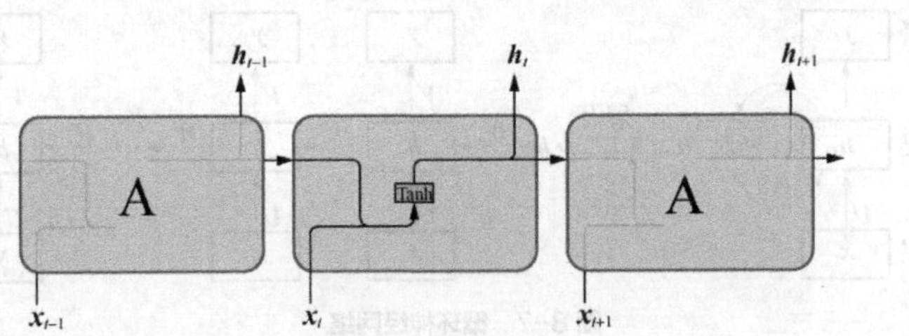

（a）简单RNN结构，只包含单一层

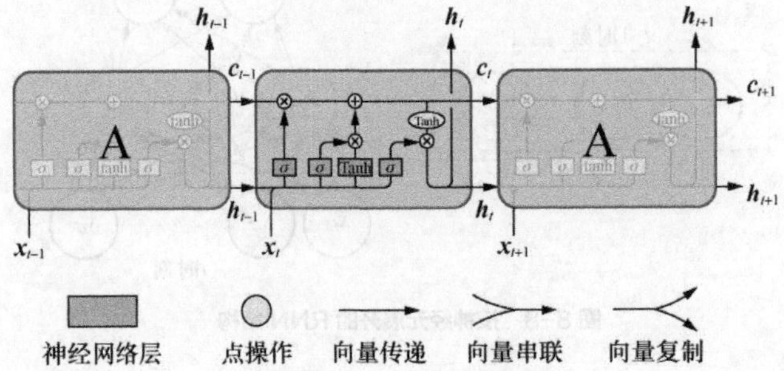

（b）LSTM结构，包含四个交互的层

图 8-10　LSTM 结构

Sigmoid函数将会输出一个向量，每个元素取值的范围为 0～1，对应单元状态中的每个数值。若单元状态的值为 0，则遗忘门就会要求单元状态完全忘记该信息，1 表示完全保持。

（2）输入门层（Input Gate Layer）

下一步是决定在单元状态下存储的新信息。首先，输入门层的Sigmoid层决定将更新哪些值，有

$$\boldsymbol{z}^i = \sigma\left(\boldsymbol{W}^i \begin{bmatrix} \boldsymbol{x}_t \\ \boldsymbol{h}_{t-1} \end{bmatrix} + \boldsymbol{b}_i\right)。 \tag{8-12}$$

然后，一个Tanh层创建一个可以被添加到状态中的新候选值向量$\boldsymbol{z}$，有

$$\boldsymbol{z} = \mathrm{Tanh}\left(\boldsymbol{W} \begin{bmatrix} \boldsymbol{x}_t \\ \boldsymbol{h}_{t-1} \end{bmatrix} + \boldsymbol{b}\right)。 \tag{8-13}$$

接下来结合这两个门的创建对单元状态进行更新，将旧的单元状态$\boldsymbol{c}_{t-1}$更新为新的单元状态$\boldsymbol{c}_t$，有

$$\boldsymbol{c}_t = \boldsymbol{z}^f \odot \boldsymbol{c}_{t-1} + \boldsymbol{z}^i \odot \boldsymbol{z}。 \tag{8-14}$$

我们将旧的单元状态乘以$\boldsymbol{z}^f$，去忘记那些我们之前决定忘记的东西；然后向状态中添加$\boldsymbol{z}^i \odot \boldsymbol{z}$，这是新的候选值，并且按照我们决定更新每个状态值的程度来缩放。

（3）输出门层（Output Gate Layer）

最后确定要输出的信息。输出将会基于单元状态，但是其是一个过滤后的版本。首先运行一个Sigmoid层，它决定要输出单元状态的哪些部分，有

$$\boldsymbol{z}^o = \sigma\left(\boldsymbol{W}^o \begin{bmatrix} \boldsymbol{x}_t \\ \boldsymbol{h}_{t-1} \end{bmatrix} + \boldsymbol{b}_o\right)。 \tag{8-15}$$

然后让单元状态通过Tanh（将值变为-1～1），并使其乘以Sigmoid门的输出，以便只输出我们决定输出的部分，即

$$\boldsymbol{h}_t = \boldsymbol{z}^o \odot \mathrm{Tanh}(\boldsymbol{c}_t)。 \tag{8-16}$$

至此，新时刻的单元状态$\boldsymbol{c}_t$和隐含状态$\boldsymbol{h}_t$都已更新。

上述为基本的 LSTM。人们后来又提出了各种 LSTM 的变形。文献[12]比较了很多流行的变形，文献[13]测试了一万多种 RNN 结构，发现在某些任务上，某些特定的结构比 LSTM 更好。

门控循环单元（Gated Recurrent Unit，GRU）是一种最流行的 LSTM 的变形。GRU 将遗忘门和输入门组合成一个单一的更新门，合并了单元状态和隐藏状态，并进行了一些其他更改。GRU 所得到的模型比标准 LSTM 模型更简单，但性能相当。

GRU 的计算过程为

$$\begin{aligned}
\boldsymbol{z}^r &= \sigma\left(\boldsymbol{W}^r \begin{bmatrix}\boldsymbol{x}_t \\ \boldsymbol{h}_{t-1}\end{bmatrix} + \boldsymbol{b}_r\right), \\
\boldsymbol{z}^u &= \sigma\left(\boldsymbol{W}^u \begin{bmatrix}\boldsymbol{x}_t \\ \boldsymbol{h}_{t-1}\end{bmatrix} + \boldsymbol{b}_u\right), \\
\boldsymbol{z} &= \mathrm{Tanh}\left(\boldsymbol{W} \begin{bmatrix}\boldsymbol{x}_t \\ \boldsymbol{z}^r \odot h_{t-1}\end{bmatrix} + \boldsymbol{b}\right), \\
\boldsymbol{h}_t &= (1-\boldsymbol{z}^u) \odot \boldsymbol{h}_{t-1} + \boldsymbol{z}^u \odot \boldsymbol{z},
\end{aligned} \tag{8-17}$$

其中$\boldsymbol{z}^r$表示重置门，$\boldsymbol{z}^u$表示更新门。重置门决定是否将之前的状态忘记（作用相当于合并了 LSTM 中的遗忘门$\boldsymbol{z}^f$和输入门$\boldsymbol{z}^i$）。$\boldsymbol{z}^r$趋于 0 时，前一个时刻的状态信息$\boldsymbol{h}_{t-1}$会被忘掉，隐藏状态$\boldsymbol{h}_{t-1}$会被重置为当前输入的信息$\boldsymbol{z}$。更新门$\boldsymbol{z}^u$决定是否要将隐藏状态更新为新的状态$\boldsymbol{z}$（作用相当于 LSTM 中的输出门$\boldsymbol{z}^i$）。

8.5 残差神经网络

随着网络深度的不断增加，人们发现当 CNN 达到一定深度后，再一味地增加其层数并不能带来进一步的分类性能提高。图 8-11 给出了 20 层网络和 56 层网络在 CIFAR-10 训练集和测试集上的性能。我们发现不管在训练集上还是在测试集上，56 层网络的性能反而比 20 层网络的性能更差。这里 56 层网络在测试集上性能不好并不是由过拟合引起的，而是由于其在训练集上的性能本就不如浅层网络，我们称之为“退化问题”。

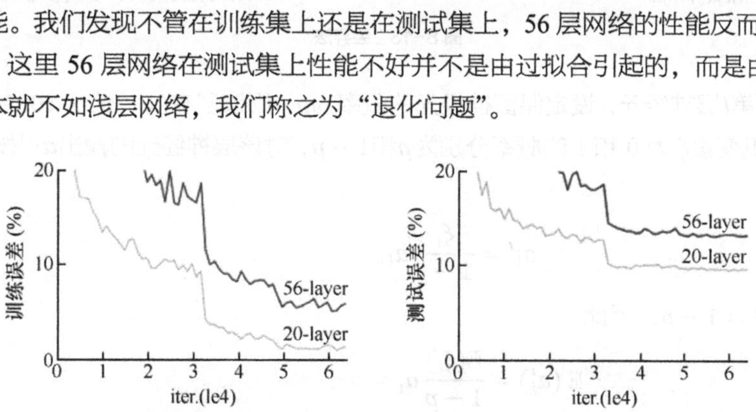

图 8-11　20 层网络和 56 层网络在 CIFAR-10 上的训练误差（左）和测试误差（右）[11]

为了解决退化问题，何恺明等人提出了 ResNet[11]。它在 2015 年的 ImageNet 图像识别挑战赛中夺魁，并深刻影响了后来的深度神经网络的设计。ResNet 的结构可以极快地加速超深神经网络的训练，模型的准确率也有非常大的提升。

ResNet 的基本思想是在网络中增加直连通道，直接把恒等映射作为网络的一部分，以保证在堆叠网络的过程中，网络至少不会因为继续堆叠而产生退化。但已有的神经网络很难拟合恒等映射函数$f(\boldsymbol{x}) = \boldsymbol{x}$，因此将网络设计为学习恒等映射的残差$f(\boldsymbol{x}) - \boldsymbol{x}$，拟合残差比拟合恒等映射更容易。

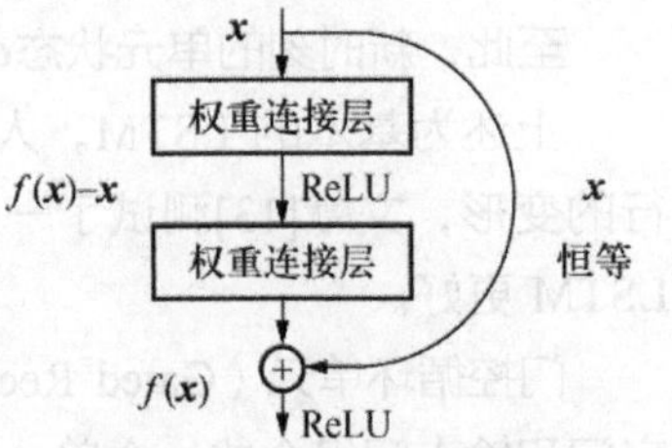

图 8-12　残差模块结构

ResNet 的基本模块为图 8-12 所示的残差模块。图中右侧的曲线叫作跳接（Shortcut 或 Skip Connection），通过跳接到激活函数前，以将上一层（或几层）之前的输出与本层计算的输出相加，可将求和的结果输入激活函数中作为本层的输出。在残差模块中，输入可通过跨层的数据线路更快地向前传播。

8.6 丢弃法

深度学习模型常使用丢弃法来防止过拟合。丢弃是指在深度学习网络的训练过程中，对于每层的神经元，按照一定的概率将其暂时从网络中丢弃。丢弃有不同的实现方法，常用的方法是倒置丢弃（Inverted Dropout）法。也就是说，每次训练时，每一个隐含层中都有部分神经元的输出为 0，以起到简化复杂网络模型的效果，从而避免发生过拟合。一个丢弃率为 0.5 的网络如图 8-13（a）所示。

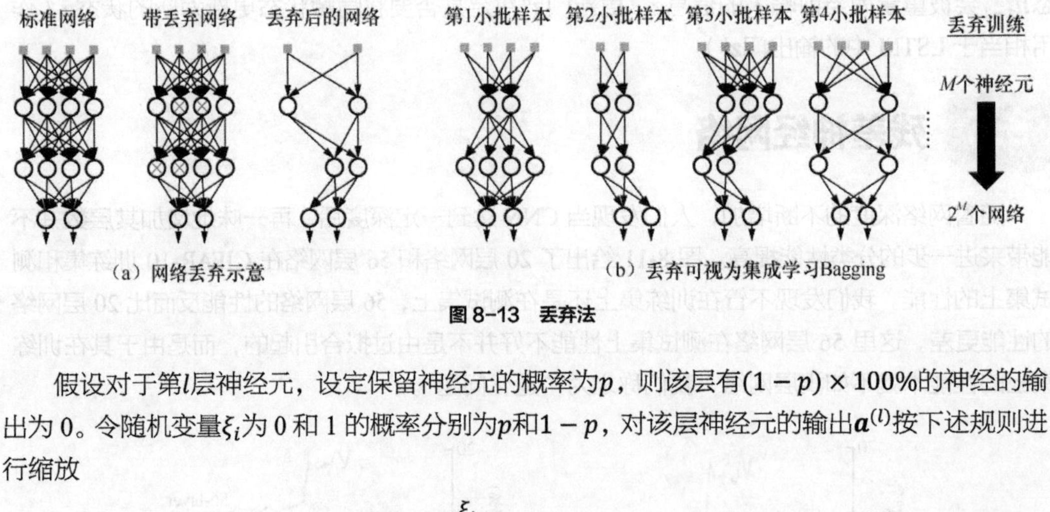

（a）网络丢弃示意　　（b）丢弃可视为集成学习Bagging

图 8-13　丢弃法

假设对于第l层神经元，设定保留神经元的概率为p，则该层有$(1-p)\times 100\%$的神经的输出为 0。令随机变量ξ_i为 0 和 1 的概率分别为p和$1-p$，对该层神经元的输出$\boldsymbol{a}^{(l)}$按下述规则进行缩放

$$a_i{}' = \frac{\xi_i}{1-p} a_i。\tag{8-18}$$

由于$\mathbb{E}[\xi_i] = 1 - p$，因此

$$\mathbb{E}\left(a_i'\right) = \frac{\mathbb{E}(\xi_i)}{1-p} a_i = a_i，\tag{8-19}$$

即丢弃法不改变其输入的期望值。

在神经网络迭代训练时，每次迭代随机删除掉隐藏层一定数量的神经元，然后在剩下的神经元上正向和反向更新权重$\boldsymbol{W}$和偏置项$\boldsymbol{b}$；下一次迭代中，恢复之前删除的神经元，重新随机删除一定数量的神经元，进行正向和反向更新$\boldsymbol{W}$和$\boldsymbol{b}$；不断重复上述过程，直至迭代训

练完成。

丢弃通过每次迭代训练时，随机选择不同的神经元，相当于每次都在不同的神经网络上进行训练，这类似于集成学习中 Bagging 的方法，能够防止过拟合，一个例子如图 8-13（b）所示。

还可以从权重$\boldsymbol{W}$的角度来解释为什么丢弃能够有效防止过拟合。对于某个神经元来说，某次训练时，它的某些输入在丢弃的作用下被过滤了。而在下一次训练时，又有不同的某些输入被过滤。经过多次训练后，某些输入被过滤，某些输入被保留。这样，该神经元就不会受某个输入非常大的影响，即影响被均匀化了。也就是说，对应的权重$\boldsymbol{W}$不会很大。这样从效果上来说，与 L2 正则类似，都是对权重$\boldsymbol{W}$进行惩罚，减小了$\boldsymbol{W}$的值。

在测试模型时，为了得到更加确定性的结果，一般不使用丢弃法。

8.7 本章小结

在设计神经网络时，输入层的结点数目与特征的维度匹配，输出层的结点数目与目标的维度匹配。而中间隐含层的层数、每个隐含层的结点数目、层间的连接方式等是由设计者指定的。这些参数为模型的超参数，不同的超参数值对应模型的性能差异非常大，通常会首先根据经验来设置几个候选值，然后选择效果最好的值作为最终选择。最近，自动机器学习（AutoML）或神经网络架构搜索（Neural Architecture Search，NAS）也成为了机器学习的研究热点之一。

对 DNN，超参数只有隐含层的层数及每个隐含层的结点数目。隐含层与每个隐含层的结点数目越多，模型越复杂。DNN 中每个结点都能“看到”全体输入，信息全，但网络参数也多，训练模型需要更多的样本和更大的计算量。

CNN 的层次结构特别适合图像处理。对于图像数据来说，数据的信息与结构在语义层面上都是组合性的，整体图像的语义是由局部抽象特征组合而成的。因此 CNN 这种层级表征结构能依次用简单特征组合成复杂的抽象特征，例如可以用线段等简单特征组合成简单形状，再进一步组合成物体图像各部位的特征。随着网络层数的增加，每一层对于前一层的抽象表示会更深入。通过抽取更抽象的特征来对事物进行区分，从而获得更好的区分与分类能力。因此我们一般认为 CNN 的层数越多，其能够提取到的特征越丰富、越抽象、越具有语义信息。

CNN 的超参数除了网络层数外，卷积核的超参数也很重要。早期的 AlexNet 中有 11×11 的卷积核与 5×5 的卷积核，但在后来的 VGG 网络[13]中由于层数增加，卷积核的大小都变成了 3×3 与 1×1，这样可以减少训练时候的计算量，有利于降低总的参数数目。将大卷积核替换为小卷积核可采用以下两种方法实现。

（1）将高维卷积差分为多个连续的低维卷积。三维卷积可拆分成二维卷积，二维卷积都可拆分为两个一维的卷积。如 11×11 的卷积可以转换为 1×11 与 11×1 两个连续的卷积核计算，总的运算次数由$11\times11=121$次变成了$1\times11+11\times1=22$次。

（2）将大的卷积用多个连续的小的卷积替代，大的二维卷积核可通过几个小的二维卷积核替代。如5×5的卷积，可以通过两个连续的3×3的卷积替代，计算次数由$5\times5=25$次变为了$3\times3+3\times3=18$次。

对 RNN，其梯度较容易出现衰减或爆炸问题，使循环神经网络较难捕捉时间序列中时间步距离较大的依赖关系。裁剪梯度（限制最大梯度）可以应对梯度爆炸问题，但无法解决梯度衰减问题。因此，在实际应用中，通常采用门控循环神经网络或长短时记忆网络。

8.8 习题

1. 下列哪一项使神经网络具有非线性？

（A）随机梯度下降

（B）整流线性单元

（C）卷积函数

2. 关于神经网络的模型容量（神经网络逼近复杂函数的能力），下列说法正确的有哪些？

（A）随着隐藏层数量的增加，模型容量会增加

（B）神经网络不能对函数$y = 1/x$进行建模

（C）带有线性激活函数的单隐含层的全连接神经网络可以对函数$y = ax^2 + bx + c$进行建模

3. 下述神经网络中，哪些网络中存在权值共享？

（A）卷积神经网络

（B）循环神经网络

（C）全连接神经网络

4. 假设分别采用 DNN 和 CNN 对二维图像进行分类。当输入图像的尺寸变大时，DNN 和 CNN 的结构需要做什么变化？参数的数目会怎样变化？

5. 使用丢弃法，在测试时会如何？

（A）随机丢弃一些神经元，但无须保留训练中使用的缩放因子$1/(1-\rho)$

（B）无须随机丢弃一些神经元，也无须保留训练中使用的缩放因子$1/(1-\rho)$

（C）随机丢弃一些神经元，但要保留训练中使用的缩放因子$1/(1-\rho)$

6. 将丢弃法中的参数ρ从 0.5 增加到 0.6 可能会导致下列哪些情况？

（A）增强正则化效果

（B）减弱正则化效果

（C）神经网络的训练误差变高

（D）神经网络的训练误差变低

09 chapter

深度神经模型训练

深度神经网络由于其目标函数严重非凸，模型的训练变得困难。本章将讨论深度神经模型的一些训练技巧，包括神经网络的梯度计算方法、改进网络中梯度消失的激活函数、梯度下降优化算法中自适应的参数更新方向和学习率、模型参数初始化方法以及克服过拟合的方法；并通过案例介绍 DNN、CNN 和 RNN 等常见深度神经网络的应用。

9.1 梯度计算：反向传播

一元函数$f(x)$在x处的梯度为函数f在点x处的导数$\frac{\mathrm{d}y}{\mathrm{d}x}$。多元函数$f(x_1, x_2, \cdots, x_D)$在点$\boldsymbol{x}$处的梯度为函数$f$对$\boldsymbol{x}$各元素的偏导数所组成的向量，记为$\nabla$，有

$$\nabla_x y = \begin{bmatrix} \frac{\partial y}{\partial x_1} \\ \frac{\partial y}{\partial x_2} \\ \vdots \\ \frac{\partial y}{\partial x_D} \end{bmatrix}。\tag{9-1}$$

神经网络层数较深，从输入到输出为复合多元函数。复合多元函数的梯度计算需要用到微积分中的链式法则，反向传播是一种高效的链式法则实现方法。

9.1.1 微积分中的链式法则

1. 实数对实数求梯度的链式法则

令x是实数，f和g是从实数映射到实数的函数，$y = g(x)$且$z = f(g(x)) = f(y)$，则根据链式法则有

$$\frac{\mathrm{d}z}{\mathrm{d}x} = \frac{\mathrm{d}z}{\mathrm{d}y}\frac{\mathrm{d}y}{\mathrm{d}x}。\tag{9-2}$$

2. 向量对向量求导

令$\boldsymbol{x} \in \mathcal{R}^D$为$D$维向量，$\boldsymbol{y} \in \mathcal{R}^M$为$M$维向量，$\boldsymbol{y} = f(\boldsymbol{x})$是从$\mathcal{R}^D$到$\mathcal{R}^M$的映射，则向量$\boldsymbol{y}$对向量$\boldsymbol{x}$的偏导数可组成雅可比矩阵（Jacobian Matrix），即

$$\frac{\partial \boldsymbol{y}}{\partial \boldsymbol{x}} = \begin{bmatrix} \frac{\partial y_1}{\partial x_1} & \frac{\partial y_1}{\partial x_2} & \cdots & \frac{\partial y_1}{\partial x_D} \\ \frac{\partial y_2}{\partial x_1} & \frac{\partial y_2}{\partial x_2} & \cdots & \frac{\partial y_2}{\partial x_D} \\ \vdots & \vdots & \ddots & \vdots \\ \frac{\partial y_M}{\partial x_1} & \frac{\partial y_M}{\partial x_2} & \cdots & \frac{\partial y_M}{\partial x_D} \end{bmatrix}。\tag{9-3}$$

例如，$\boldsymbol{y} = \begin{bmatrix} x_1 + x_2 x_3 \\ 2x_3 \end{bmatrix} = f\left(\begin{bmatrix} x_1 \\ x_2 \\ x_3 \end{bmatrix}\right)$，则

$$\frac{\partial \boldsymbol{y}}{\partial \boldsymbol{x}} = \begin{bmatrix} \frac{\partial y_1}{\partial x_1} & \frac{\partial y_1}{\partial x_2} & \frac{\partial y_1}{\partial x_3} \\ \frac{\partial y_2}{\partial x_1} & \frac{\partial y_2}{\partial x_2} & \frac{\partial y_2}{\partial x_3} \end{bmatrix} = \begin{bmatrix} 1 & x_3 & x_2 \\ 0 & 0 & 2 \end{bmatrix}。$$

3. 实数对向量求梯度的链式法则

令$\boldsymbol{x} \in \mathcal{R}^D$，$\boldsymbol{y} \in \mathcal{R}^M$为向量，$z \in \mathcal{R}$为实数，$g$是从$\mathcal{R}^D$到$\mathcal{R}^M$的映射，$f$是从$\mathcal{R}^M$到$\mathcal{R}$的映射。

如果$\boldsymbol{y}=g(\boldsymbol{x})$且$z=f(\boldsymbol{y})$，那么

$$\frac{\partial z}{\partial x_i}=\sum_j \frac{\partial z}{\partial y_j}\frac{\partial y_j}{\partial x_i}。\tag{9-4}$$

或写成向量形式为

$$\nabla_{\boldsymbol{x}} z=\left(\frac{\partial \boldsymbol{y}}{\partial \boldsymbol{x}}\right)^{\mathrm{T}}\left(\nabla_{\boldsymbol{y}} z\right),\tag{9-5}$$

即梯度$\nabla_{\boldsymbol{x}} z$等于雅可比矩阵与梯度$(\nabla_{\boldsymbol{y}} z)$相乘。

我们还可以将反向传播算法应用于任意维度的张量。从概念上讲，这与向量的反向传播完全相同，唯一的区别是如何将数字排列成网格以形成张量。我们可以想象成在我们运行反向传播之前，将每个张量转变为一个向量，计算一个向量梯度值，然后将该梯度值重新构造成一个张量。

9.1.2 计算图和反向传播

计算图是计算代数中的一个基础处理方法，通过有向图来表示给定的数学表达式，并可以根据图的特点快速且方便地对表达式中的变量进行求导。神经网络的本质就是一个多层复合函数，因此也可以通过一个图来表示其表达式。在计算图中，结点表示变量，边表示简单运算。

以表达式 $e=(a+b)(b+1)$为例。其计算图如图 9-2（a）所示。图中a、b、1为叶子结点，无须再往下计算导数，1为常数结点。$c=a+b$、$d=b+1$、$e=c\times d$为非叶子结点。

前向计算完成表达式的计算。

如给定$a=3$、$b=2$，则按箭头方向前向计算可得到

$$c=a+b=3+2=5$$

$$d=b+1=2+1=3$$

$$e=c+d=5\times 3=15$$

利用计算图，可以很方便地用反向计算来计算导数，如图 9-1（b）所示。

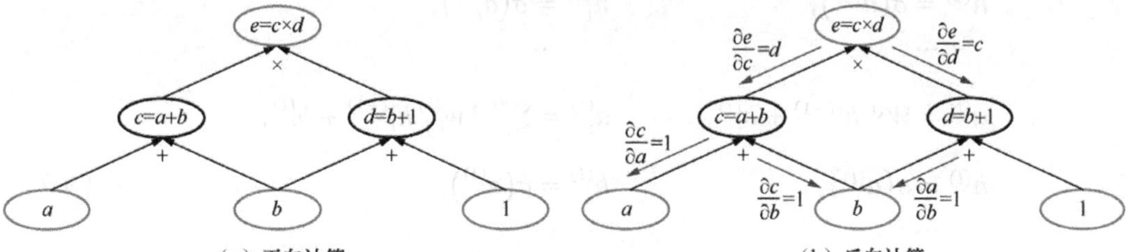

图 9-1　表达式$e=(a+b)(b+1)$的计算图

首先我们计算每条边（有直接关系的变量）的导数，有

$$\frac{\partial e}{\partial c}=d=3,$$

$$\frac{\partial e}{\partial d}=c=5,$$

$$\frac{\partial c}{\partial a}=1,$$

$$\frac{\partial c}{\partial b}=1,$$

$$\frac{\partial d}{\partial b}=1。$$

然后根据微积分链式法则，按箭头的反方向计算非直接变量之间的导数，有

$$\frac{\partial e}{\partial a}=\frac{\partial e}{\partial c}\frac{\partial c}{\partial a}=d\times 1=d=3,$$

$$\frac{\partial e}{\partial b}=\frac{\partial e}{\partial c}\frac{\partial c}{\partial b}+\frac{\partial e}{\partial d}\frac{\partial d}{\partial b}=d\times 1+c\times 1=d+c=3+5=8。$$

9.1.3 DNN 的反向传播算法

在训练 DNN 模型时，目标函数$J(\boldsymbol{W}^{(1)},\boldsymbol{b}^{(1)},\cdots,\boldsymbol{W}^{(L)},\boldsymbol{b}^{(L)})$的形式为

$$J(\boldsymbol{W}^{(1)},\boldsymbol{b}^{(1)},\cdots,\boldsymbol{W}^{(L)},\boldsymbol{b}^{(L)})=\sum_{n=1}^{N}\mathcal{L}(\boldsymbol{y}_n,\widehat{\boldsymbol{y}}_n)+R(\boldsymbol{W}^{(1)},\boldsymbol{b}^{(1)},\cdots,\boldsymbol{W}^{(L)},\boldsymbol{b}^{(L)}), \tag{9-6}$$

其中N为样本数，注意这里用n表示样本索引（之前大多用i表示样本索引，神经网络部分中用i表示每层神经元的索引）；$\mathcal{L}(\cdot)$为损失函数（如回归问题可用 L2 损失，分类任务可用交叉熵损失）；$R(\cdot)$为正则项（如 L2 正则、L1 正则）。在神经网络训练中，通常采用小批量（Mini-Batch）方式进行训练，这样N就为每批次的样本数。在下面的描述中，为了书写简洁，我们讨论只有一个样本的情况，如果是多个样本，则对每个样本的损失函数值求和即可。

DNN 的计算过程是从输入层，经过多个隐含层，传播到输出层。我们称之为正向传播，如图 9-2（a）所示。给定输入$\boldsymbol{x}$，对全连接神经网络而言，正向传播的计算过程为

$$\begin{aligned}
&\boldsymbol{a}^{(1)}=\boldsymbol{W}^{(1)}\boldsymbol{x}+\boldsymbol{b}^{(1)}, && a_i^{(1)}=\textstyle\sum_j^{N_0}w_{i,j}^{(1)}x_j+b_i^{(1)},\\
&\boldsymbol{h}^{(1)}=\sigma\left(\boldsymbol{a}^{(1)}\right), && h_i^{(1)}=\sigma\left(a_i^{(1)}\right),\\
&\quad\cdots && \quad\cdots\\
&\boldsymbol{a}^{(l)}=\boldsymbol{W}^{(l)}\boldsymbol{h}^{(l-1)}+\boldsymbol{b}^{(l)}, && a_i^{(l)}=\textstyle\sum_j^{N_{l-1}}w_{i,j}^{(l)}h_j^{(l-1)}+b_i^{(l)},\\
&\boldsymbol{h}^{(l)}=\sigma\left(\boldsymbol{a}^{(l)}\right), && h_i^{(l)}=\sigma\left(a_i^{(l)}\right),\\
&\quad\cdots && \quad\cdots\\
&\boldsymbol{a}^{(L)}=\boldsymbol{W}^{(L)}\boldsymbol{h}^{(L-1)}+\boldsymbol{b}^{(L)}, && a_i^{(L)}=\textstyle\sum_j^{N_{L-1}}w_{i,j}^{(L)}h_j^{(L-1)}+b_i^{(L)},\\
&\boldsymbol{h}^{(L)}=\sigma\left(\boldsymbol{a}^{(L)}\right), && h_i^{(L)}=\sigma\left(a_i^{(L)}\right),\\
&\widehat{\boldsymbol{y}}=\boldsymbol{h}^{(L)},\\
&J=\mathcal{L}(\boldsymbol{y},\widehat{\boldsymbol{y}})+R\left(\boldsymbol{W}^{(1)},\boldsymbol{b}^{(1)},\cdots,\boldsymbol{W}^{(L)},\boldsymbol{b}^{(L)}\right)。
\end{aligned} \tag{9-7}$$

采用梯度下降法，参数的更新公式为

$$\begin{aligned}
\boldsymbol{W}^{(l)}&=\boldsymbol{W}^{(l)}-\eta\nabla_{\boldsymbol{W}^{(l)}}J,\\
\boldsymbol{b}^{(l)}&=\boldsymbol{b}^{(l)}-\eta\nabla_{\boldsymbol{b}^{(l)}}J,
\end{aligned} \tag{9-8}$$

其中η为学习率。

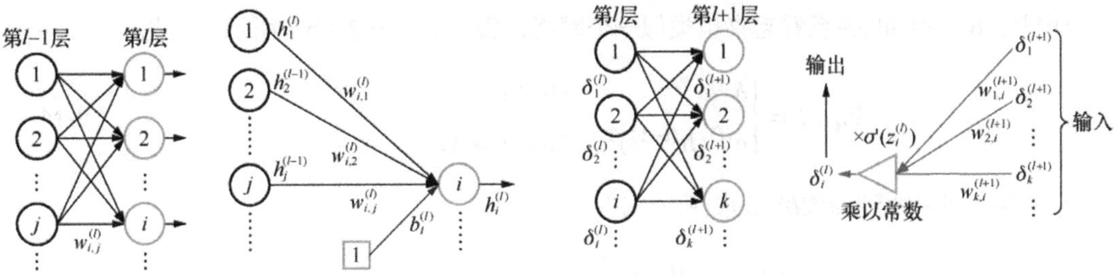

（a）前向计算过程　　（b）反向传播过程

图 9-2　DNN 的前向计算和反向传播

为了更清楚地看到每个元素的影响，下面按元素展开进行细节讨论。

根据微积分链式法则，偏导 $\frac{\partial J}{\partial w_{i,j}^{(l)}}$ 可以写成两个因式相乘，即

$$\frac{\partial J}{\partial w_{i,j}^{(l)}} = \frac{\partial J}{\partial a_i^{(l)}} \frac{\partial a_i^{(l)}}{\partial w_{i,j}^{(l)}}。 \tag{9-9}$$

根据前向计算过程 $a_i^{(l)} = \sum_j^{N_{l-1}} w_{i,j}^{(l)} h_j^{(l-1)} + b_i^{(l)}$，第 2 项记为

$$\begin{cases} \frac{\partial a_i^{(1)}}{v w_{i,j}^{(l)}} = x_j & 如果 l = 1 \\ \frac{v a_i^{(l)}}{\partial w_{i,j}^{(l)}} = h_j^{(l-1)} & 如果 l > 1。 \end{cases} \tag{9-10}$$

第 1 项 $\frac{\partial J}{\partial a_i^{(l)}}$ 记为 $\delta_i^{(l)}$，当 $l = L$ 时，得到

$$\delta_i^{(L)} = \frac{\partial J}{\partial h_i^{(L)}} \frac{\partial h_i^{(L)}}{\partial a_i^{(l)}} = \frac{\partial J}{\partial h_i^{(L)}} \sigma'\left(a_i^{(L)}\right); \tag{9-11}$$

当 $l < L$ 时，得到 $\delta_i^{(l)}$ 的反向传播递推公式，即

$$\begin{aligned} \delta_i^{(l)} &= \frac{\partial J}{\partial h_i^{(l)}} \frac{\partial h_i^{(l)}}{\partial a_i^{(l)}} \\ &= \left(\sum\nolimits_k \frac{\partial J}{\partial a_k^{(l+1)}} \frac{\partial a_k^{(l+1)}}{\partial h_i^{(l)}}\right) \sigma'(a_i^{(l)}) \\ &= \left(\sum\nolimits_k \delta_k^{(l+1)} w_{k,i}^{(l+1)}\right) \sigma'\left(a_i^{(l)}\right)。 \end{aligned} \tag{9-12}$$

写成矩阵形式为

$$\begin{cases} \boldsymbol{\delta}^{(L)} = \nabla_{\boldsymbol{h}^{(L)}} J \odot \sigma'\left(\boldsymbol{a}^{(L)}\right) & 如果 l = L \\ \boldsymbol{\delta}^{(l)} = \left((\boldsymbol{W}^{(l+1)})^T \boldsymbol{\delta}^{(l+1)}\right) \odot \sigma'\left(\boldsymbol{a}^{(l)}\right) & 如果 l < L, \end{cases} \tag{9-13}$$

其中⊙表示按元素乘。

$\delta^{(l+1)}$、$\delta^{(l)}$之间的关系看起来也类似一个网络，表示如图 9-2（b）所示。因此

$$\nabla_{\boldsymbol{W}^{(l)}}J=\begin{cases}\boldsymbol{\delta}^{(l)}\boldsymbol{x}^{\mathrm{T}} & \text{如果 } l=1\\ \boldsymbol{\delta}^{(l)}(\boldsymbol{h}^{(l-1)})^{\mathrm{T}} & \text{如果 } l>1。\end{cases} \tag{9-14}$$

类似地，可以得到参数$\boldsymbol{b}^{(l)}$的更新公式为

$$\frac{\partial J}{\partial b_i^{(l)}}=\frac{\partial J}{\partial a_i^{(l)}}\frac{\partial a_i^{(l)}}{\partial b_i^{(l)}}=\delta_i^{(l)}。 \tag{9-15}$$

写成矩阵形式为

$$\nabla_{\boldsymbol{b}^{(l)}}J=\boldsymbol{\delta}^{(l)}。 \tag{9-16}$$

由于根据链式规则计算梯度时，误差从网络的输出层经过隐含层逐层传播，与前向计算方向相反，神经网络的梯度下降法被称为反向传播算法。

9.1.4 DNN 的计算图

图 9-3 给出了有 2 个隐含层的 DNN 的计算图，这里的目标函数暂时只考虑损失函数，不包括正则项。

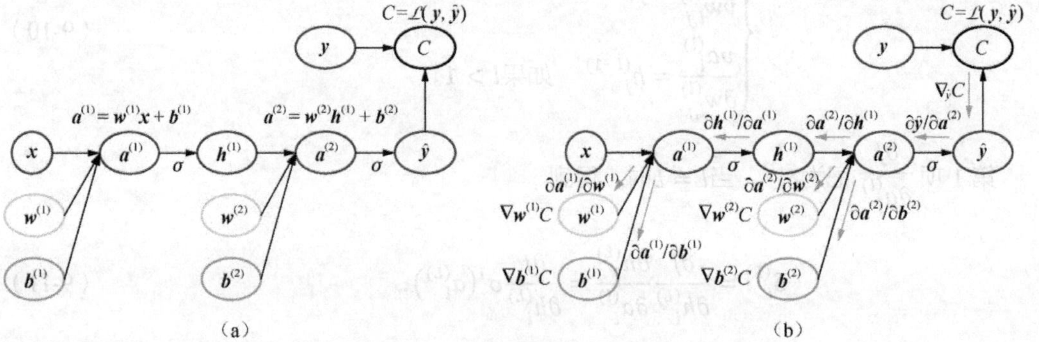

图 9-3　有 2 个隐含层的 DNN 的计算图

图 9-3（a）中给出了前向计算过程，即

$$\begin{aligned}\boldsymbol{a}^{(1)}&=\boldsymbol{W}^{(1)}\boldsymbol{x}+\boldsymbol{b}^{(1)},\\ \boldsymbol{h}^{(1)}&=\sigma\left(\boldsymbol{a}^{(1)}\right),\\ \boldsymbol{a}^{(2)}&=\boldsymbol{W}^{(2)}\boldsymbol{h}^{(1)}+\boldsymbol{b}^{(2)},\\ \widehat{\boldsymbol{y}}&=\sigma\left(\boldsymbol{a}^{(2)}\right)。\end{aligned} \tag{9-17}$$

要计算损失函数对每个变量的梯度，须从输出层往前，反向计算每条边对应的偏导数。

第 1 条边$\nabla_y C=\nabla_y L(\widehat{\boldsymbol{y}},\boldsymbol{y})$和具体任务的损失函数有关。例如，对回归问题的 L2 损失，标签y一般为标量：$\mathcal{L}(\widehat{y},y)=(y-\widehat{y})^2$，则$\dfrac{\mathrm{d}C}{\mathrm{d}\widehat{y}}=\dfrac{\mathrm{d}\mathcal{L}(\widehat{y},y)}{\partial\widehat{y}}=-2(y-\widehat{y})=2(\widehat{y}-y)$。如果是分类任务，则一般将原始类别标签独热编码为向量，例如，C类分类中的一个样本的类别为r，$1\leqslant r\leqslant C$，将其独热编码成向量$\boldsymbol{y}=(\underbrace{0,\cdots,0}_{r-1},1,\underbrace{0,\cdots,0}_{C-r})^{\mathrm{T}}$，$\mathcal{L}(\widehat{\boldsymbol{y}},\boldsymbol{y})=-\log(\widehat{y}_r)$，则有

$$\nabla_{\hat{y}} C = \left[\underbrace{0,\cdots,0}_{r-1}, -\frac{1}{\hat{y}_r}, \underbrace{0,\cdots,0}_{C-r}\right]^{\mathrm{T}}$$

第 2 条边为向量$\hat{\boldsymbol{y}}$对向量$\boldsymbol{a}^{(2)}$的雅可比矩阵，即

$$\frac{\partial\,\hat{y}}{\partial a^{(2)}} = \begin{bmatrix} \sigma'(a_1^{(2)}) & 0 & \cdots & 0 \\ 0 & \sigma'(a_2^{(2)}) & \cdots & 0 \\ \vdots & \vdots & \ddots & \vdots \\ 0 & \cdots & \cdots & \sigma'(a_{N_2}^{(2)}) \end{bmatrix} = \mathrm{diag}\left(\sigma'\left(a_i^{(2)}\right)\right)。 \quad (9\text{-}18)$$

接下来根据$\boldsymbol{a}^{(2)} = \boldsymbol{W}^{(2)}\boldsymbol{h}^{(1)} + \boldsymbol{b}^{(2)}$这一计算公式，有

$$\frac{\partial \boldsymbol{a}^{(2)}}{\partial \boldsymbol{h}^{(1)}} = \boldsymbol{W}^{(2)},$$

$$\frac{\partial \boldsymbol{a}^{(2)}}{\partial \boldsymbol{b}^{(2)}} = \begin{bmatrix} 1 & 0 & \cdots & 0 \\ 0 & 1 & \cdots & 0 \\ \vdots & \vdots & \ddots & \vdots \\ 0 & \cdots & \cdots & 1 \end{bmatrix} = \boldsymbol{I}。 \quad (9\text{-}19)$$

$\frac{\partial \boldsymbol{a}^{(2)}}{\partial \boldsymbol{W}^{(2)}}$为向量对矩阵求导，令$N_2$、$N_1$分别为第 2 个隐含层和第 1 个隐含层的神经元数目，则可以将矩阵$\boldsymbol{W}^{(2)}$扁平成一个$N_2 \times N_1$的向量$(w_{1,1}^{(2)},\cdots,w_{1,N_1}^{(2)},\cdots,w_{2,1}^{(2)},\cdots,w_{2,N_1}^{(2)},\cdots,w_{N_2,1}^{(2)},\cdots,w_{N_2,N_1}^{(2)})$，然后再计算向量$\boldsymbol{a}^{(2)}$对$\boldsymbol{W}^{(2)}$的雅可比矩阵，雅可比矩阵的大小$N_2 \times (N_2 \times N_1)$，用下标$i$表示雅可比矩阵的行索引，用$k \times N_1 + j$表示雅可比矩阵的列索引。将$\boldsymbol{a}^{(2)} = \boldsymbol{W}^{(2)}\boldsymbol{h}^{(1)} + \boldsymbol{b}^{(2)}$展开成标量形式，有

$$a_i^{(2)} = \sum_{j=1}^{N_1} w_{i,j}\, h_j^{(1)} + b^{(2)}。 \quad (9\text{-}20)$$

当$i \neq k$时，$\frac{\partial a_i^{(2)}}{\partial w_{k,j}^{(2)}} = 0$；当$i = k$时，$\frac{\partial z_i^{(2)}}{\partial w_{k,j}^{(2)}} = h_j^{(1)}$，因此有

$$\frac{\partial \boldsymbol{a}^{(2)}}{\partial \boldsymbol{W}^{(2)}} = \begin{bmatrix} h_1^{(1)} & h_1^{(1)} & \cdots & h_{N_1}^{(1)} & 0 & 0 & \cdots & 0 & 0 & 0 & \cdots & 0 & \cdots & 0 & 0 & \cdots & 0 \\ 0 & 0 & \cdots & 0 & h_1^{(1)} & h_2^{(1)} & \cdots & h_{N_1}^{(1)} & 0 & 0 & \cdots & 0 & \cdots & 0 & 0 & \cdots & 0 \\ \vdots & \vdots & \ddots & & & & & & & & & & & & & & \vdots \\ 0 & 0 & \cdots & 0 & 0 & 0 & \cdots & 0 & 0 & 0 & \cdots & 0 & \cdots & h_1^{(1)} & h_2^{(1)} & \cdots & h_{N_1}^{(1)} \end{bmatrix}。 \quad (9\text{-}21)$$

类似地，可以得到

$$\frac{\partial \boldsymbol{h}^{(1)}}{\partial \boldsymbol{a}^{(1)}} = \begin{bmatrix} \sigma'(a_1^{(1)}) & 0 & \cdots & 0 \\ 0 & \sigma'(a_2^{(1)}) & \cdots & 0 \\ \vdots & \vdots & \ddots & \vdots \\ 0 & \cdots & \cdots & \sigma'(a_{N_1}^{(1)}) \end{bmatrix},$$

$$\frac{\partial \boldsymbol{a}^{(1)}}{\partial \boldsymbol{W}^{(1)}} = \begin{bmatrix} x_1 & x_2 & \cdots & x_D & 0 & 0 & \cdots & 0 & 0 & 0 & \cdots & 0 & \cdots & 0 & 0 & \cdots & 0 \\ 0 & 0 & \cdots & 0 & x_1 & x_2 & \cdots & x_D & 0 & 0 & \cdots & 0 & \cdots & 0 & 0 & \cdots & 0 \\ \vdots & \vdots & \ddots & & & & & & & & & & & & & & \vdots \\ 0 & 0 & \cdots & 0 & 0 & 0 & \cdots & 0 & 0 & 0 & \cdots & 0 & \cdots & x_1 & x_2 & \cdots & x_D \end{bmatrix},$$

$$\frac{\partial \boldsymbol{a}^{(1)}}{\partial \boldsymbol{b}^{(1)}} = \begin{bmatrix} 1 & 0 & \cdots & 0 \\ 0 & 1 & \cdots & 0 \\ \vdots & \vdots & \ddots & \vdots \\ 0 & \cdots & \cdots & 1 \end{bmatrix}。 \quad (9\text{-}22)$$

最后，可以得到各个参数的梯度，即

$$
\begin{aligned}
\nabla_{\boldsymbol{W}^{(2)}} C &= \underbrace{\nabla_{\hat{\boldsymbol{y}}} C \frac{\partial \hat{\boldsymbol{y}}}{\partial \boldsymbol{a}^{(2)}}}_{\boldsymbol{\delta}^{(2)}} \frac{\partial \boldsymbol{a}^{(2)}}{\partial \boldsymbol{W}^{(2)}}, \\
\nabla_{\boldsymbol{b}^{(2)}} C &= \nabla_{\hat{\boldsymbol{y}}} C \frac{\partial \hat{\boldsymbol{y}}}{\partial \boldsymbol{a}^{(2)}} \frac{\partial \boldsymbol{a}^{(2)}}{\partial \boldsymbol{b}^{(2)}}, \\
\nabla_{\boldsymbol{W}^{(1)}} C &= \underbrace{\underbrace{\nabla_{\hat{\boldsymbol{y}}} C \frac{\partial \hat{\boldsymbol{y}}}{\partial \boldsymbol{a}^{(2)}}}_{\boldsymbol{\delta}^{(2)}} \frac{\partial \boldsymbol{a}^{(2)}}{\partial \boldsymbol{h}^{(1)}} \frac{\partial \boldsymbol{h}^{(1)}}{\partial \boldsymbol{a}^{(1)}}}_{\boldsymbol{\delta}^{(1)}} \frac{\partial \boldsymbol{a}^{(1)}}{\partial \boldsymbol{W}^{(1)}}, \\
\nabla_{\boldsymbol{b}^{(1)}} C &= \nabla_{\hat{\boldsymbol{y}}} C \frac{\partial \hat{\boldsymbol{y}}}{\partial \boldsymbol{a}^{(2)}} \frac{\partial \boldsymbol{a}^{(2)}}{\partial \boldsymbol{h}^{(1)}} \frac{\partial \boldsymbol{h}^{(1)}}{\partial \boldsymbol{b}^{(1)}}。
\end{aligned} \tag{9-23}
$$

结果同直接利用链式法则相同。

9.1.5 CNN 的反向传播算法

CNN 中包含池化层和卷积层，下面我们分别对池化层和卷积层的反向传播算法展开讨论。

1. 池化层

在前向传播时，池化层方面一般我们会选用最大池化或者平均池化，池化的区域大小已知，池化后分辨率会降低。现在我们反过来，要从低分辨率中的误差$\boldsymbol{\delta}^{(l)}$还原高分辨率中较大区域对应的误差。

在反向传播时，首先会把$\boldsymbol{\delta}^{(l)}$的所有子矩阵的矩阵大小还原成池化之前的大小。如果是最大池化，则把$\boldsymbol{\delta}^{(l)}$的所有子矩阵的各个池化及域的值放在之前做前向传播算法时所得最大值的位置。如果是平均池化，则把$\boldsymbol{\delta}^{(l)}$的所有子矩阵的各个池化区域的值取平均后放在还原后的子矩阵位置。池化层的反向传播记为upsampling($\boldsymbol{\delta}^{(l)}$)，可完成池化误差矩阵放大与误差重新分配等操作。

下面用一个例子来说明这个过程。假设池化区域大小是2×2。$\boldsymbol{\delta}^{(l)}$的第$k$个子矩阵为

$$
\boldsymbol{\delta}_k^{(l)} = \begin{bmatrix} 2 & 8 \\ 4 & 6 \end{bmatrix},
$$

由于池化区域为2×2，我们先将$\boldsymbol{\delta}_k^{(l)}$还原，即使其变成

$$
\begin{bmatrix} 0 & 0 & 0 & 0 \\ 0 & 2 & 8 & 0 \\ 0 & 4 & 6 & 0 \\ 0 & 0 & 0 & 0 \end{bmatrix},
$$

如果是最大池化，且假设之前在前向传播时记录的最大值位置分别是左上、右下、右上、左下，则转换后的矩阵为

$$
\text{upsampling}(\boldsymbol{\delta}^{(l)}) = \begin{bmatrix} 2 & 0 & 0 & 0 \\ 0 & 0 & 8 & 0 \\ 0 & 4 & 0 & 0 \\ 0 & 0 & 6 & 0 \end{bmatrix}。 \tag{9-24}
$$

如果是平均池化，则进行平均转换后的矩阵为

$$\text{upsampling}(\boldsymbol{\delta}_k^{(l)})=\begin{bmatrix}0.5 & 0.5 & 2 & 2\\ 0.5 & 0.5 & 2 & 2\\ 1 & 1 & 1.5 & 1.5\\ 1 & 1 & 1.5 & 1.5\end{bmatrix}。\tag{9-25}$$

2. 卷积层的反向传播算法

一个卷积层可以有多个卷积核（通道），各个卷积核的处理方法是完全相同且独立的，为了书写简单，下面提到的卷积核都是指卷积层中若干卷积核中的一个。对二维图像，DNN 中将图像展开成一维向量，$\boldsymbol{h}^{(l)}$和$\boldsymbol{a}^{(l)}$也是向量；在 CNN 中，$\boldsymbol{h}^{(l)}$和$\boldsymbol{a}^{(l)}$是三维张量。

和 DNN 类似，首先考虑相邻两层$\boldsymbol{\delta}$之间的递推关系，有

$$\begin{aligned}\boldsymbol{\delta}^{(l)}&=\nabla_{\boldsymbol{a}^{(l)}}J\\&=\nabla_{\boldsymbol{a}^{(l+1)}}\frac{\partial\boldsymbol{a}^{(l+1)}}{\partial\boldsymbol{h}^{(l)}}\frac{\partial\boldsymbol{h}^{(l)}}{\partial\boldsymbol{a}^{(l)}}\\&=\boldsymbol{\delta}^{(l+1)}\frac{\partial\boldsymbol{a}^{(l+1)}}{\partial\boldsymbol{h}^{(l)}}\odot\sigma'\left(\boldsymbol{a}^{(l+1)}\right)。\end{aligned}\tag{9-26}$$

所以需要确定$\dfrac{\partial\boldsymbol{a}^{(l+1)}}{\partial\boldsymbol{h}^{(l)}}$。$\boldsymbol{a}^{(l+1)}$和$\boldsymbol{h}^{(l)}$之间为卷积运算关系，有

$$\boldsymbol{z}^{(l+1)}=\boldsymbol{a}^{(l)}\boldsymbol{W}^{(l+1)}+\boldsymbol{b}^{(l+1)}。\tag{9-27}$$

我们通过一个例子来体会卷积操作，进而推出其反向传播算法。

例如，假设要处理以下卷积操作

$$\begin{pmatrix}a_{1,1} & a_{1,2} & a_{1,3}\\ a_{2,1} & a_{2,2} & a_{2,3}\\ a_{3,1} & a_{3,2} & a_{3,3}\end{pmatrix}*\begin{pmatrix}w_{1,1} & w_{1,2}\\ w_{2,1} & w_{2,2}\end{pmatrix}=\begin{pmatrix}z_{1,1} & z_{1,2}\\ z_{2,1} & z_{2,2}\end{pmatrix}。$$

该卷积操作可分解为下列等式

$$\begin{aligned}z_{1,1}&=a_{1,1}w_{1,1}+a_{1,2}w_{1,2}+a_{2,1}w_{2,1}+a_{2,2}w_{2,2},\\z_{1,2}&=a_{1,2}w_{1,1}+a_{1,3}w_{1,2}+a_{2,2}w_{2,1}+a_{2,3}w_{22},\\z_{2,1}&=a_{2,1}w_{1,1}+a_{2,2}w_{1,2}+a_{3,1}w_{2,1}+a_{3,2}w_{22},\\z_{2,2}&=a_{2,2}w_{1,1}+a_{2,3}w_{1,2}+a_{3,2}w_{2,1}+a_{3,3}w_{2,2},\end{aligned}$$

因此有

$$\nabla a_{1,1}=\frac{\partial J}{\partial z_{1,1}}\frac{\partial z_{1,1}}{\partial a_{1,1}}+\frac{\partial J}{\partial z_{1,2}}\frac{\partial z_{1,2}}{\partial a_{1,1}}+\frac{\partial J}{\partial z_{2,1}}\frac{\partial z_{2,1}}{\partial a_{1,1}}+\frac{\partial J}{\partial z_{2,2}}\frac{\partial z_{2,2}}{\partial a_{1,1}}=\delta_{1,1}w_{1,1},$$

$$\begin{aligned}\nabla a_{1,2}&=\frac{\partial J}{\partial z_{1,1}}\frac{\partial z_{1,1}}{\partial a_{1,2}}+\frac{\partial J}{\partial z_{1,2}}\frac{\partial z_{1,2}}{\partial a_{1,2}}+\frac{\partial J}{\partial z_{2,1}}\frac{\partial z_{2,1}}{\partial a_{1,2}}+\frac{\partial J}{\partial z_{2,2}}\frac{\partial z_{2,2}}{\partial a_{1,2}}\\&=\delta_{1,1}w_{1,2}+\delta_{1,2}w_{1,1}。\end{aligned}$$

同理，得到

$$\begin{aligned}&\nabla a_{1,3}=\delta_{1,2}w_{1,2},\\&\nabla a_{2,1}=\delta_{1,1}w_{2,1}+\delta_{2,1}w_{1,1},\\&\nabla a_{2,2}=\delta_{1,1}w_{2,2}+\delta_{1,2}w_{2,1}+\delta_{2,1}w_{1,2}+\delta_{2,2}w_{1,1},\\&\nabla a_{2,3}=\delta_{1,2}w_{2,2}+\delta_{2,2}w_{1,2},\\&\nabla a_{3,1}=\delta_{2,1}w_{2,1},\\&\nabla a_{3,2}=\delta_{2,1}w_{2,2}+\delta_{2,2}w_{2,1},\end{aligned}$$

$$\nabla a_{3,3} = \delta_{2,2} w_{2,2}。$$

将所有 $\dfrac{\partial \mathbf{z}}{\partial a_{i,j}}$ 的式子都写出来，就会发现，可以用一个卷积运算来进行计算，即

$$\begin{aligned}\boldsymbol{\delta}^{(l)} &= \boldsymbol{\delta}^{(l+1)} \frac{\partial \boldsymbol{z}^{(l+1)}}{\partial \boldsymbol{a}^{(l)}} \odot \sigma'(\boldsymbol{z}^{(l+1)}) \\ &= \boldsymbol{\delta}^{(l+1)} * \mathrm{rot180}(\boldsymbol{W}^{(l+1)}) \odot \sigma'(\boldsymbol{z}^{(l)})。\end{aligned} \tag{9-28}$$

式（9-28）其实和 DNN 类似，区别在于卷积求导时，卷积核被旋转了 180°（rot180）。翻转 180° 的意思是先上下翻转一次，再左右翻转一次。而在 DNN 中此处为矩阵的转置 $(\boldsymbol{W}^{(l+1)})^{\mathrm{T}}$。

已经知道当前层的误差项$\boldsymbol{\delta}^{(l)}$，参考之前$\nabla a_{i,j}$的计算，可以得到

$$\begin{aligned}
\nabla w_{1,1} &= \frac{\partial J}{\partial z_{1,1}}\frac{\partial z_{1,1}}{\partial w_{1,1}} + \frac{\partial J}{\partial z_{1,2}}\frac{\partial z_{1,2}}{\partial w_{1,1}} + \frac{\partial J}{\partial z_{2,1}}\frac{\partial z_{2,1}}{\partial w_{1,1}} + \frac{\partial J}{\partial z_{2,2}}\frac{\partial z_{2,2}}{\partial w_{1,1}} \\
&= \delta_{1,1} a_{1,1} + \delta_{1,2} a_{1,2} + \delta_{2,1} a_{2,1} + \delta_{2,2} a_{2,2}, \\
\nabla w_{1,2} &= \frac{\partial J}{\partial z_{1,1}}\frac{\partial z_{1,1}}{\partial w_{1,2}} + \frac{\partial J}{\partial z_{1,2}}\frac{\partial z_{1,2}}{\partial w_{1,2}} + \frac{\partial J}{\partial z_{2,1}}\frac{\partial z_{2,1}}{\partial w_{1,2}} + \frac{\partial J}{\partial z_{2,2}}\frac{\partial z_{2,2}}{\partial w_{1,2}} \\
&= \delta_{1,1} a_{1,2} + \delta_{1,2} a_{1,3} + \delta_{2,1} a_{2,2} + \delta_{2,2} a_{2,3}, \\
\nabla w_{2,1} &= \frac{\partial J}{\partial z_{1,1}}\frac{\partial z_{1,1}}{\partial w_{2,1}} + \frac{\partial J}{\partial z_{1,2}}\frac{\partial z_{1,2}}{\partial w_{2,1}} + \frac{\partial J}{\partial z_{2,1}}\frac{\partial z_{2,1}}{\partial w_{2,1}} + \frac{\partial J}{\partial z_{2,2}}\frac{\partial z_{2,2}}{\partial w_{2,1}} \\
&= \delta_{1,1} a_{1,2} + \delta_{1,2} a_{1,3} + \delta_{2,1} a_{2,2} + \delta_{2,2} a_{2,3}, \\
\nabla w_{2,2} &= \frac{\partial J}{\partial z_{1,1}}\frac{\partial z_{1,1}}{\partial w_{2,2}} + \frac{\partial J}{\partial z_{1,2}}\frac{\partial z_{1,2}}{\partial w_{2,2}} + \frac{\partial J}{\partial z_{2,1}}\frac{\partial z_{2,1}}{\partial w_{2,2}} + \frac{\partial J}{\partial z_{2,2}}\frac{\partial z_{2,2}}{\partial w_{2,2}} \\
&= \delta_{1,1} a_{2,2} + \delta_{1,2} a_{1,3} + \delta_{2,1} a_{2,2} + \delta_{2,2} a_{2,3}。
\end{aligned}$$

跟$\nabla a_{i,j}$一样，可以用矩阵卷积的形式将其表示为

$$\begin{pmatrix} a_{1,1} & a_{1,2} & a_{1,3} \\ a_{2,1} & a_{2,2} & a_{2,3} \\ a_{3,1} & a_{3,2} & a_{3,3} \end{pmatrix} * \begin{pmatrix} \delta_{1,1} & \delta_{1,2} \\ \delta_{2,1} & \delta_{2,2} \end{pmatrix} = \begin{pmatrix} \nabla w_{1,1} & \nabla w_{1,2} \\ \nabla w_{2,1} & \nabla w_{2,2} \end{pmatrix},$$

这样就得到了

$$\nabla_{\boldsymbol{W}^{(l)}} J = \boldsymbol{a}^{(l-1)} * \boldsymbol{\delta}^{(l)}。 \tag{9-29}$$

对于$\boldsymbol{b}$，稍微有些特殊，因为$\boldsymbol{\delta}^{(l)}$是高维张量，而$\boldsymbol{b}$只是一个向量，不能像 DNN 那样直接和$\boldsymbol{\delta}^{(l)}$等同。通常的做法是将$\boldsymbol{\delta}^{(l)}$的各个子矩阵的项分别求和，得到一个误差向量，即为$\boldsymbol{b}$的梯度公式

$$\nabla_{\boldsymbol{b}^{(l)}} J = \textstyle\sum_{u,v} (\boldsymbol{\delta}^{(l)})_{u,v}。 \tag{9-30}$$

9.1.6 循环神经网络的反向传播算法

RNN 的正向传播依次按照时间的顺序计算，而反向传播则从最后一个时刻开始将累积的残差传递回来。反向传播跟普通神经网络的梯度计算本质上没有不同，但是由于加入了时间顺序，使计算的方式有所不同，因此称其为基于时间的反向传播（Back Propagation Through Time，BPTT）算法。在 RNN 中，不同时刻的参数是共享的，因此反向传播时更新的是相同的参数。

循环神经网络的输入是一整个序列$\boldsymbol{x} = [\boldsymbol{x}_1, \cdots, \boldsymbol{x}_t, \cdots, \boldsymbol{x}_T]$，$\boldsymbol{h}_t$代表时刻$t$的隐含状态，$\hat{\boldsymbol{y}}_t$代

表时刻t网络的输出，$\boldsymbol{U}$为输入层到隐藏层直接的权重，$\boldsymbol{W}$为隐藏层到隐藏层的权重，$\boldsymbol{V}$为隐藏层到输出层的权重，f和g分别为隐含层和输出层的激活函数。这里为了书写简洁，忽略了偏置项。图 9-4 给出了一个时间长度为 3 的 RNN 的计算图。

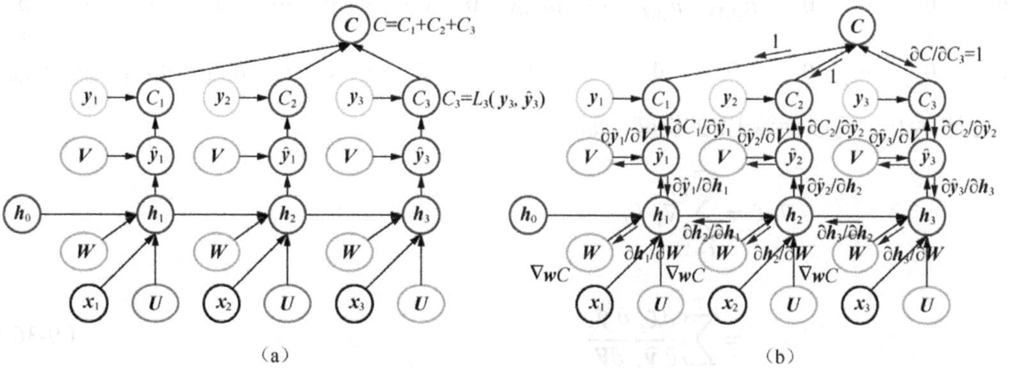

图 9-4　序列长度为 3 的 RNN 的计算图

RNN 的前向计算为

$$\begin{aligned}\boldsymbol{h}_t &= f(\boldsymbol{U}\boldsymbol{x}_t + \boldsymbol{W}\boldsymbol{h}_{t-1}),\\ \hat{\boldsymbol{y}}_t &= g(\boldsymbol{V}\boldsymbol{h}_t + \boldsymbol{c})。\end{aligned} \tag{9-31}$$

对于 RNN，序列的每个位置都有损失函数，因此最终的损失$\mathcal{L} = \sum_{t=1}^{T} \mathcal{L}_t$。

我们从计算图的输出层往前推进一层，这一层的边对应的偏导数为

$$\frac{\partial C}{\partial C_t} = 1。 \tag{9-32}$$

再往前推进一层，从$C_t \to \hat{\boldsymbol{y}}_t$有

$$\frac{\partial C_t}{\partial \hat{\boldsymbol{y}}_t} = \frac{\partial \mathcal{L}_t}{\partial \hat{\boldsymbol{y}}_t}。 \tag{9-33}$$

偏导数的具体值与损失函数有关。

再往前推进一层，根据$\hat{\boldsymbol{y}}_t = g(\boldsymbol{V}\boldsymbol{h}_t)$，可知$\hat{\boldsymbol{y}}_t \to \boldsymbol{h}_t$，$\hat{\boldsymbol{y}}_t \to \boldsymbol{V}$。这里我们引入中间变量$\boldsymbol{o}_t = \boldsymbol{V}\boldsymbol{h}_t$，为了简化图，将激活函数和矩阵与向量相乘而合并成一个结点。因为这是一个全连接层，所以我们直接将前面 DNN 的结论拿来代入即可，即有

$$\begin{aligned}\frac{\partial \hat{\boldsymbol{y}}_t}{\partial \boldsymbol{h}_t} &= \frac{\partial \hat{\boldsymbol{y}}_t}{\partial \boldsymbol{o}_t}\frac{\partial \boldsymbol{o}_t}{\partial \boldsymbol{h}_t}\\ &= \begin{bmatrix} g'((\boldsymbol{o}_t)_1) & 0 & \cdots & 0 \\ 0 & g'((\boldsymbol{o}_t)_2) & \cdots & 0 \\ \vdots & \vdots & \ddots & \vdots \\ 0 & \cdots & \cdots & g'((\boldsymbol{o}_t)_O) \end{bmatrix}\boldsymbol{V}\\ &= \mathrm{diag}(g'(\boldsymbol{o}_t))\boldsymbol{V},\end{aligned} \tag{9-34}$$

$$\begin{aligned}\frac{\partial \hat{\boldsymbol{y}}_t}{\partial \boldsymbol{V}} &= \frac{\partial \hat{\boldsymbol{y}}_t}{\partial \boldsymbol{o}_t}\frac{\partial \boldsymbol{o}_t}{\partial \boldsymbol{V}}\\ &= \mathrm{diag}(g'(\boldsymbol{o}_t))\frac{\partial \boldsymbol{o}_t}{\partial \boldsymbol{V}},\end{aligned} \tag{9-35}$$

若令O为输出层结点数目，H为输入层结点数目，则$\frac{\partial \boldsymbol{o}_t}{\partial \boldsymbol{V}}$为$O \times (O \times H)$的矩阵，即

$$\begin{bmatrix} h_{(t,1)} & h_{(t,2)} & \cdots & h_{(t,H)} & 0 & 0 & \cdots & 0 & 0 & 0 & \cdots & 0 & \cdots & 0 & 0 & \cdots & 0 \\ 0 & 0 & \cdots & 0 & h_{(t,1)} & h_{(t,2)} & \cdots & h_{(t,H)} & 0 & 0 & \cdots & 0 & \cdots & 0 & 0 & \cdots & 0 \\ \vdots & \vdots & \ddots & & & & & & & & & & & & & & \vdots \\ 0 & 0 & \cdots & 0 & 0 & 0 & \cdots & 0 & 0 & 0 & \cdots & 0 & \cdots & h_{(t,1)} & h_{(t,2)} & \cdots & h_{(t,H)} \end{bmatrix}。$$

到此为止，可以计算出$\boldsymbol{V}$的梯度，即

$$\begin{aligned} \nabla_{\boldsymbol{V}}\mathcal{L} &= \sum_{t=1}^{T} \nabla_{\boldsymbol{V}}\mathcal{L}_t \\ &= \sum_{t=1}^{T} \frac{\partial \mathcal{L}_t}{\partial \widehat{\boldsymbol{y}}_t} \frac{\partial \widehat{\boldsymbol{y}}_t}{\partial \boldsymbol{V}} \\ &= \sum_{t=1}^{T} \frac{\partial \mathcal{L}_t}{\partial \widehat{\boldsymbol{y}}_t} \operatorname{diag}\big(g'(\boldsymbol{o}_t)\big) \frac{\partial \boldsymbol{o}_t}{\partial \boldsymbol{V}}。 \end{aligned} \tag{9-36}$$

再往前推进一层，根据$\boldsymbol{h}_{t+1} = f(\boldsymbol{U}\boldsymbol{x}_{t+1} + \boldsymbol{W}\boldsymbol{h}_t)$，可知$\boldsymbol{h}_{t+1} \to \boldsymbol{h}_t$，$t < T$。这里我们引入中间变量$\boldsymbol{a}_{t+1} = \boldsymbol{U}\boldsymbol{x}_{t+1} + \boldsymbol{W}\boldsymbol{h}_t$，这也是一个全连接层，此时亦可直接将前面 DNN 的结论拿来代入，有

$$\begin{aligned} \frac{\partial \boldsymbol{h}_{t+1}}{\partial \boldsymbol{h}_t} &= \frac{\partial \boldsymbol{h}_{t+1}}{\partial \boldsymbol{a}_{t+1}} \frac{\partial \boldsymbol{a}_{t+1}}{\partial \boldsymbol{h}_t} \\ &= \begin{bmatrix} f'((\boldsymbol{a}_{t+1})_1) & 0 & \cdots & 0 \\ 0 & f'((\boldsymbol{a}_{t+1})_2) & \cdots & 0 \\ \vdots & \vdots & \ddots & \vdots \\ 0 & \cdots & \cdots & f'((\boldsymbol{a}_{t+1})_H) \end{bmatrix} \boldsymbol{W} \\ &= \operatorname{diag}(f'(\boldsymbol{a}_{t+1}))\boldsymbol{W}。 \end{aligned} \tag{9-37}$$

注意$\boldsymbol{h}_t (t < T)$同时具有$\widehat{\boldsymbol{y}}_t$和$\boldsymbol{h}_{t+1}$两个后续结点，因此，它的梯度由下式计算

$$\begin{aligned} \nabla_{\boldsymbol{h}_t} C &= (\nabla_{\boldsymbol{h}_{t+1}} C) \frac{\partial \boldsymbol{h}_{t+1}}{\partial \boldsymbol{h}_t} + (\nabla_{\widehat{\boldsymbol{y}}_t} C) \frac{\partial \widehat{\boldsymbol{y}}_t}{\partial \boldsymbol{h}_t} \\ &= (\nabla_{\boldsymbol{h}_{t+1}} C) \operatorname{diag}(f'(\boldsymbol{a}_{t+1}))\boldsymbol{W} + \left(\nabla_{\widehat{\boldsymbol{y}}_t} C\right) \operatorname{diag}\big(g'(\boldsymbol{o}_t)\big)\boldsymbol{V}。 \end{aligned} \tag{9-38}$$

当$t = T$时，$\boldsymbol{h}_T$只有$\widehat{\boldsymbol{y}}_T$这一个后续结点，因此，它的梯度由下式计算

$$\nabla_{h_T} C = (\nabla_{\widehat{y}_t} C) \frac{\partial \widehat{\boldsymbol{y}}_t}{\partial h_t} = (\nabla_{\widehat{y}_t} C) \operatorname{diag}(g'(o_t)) V。 \tag{9-39}$$

再继续反向计算，根据$\boldsymbol{h}_t = f(\boldsymbol{W}\boldsymbol{h}_{t-1} + \boldsymbol{U}\boldsymbol{x}_t)$，可知$\boldsymbol{h}_t \to \boldsymbol{W}$，$\boldsymbol{h}_t \to \boldsymbol{U}$。这里同样会用到中间变量$\boldsymbol{a}_t = \boldsymbol{U}\boldsymbol{x}_t + \boldsymbol{W}\boldsymbol{h}_{t-1}$，且有

$$\frac{\partial \boldsymbol{h}_t}{\partial \boldsymbol{W}} = \frac{\partial \boldsymbol{h}_t}{\partial \boldsymbol{a}_t} \frac{\partial \boldsymbol{a}_t}{\partial \boldsymbol{W}} = \operatorname{diag}\big(f'(\boldsymbol{a}_t)\big) \frac{\partial \boldsymbol{a}_t}{\partial \boldsymbol{W}}， \tag{9-40}$$

其中$\frac{\partial \boldsymbol{a}_t}{\partial \boldsymbol{W}}$为$H \times (H \times H)$的矩阵，即

$$\begin{bmatrix} h_{(t,1)} & h_{(t,2)} & \cdots & h_{(t,H)} & 0 & 0 & \cdots & 0 & 0 & 0 & \cdots & 0 & \cdots & 0 & 0 & \cdots & 0 \\ 0 & 0 & \cdots & 0 & h_{(t,1)} & h_{(t,2)} & \cdots & h_{(t,H)} & 0 & 0 & \cdots & 0 & \cdots & 0 & 0 & \cdots & 0 \\ \vdots & \vdots & \ddots & & & & & & & & & & & & & & \vdots \\ 0 & 0 & \cdots & 0 & 0 & 0 & \cdots & 0 & 0 & 0 & \cdots & 0 & \cdots & h_{(t,1)} & h_{(t,2)} & \cdots & h_{(t,H)} \end{bmatrix}。$$

$$\frac{\partial \boldsymbol{h}_t}{\partial \boldsymbol{U}} = \frac{\partial \boldsymbol{h}_t}{\partial \boldsymbol{a}_t}\frac{\partial \boldsymbol{a}_t}{\partial \boldsymbol{U}} = \operatorname{diag}\big(f'(\boldsymbol{a}_t)\big)\frac{\partial \boldsymbol{a}_t}{\partial \boldsymbol{U}}, \tag{9-41}$$

其中$\frac{\partial \boldsymbol{a}_t}{\partial \boldsymbol{U}}$为$H \times (H \times H)$的矩阵，即

$$\begin{bmatrix} x_{(t,1)} & x_{(t,2)} & \cdots & x_{(t,D)} & 0 & 0 & \cdots & 0 & 0 & 0 & \cdots & 0 & \cdots & 0 & 0 & \cdots & 0 \\ 0 & 0 & \cdots & 0 & x_{(t,1)} & x_{(t,2)} & \cdots & x_{(t,D)} & 0 & 0 & \cdots & 0 & \cdots & 0 & 0 & \cdots & 0 \\ \vdots & \vdots & \ddots & & & & & & & & & & & & & & \vdots \\ 0 & 0 & \cdots & 0 & 0 & 0 & \cdots & 0 & 0 & 0 & \cdots & 0 & \cdots & x_{(t,1)} & x_{(t,2)} & \cdots & x_{(t,D)} \end{bmatrix}。$$

最后可以得到$\boldsymbol{W}$和$\boldsymbol{U}$的梯度

$$\begin{aligned} \nabla_{\boldsymbol{W}}\mathcal{L} &= \sum_{t=1}^{T}\nabla_{\boldsymbol{W}}\mathcal{L}_t \\ &= \sum_{t=1}^{T}\frac{\partial \mathcal{L}_t}{\partial \widehat{\boldsymbol{y}}_t}\frac{\partial \widehat{\boldsymbol{y}}_t}{\partial \boldsymbol{h}_t}\frac{\partial \boldsymbol{h}_t}{\partial \boldsymbol{W}} \\ &= \sum_{t=1}^{T}\frac{\partial \mathcal{L}_t}{\partial \widehat{\boldsymbol{y}}_t}\operatorname{diag}\big(g'(\boldsymbol{o}_t)\big)\boldsymbol{V}\operatorname{diag}\big(f'(\boldsymbol{a}_t)\big)\frac{\partial \boldsymbol{a}_t}{\partial \boldsymbol{W}}, \end{aligned} \tag{9-42}$$

$$\begin{aligned} \nabla_{\boldsymbol{U}}\mathcal{L} &= \sum_{t=1}^{T}\nabla_{\boldsymbol{U}}\mathcal{L}_t \\ &= \sum_{t=1}^{T}\frac{\partial \mathcal{L}_t}{\partial \widehat{\boldsymbol{y}}_t}\frac{\partial \widehat{\boldsymbol{y}}_t}{\partial \boldsymbol{h}_t}\frac{\partial \boldsymbol{h}_t}{\partial \boldsymbol{U}} \\ &= \sum_{t=1}^{T}\frac{\partial \mathcal{L}_t}{\partial \widehat{\boldsymbol{y}}_t}\operatorname{diag}\big(g'(\boldsymbol{o}_t)\big)\boldsymbol{V}\operatorname{diag}\big(f'(\boldsymbol{a}_t)\big)\frac{\partial \boldsymbol{a}_t}{\partial \boldsymbol{U}}。 \end{aligned} \tag{9-43}$$

如果序列很长，即T很大，则 RNN 模型在反向传播时会出现梯度消失或梯度爆炸，即高层若出现梯度较小或较大的情况，则在反向传播到低层时，梯度几乎为 0 或无穷大。为了更清楚地看到这一点，定义序列索引t位置的隐藏状态的梯度为

$$\boldsymbol{\delta}_t = \frac{\partial \mathcal{L}}{\partial \boldsymbol{h}_t}$$

我们像 DNN 一样从$\boldsymbol{\delta}_{t+1}$开始递推$\boldsymbol{\delta}_t$。

当$t = T$时，有

$$\boldsymbol{\delta}_T = \left(\frac{\partial \widehat{\boldsymbol{y}}_T}{\partial \boldsymbol{h}_T}\right)^{\mathrm{T}}\frac{\partial \mathcal{L}}{\partial \widehat{\boldsymbol{y}}_T} = \boldsymbol{V}^{\mathrm{T}}\frac{\partial \mathcal{L}}{\partial \widehat{\boldsymbol{y}}_T}。$$

当$1 \leqslant t < T$时，有

$$
\begin{aligned}
\boldsymbol{\delta}_t &= \frac{\partial \mathcal{L}}{\partial \widehat{\boldsymbol{y}}_t}\frac{\partial \widehat{\boldsymbol{y}}_t}{\partial \boldsymbol{h}_t} + \frac{\partial \mathcal{L}}{\partial \boldsymbol{h}_{t+1}}\frac{\partial \boldsymbol{h}_{t+1}}{\partial \boldsymbol{h}_t} \\
&= \frac{\partial \mathcal{L}}{\partial \widehat{\boldsymbol{y}}_t}\mathrm{diag}\big(g'(\boldsymbol{o}_t)\big)\boldsymbol{V} + \boldsymbol{\delta}_{t+1}\mathrm{diag}\big(f'(\boldsymbol{a}_{t+1})\big)\boldsymbol{W} \\
&= \frac{\partial \mathcal{L}}{\partial \widehat{\boldsymbol{y}}_t}\mathrm{diag}\big(g'(\boldsymbol{o}_t)\big)\boldsymbol{V} + \left(\frac{\partial L}{\partial \widehat{\boldsymbol{y}}_{t+1}}\mathrm{diag}\big(g'(\boldsymbol{o}_{t+1})\big)\boldsymbol{V} + \boldsymbol{\delta}_{t+2}\mathrm{diag}\big(f'(\boldsymbol{a}_{t+2})\big)\boldsymbol{W}\right) \\
&\quad \mathrm{diag}\big(f'(\boldsymbol{a}_{t+1})\big)\boldsymbol{W} \\
&= \cdots \\
&= \sum_{k=t}^{T}\frac{\partial \mathcal{L}}{\partial \widehat{\boldsymbol{y}}_k}\mathrm{diag}\big(g'(\boldsymbol{o}_k)\big)\boldsymbol{V}\prod_{k'=1}^{k-t}\Big(\mathrm{diag}\big(f'(\boldsymbol{a}_{t+k'})\big)\boldsymbol{W}\Big)。
\end{aligned}
$$

从上面的式子可以看出，$\boldsymbol{\delta}_t$计算涉及$\boldsymbol{W}$多次连乘，$T-t$的值越大，连乘次数越多。序列长度T越大，展开的网络越深，梯度计算中涉及的乘法次数就越多。如果这些数值大于 1，则多次相乘的数值会无穷大，我们称之为梯度爆炸（Gradient Explode）；如果单个数值小于 1，则多次相乘的数值会无穷小，我们称之为梯度消失（Gradient Vanish）。上面讨论的是简单 RNN，LSTM 和 GRU 就是为了克服 RNN 中的梯度消失或梯度爆炸问题改进而来的。LSTM 的梯度计算不再详细展开，读者可以自行练习。

读者如果对这一小节的梯度计算没有理解，那么也没关系，因为现在流行的深度学习平台都可以根据我们定义的前向计算，自动进行反向传播计算。

9.2 激活函数

激活函数的主要作用是为神经网络提供非线性建模能力。如果没有激活函数，即使多个神经元连接也只能进行线性映射。只有加入了激活函数之后，深度神经网络才具备了分层的非线性映射学习能力。激活函数在模型训练中参与梯度的反向传播计算，所以激活函数的导数也会影响训练的收敛。

激活函数应该具有以下性质。

- 可微性：当优化方法是基于梯度的时候，这个性质是必须的。
- 单调性：当激活函数是单调的时候，单层网络能够保证是凸函数。
- 非饱和性：饱和指的是在某些区间梯度接近于零，使参数无法继续更新。
- 输出值的范围：有限的输出范围使网络对于一些比较大的输入也会比较稳定（但可能会导致梯度消失，或者限制神经元表达能力）。当激活函数的输出是无限的时候（如 ReLU），模型的训练会更加高效，不过在这种情况下，一般需要更小的学习率。
- 归一化（Normalization）：归一化的主要思想是使样本分布自动归一化到零均值、单位方差的分布（注意在前面几章我们用的术语是标准化，这里为了和神经网络领域的文献保持一致采用归一化表述），从而稳定训练。

图 9-5 给出了深度学习中常用的激活函数及其导数的图形，接下来结合图形理解不同激活函数的特点。

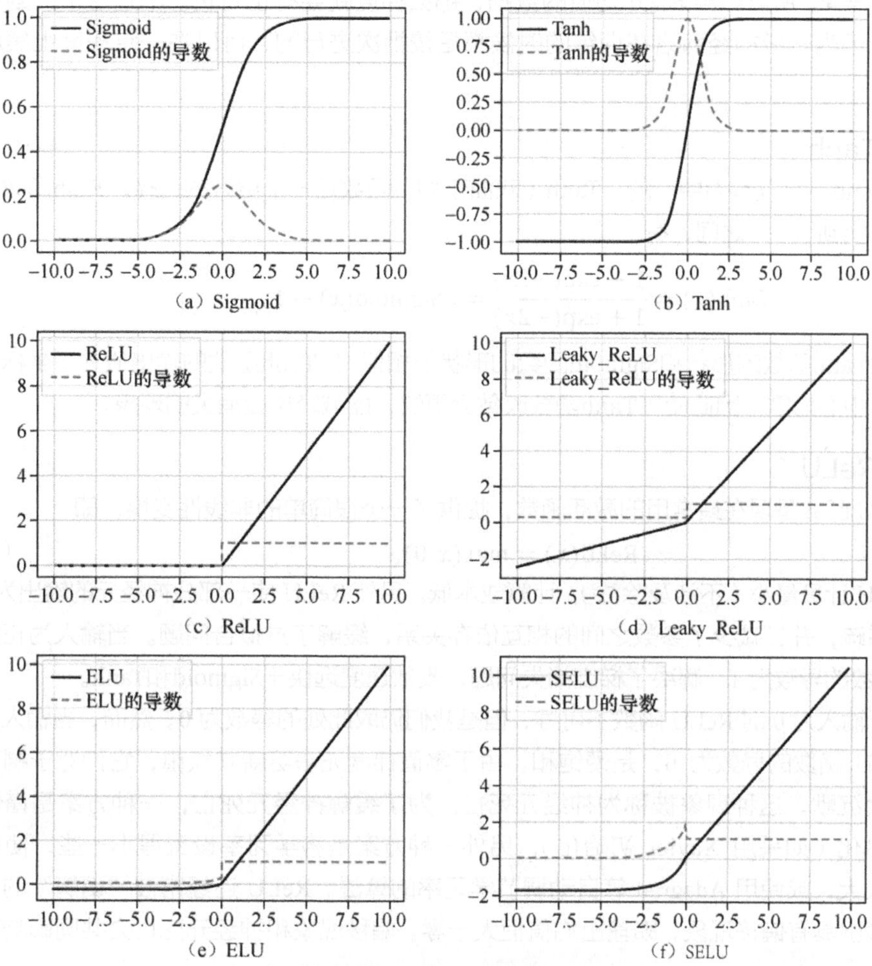

图 9-5　深度网络中常用的激活函数及其导数

1. Sigmoid

Sigmoid函数将输入值变换到 0～1 之间，有

$$\text{Sigmoid}(x) = \frac{1}{(1 + \mathrm{e}^{-x})}。\tag{9-44}$$

Sigmoid函数在定义域内处处可导。但Sigmoid的导数的最大值为 0.25，这意味着在反向传播时，返回网络的误差将会在每一层收缩至少 75%，从而会导致梯度消失问题。且Sigmoid函数两侧的导数会逐渐趋近于 0。我们称这种导数趋近于 0 的性质为软饱和（与之对应的硬饱和指导数等于 0）。因此一旦输入落入饱和区，激活函数的导数就会变得接近于 0，导致向前面层传递的梯度变得非常小。这种现象被称为梯度消失。一般来说，Sigmoid网络在 5 层之内就会产生梯度消失现象。此时，网络参数很难得到有效训练。最近一些新的优化方法能够有效缓解梯度消失，如 Xavier 权重初始化等。

另外 Sigmoid 输出的均值并不为 0，这会导致经过Sigmoid激活函数之后的输出，在作为后面一层的输入的时候均值非 0，这时如果输入进入下一层神经元的时候全是正的，那么在更新参数时就是正梯度。例如，下一层神经元的输入是$\boldsymbol{x}$，参数是$\boldsymbol{W}$和$\boldsymbol{b}$，那么输出为$f = \boldsymbol{W}\boldsymbol{x} + \boldsymbol{b}$，这时$\nabla_W f = \boldsymbol{x}$。所以如果$\boldsymbol{x}$是 0 均值的数据，那么梯度就会有正有负。不过这个问题并不是很严重，因为一般神经网络在训练的时候都是按批次进行的，可以在一定程度上缓解这个问题。

2. Tanh

Sigmoid不是以零为中心的，Tanh（双曲正切）函数是一个更好的选择。Tanh函数可以将输入值变换到-1～1 之间，有

$$\mathrm{Tanh}(x) = \frac{1-\exp(-2x)}{1+\exp(-2x)} = 2\mathrm{Sigmoid}(x) - 1。 \quad (9\text{-}45)$$

虽然Tanh函数的形状和Sigmoid函数的形状很相似，但Tanh函数的输出值关于坐标系的原点对称，中心为零，因此使用Tanh函数收敛会更快，能减轻梯度消失的现象。

3. ReLU

ReLU 函数是现在最常用的激活函数，提供了一个很简单的非线性变换，即

$$\mathrm{ReLU}(x) = \max(x, 0)。 \quad (9\text{-}46)$$

ReLU 计算量小（不涉及除法），计算成本低。另外 ReLU 使一部分神经元的输出为 0，造成网络稀疏，并且减少了参数之间的相互依存关系，缓解了过拟合问题。当输入为正数时，ReLU 函数的导数为 1，解决了梯度消失问题，收敛速度远快于Sigmoid和Tanh。

尽管输入为 0 时 ReLU 函数不可导，但是我们仍取此处的导数为 0。然而，当输入为负数时，ReLU 函数的导数为 0，是硬饱和。由于零值梯度无法更新其权重，它们对于剩下的训练阶段会沉默。这种现象被称为神经元死亡。为了缓解神经元死亡，一种方案是谨慎进行参数初始化（如采用 Xavier 初始化），另外一种方案是将学习率设置得小一些，使参数更新不要太大，或使用 Adagrad 等自动调节学习率的算法。ReLU 还经常被“诟病”的一个问题是其输出具有偏移现象，即输出均值恒大于零。偏移现象和神经元死亡会共同影响网络的收敛性。

4. LeakyReLU

LeakyReLU 是对 ReLU 的改进，主要是当$x < 0$时，会有一个很小的正梯度，具有非饱和性，减轻了神经元死亡现象。LeakyReLU 的函数表达式为

$$\mathrm{LeakyReLU}(x) = \max(x, \alpha x), \quad (9\text{-}47)$$

其中α是一个很小的常数。参数α也可以通过学习得到，被称为参数化修正线性单元（Parameteric Rectified Linear Unit，PReLU）。

5. ELU

指数线性单元（Exponential Linear Units，ELU）融合了 Sigmoid 和 ReLU，具有左侧软饱和性，其函数表达式为

$$\mathrm{ELU}(x) = \begin{cases} x & \text{如果 } x \geqslant 0 \\ \alpha(\mathrm{e}^x - 1) & \text{如果 } x < 0。 \end{cases} \quad (9\text{-}48)$$

ELU 继承了 LeakyReLU 的优点，左侧软饱和性使 ELU 对输入变化或噪声的健壮性更强。但 ELU 包含指数运算，运算量大。

6. SELU

缩放指数线性单元（Scaled Exponential Linear Units，SELU）的函数表达式为

$$\mathrm{SELU}(x)=\lambda\begin{cases}x & 如果x\geqslant 0\\ \alpha(\mathrm{e}^x-1) & 如果x<0,\end{cases} \tag{9-49}$$

其中参数λ、α的值可通过推导得到，如下所示。

$$\lambda=1.050\,700\,987\,354\,804\,934\,193\,349\,852\,946,$$

$$\alpha=1.673\,263\,242\,354\,377\,284\,817\,042\,991\,671\,7。$$

经过 SELU 激活函数后，样本分布自动归一化到 0 均值和单位方差。SELU 不存在死区，输入大于零时，激活输出对输入进行了放大（导数为$\lambda>1$），但存在饱和区（输入为负无穷时，输出趋于$-\alpha\lambda$）。

7. MaxOut

MaxOut 是深度学习网络中的一层网络，就像池化层、卷积层一样。我们可以把 MaxOut 看成网络的激活函数层，假设激活函数层的输入特征向量为$\boldsymbol{x}=(x_1,x_2,\cdots,x_D)$，MaxOut 层每个神经元的计算公式为

$$h(\boldsymbol{x})=\max_{j\in[1,K]}(\boldsymbol{z}_j), \tag{9-50}$$

其中$\boldsymbol{z}_j=\boldsymbol{W}_j\boldsymbol{x}+\boldsymbol{b}_j$。如果参数$K=1$，则网络就会变成普通的 DNN。所以相当于在传统的 DNN 中，在第i层到第$i+1$层之间参数只有一组$\boldsymbol{W}$、$\boldsymbol{b}$，分别为二维矩阵和一维向量。在 MaxOut 网络中，我们在这一层同时训练K组参数$\boldsymbol{W}$、$\boldsymbol{b}$，然后选择$\boldsymbol{z}$值最大的作为下一层神经元的输入，这样$\max(\boldsymbol{z})$函数就充当了激活函数。

Maxout 可被视为一个可学习的分段线性函数。由于任何一个凸函数都可以由线性分段函数进行逼近，Maxout 可以拟合任意的凸函数。但 MaxOut 明显增加了网络的计算量，原本只需要 1 组参数，变成了需要在K组$\boldsymbol{z}$中挑选 1 组。

8. 如何选择激活函数

在实际应用中，我们选择激活函数的一般原则如下。

（1）首选 ReLU，速度快，但要注意学习率。

（2）如果 ReLU 效果欠佳，则可尝试使用 LeakyReLU、ELU 或 MaxOut 等变种。

（3）可以尝试使用 Tanh。

（4）Sigmoid 和 Tanh 在 RNN（LSTM、注意力机制等）结构中作为门控或者概率值。在其他情况下，须减少 Sigmoid 的使用。

9.3 深度学习中的优化算法

深度学习中最常用的优化算法是（一阶）梯度下降法。对于目标函数J，假设其参数为$\boldsymbol{\theta}$，令目标函数对参数的梯度$\boldsymbol{g}^{(t)}=\nabla_{\boldsymbol{\theta}}J|_{\boldsymbol{\theta}^{(t)}}$，梯度下降法中参数的更新公式为

$$\boldsymbol{\theta}^{(t+1)}=\boldsymbol{\theta}^{(t)}-\eta\nabla_{\boldsymbol{\theta}}J|_{\boldsymbol{\theta}^{(t)}}=\boldsymbol{\theta}^{(t)}-\eta\boldsymbol{g}^{(t)},$$

其中η为学习率。除了计算梯度，梯度下降法中还需要设置学习率。学习率是梯度下降法中重要的超参数。如果学习率设置得太小，则收敛会非常缓慢；而太大的学习率又会阻碍收敛，导

致损失函数在最优点附近震荡甚至发散。

如果将学习率设置成海森矩阵的逆矩阵，则可得到（二阶）牛顿法，即

$$\boldsymbol{\theta}^{(t+1)}=\boldsymbol{\theta}^{(t)}-\boldsymbol{H}^{-1}\boldsymbol{g}^{(t)},$$

其中$\boldsymbol{H}^{-1}$是参数的二阶偏导组成的海森矩阵。牛顿法收敛速度快，但海森矩阵求逆的时间复杂度高，为$O(n^3)$，不适合大数据。并且神经网络的目标函数通常严重非凸，这种情况下牛顿法的收敛性难以保证。即使是凸优化，也只有在迭代点离全局最优点很近时，牛顿法才会体现出收敛快的优势。

深度学习中，梯度下降法可能会在下述情况中遇到困难。

（1）深度学习的目标函数非凸，可能存在多个局部极小值，图 9-6 所示为 ResNet56 目标函数，此目标函数包括多个局部极小值、峡谷地带和鞍点。而梯度下降法只能找到局部极值，不能保证找到全局最优值。

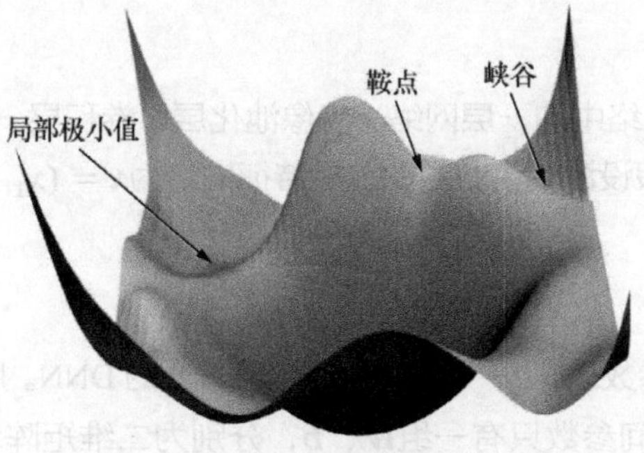

图 9-6　ResNet56 的目标函数[14]

（2）梯度下降法可能会陷入峡谷地带。峡谷类似一个带有坡度的狭长小道，左右两侧是“峭壁”。在峡谷中，准确的梯度方向应该沿着坡的方向向下，但粗糙的梯度估计使其稍有偏离就会撞向两侧的峭壁，然后在两个峭壁间来回震荡。

（3）梯度下降法可能会陷入鞍点。对形似马鞍状的目标函数，一个方向两头翘（从该方向看是极小值），另一个方向两头垂（从该方向看是极大值），而中间区域近似平地，即为鞍点。鞍点的梯度为 0，因此梯度下降法一旦在优化过程中不慎落入鞍点，优化很可能就会停滞。

随机梯度的下降，或者在小批量梯度下降中，每个批次用来计算损失函数的梯度的样本是随机选择的，这意味着在某一特定点，每个批次得到的梯度实际上可能与所有样本损失函数的梯度略有不同。也就是说，尽管所有样本损失函数的梯度可能把参数推向一个局部极小值，或困在一个鞍点，但是这种随机的不同梯度有可能帮助我们避开这些情况。

梯度下降法其实是在让参数朝负梯度方向走一步，步长为学习率，所以我们要做的工作，一是找好方向，二是确定步长。为了克服基础梯度下降法存在的一些问题，研究者们提出了动量法，以对梯度方向进行调整；也提出了自适应的学习率，以对步长进行调整。

9.3.1　动量法

动量法模拟物理世界中的惯性，参数的移动量不仅与梯度有关，还与上一时刻的移动量有关，有

$$\begin{aligned}\boldsymbol{v}^{(t)}&=\rho\boldsymbol{v}^{(t-1)}-\eta\boldsymbol{g}^{(t)},\\ \boldsymbol{\theta}^{(t+1)}&=\boldsymbol{\theta}^{(t)}+\boldsymbol{v}^{(t)},\end{aligned}\qquad(9\text{-}51)$$

其中ρ为动量因子，通常设为 0.5、0.9、0.99，一般开始训练时小一些，后面大一些。当然ρ也可以和学习率η一样在训练时自适应调整。ρ的初始值一般是一个较小的值，随后会慢慢变大。动量算法引入了变量$\boldsymbol{v}$，相当于速度，即参数在参数空间移动的方向和速率。速度为之前所有梯度的加权和（负梯度的指数衰减平均），超参数ρ决定了之前梯度的贡献衰减的快慢，即

$$\begin{aligned}\boldsymbol{v}^{(t)} &= \rho\boldsymbol{v}^{(t-1)} - \eta\boldsymbol{g}^{(t)} \\ &= \rho\left(\rho\boldsymbol{v}^{(t-2)} - \eta\boldsymbol{g}^{(t-1)}\right) - \eta\boldsymbol{g}^{(t)} \\ &= \rho^2\boldsymbol{v}^{(t-2)} - \rho\eta\boldsymbol{g}^{(t-1)} - \eta\boldsymbol{g}^{(t)} \\ &\cdots\cdots \\ &= -\rho^{t-1}\eta\boldsymbol{g}^{(1)} - \cdots - \rho^k\eta\boldsymbol{g}^{(t-k)} \cdots - \rho\eta\boldsymbol{g}^{(t-1)} - \eta\boldsymbol{g}^{(t)}\end{aligned} \tag{9-52}$$

在下降初期，相邻两次的移动方向相似，所以动量的引入会增大移动量，加速收敛过程。在下降中后期，局部极小值所在的吸引盆数量较多，一旦陷入吸引盆中，梯度$\nabla_{\boldsymbol{\theta}}J|_{\boldsymbol{\theta}^{(t)}} \to 0$，但是前后两次更新方向基本相同。动量可使更新幅度增大，协助局部极小值跃出吸引盆。在遇到峡谷时，如果学习率不合适，就会使两次更新方向基本相反，在原地“震荡”，而动量因子则可使更新幅度减小，减弱震荡现象。

从物理角度看，负梯度$-\nabla_{\boldsymbol{\theta}}J$代表力，推动粒子沿着目标函数表面下坡的方向移动。而$\rho\boldsymbol{v}$可以被看作惯性，最终收敛于局部极小点。

涅斯捷罗夫动量法（Nesterov Accelerated Gradient，NAG）将梯度计算放在对参数施加当前速度之后，这样算法就有了对前方环境预判的能力，即

$$\begin{aligned}\boldsymbol{v}^{(t)} &= \rho\boldsymbol{v}^{(t-1)} - \eta\nabla_{\boldsymbol{\theta}}J|_{\boldsymbol{\theta}^{(t)}+\rho\boldsymbol{v}^{(t-1)}}, \\ \boldsymbol{\theta}^{(t+1)} &= \boldsymbol{\theta}^{(t)} + \boldsymbol{v}^{(t)}。\end{aligned} \tag{9-53}$$

图 9-7 给出了例 2-1 广告数据集上梯度下降法、动量法和 NAG 的比较。可以看出，动量法确实可以加快收敛，尤其前几次迭代参数更新量很大，迭代次数比梯度下降法少一半。在图 9-7（b）中，后面阶段搜索范围越过了最佳位置（学习率过大），这时两次更新方向相反，动量法会使更新幅度减小，再慢慢回到最佳位置。在图 9-7 第 2 行的例子中，目标函数在竖直方向比在水平方向的斜率的绝对值更大，梯度下降法中参数在竖直方向比在水平方向移动幅度更大，在长轴上呈“之”字形反复跳跃，缓慢地向极小值逼近。动量法中参数在竖直方向上的移动更加平滑，且在水平方向上更快逼近最优解，因为此时竖直方向的当前梯度方向与之前的梯度方向相反而相互抵消，移动的幅度小。NAG 由于提前预知了目标函数的信息，相当于多考虑了目标函数的二阶导数信息，类似牛顿法的思想，因此搜索的路径更合理，收敛速度更快。

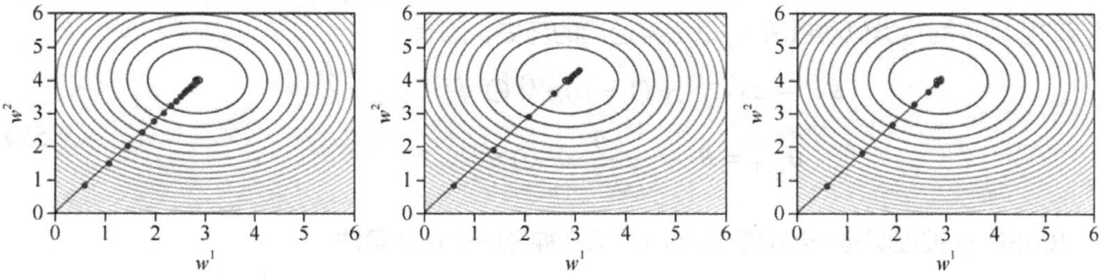

（a）梯度下降法　（b）动量法　（c）NAG

图 9-7　梯度下降法、动量法和 NAG 优化技术的比较

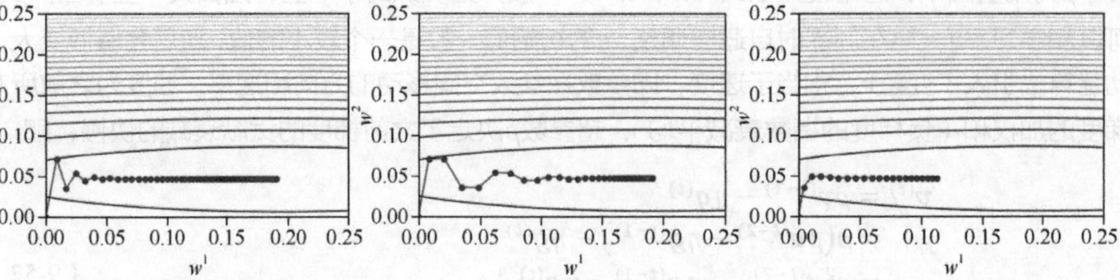

（d）梯度下降法 （e）动量法 （f）NAG

图 9-7 梯度下降法、动量法和 NAG 优化技术的比较（续）

9.3.2 自适应学习率

学习率是梯度下降法中重要的超参数。当不同参数的梯度值有较大差别时，需要选择足够小的学习率，从而使自变量在梯度值较大的维度上不发散（如图 9-7 第 2 行所示），但这样会导致自变量在梯度值较小的维度上迭代过慢。因此所有参数在所有训练阶段都设置同一个学习率不是明智的选择，为此，研究者们提出了多种学习率自适应调整策略。

1. AdaGrad 算法

AdaGrad 为模型的每个参数独立设置学习率，每个参数的学习率反比于其历史梯度平方和的平方根。随着优化过程的进行，对于已经下降很多的变量，则减缓学习率；对于还没怎么下降的变量，则保持一个较大的学习率，从而减缓陡峭区域的下降过程、加速平坦区域的下降过程。令$\boldsymbol{g}^{(t)}=\nabla_{\boldsymbol{\theta}}J|_{\boldsymbol{\theta}^{(t)}}$，$\boldsymbol{s}^{(0)}=\mathbf{0}$，AdaGrad 的参数更新公式为

$$\boldsymbol{s}^{(t)}=\boldsymbol{s}^{(t-1)}+\boldsymbol{g}^{(t)}\odot\boldsymbol{g}^{(t)},$$
$$\boldsymbol{\theta}_{t+1}=\boldsymbol{\theta}_t-\frac{\eta}{\sqrt{\boldsymbol{s}^{(t)}+\epsilon}}\odot\boldsymbol{g}^{(t)}, \tag{9-54}$$

其中$\odot$表示向量按元素乘，$\sqrt{()}$为对向量按元素求平方根，初始学习率η一般设置为 0.01，ϵ通常取很小的数，如10^{-6}。

AdaGrad 算法具有一些令人满意的理论性质。但从训练开始就积累梯度平方会导致有效学习率过早和过量减小，AdaGrad 算法在迭代后期由于学习率过小，可能会较难找到一个有用的解。

2. RMSProp

为了缓解 AdaGrad 算法中学习率衰减过快的问题，RMSprop 算法改“梯度累积”为指数衰减的移动平均（类似动量法），以丢弃遥远的历史，即有

$$\boldsymbol{s}^{(t)}=\rho\boldsymbol{s}^{(t-1)}+(1-\rho)\boldsymbol{g}^{(t)}\odot\boldsymbol{g}^{(t)},$$
$$\boldsymbol{\theta}_{t+1}=\boldsymbol{\theta}_t-\frac{\eta}{\sqrt{\boldsymbol{s}^{(t)}+\epsilon}}\odot\boldsymbol{g}^{(t)}, \tag{9-55}$$

RMSProp 被证明是一种有效且实用的深度神经网络优化算法。

3. Adam

Adam（ADaptive Moments）算法将动量和 RMSprop 结合，有

$$
\begin{aligned}
\boldsymbol{v}^{(t)} &= \rho_1 \boldsymbol{v}^{(t-1)} - (1-\rho_1)\boldsymbol{g}^{(t)}, \\
\boldsymbol{s}^{(t)} &= \rho_2 \boldsymbol{s}^{(t-1)} + (1-\rho_2)\boldsymbol{g}^{(i)} \odot \boldsymbol{g}^{(i)}, \\
\boldsymbol{\theta}_{t+1} &= \boldsymbol{\theta}_t - \frac{\eta}{\sqrt{\boldsymbol{s}^{(t)}+\epsilon}} \odot \boldsymbol{v}^{(t)}。
\end{aligned}
\tag{9-56}
$$

所以 Adam 算法综合了 AdaGrad 和 RMSProp 算法的优点。在实际应用中，Adam 方法效果良好。当然，这里的动量也可以换成涅斯捷罗夫动量，进而得到 Nadam。

在实际应用中，Adam 通常是一个很好的选择。Adam 的收敛速度比梯度下降法快，但最终收敛的结果并没有梯度下降法好，这主要是由后期 Adam 的学习率太低所致。学习率下降的动量法通常表现不错，不过需要仔细调整学习率。建议训练前期采用 Adam，享受 Adam 快速收敛的优势；后期切换到梯度下降法，慢慢寻找最优解。

9.4 权重初始化

梯度下降法等迭代优化算法还需要设置一个参数的初始值。对简单的机器学习模型，如 Logistic 回归，简单地将模型参数初始化为 0 或较小的随机数即可。然而对于深度学习而言，由于目标函数非凸，层次深，因此参数初始值的选择便成为了一个值得探讨的问题。

深度网络模型的偏置参数$\boldsymbol{b}$通常设置为$\boldsymbol{0}$。模型权重的初始化对于网络的训练很重要，不好的初始化参数会导致梯度传播问题，降低训练速度；而好的初始化参数能够加速收敛，并且更有可能找到最优解。

1. 全 0

对神经网络，不能将所有权重都初始化为 0 或相同的值。以带一个隐含层、一个输出结点的 DNN 为例，假设隐藏层结点使用相同的激活函数。如果将每个隐藏单元的参数都初始化为相等的值，则由于网络中神经元的更新机制完全相同和网络的对称性，在正向传播时每个隐藏单元将会根据相同的输入计算出相同的值，并传递至输出层。在反向传播中，每个隐藏单元的参数梯度值相等。因此，这些参数的值在使用基于梯度的优化算法迭代后依然相等。之后的迭代也是如此。在这种情况下，无论隐藏层的结点有多少，隐藏层本质上只有 1 个结点在发挥作用。因此我们通常会对神经网络模型的权重参数进行随机初始化。

2. 随机数初始化

一种可选的方案是将权重初始化为较小的随机数，如高斯分布或均匀分布抽样。但随着网络层数的增加，神经网络各层输出值分布的方差也会增大，而隐藏层的输入的方差过大会在经过Sigmoid激活函数时落入饱和区，导致过早地出现梯度消失。

这些方差的变化可以根据前向计算推导。前向传播为（忽略偏置项）

$$
a_i^{(l)} = \sum_{j=1}^{N_{l-1}} w_{i,j}^{(l)} h_j^{(l-1)},
$$

$$
h_i^{(l)} = f\left(a_j^{(l)}\right),
$$

其中$f()$为激活函数。计算$a_i^{(l)}$的方差为

$$\mathrm{Var}[a_i^{(l)}] = \mathrm{Var}\left[\sum_{j=1}^{N_{l-1}} w_{i,j}^{(l)} h_j^{(l-1)}\right]$$

$$= \sum_{j=1}^{N_{l-1}} \mathrm{Var}[w_{i,j}^{(l)} h_j^{(l-1)}]$$

$$= \sum_{j=1}^{N_{l-1}} \left(\left(\mathbb{E}[w_{i,j}^{(l)}]\right)^2 \mathrm{Var}[h_j^{(l-1)}] + \left(\mathbb{E}[h_j^{(l-1)}]\right)^2 \mathrm{Var}[w_{i,j}^{(l)}] + \mathrm{Var}[w_{i,j}^{(l)}]\mathrm{Var}[h_j^{(l-1)}]\right)$$

$$= \sum_{j=1}^{N_{l-1}} \mathrm{Var}\,[w_{i,j}^{(l)}]\mathrm{Var}[h_j^{(l-1)}]$$

$$= N_{l-1}\mathrm{Var}[w_{i,j}^{(l)}]\mathrm{Var}[h_j^{(l-1)}],$$

其中第 2 行和第 3 行假设各个变量互相独立，第 3 行和第 4 行假设数据和权重都是中心化的，即 $\mathbb{E}[w_{i,j}^{(l)}] = 0$，$\mathbb{E}[h_j^{(l-1)}] = 0$。

对第 1 个隐含层，输入$h_j^{(0)} = x_j$，假设输入各维的方差相等，记为$\mathrm{Var}[X]$，每个权重的方差也相等，记为$\mathrm{Var}[W]$，则$\mathrm{Var}[a_i^{(1)}] = N_0\mathrm{Var}[W]\mathrm{Var}[X]$。如果激活函数$f()$为线性函数，则$\mathrm{Var}[h_i^{(1)}] = \mathrm{Var}[a_i^{(1)}]$。

类似地，对第l层，$\mathrm{Var}[h_i^{(l)}] = \prod_{m=1}^{l} N_{m-1}\,\mathrm{Var}[W]\mathrm{Var}[X]$。如果$N_{m-1}\mathrm{Var}[W]$总是大于 1，那么层数越深，方差就越大，最后会导致溢出；如果$N_{m-1}\mathrm{Var}[W]$小于 1，那么层数越深，方差就越小，就容易导致数据差异小而不易产生有力的梯度。

3. Xavier 初始化

Xavier 初始化的基本思想是保持各层的激活值和梯度在传播过程中方差一致。为了问题的简便，Xavier 初始化的推导过程是基于线性函数的，但其在一些非线性神经元中（激活函数取Sigmoid或Tanh）也很有效，因为当$\boldsymbol{x}$和$\boldsymbol{w}$很小时，它们的乘积之和也较小，Sigmoid和Tanh在0 附近的表现与线性相似，梯度接近 1。

令输入的方差$\mathrm{Var}[X] = 1$，如果第 1 层输出的方差与输入的方差都保持一致，则第 1 层输出的方差为

$$N_0\mathrm{Var}[W] = 1,$$

得到 $\mathrm{Var}[W] = \dfrac{1}{N_0}$。

继续前向传播，对第l层，得到$\mathrm{Var}[W] = \dfrac{1}{N_{\mathrm{in}}}$，其中$N_{\mathrm{in}}$表示该层输入的数目（前一层神经元的数目）。

类似地，当反向传播时，$\delta_i^{(l)} = \left(\sum_k^{N_{\mathrm{out}}} \delta_k^{(l+1)} w_{k,i}^{(l+1)}\right)$。如果也使梯度方差保持一致，即

$$\mathrm{Var}[\delta_i^{(l)}] = \mathrm{Var}[\delta_j^{(l+1)}] = \mathrm{Var}\left[\left(\sum_k^{N_{\mathrm{out}}} \delta_k^{(l+1)} w_{k,i}^{(l+1)}\right)\right],$$

则可得到$\mathrm{Var}[W]=\frac{1}{N_{\mathrm{out}}}$，其中$N_{\mathrm{out}}$表示该层输出的数目（本层神经元的数目）。

显然当且仅当$N_{\mathrm{in}}=N_{\mathrm{out}}$时，才能保证正向和反向的方差一致。当二者不一致时，可以使用式（9-57）对二者进行综合。

$$\mathrm{Var}[W]=\frac{2}{N_{\mathrm{in}}+N_{\mathrm{out}}}。\tag{9-57}$$

均匀分布$[a,b]$的方差为$\frac{(b-a)^2}{12}$，因此根据方差可反过来得到W的分布边界，即

$$W\sim U\left[-\frac{\sqrt{6}}{\sqrt{N_{\mathrm{in}}+N_{\mathrm{out}}}},\frac{\sqrt{6}}{\sqrt{N_{\mathrm{in}}+N_{\mathrm{out}}}}\right]。\tag{9-58}$$

Xavier 初始化假设激活函数为线性的，则对采用Tanh激活函数的网络有效，但对采用 ReLU 激活函数的网络无能为力。因为当输入小于 0 时，ReLU 激活函数输出为 0，不满足 Xavier 初始化激活函数近似线性的假设。下面讨论的 He 初始化就是针对 ReLU 激活函数的，是对 Xavier 初始化的改进。

4. He 初始化

在 ReLU 网络中，假定每一层有一半的神经元被激活（输入大于 0），另一半为 0，因此要保持方差不变，只须在 Xavier 初始化的基础上除以 2，得到 He 初始化（也被称为 MSRA 初始化）：

$$\mathrm{Var}[W]=\frac{4}{N_{\mathrm{in}}+N_{\mathrm{out}}},$$

或

$$\mathrm{Var}[W]=\frac{2}{N_{\mathrm{in}}}。\tag{9-59}$$

5. 批量归一化

由图 9-7 可知，对输入数据做标准化处理（特征的均值为 0、标准差为 1），使各个特征的分布相近，这样更容易训练出有效的模型。对深层网络，我们希望每层网络的输入也有类似性质。批量归一化正是这样一种方法，它巧妙而粗暴地将每层的输出值强行做一次归一化和线性变换，以达到输入输出方差相等的目的，从而使深度网络的训练变得可行。深度网络的训练通常都是以小批量方式进行的，因此这里的归一化也是以小批量为单位进行的。

对全连接层，批量归一化层置于全连接层中的线性组合和激活函数之间。设全连接层的第l层输入为$\boldsymbol{h}^{(l-1)}$，权重参数和偏差参数分别为$\boldsymbol{W}$和$\boldsymbol{b}$，激活函数为σ。设批量归一化的运算符为 BN，则使用批量归一化的全连接层的输出为$\boldsymbol{h}^{(l)}=\sigma(\mathrm{BN}(\boldsymbol{a}))$，其中批量归一化输入为$\boldsymbol{a}=\boldsymbol{W}\boldsymbol{h}^{(l-1)}+\boldsymbol{b}$。

以一个由M个样本组成的小批量为例。为了简化归一化操作，BN 中归一化针对每维特征单独进行，即

$$\mu_j=\sum_{i=1}^{M}a_{i,j}\ ,$$

$$\sigma_j^2 = \sum_{i=1}^{M} \left(a_{i,j} - \mu_j\right)^2 ,$$

$$\hat{a}_{i,j} = \frac{a_{i,j} - \mu_j}{\sqrt{\sigma_j^2 + \epsilon}} , \quad (9\text{-}60)$$

其中i，j分别表示样本索引和特征索引，$\epsilon > 0$是一个很小的常数，可保证分母大于 0。

经过上述归一化后，每层输入每个特征的分布均值为 0，方差为 1。但这种归一化操作也会降低神经网络的表达能力，使底层网络学习到的参数信息丢失。另一方面，让每一层的输入分布均值为 0，方差为 1，会使输入在经过Sigmoid或Tanh激活函数时，容易落在非线性激活函数的线性区域。

为了恢复数据本身的表达能力，BN 对归一化后的数据进行线性变换，引入了两个可以学习的参数γ与β：

$$\tilde{a}_{i,j} = \gamma_j \hat{a}_{i,j} + \beta_j 。 \quad (9\text{-}61)$$

当$\gamma_j^2 = \sigma_j^2$，$\beta_j = \mu_j$时，可以实现等价变换并同时保留原始输入特征的分布信息（如果批量归一化无益，则学出的模型可以不使用批量归一化）。注意，在归一化过程中会减去均值，因此偏置项$\boldsymbol{b}$可以忽略掉或可以被置为 0。

对卷积层来说，批量归一化发生在卷积计算之后、应用激活函数之前。如果卷积计算输出多个通道，就对这些通道的输出分别做批量归一化，且每个通道都拥有独立的拉伸和偏移参数。在单个通道上，设小批量中有M个样本，卷积计算输出的高和宽分别为W和H，我们需要对该通道中$M \times W \times H$个元素同时做批量归一化。对这些元素做标准化计算时，我们使用相同的均值和方差，即该通道中$M \times W \times H$个元素的均值和方差相等。

使用批量归一化训练时，可以将批量大小设得大一点，从而使批量内样本的均值和方差的计算都较为准确。将训练好的模型用于预测时，我们希望模型对于任意输入都有确定的输出。因此，单个样本的输出不应取决于批量归一化所需要的随机小批量中的均值和方差。一种常用的方法是通过移动平均估算整个训练数据集的样本均值和方差，并在预测时使用。可见，和丢弃层一样，批量归一化层在训练模式和预测模式下的计算结果也是不一样的。

在 BN 中，由于使用小批量的均值与方差作为对整体训练样本均值与方差的估计，因此不同批次的均值与方差会有所不同，这为网络的学习过程增加了随机噪声，这种噪声与丢弃层通过关闭部分神经元输出而给训练带来的噪声类似，在一定程度上对模型起到了正则化的效果。BN 的作者验证了网络加入 BN 层后，可以去掉丢弃层，模型也同样具有了很好的泛化效果。

6. 预训练

预训练（pre-training）是一种非常有效的神经网络的初始化方法。预训练的一种方式是采用非监督贪心地逐层训练自编码器以得到初始权重，然后再做细调（fine-tuning）。不过这种方式现在已经不常用了，另一种（更有效的）方式是从类似问题中已经训练好的模型入手。一些著名的研究团队公布了许多预训练好的模型，如Caffe Model Zoo和VGG Group等。不过在选择预训练模型的时候需要非常仔细，需要考虑新数据集与原始数据集之间的相似度以及新数据集的规模。

- 若数据集与预训练模型采用的训练数据集非常相似，且新数据集的规模较小，则只要在预训练模型最顶层的输出特征上再训练一个线性分类器即可。

- 若新数据集的规模较大，则可以使用一个较小的学习率对预训练模型的最后几个顶层进行调优。如果新数据集与预训练模型采用的训练数据集相差较大但拥有足够多的数据，则需要对网络的多个层进行调优，此时，同样也要使用较小的学习率。
- 最坏的情况是新数据集不但规模较小，而且与原始数据集相差较大，此时较为靠前的特征层可以使用 SVM 分类器，这可能是相对较好的方案。

7. 权重初始化建议

- 使用 ReLU 激活函数（无 BN）时，最好选用 He 初始化方法，将参数初始化为服从高斯分布或者均匀分布的较小随机数。
- BN 的使用减少了网络对参数初始值尺度的依赖，此时使用标准差较小（如 0.01）的高斯分布进行初始化即可。
- 借助预训练模型中的参数作为新任务的参数，这种初始化的方式也是一种简便易行且十分有效的模型参数初始化方法。

9.5 减弱过拟合策略

深度神经网络通过大量的参数，能拟合各种复杂的数据集。这种独特的能力使其能够在许多复杂的任务中表现优异。然而模型在学习过程中，如果缺乏控制，就可能会导致过拟合现象的发生——模型在训练集上表现很好，但对新的测试数据进行预测时效果不好。本节将讨论一些控制模型过拟合的方法。

1. 数据增广

减少过拟合的一种方法是增加训练样本数量。但增加训练样本数量的成本高，一种解决方案是对已有的训练样本进行处理，从而“制造”出更多的样本，此即为数据增广（Data Augmentation）。例如，对已有的训练图像进行水平翻转、垂直翻转、任意角度旋转、缩放或扩大、添加随机噪声、随机破坏图片的一部分等，就属于数据增广。当然随着训练样本的增多，模型的训练时间也会相应增长。

2. 正则

正则通过在目标函数中增加正则，对模型的复杂度施加惩罚，以减轻过拟合。同其他机器学习模型一样，深度网络中也可以考虑 L2 正则或 L1 正则。

在深度学习模型中，加入 L2 正则后的目标函数为

$$J\left(\boldsymbol{W}^{(1)},\boldsymbol{b}^{(1)},\cdots,\boldsymbol{W}^{(L)},\boldsymbol{b}^{(L)}\right)=\frac{1}{N}\sum_{i=1}^{N}\mathcal{L}\left(\hat{y}_i,y_i\right)+\frac{\lambda}{2N}\sum_{l=1}^{L}||\boldsymbol{W}^{(l)}||_2^2。\quad(9\text{-}62)$$

与不加正则的目标函数 $J_1=\frac{1}{N}\sum_{i=1}^{N}\mathcal{L}(\hat{y}_i,y_i)$相比，加入正则项后，梯度下降法中的$\nabla_{\boldsymbol{W}^{(l)}}J$的计算表达式需要做以下修改：

$$\nabla_{\boldsymbol{W}^{(l)}}J=\nabla_{\boldsymbol{W}^{(l)}}J_1+\frac{\lambda}{N}\boldsymbol{W}^{(l)}。\quad(9\text{-}63)$$

L2 正则也被称为权重衰减（Weight Decay），这是因为加上正则项后，$\nabla_{\boldsymbol{W}^{(l)}}J$会有个增量，在更新$\boldsymbol{W}^{(l)}$的时候会多减去这个增量，进而使$\boldsymbol{W}^{(l)}$比没有正则项的值要小一些，即

$$
\begin{aligned}
\boldsymbol{W}^{(l)} &= \boldsymbol{W}^{(l)} - \eta \cdot \nabla_{\boldsymbol{W}^{(l)}} J \\
&= \boldsymbol{W}^{(l)} - \eta \cdot \left(\nabla_{\boldsymbol{W}^{(l)}} J_1 + \frac{\lambda}{N} \boldsymbol{W}^{(l)} \right) \\
&= \left(1 - \alpha \frac{\lambda}{N} \right) \boldsymbol{W}^{(l)} - \alpha \cdot \nabla_{\boldsymbol{W}^{(l)}} J_1,
\end{aligned}
$$

其中$(1 - \alpha \frac{\lambda}{N}) < 1$。

3. 训练提前停止

神经网络模型通常采用迭代方法训练，训练误差会随着迭代训练次数的增加而单调减小，但在验证集上，误差通常会先减小，后增大。即训练次数过多时，模型会对训练样本拟合得越来越好，但是对验证集的拟合效果会逐渐变差，即发生了过拟合。因此迭代训练次数不是越多越好，可以通过监控训练误差与验证误差随迭代次数的变化趋势，选择合适的迭代次数，提前停止训练。提前停止训练这一方法其实在其他机器学习模型（如决策树、GBDT 等）的训练过程中也会用到。

9.6 案例分析：MNIST 手写数字识别

下面在 MNIST 数据集上进行深度神经网络练习。MNIST 数据集的介绍详见 5.3.3 小节。

1. 全连接神经网络

全连接神经网络由全连接层组成，每个全连接层后面接一个激活函数层以进行非线性映射。试验中的网络结构如下所示。

```
fc_net(
  (fc1): Sequential(
    (0): Linear(in_features=784, out_features=512, bias=True)
    (1): ReLU()
  )
  (fc2): Sequential(
    (0): Linear(in_features=512, out_features=256, bias=True)
    (1): ReLU()
  )
  (fc3): Sequential(
    (0): Linear(in_features=256, out_features=128, bias=True)
    (1): ReLU()
  )
  (fc4): Sequential(
    (0): Linear(in_features=128, out_features=64, bias=True)
    (1): ReLU()
  )
  (fc5): Linear(in_features=64, out_features=10, bias=True)
)
```

网络的第 1 个全连接层的输入维度为 784，即为 28×28 的黑白图像摊平之后的维度，前 4 个全联接层后面均连接 ReLU 激活函数，最后的 fc5 层将 fc4 层的 64 维的输出维度变为 10 维，即输出图像所属的每个类别（0～9）的概率。

训练时我们从 42 000 张训练图像中抽取 20%的图像作为验证集，用于监控训练过程的收敛情况。训练采用小批量的方式进行，每批次中的训练样本数为 32。每轮训练后训练损失和验证损失如图 9-8 所示，可以看出经过 20 轮左右的训练过程就已经收敛了。试验中优化器选择SGD，损失函数选择交叉熵损失函数（多分类问题）。注意：PyTorch 中的反向传播函数

backward()在进行计算时是将梯度累积起来而不是替换掉，因此在每一个批次开始的时候要先将优化器optimizer的梯度置零。对每批次的训练数据，网络在得到输出之后，会将输出结果以及标签传入损失函数中并得到该批次的损失函数的值，最后使用loss.backward()对损失函数进行反向传播，并使用optimizer.step()对网络参数进行更新。在验证时，我们会像训练一样计算损失函数，不同的是，我们不需要将损失函数进行反向传播以改变模型参数，因此在验证时我们使用with torch.no_grad()来将整个训练过程包起来。在训练结束后，我们将模型参数保存起来，以便于测试时读取模型。

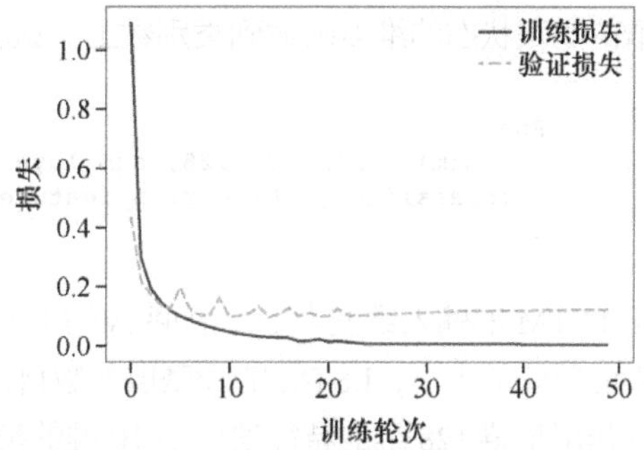

图 9-8 DNN 在 MNIST 数据集上的训练损失和验证损失

2. 卷积神经网络

与 DNN 不同，CNN 主要是由卷积层而非全连接层组成的。试验中的网络结构如下所示。

```
Net(
  (features): Sequential(
    (0): Conv2d(1, 32, kernel_size=(3, 3), stride=(1, 1), padding=(1, 1))
    (1): BatchNorm2d(32, eps=1e-05, momentum=0.1, affine=True, track_running_stats=True)
    (2): ReLU(inplace)
    (3): Conv2d(32, 32, kernel_size=(3, 3), stride=(1, 1), padding=(1, 1))
    (4): BatchNorm2d(32, eps=1e-05, momentum=0.1, affine=True, track_running_stats=True)
    (5): ReLU(inplace)
    (6): MaxPool2d(kernel_size=2, stride=2, padding=0, dilation=1, ceil_mode=False)
    (7): Conv2d(32, 64, kernel_size=(3, 3), stride=(1, 1), padding=(1, 1))
    (8): BatchNorm2d(64, eps=1e-05, momentum=0.1, affine=True, track_running_stats=True)
    (9): ReLU(inplace)
    (10): Conv2d(64, 64, kernel_size=(3, 3), stride=(1, 1), padding=(1, 1))
    (11): BatchNorm2d(64, eps=1e-05, momentum=0.1, affine=True, track_running_stats=True)
    (12): ReLU(inplace)
    (13): MaxPool2d(kernel_size=2, stride=2, padding=0, dilation=1, ceil_mode=False)
  )
  (classifier): Sequential(
    (0): Dropout(p=0.5)
    (1): Linear(in_features=3136, out_features=512, bias=True)
    (2): BatchNorm1d(512, eps=1e-05, momentum=0.1, affine=True, track_running_stats=True)
    (3): ReLU(inplace)
    (4): Dropout(p=0.5)
    (5): Linear(in_features=512, out_features=512, bias=True)
    (6): BatchNorm1d(512, eps=1e-05, momentum=0.1, affine=True, track_running_stats=True)
    (7): ReLU(inplace)
    (8): Dropout(p=0.5)
    (9): Linear(in_features=512, out_features=10, bias=True)
  )
)
```

网络中卷积层提取输入图像的特征，并将最后得到的输出特征传入分类器中进行分类。在每一个conv2d层之后都有一个BatchNorm2d层以及ReLU激活函数。在最后一个conv2d层的ReLU激活函数之后，有一个MaxPool2d（最大池化层）。在提取特征之后，特征被传入由 3 个全连接层组成的分类器中。每一个全连接层都使用了丢弃层来防止过拟合，并在每一个全连接层之后都有一个BatchNorm2d层与ReLU激活函数。与 DNN 的结构类似，最后一层的全连接层的输出维度为图像的类别数。

CNN 的训练损失与验证损失的图像如图 9-9 所示，可见模型迭代 40 轮左右即可收敛。

3. 循环神经网络

我们使用 RNN 中最具代表性的 LSTM 作为主体，并在其后使用一个全连接层来将 LSTM

获取的隐藏状态的维度映射到类别数上。试验中 RNN 的网络结构如下所示。

```
Rnn(
  (lstm): LSTM(28, 128, num_layers=2, batch_first=True)
  (classifier): Linear(in_features=128, out_features=10, bias=True)
)
```

其中 LSTM 的输入维度为 28，即图像的每一行作为 LSTM 的一个时刻的输入。输出维度 128 为隐藏单元的大小，LSTM 的隐藏层的数目num_layers = 2。与之前的两个网络类似，全连接层的作用是将 128 维的特征映射到 10 维的类别数上。

LSTM 的训练损失以及验证损失与迭代轮数之间的关系如图 9-10 所示。可以看出，模型在训练 10 轮后就基本收敛了。

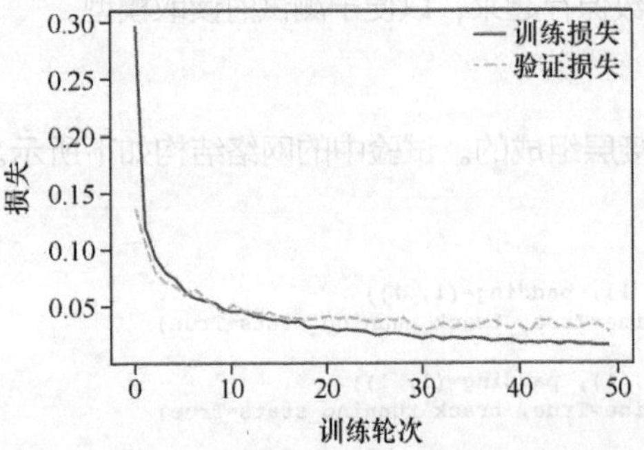

图 9-9　CNN 在 MNIST 数据集上的训练损失和验证损失

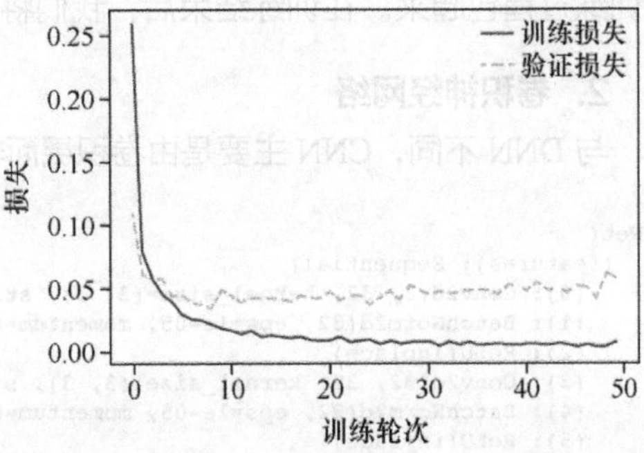

图 9-10　LSTM 在 MNIST 数据集上的训练损失和验证损失

9.7 本章小结

训练深度网络一般采用小批量的梯度下降法。本章介绍了深度网络的梯度计算方法——反向传播，并对梯度下降法中的各个因素进行了分析，包括权值初始化、自适应学习率、动量法修正梯度方向；此外，由于深度网络模型复杂，容易过拟合，因此本章还讨论了一些缓解模型过拟合的技术。

9.8 习题

1. 假设建立一个神经网络，并将权重和偏差初始化为零。以下哪些陈述是正确的？

（A）第 1 个隐藏层中的每个神经元将执行相同的计算。因此，即使在梯度下降的多次迭代之后，层中的每个神经元也将计算与其他神经元相同的东西。

（B）第 1 个隐层中的每个神经元在第 1 次迭代中执行相同的计算，但是在梯度下降的一次迭代之后，它们将学会计算不同的东西。

（C）第 1 个隐藏层的每个神经元都会计算相同的东西，但是不同层的神经元会计算不同的东西。

（D）即使在第 1 次迭代中，第 1 个隐藏层中的神经元也会彼此执行不同的计算，参数将以自己的方式不断演化。

2. 在神经网络中，下列哪些方法可以防止过拟合？

（A）丢弃

（B）批量归一化

（C）正则

3. 下列技术中，哪些对减少过拟合有用？

（A）L2 正则化

（B）Xavier 初始化

（C）丢弃法

（D）数据增广

4. 图 9-11 中用 3 种优化方法求解了目标函数，这 3 种优化方法分别为：①梯度下降法；②动量参数$\rho = 0.9$的梯度下降法；③动量参数$\rho = 0.5$的梯度下降法。请问曲线①、②、③分别对应哪种优化方法？

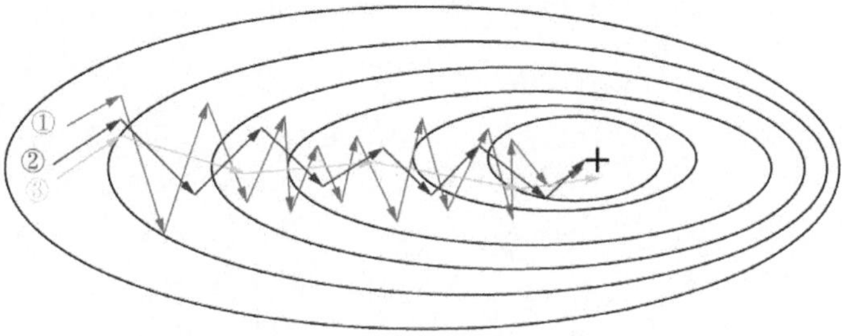

图 9-11 采用 3 种优化方法求解目标函数所得曲线

5. ReLU 激活函数有哪些优缺点？

6. 梯度消失问题是如何产生的？应当如何解决？

7. 对 MNIST 数据集，采用 5 层 DNN 模型，每个隐含层的结点数目同 9.6 节，在每层中加入 BN 层，比较增加 BN 层后训练的收敛速度与性能。

8. 对 MNIST 数据集，采用 9.6 节的 CNN 模型，但去掉全连接层的丢弃层，比较去掉丢弃层前后模型的性能。

9. 对 MNIST 数据集，采用 5 层 DNN 模型，每个隐含层的结点数目同 9.6 节，在每层中加入 BN 层，比较不同优化算法（不同的学习率设置策略、是否带动量）对训练收敛速度的影响。

10 chapter

降维

降维是一种非监督学习任务。有时候虽然原始输入是高维数据，但这些输入的特征之间有冗余，其本质维度可能很低。降维是将高维数据进行低维表示，同时使数据中蕴含的信息尽量保持不变。

本章将介绍两大类降维技术：基于重构的降维和基于拓扑结构保持的降维。对于前者，主要讨论主成分分析和自编码器。后者也被称为流形学习，介绍等度量映射、局部线性嵌入、拉普拉斯特征映射和基于 T 分布的随机邻域嵌入。最后通过案例介绍 Scikit-Learn 中降维技术的 API。

在机器学习中，降维可去除原始数据中的冗余信息和噪声，留下和任务更相关的简约数据，这对模型学习更有利。另外降维也意味着所用的存储和计算量更少，从而模型的训练会更快。降维可用于监督学习的特征提取，也常用于数据可视化。降维是非监督学习，因为降维过程中不用样本的标签。当降维是一个大的监督学习任务的一部分时，也可以利用监督信息来指导降维过程，如选择最佳的降维超参数，或使降维和监督学习任务一起进行。

10.1 主成分分析

主成分分析算法是一种简单的线性降维技术。线性降维是指通过线性变换，即通过矩阵乘法，将高维空间线性映射到一个低维空间。

假设原始数据为D维的$\boldsymbol{x}$，降维后的数据为D'维的$\boldsymbol{z}$，$D' < D$。给定由N个原始数据构成的矩阵$\boldsymbol{X} = (\boldsymbol{x}_1, \boldsymbol{x}_2, \cdots, \boldsymbol{x}_N) \in \mathcal{R}^{D\times N}$，降维后由数据构成的矩阵为$\boldsymbol{Z} = (\boldsymbol{z}_1, \boldsymbol{z}_2, \cdots, \boldsymbol{z}_N) \in \mathcal{R}^{D'\times N}$，变换矩阵为$\boldsymbol{W} = (\boldsymbol{w}_1, \boldsymbol{w}_2, \cdots, \boldsymbol{w}_{D'}) \in \mathcal{R}^{D\times D'}$，则

$$\boldsymbol{Z} = \boldsymbol{W}^{\mathrm{T}}\boldsymbol{X}。\tag{10-1}$$

变换矩阵$\boldsymbol{W}$的每一列为一个投影方向，可将原始的D维数据变成 1 维，由于只考虑方向，令$\boldsymbol{w}_j$为单位向量，即$\|\boldsymbol{w}_j\|_2 = 1$。在 PCA 中，假设$D'$个投影方向中投影方向两两正交，即当$j \neq k$时，$\boldsymbol{w}_j^{\mathrm{T}}\boldsymbol{w}_k = 0$。这两个约束合并写成矩阵形式为

$$\boldsymbol{W}^{\mathrm{T}}\boldsymbol{W} = \boldsymbol{I},\tag{10-2}$$

其中$\boldsymbol{I}$表示单位矩阵（对角线上元素为 1，其余元素为 0）。

由于$\boldsymbol{W}$为正交变换，可以根据数据的低维表示$\boldsymbol{z}$重构原始信号，即有

$$\widehat{\boldsymbol{x}} = \overline{\boldsymbol{x}} + \boldsymbol{W}\boldsymbol{z},\tag{10-3}$$

其中$\overline{\boldsymbol{x}}$为训练样本的均值。为了方便，通常假设样本均值$\overline{\boldsymbol{x}} = \boldsymbol{0}$（样本均值可以通过对数据进行中心化得到）。假设降维后希望尽可能保持原始数据的信息，即重构误差最小，因此最小化目标函数为

$$\begin{aligned}
\sum_{i=1}^{N}\|\boldsymbol{x}_i - \widehat{\boldsymbol{x}}_i\|_2^2 &= \sum_{i=1}^{N}(\boldsymbol{x}_i - \widehat{\boldsymbol{x}}_i)^{\mathrm{T}}(\boldsymbol{x}_i - \widehat{\boldsymbol{x}}_i)\\
&= \sum_{i=1}^{N}\left(\boldsymbol{x}_i^{\mathrm{T}}\boldsymbol{x}_i - \boldsymbol{x}_i^{\mathrm{T}}\widehat{\boldsymbol{x}}_i - \widehat{\boldsymbol{x}}_i^{\mathrm{T}}\boldsymbol{x}_i + \widehat{\boldsymbol{x}}_i^{\mathrm{T}}\widehat{\boldsymbol{x}}_i\right)\\
&= \sum_{i=1}^{N}\left(\boldsymbol{x}_i^{\mathrm{T}}\boldsymbol{x}_i - 2\widehat{\boldsymbol{x}}_i^{\mathrm{T}}\boldsymbol{x}_i + \widehat{\boldsymbol{x}}_i^{\mathrm{T}}\widehat{\boldsymbol{x}}_i\right)\\
&= \sum_{i=1}^{N}\left(\boldsymbol{x}_i^{\mathrm{T}}\boldsymbol{x}_i - 2(\boldsymbol{W}\boldsymbol{z}_i)^{\mathrm{T}}\boldsymbol{x}_i + (\boldsymbol{W}\boldsymbol{z}_i)^{\mathrm{T}}\boldsymbol{W}\boldsymbol{z}_i\right) \qquad (10\text{-}4)\\
&= \sum_{i=1}^{N}\left(\boldsymbol{x}_i^{\mathrm{T}}\boldsymbol{x}_i - 2\boldsymbol{z}_i^{\mathrm{T}}\boldsymbol{W}^{\mathrm{T}}\boldsymbol{x}_i + \boldsymbol{z}_i^{\mathrm{T}}(\boldsymbol{W}^{\mathrm{T}}\boldsymbol{W})\boldsymbol{z}_i\right)\\
&= \sum_{i=1}^{N}\left(\boldsymbol{x}_i^{\mathrm{T}}\boldsymbol{x}_i - 2\boldsymbol{z}_i^{\mathrm{T}}\boldsymbol{W}^{\mathrm{T}}\boldsymbol{x}_i + \boldsymbol{z}_i^{\mathrm{T}}\boldsymbol{z}_i\right)\\
&= \sum_{i=1}^{N}\left(\boldsymbol{x}_i^{\mathrm{T}}\boldsymbol{x}_i - 2\boldsymbol{x}_i^{\mathrm{T}}\boldsymbol{W}\boldsymbol{W}^{\mathrm{T}}\boldsymbol{x}_i + \boldsymbol{x}_i^{\mathrm{T}}\boldsymbol{W}\boldsymbol{W}^{\mathrm{T}}\boldsymbol{x}_i\right)
\end{aligned}$$

$$= \sum_{i=1}^{N} \left(\boldsymbol{x}_i^{\mathrm{T}} \boldsymbol{x}_i - \boldsymbol{x}_i^{\mathrm{T}} \boldsymbol{W} \boldsymbol{W}^{\mathrm{T}} \boldsymbol{x}_i \right)$$

$$= \sum_{i=1}^{N} \left(\boldsymbol{x}_i^{\mathrm{T}} \boldsymbol{x}_i - \boldsymbol{z}_i^{\mathrm{T}} \boldsymbol{z}_i \right)。$$

式（10-4）中第 1 项为与$\boldsymbol{W}$无关的常数项，因此最小化重构误差$\sum_{i=1}^{N} \|\boldsymbol{x}_i - \widehat{\boldsymbol{x}}_i\|_2^2$等价于最大化降维后各维方差之和$\sum_{i=1}^{N} \boldsymbol{z}_i^{\mathrm{T}} \boldsymbol{z}_i$。

在信号处理中，我们认为信号具有较大的方差，噪声具有较小的方差，因此保留那些降维后方差较大的方向，舍弃那些降维后方差较小的方向，可保留信号中的信息，去掉信号中的噪声。这也是主成分名称的含义，即找出数据里最主要的成分，并用数据里最主要的成分来代替原始数据。如图 10-1 所示，第一个主成分是 45° 的直线，原始数据在直线上投影后散得很开（方差大），所以这一个主成分将保留更多信息。第二个主成分为垂直于第一个主成分的灰色长线（135°，不带圆点）。当数据点投影到第二个主成分上时，它们挤在样本均值（空心点）附近，方差非常小。所以如果要将原始的 2 维数据降至 1 维，则应该选灰色短线（135°，带圆点），即第一个主成分。

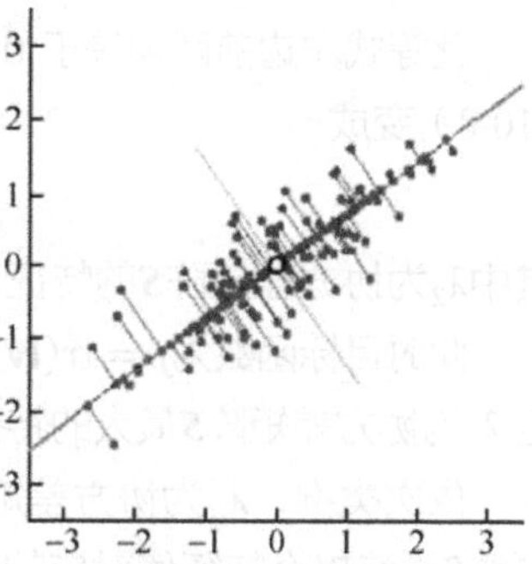

图 10-1 PCA 示例

降维后数据的协方差矩阵为$\boldsymbol{Z}\boldsymbol{Z}^{\mathrm{T}} = \boldsymbol{W}^{\mathrm{T}}\boldsymbol{X}\boldsymbol{X}^{\mathrm{T}}\boldsymbol{W} = \boldsymbol{W}^{\mathrm{T}}\boldsymbol{S}\boldsymbol{W}$，其中$\boldsymbol{S} = \boldsymbol{X}\boldsymbol{X}^{\mathrm{T}}$为原始数据的协方差矩阵。最大化降维后各维方差之和为$\sum_{i=1}^{N} \boldsymbol{z}_i^{\mathrm{T}} \boldsymbol{z}_i$，等价最大化该降维后的协方差矩阵的对角线元素之和，即协方差矩阵的迹，记为$\mathrm{tr}(\boldsymbol{W}^{\mathrm{T}}\boldsymbol{S}\boldsymbol{W})$。

所以 PCA 的优化目标函数为

$$\begin{aligned} &\max \mathrm{tr}(\boldsymbol{W}^{\mathrm{T}}\boldsymbol{S}\boldsymbol{W}), \\ &\mathrm{s.t.}\ \boldsymbol{W}^{\mathrm{T}}\boldsymbol{W} = \boldsymbol{I}, \end{aligned} \tag{10-5}$$

其中约束条件表示各投影方向正交，且为单位向量。

令协方差矩阵$\boldsymbol{S}$的特征值为$\lambda_1 \geqslant \lambda_2 \geqslant \cdots \geqslant \lambda_D$，对应的单位特征向量分别为$\boldsymbol{w}_1, \boldsymbol{w}_2, \cdots, \boldsymbol{w}_D$，则将$\boldsymbol{w}_j$组成投影矩阵 $\boldsymbol{W}$的第j列，该$\boldsymbol{W}$为上述优化问题的解。下面我们详细证明。

假设将数据降至 1 维，这样矩阵$\boldsymbol{W}$就会成为一个列向量$\boldsymbol{w}_1$，约束条件为$\boldsymbol{w}_1^{\mathrm{T}}\boldsymbol{w}_1 = 1$，目标函数$J = \mathrm{tr}(\boldsymbol{w}_1^{\mathrm{T}}\boldsymbol{S}\boldsymbol{w}_1) = \boldsymbol{w}_1^{\mathrm{T}}\boldsymbol{S}\boldsymbol{w}_1$，拉格朗日函数$L$为

$$L = \boldsymbol{w}_1^{\mathrm{T}}\boldsymbol{S}\boldsymbol{w}_1 - \lambda_1(\boldsymbol{w}_1^{\mathrm{T}}\boldsymbol{w}_1 - 1)。 \tag{10-6}$$

拉格朗日函数L对$\boldsymbol{w}_1$求偏导并等于 0，得到

$$\frac{\partial L}{\partial \boldsymbol{w}_1} = 2\boldsymbol{S}\boldsymbol{w}_1 - 2\lambda_1\boldsymbol{w}_1 = 0。$$

所以

$$\boldsymbol{S}\boldsymbol{w}_1 = \lambda_1\boldsymbol{w}_1, \tag{10-7}$$

其中λ_1为协方差矩阵$\boldsymbol{S}$的特征值，$\boldsymbol{w}_1$为对应的特征向量。

此时目标函数为$J=\mathrm{tr}(\boldsymbol{w}_1^{\mathrm{T}}\boldsymbol{S}\boldsymbol{w}_1)=\boldsymbol{w}_1^{\mathrm{T}}\boldsymbol{S}\boldsymbol{w}_1=\boldsymbol{w}_1^{\mathrm{T}}\lambda_1\boldsymbol{w}_1=\lambda_1$。要使目标函数值最大，$\lambda_1$为协方差矩阵$\boldsymbol{S}$最大的特征值，$\boldsymbol{w}_1$为对应的特征向量。

接着求第 2 个投影方向$\boldsymbol{w}_2$。约束条件为$\boldsymbol{w}_2^{\mathrm{T}}\boldsymbol{w}_2=1$，$\boldsymbol{w}_2^{\mathrm{T}}\boldsymbol{w}_1=0$，目标函数为 $J=\mathrm{tr}(\boldsymbol{W}^{\mathrm{T}}\boldsymbol{S}\boldsymbol{W})=\boldsymbol{w}_1^{\mathrm{T}}\boldsymbol{S}\boldsymbol{w}_1+\boldsymbol{w}_2^{\mathrm{T}}\boldsymbol{S}\boldsymbol{w}_2$，拉格朗日函数$L$为

$$L=\boldsymbol{w}_1^{\mathrm{T}}\boldsymbol{S}\boldsymbol{w}_1+\boldsymbol{w}_2^{\mathrm{T}}\boldsymbol{S}\boldsymbol{w}_2-\lambda_2(\boldsymbol{w}_2^{\mathrm{T}}\boldsymbol{w}_2-1)-\lambda_{2,1}\boldsymbol{w}_2^{\mathrm{T}}\boldsymbol{w}_1。$$

拉格朗日函数L对$\boldsymbol{w}_2$求偏导并等于 0，得到

$$\frac{\partial L}{\partial \boldsymbol{w}_2}=2\boldsymbol{S}\boldsymbol{w}_2-2\lambda_2\boldsymbol{w}_2-\lambda_{2,1}\boldsymbol{w}_1=0。\tag{10-8}$$

将式（10-8）两边同乘以$\boldsymbol{w}_1^{\mathrm{T}}$，得到

$$2\boldsymbol{w}_1^{\mathrm{T}}\boldsymbol{S}\boldsymbol{w}_2-2\lambda_2\boldsymbol{w}_1^{\mathrm{T}}\boldsymbol{w}_2-\lambda_{2,1}\boldsymbol{w}_1^{\mathrm{T}}\boldsymbol{w}_1=0。$$

此等式左边前两项等于 0，所以第 3 项也必须等于 0，而$\boldsymbol{w}_1^{\mathrm{T}}\boldsymbol{w}=1$，所以$\lambda_{2,1}=0$。因此式（10-8）变成

$$\boldsymbol{S}\boldsymbol{w}_2=\lambda_2\boldsymbol{w}_2,$$

其中λ_2为协方差矩阵$\boldsymbol{S}$的特征值，$\boldsymbol{w}_2$为对应的特征向量。

此时目标函数为$J=\mathrm{tr}(\boldsymbol{W}^{\mathrm{T}}\boldsymbol{S}\boldsymbol{W})=\boldsymbol{w}_1^{\mathrm{T}}\boldsymbol{S}\boldsymbol{w}_1+\boldsymbol{w}_2^{\mathrm{T}}\boldsymbol{S}\boldsymbol{w}_2=\lambda_1+\lambda_2$。要使目标函数值最大，在给定$\lambda_1$为协方差矩阵$\boldsymbol{S}$最大的特征值的条件下，$\lambda_2$为$\boldsymbol{S}$的第二大特征值，$\boldsymbol{w}_2$为对应的特征向量。

依次类推，λ_d为协方差矩阵$\boldsymbol{S}$的第d大特征值，$\boldsymbol{w}_d$为对应的特征向量。如果想降至D'维，则取$\boldsymbol{S}$的前D'个特征值对应的特征向量，构成投影矩阵$\boldsymbol{W}$。

算法 10-1：PCA

输入：N个D维向量$\boldsymbol{x}_1,\boldsymbol{x}_2,\cdots,\boldsymbol{x}_N$，
　　　降维后的维度D'。

过程：

（1）对所有样本进行中心化，即$\boldsymbol{x}_i\leftarrow\boldsymbol{x}_i-\frac{1}{N}\sum_{k=1}^{N}\boldsymbol{x}_k$；

（2）计算输入样本的协方差矩阵$\boldsymbol{S}=\boldsymbol{X}\boldsymbol{X}^{\mathrm{T}}$；

（3）对协方差矩阵$\boldsymbol{S}$做特征值分解。

输出：前D'个最大特征值对应的特征向量$\boldsymbol{w}_1,\boldsymbol{w}_2,\cdots,\boldsymbol{w}_{D'}$，构成变换矩阵$\boldsymbol{W}=(\boldsymbol{w}_1,\boldsymbol{w}_2,\cdots,\boldsymbol{w}_{D'})$。

当输入数据维度D很大时，协方差矩阵会非常大$(D\times D)$，对协方差矩阵$\boldsymbol{S}$做特征值分解计算量大。此时可以通过对$\boldsymbol{X}$进行奇异值分解得到$\boldsymbol{S}$的特征向量。$\boldsymbol{X}$的奇异值分解为

$$\boldsymbol{X}=\boldsymbol{U}\boldsymbol{\Sigma}\boldsymbol{V}^{\mathrm{T}},$$

其中$\boldsymbol{U}$的列即为协方差矩阵$\boldsymbol{S}$的特征向量，从而可以得到 PCA 投影矩阵$\boldsymbol{W}=(\boldsymbol{u}_1,\boldsymbol{u}_2,\cdots,\boldsymbol{u}_{D'})$。

PCA 比较简单，除了要设置降维后的特征维度D'（要保留的主成分的数目），没有其他要设置的参数。相比其他非线性降维技术，PCA 速度快，但性能有时差强人意，所以 PCA 也常作为其他一些降维技术（如 T-NSE）的预处理步骤。

通过核技巧引入核函数，可将 PCA 扩展到核化的 PCA（Kernel PCA），从而实现非线性降维。

10.2 自编码器

自编码器是一种采用神经网络实现学习的恒等函数（Identity Function），用于重构原始数

据。如图 10-2 所示，自编码器由以下两个部分组成。

- 编码器网络：将原始数据编码为低维隐向量。
- 解码器网络：从隐编码中重构出原始数据。

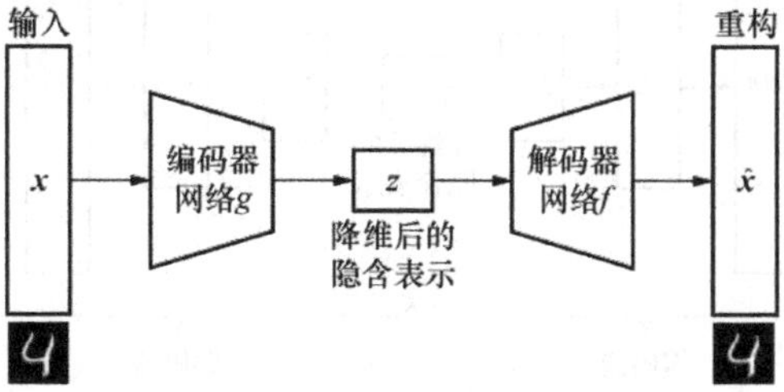

图 10-2 自编码器结构示意图

与 PCA 相比，自编码器相当于用一个编码器神经网络表示的函数$g(\boldsymbol{x})$代替 PCA 中的$\boldsymbol{W}^{\mathrm{T}}\boldsymbol{x}$，用解码器神经网络$f(\boldsymbol{z})$代替 PCA 中的$\boldsymbol{W}\boldsymbol{z}$。因此自编码器的目标函数为

$$J(g,f)=\sum_{i=1}^{N}||\boldsymbol{x}_i-\widehat{\boldsymbol{x}}_i||_2^2+R(g)。\tag{10-9}$$

目标函数中第 1 项同 PCA，表示训练数据集上的重构残差平方和；第 2 项为正则项，用于控制编码器的复杂度。正则项可以为隐含层响应神经元的数目（稀疏自编码器）、神经网络连接权重的 L2 正则或 L1 正则。正则项尤其当编码器网络中隐含层结点数目超过输入数据维度时是必要的。

降噪自编码器（Denoising Auto Encoder，DAE）对输入数据$\boldsymbol{x}$添加噪声，加噪后的数据$\widetilde{\boldsymbol{x}}$作为自编码器的输入，解码器还是尽可能地重构原始未被损坏的数据$\boldsymbol{x}$。可以通过对输入数据 $\boldsymbol{x}$ 添加纯高斯噪声，或者随机丢弃 $\boldsymbol{x}$ 的某些特征，得到加噪后的数据$\widetilde{\boldsymbol{x}}$。通过输入加噪后的数据并重构不含噪声的数据，自编码器可强迫网络学习到更加健壮的特征。降噪自编码器结构示意如图 10-3 所示。

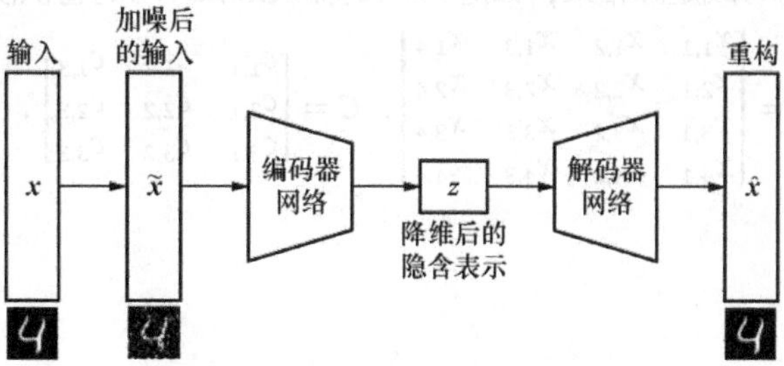

图 10-3 降噪自编码器结构示意图

根据原始数据的特点，实现编码器和解码器的神经网络可分为全连接神经网络、卷积神经网络或循环神经网络，分别对应以下 3 类编码器。

1. 全连接自编码器

图 10-4 给出了一个全连接神经网络实现自编码器的例子。输入图像的大小为$28\times28=784$，经过 4 个隐含层（隐含层结点数目分别为 1000、500、250 和 30），得到原始数据降维后的隐含表示，为 30 维向量。这 30 维向量再经过解码器部分，重构 784 维信号。通常解码器和编码

器对应层的权重对称（矩阵转置），这样模型的参数少一半，不过这种对称参数约束不是必需的。

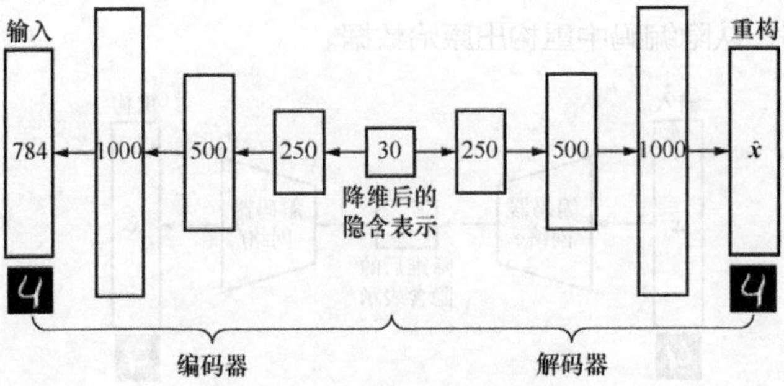

图 10-4　全连接自编码器示例

自编码器训练时，通常采用逐层训练的方式确定模型的初始参数，最后再在初始值的基础上进行参数细调，其他被称为栈式自编码器（Stack Auto Encoder）。如在图 10-4 所示的模型中，首先训练 784→1000→784 的自编码器；其次固定已经训练好的参数和 1 000 维的结果，再训练第 2 个自编码器：1000→500→1000；再次固定已经训练好的参数和训练的中间层结果，训练第 3 个自编码器：500→250→500，并固定参数和中间隐层的结果。至此，前 3 层的参数已经训练完毕。此时，最后一层接一个回归器，将整体网络使用反向传播进行训练，并对参数进行微调。

2. 卷积自编码器（Convolutional Auto Encoder, CAE）

如果输入数据是图像，则采用卷积神经网络作为编码器和解码器更高效。通常编码器由 2 维卷积层和池化层（下采样层）堆叠而成，起到降维作用。而解码器由反卷积层（其实也是卷积层）和反池化层（上采样层）堆叠组成，可重构原始输入。

（1）反卷积

反卷积其实也是卷积。为了理解这一点，我们先复习一下卷积的数学操作。

卷积的数字操作可写成矩阵相乘，如对4×4的输入$\boldsymbol{X}$和3×3的卷积核$\boldsymbol{C}$，即

$$\boldsymbol{X}=\begin{bmatrix}x_{1,1}&x_{1,2}&x_{1,3}&x_{1,4}\\x_{2,1}&x_{2,2}&x_{2,3}&x_{2,4}\\x_{3,1}&x_{3,2}&x_{3,3}&x_{3,4}\\x_{4,1}&x_{4,2}&x_{4,3}&x_{4,4}\end{bmatrix},\ \boldsymbol{C}=\begin{bmatrix}c_{1,1}&c_{1,2}&c_{1,3}\\c_{2,1}&c_{2,2}&c_{2,3}\\c_{3,1}&c_{3,2}&c_{3,3}\end{bmatrix},$$

卷积结果$\boldsymbol{y}$为

$$\boldsymbol{y}=\begin{bmatrix}y_1\\y_2\\y_3\\y_4\end{bmatrix}$$

$$=\begin{bmatrix}c_{1,1}&c_{1,2}&c_{1,3}&0&c_{2,1}&c_{2,2}&c_{2,3}&0&c_{3,1}&c_{3,2}&c_{3,3}&0&0&0&0&0\\0&c_{1,1}&c_{1,2}&c_{1,3}&0&c_{2,1}&c_{2,2}&c_{2,3}&0&c_{3,1}&c_{3,2}&c_{3,3}&0&0&0&0\\0&0&0&0&c_{1,1}&c_{1,2}&c_{1,3}&0&c_{2,1}&c_{2,2}&c_{2,3}&0&c_{3,1}&c_{3,2}&c_{3,3}&0\\0&0&0&0&0&c_{1,1}&c_{1,2}&c_{1,3}&0&c_{2,1}&c_{2,2}&c_{2,3}&0&c_{3,1}&c_{3,2}&c_{3,3}\end{bmatrix}。$$

4×1的向量$\boldsymbol{y}$可以变形为4×16的矩阵。

反卷积的操作相当于上述$\boldsymbol{y}$左乘一个矩阵$\boldsymbol{C}'^{\mathrm{T}}$，得到$16\times1$的向量，再变形为$4\times4$的矩阵，和输入信号维度一致。因此反卷积也被称为转置的卷积（Transposed Convolution）。

$$
\begin{bmatrix} x_{1,1} \\ x_{1,2} \\ x_{1,3} \\ x_{1,4} \\ x_{2,1} \\ x_{2,2} \\ x_{2,3} \\ x_{2,4} \\ x_{3,1} \\ x_{3,2} \\ x_{3,3} \\ x_{3,4} \\ x_{4,1} \\ x_{4,2} \\ x_{4,3} \\ x_{4,4} \end{bmatrix} = \begin{bmatrix} c'_{1,1} & 0 & 0 & 0 \\ c'_{1,2} & c'_{1,1} & 0 & 0 \\ c'_{1,3} & c'_{1,2} & 0 & 0 \\ 0 & c'_{1,3} & 0 & 0 \\ c'_{2,1} & 0 & c'_{1,1} & 0 \\ c'_{2,2} & c'_{2,1} & c'_{1,2} & c'_{1,1} \\ c'_{2,3} & c'_{2,2} & c'_{1,3} & c'_{1,2} \\ 0 & c'_{2,3} & 0 & c'_{1,3} \\ c'_{3,1} & 0 & c'_{2,1} & 0 \\ c'_{3,2} & c'_{3,1} & c'_{2,2} & c'_{2,1} \\ c'_{3,3} & c'_{3,2} & c'_{2,3} & c'_{2,3} \\ 0 & c'_{3,3} & c'_{2,3} & 0 \\ 0 & 0 & c'_{3,1} & 0 \\ 0 & 0 & c'_{3,2} & c'_{3,1} \\ 0 & 0 & c'_{3,3} & c'_{3,2} \\ 0 & 0 & 0 & c'_{3,3} \end{bmatrix} \begin{bmatrix} y_1 \\ y_2 \\ y_3 \\ y_4 \end{bmatrix}。
$$

（2）反池化

池化的作用是降维，常见的池化有最大池化和平均池化。池化层不需要训练参数。平均池化对应的反池化操作为反平均池化，可通过将分辨率扩大，并复制多份均值实现。反最大池化可以记录池化时最大值的位置，然后在扩大分辨率后于最大值位置处复制最大值，其他位置置0；或者每个位置都复制最大值。

注意：在 PyTorch 框架下，卷积自编码器的解码器既可以通过转置卷积实现，也可以通过先上采样（升维，没有参数），然后再普通卷积实现。

3. LSTM 自编码器

如果输入的是序列，则可以使用 LSTM 自编码器将输入序列转换成包含整个序列信息的单个向量，然后重复该向量T次（T为输出序列中的时间步数），并运行一个 LSTM 自解码器将该恒定序列转换成目标序列。LSTM 自编码器也被称为 Seq2Seq（Sequence to Sequence），表示可以从序列到序列。Seq2Seq 结构存在两个问题：一是将整个序列的信息压缩为一个低维向量，会造成信息损失；二是如果序列过长，则长程依赖很难被完全学习，从而会导致准确率下降。因此，人们研究过将 Seq2Seq 结构与注意力机制（Attention Mechanism）相结合，此处不再详述。

对自编码器结构稍加改造，可得到可以产生新样本的生成式模型，如变分自编码器（Variational Auto Encoder，VAE）、对抗自编码器（Adversarial Auto Encoder，AAE）等。

10.3 多维缩放

多维缩放（Multiple Dimensional Scaling，MDS）的目标是在降维的过程中保持数据之间的距离，即高维空间中的距离关系与低维空间中的距离关系保持不变。我们用矩阵$\boldsymbol{D} \in \mathcal{R}^{N \times N}$表示$N$个样本的两两距离，并且假设在低维空间中的距离是欧氏距离，降维后的数据表示为$\boldsymbol{z}_i$，则有

$$d_{i,j}^2 = ||\boldsymbol{z}_i - \boldsymbol{z}_j||_2^2 = ||\boldsymbol{z}_i||_2^2 + ||\boldsymbol{z}_j||_2^2 - 2\boldsymbol{z}_i^{\mathrm{T}}\boldsymbol{z}_j。\tag{10-10}$$

不失一般性，我们假设低维空间中的实例点是中心化的，即

$$\sum_{i=1}^{N} \boldsymbol{z}_i = 0。 \tag{10-11}$$

对上面式子两边求和，有

$$\begin{aligned}
\sum_{i=1}^{N} d_{i,j}^2 &= \sum_{i=1}^{N} \|\boldsymbol{z}_i\|_2^2 + N\|\boldsymbol{z}_j\|^2 + 2\boldsymbol{z}_j\left(\sum_{i=1}^{N} \boldsymbol{z}_i\right) \\
&= \sum_{i=1}^{N} \|\boldsymbol{z}_i\|_2^2 + N\|\boldsymbol{z}_j\|^2 + 2\boldsymbol{z}_j \times 0 \\
&= \sum_{i=1}^{N} \|\boldsymbol{z}_i\|_2^2 + N\|\boldsymbol{z}_j\|^2。
\end{aligned} \tag{10-12}$$

类似地可以得到

$$\sum_{j=1}^{N} d_{i,j}^2 = \sum_{j=1}^{N} \|\boldsymbol{z}_j\|_2^2 + N\|\boldsymbol{z}_i\|^2。 \tag{10-13}$$

所以

$$\begin{aligned}
\sum_{i=1}^{N}\sum_{j=1}^{N} d_{i,j}^2 &= \sum_{i=1}^{N}\left(N\|\boldsymbol{z}_i\|_2^2 + \sum_{j=1}^{N} \|\boldsymbol{z}_j\|_2^2\right) \\
&= N\sum_{i=1}^{N} \|\boldsymbol{z}_i\|_2^2 + N\sum_{i=j}^{N} \|\boldsymbol{z}_j\|_2^2 \\
&= 2N\sum_{i=1}^{N} \|\boldsymbol{z}_i\|_2^2。
\end{aligned} \tag{10-14}$$

对式（10-12）和式（10-13）两边同除以N，式（10-14）两边同除以N^2，得到

$$\begin{aligned}
\frac{1}{N}\sum_{i=1}^{N} d_{i,j}^2 &= \frac{1}{N}\sum_{i=1}^{N} \|\boldsymbol{z}_i\|_2^2 + \|\boldsymbol{z}_j\|^2, \\
\frac{1}{N}\sum_{j=1}^{N} d_{i,j}^2 &= \frac{1}{N}\sum_{j=1}^{N} \|\boldsymbol{z}_j\|_2^2 + \|\boldsymbol{z}_i\|^2, \\
\frac{1}{N^2}\sum_{i=1}^{N}\sum_{j=1}^{N} d_{i,j}^2 &= \frac{2}{N}\sum_{i=1}^{N} \|\boldsymbol{z}_i\|_2^2。
\end{aligned} \tag{10-15}$$

定义内积矩阵$\boldsymbol{B} = \boldsymbol{Z}\boldsymbol{Z}^{\mathrm{T}} \in \mathcal{R}^{N\times N}$，即$b_{i,j} = \boldsymbol{z}_i^{\mathrm{T}}\boldsymbol{z}_j$，则

$$\begin{aligned}
d_{i,j}^2 &= \|\boldsymbol{z}_i\|_2^2 + \|\boldsymbol{z}_j\|_2^2 - 2\boldsymbol{z}_i^{\mathrm{T}}\boldsymbol{z}_j \\
&= b_{i,i} + b_{j,j} - 2b_{i,j}。
\end{aligned} \tag{10-16}$$

从而得到用$\boldsymbol{D}$表示$\boldsymbol{B}$，即

$$
\begin{aligned}
b_{i,j} &= -\frac{1}{2}(d_{i,j}^2 - b_{i,i} - b_{j,j}) \\
&= -\frac{1}{2}\left(d_{i,j}^2 - \left(\frac{1}{N}\sum_{j=1}^{N} d_{i,j}^2 - \frac{1}{N}\sum_{j=1}^{N}\|\boldsymbol{z}_j\|_2^2\right) - \left(\frac{1}{N}\sum_{i=1}^{N} d_{i,j}^2 - \frac{1}{N}\sum_{i=1}^{N}\|\boldsymbol{z}_i\|_2^2\right)\right) \\
&= -\frac{1}{2}\left(d_{i,j}^2 - \frac{1}{N}\sum_{j=1}^{N} d_{i,j}^2 - \frac{1}{N}\sum_{i=1}^{N} d_{i,j}^2 + \frac{1}{N}\sum_{i=1}^{N}\|\boldsymbol{z}_i\|_2^2 + \frac{1}{N}\sum_{j=1}^{N}\|\boldsymbol{z}_j\|_2^2\right) \\
&= -\frac{1}{2}\left(d_{i,j}^2 - \frac{1}{N}\sum_{j=1}^{N} d_{i,j}^2 - \frac{1}{N}\sum_{i=1}^{N} d_{i,j}^2 + \frac{2}{N}\sum_{i=1}^{N}\|\boldsymbol{z}_i\|_2^2\right) \\
&= -\frac{1}{2}\left(d_{i,j}^2 - \frac{1}{N}\sum_{j=1}^{N} d_{i,j}^2 - \frac{1}{N}\sum_{i=1}^{N} d_{i,j}^2 + \frac{1}{N^2}\sum_{i=1}^{N}\sum_{j=1}^{N} d_{i,j}^2\right)。
\end{aligned}
$$

用矩阵表示为$\boldsymbol{B} = -\frac{1}{2}\boldsymbol{JDJ}$，其中

$$\boldsymbol{J} = \boldsymbol{I} - \frac{1}{N}\boldsymbol{1}\boldsymbol{1}^{\mathrm{T}}, \boldsymbol{1} = (1,1,\cdots,1)。$$

$\boldsymbol{DJ}$为从$\boldsymbol{D}$中的每个元素里减去列均值，$\boldsymbol{JDJ}$的作用就是在此基础上再减去行均值，因此中心化矩阵的作用就是把元素的中心平移到坐标原点。注意：该中心化过程相当于平移，并不会改变低维度点之间的距离。

对矩阵$\boldsymbol{B}$做特征分解，得到

$$\boldsymbol{B} = \boldsymbol{V\Lambda V}^{\mathrm{T}}, \tag{10-17}$$

其中$\boldsymbol{\Lambda}$是由$\boldsymbol{B}$的特征值生成的对角矩阵，$\boldsymbol{V}$是特征向量作为列的矩阵。

如果希望将数据降至D'维空间，那么选择前D'个最大特征值及对应的特征向量，得到$\boldsymbol{\Lambda}_{D'}$和$\boldsymbol{V}_{D'}$。降维后的特征表示为

$$\boldsymbol{Z} = \boldsymbol{V}_{D'}\boldsymbol{\Lambda}_{D'}^{1/2}。\tag{10-18}$$

10.4 等度量映射

MDS 需要输入高维空间中样本点之间的距离矩阵$\boldsymbol{D}$。如果高维空间中样本点之间的距离用欧氏距离表示，则 MDS 为线性降维；如果矩阵是根据流形得到的测地距离，则 MDS 为非线性降维。

流形（Manifold）是一种拓扑结构。图 10-5 所示的三维空间中的曲面就是一种流形（注意不可闭合）。图中，虚线为欧氏距离，实线为测地距离，图 10-5（C）为 IsoMap 根据测地距离降维后的嵌入空间。流形学习理论认为，在高维空间直接计算距离是不合适的。例如在图 10-5 中，我们要计算图 A 中两点的距离，不是如图 A 所示的两点之间的直线距离（虚线长度），而是如图 B 所示的测地距离（实曲线长度）。

流形空间在局部上是欧氏空间的同胚空间，可以在局部进行欧氏距离的计算，再在整个流形结构上累加，获得流形曲面上的测地距离；对测地距离再进行多维缩放，即可得到等度量映射（Isometric Mapping，IsoMap）算法。

具体实现时，IsoMap 对于每个样本点，会基于欧氏距离构造邻接图。邻接图中每个样本

为一个图中一个结点，对每个样本点，选取该点的K个邻近点，在该样本点和其K近邻之间建立边，边的权重为两点之间的欧氏距离，样本点与非邻近点的距离定义为无穷远（没有边）。对不直接相连的两个样本点，它们之间的测地距离为邻接图上的最短路径，可采用图的最短路径算法（如 Dijkstra、Floyd 等算法）获得所有流形曲面上点与点之间的距离。

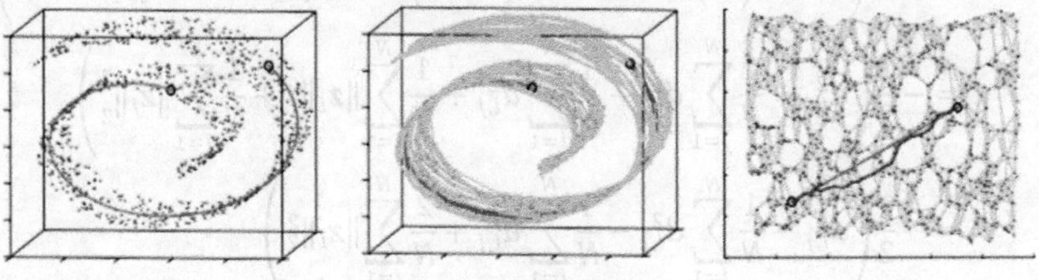

（a）图 A　　（b）图 B　　（c）图 C

图 10-5　IsoMap 示例

10.5 局部线性嵌入

局部线性嵌入（Locally Linear Embedding，LLE）假设在高维空间中，能以样本的邻近样本的线性加权重构样本，即$\boldsymbol{x}_i=\sum_{j\in\mathcal{N}_i} w_{j,i}\boldsymbol{x}_j$，其中$\mathcal{N}_i$表示$\boldsymbol{x}_i$的邻域上点的集合。LLE 同时假设在低维空间中这种线性重构关系能够保持，即

$$\boldsymbol{z}_i=\sum_{j\in\mathcal{N}_i} w_{j,i}\,\boldsymbol{z}_j。\tag{10-19}$$

因此 LLE 的第 1 步是在高维空间中，计算每两个样本点之间的距离，确定每个样本的K近邻$\mathcal{N}_i$。注意：当样本数N或样本维度D很大时，可能需要采用高效的K近邻近似算法得到K近邻（如 K-D 树）。样本及其K近邻表示了原始高维空间中的数据结构。

LLE 的第 2 步是在样本K近邻的基础上，求出每个样本点的局部线性组合权重$\boldsymbol{w}_i=(w_{1,i},w_{2,i},\cdots,w_{K,i})^{\mathrm{T}}$，即

$$\begin{aligned}&\min\sum_{i=1}^{N}\left\|\boldsymbol{x}_i-\sum_{j\in\mathcal{N}_i} w_{j,i}\,\boldsymbol{x}_j\right\|_2^2,\\&\text{s.t.}\sum_{j\in\mathcal{N}_i} w_{j,i}=1。\end{aligned}\tag{10-20}$$

对第i个样本点，其K近邻的组合系数可独立求解，因此单个样本点的目标函数为

$$\begin{aligned}J(\boldsymbol{w}_i)&=\left\|\boldsymbol{x}_i-\sum_{j\in\mathcal{N}_i} w_{j,i}\,\boldsymbol{x}_j\right\|_2^2\\&=\left\|\sum_{j\in\mathcal{N}_i} w_{j,i}\,\boldsymbol{x}_i-\sum_{j\in\mathcal{N}_i} w_{j,i}\,\boldsymbol{x}_j\right\|_2^2\\&=\left\|\sum_{j\in\mathcal{N}_i} w_{j,i}\,(\boldsymbol{x}_i-\boldsymbol{x}_j)\right\|_2^2。\end{aligned}\tag{10-21}$$

上述问题其实就是一个最小二乘问题，我们可以直接将最小二乘的解代入，再将权重进行归一（和为 1）。也可以将其写成矩阵形式。令$\boldsymbol{X}_i = [\underbrace{\boldsymbol{x}_i, \boldsymbol{x}_i, \cdots, \boldsymbol{x}_i}_{K}]$，$\boldsymbol{N}_i = \underbrace{[\boldsymbol{x}_j]}_{j\in\mathcal{N}_i}$均为$D \times K$的矩阵，$\boldsymbol{S}_i = (\boldsymbol{X}_i - \boldsymbol{N}_i)^{\mathrm{T}}(\boldsymbol{X}_i - \boldsymbol{N}_i)$为局部协方差矩阵，则

$$J(\boldsymbol{w}_i) = \boldsymbol{w}_i^{\mathrm{T}}(\boldsymbol{X}_i - \boldsymbol{N}_i)^{\mathrm{T}}(\boldsymbol{X}_i - \boldsymbol{N}_i)\boldsymbol{w}_i = \boldsymbol{w}_i^{\mathrm{T}}\boldsymbol{S}_i\boldsymbol{w}_i。$$

再加上约束$\sum_{j\in\mathcal{N}_i} w_{ij} = 1$，用拉格朗日乘子法求解，得到拉格朗日函数为

$$L(\boldsymbol{w}_i) = J(\boldsymbol{w}_i) + \lambda(\boldsymbol{w}_i^{\mathrm{T}}\boldsymbol{1} - 1),$$

其中$\boldsymbol{1} = (1,1,\cdots,1)$表示$K$维全 1 的向量。

拉格朗日函数对权重求导，并令其等于 0，得到

$$2\boldsymbol{S}_i\boldsymbol{w}_i + \lambda\,\boldsymbol{1} = \boldsymbol{0},$$

从而有

$$\boldsymbol{w}_i = \frac{1}{2}\lambda\boldsymbol{S}_i^{-1}\boldsymbol{1},$$

其中$-\frac{1}{2}\lambda$为常数。我们可以根据约束$\boldsymbol{w}_i^{\mathrm{T}}\boldsymbol{1} = 1$对$\boldsymbol{w}_i$做归一化，得到最终的$\boldsymbol{w}_i$为

$$\boldsymbol{w}_i = -\frac{\boldsymbol{S}_i^{-1}\boldsymbol{1}}{\boldsymbol{1}\boldsymbol{S}_i^{-1}\boldsymbol{1}}。 \quad (10\text{-}22)$$

式（10-22）中分母$\boldsymbol{1}\boldsymbol{S}_i^{-1}\boldsymbol{1}$其实是对$\boldsymbol{S}_i^{-1}$的所有元素求和，而其分子$\boldsymbol{S}_i^{-1}\boldsymbol{1}$是对$\boldsymbol{S}_i^{-1}$的每行求和后得到的列向量。

LLE 的第 3 步是根据每个样本点重构权重，计算样本的低维表示，即

$$\min \sum_{i=1}^{N}\left\|\boldsymbol{z}_i - \sum_{j\in\mathcal{N}_i} w_{ij}\,\boldsymbol{z}_j\right\|_2^2。 \quad (10\text{-}23)$$

为了防止得到无意义的解$\boldsymbol{z}_i = \boldsymbol{0}$，我们针对低维表示增加标准化约束（$\boldsymbol{0}$均值、单位矩阵的协方差矩阵）：

$$\sum_{i=1}^{N}\boldsymbol{z}_i = \boldsymbol{0},\ \frac{1}{N}\sum_{i=1}^{N}\boldsymbol{z}_i\,\boldsymbol{z}_i^{\mathrm{T}} = \boldsymbol{I}。 \quad (10\text{-}24)$$

将重构权重矩阵写成一个大的$N \times N$的稀疏矩阵$\boldsymbol{W}$，即

$$W_{j,i} = \begin{cases} w_{j,i} & j \in \mathcal{N}_i \\ 0 & 其他, \end{cases}$$

这样，即可得目标函数为

$$\begin{aligned} J(\boldsymbol{Z}) &= \sum_{i=1}^{N}\left\|\boldsymbol{z}_i - \sum_{j=1}^{N} w_{j,i}\,\boldsymbol{z}_j\right\|_2^2 \\ &= \sum_{i=1}^{N}\|\boldsymbol{Z}\boldsymbol{i}_i - \boldsymbol{Z}\boldsymbol{w}_i\|_2^2 \end{aligned} \quad (10\text{-}25)$$

$$= \sum_{i=1}^{N} \|Z(i_i - w_i)\|_2^2 = \mathrm{tr}(Z(I-W)(I-W)^{\mathrm{T}}Z^{\mathrm{T}}),$$

其中i_i表示矩阵I的第i列，w_i表示矩阵W的第i列，矩阵的迹$\mathrm{tr}(Z(I-W)(I-W)^{\mathrm{T}}Z^{\mathrm{T}})$为矩阵的对角线元素之和。

令$M = I - W$，则优化问题变为

$$\min \mathrm{tr}(ZMM^{\mathrm{T}}Z^{\mathrm{T}}), \quad \text{s.t. } ZZ^{\mathrm{T}} = NI。 \tag{10-26}$$

该问题的形式同 PCA 中的优化问题（式（10-5））类似，因此解Z的列为M的特征向量，只是这里是求矩阵的迹的最小值。所以为了将数据降到D'维，我们只需要取M的最小D'个非零特征值对应的特征向量即可。一般最小的特征值为 0（对应的特征向量为全 **1**），我们将其舍弃，取从第 2 小到第D'小的特征值对应的特征向量。

算法 10-2：LLE

输入：样本集$\mathcal{D} = \{x_1, x_2, \cdots, x_N\}$，最近邻数$K$，降维到的维数$D'$。

输出：低维样本集矩阵Z。

（1）for $i = 1$ to N，以欧氏距离为度量，计算和x_i最近的K个最近邻$\mathcal{N}_i$；

（2）for $i = 1$ to N，计算局部协方差矩阵$S_i = (X_i - N_i)^{\mathrm{T}}(X_i - N_i)$，其中$X_i = \underbrace{[x_i, x_i, \cdots, x_i]}_{K}$，$N_i = \underbrace{[x_j]}_{j \in \mathcal{N}_i}$，并求出对应的权重系数向量$w_i = -\frac{S_i^{-1}\mathbf{1}}{\mathbf{1}S_i^{-1}\mathbf{1}}$；

（3）由权重系数向量组成权重系数矩阵W，计算矩阵$M = (I-W)(I-W)^{\mathrm{T}}$；

（4）计算矩阵M的前$D'+1$个最小的特征值，并计算这$D'+1$个特征值对应的特征向量$z_1, z_2, \cdots, z_{D'+1}$；

（5）由第 2～$D'+1$个特征向量所组成的矩阵即为输出的低维样本集矩阵$Z = (z_2, z_3, \cdots, z_{D'+1})$。

LLE 的超参数中包含样本的近邻数K。当K取值较小时，近邻个数太少，可能不能很好地反映数据的拓扑结构。当K取值太大时，近邻个数太多，邻域过大，不再满足局部线性假设。Scikit-Learn 中近邻数的默认值为 5。

10.6 拉普拉斯特征映射

拉普拉斯特征映射（Laplace Eigenmaps，LE）看问题的角度和 LLE 有些相似，也是保持流形的局部结构。如果在原始高维空间中有两个样本点x_i和x_j相似，那么在降维后的目标空间中，二者应该尽量接近。

拉普拉斯特征映射用图$\mathcal{G} = (\mathcal{V}, \mathcal{E})$来构建数据之间的关系。图的结点集合$\mathcal{V}$包含所有样本点，如果两个样本点相似，则在图中用一条边连接这两个点。这里的相似可用K近邻表示，即首先计算每个样本点的K个邻居，每个样本点与其最近的K个邻居连上边，边的权重为两个样本点之间的相似度（也可以是其他合理的相似度度量），有

$$w_{i,j} = \exp\left(-\frac{\|x_i - x_j\|_2^2}{\sigma^2}\right)。 \tag{10-27}$$

我们的目标是让相似的数据样例在降维后的目标子空间里仍旧尽量接近，故目标函

数为

$$\min\sum_{i,j}||\boldsymbol{z}_i-\boldsymbol{z}_j||_2^2 w_{i,j}。\tag{10-28}$$

对上述目标函数进行变换，则有

$$\begin{aligned}\sum_{i=1}^{N}\sum_{j=1}^{N}||\boldsymbol{z}_i-\boldsymbol{z}_j||_2^2 w_{i,j}&=\sum_{i=1}^{N}\sum_{j=1}^{N}(\boldsymbol{z}_i^{\mathrm{T}}\boldsymbol{z}_i-2\boldsymbol{z}_i^{\mathrm{T}}\boldsymbol{z}_j+\boldsymbol{z}_j^{\mathrm{T}}\boldsymbol{z}_j)w_{i,j}\\&=\sum_{i=1}^{N}\left(\sum_{j=1}^{N}w_{i,j}\right)\boldsymbol{z}_i^{\mathrm{T}}\boldsymbol{z}_i+\sum_{j=1}^{N}\left(\sum_{i=1}^{N}w_{i,j}\right)\boldsymbol{z}_j^{\mathrm{T}}\boldsymbol{z}_j-2\sum_{i=1}^{N}\sum_{j=1}^{N}\boldsymbol{z}_i^{\mathrm{T}}\boldsymbol{z}_j w_{i,j}\\&=2\sum_{i=1}^{N}d_{i,i}\,\boldsymbol{z}_i^{\mathrm{T}}\boldsymbol{z}_i-2\sum_{i=1}^{N}\sum_{j=1}^{N}\boldsymbol{z}_i^{\mathrm{T}}\boldsymbol{z}_j w_{i,j}\\&=2\sum_{i=1}^{N}(\sqrt{d_{i,i}}\boldsymbol{z}_i)^{\mathrm{T}}(\sqrt{d_{i,i}}\boldsymbol{z}_i)-2\sum_{i=1}^{N}\boldsymbol{z}_i^{\mathrm{T}}\left(\sum_{j=1}^{N}\boldsymbol{z}_j w_{i,j}\right)\\&=2\mathrm{tr}(\boldsymbol{Z}^{\mathrm{T}}\boldsymbol{D}\boldsymbol{Z})-2\sum_{i=1}^{N}\boldsymbol{z}_i^{\mathrm{T}}(\boldsymbol{Z}\boldsymbol{W})_i\\&=2\mathrm{tr}(\boldsymbol{Z}\boldsymbol{D}\boldsymbol{Z})-2\mathrm{tr}(\boldsymbol{Z}^{\mathrm{T}}\boldsymbol{W}\boldsymbol{Z})\\&=2\mathrm{tr}[\boldsymbol{Z}^{\mathrm{T}}(\boldsymbol{D}-\boldsymbol{W})\boldsymbol{Z}]\\&=2\mathrm{tr}(\boldsymbol{Z}^{\mathrm{T}}\boldsymbol{L}\boldsymbol{Z}),\end{aligned}$$

其中，$\boldsymbol{W}$为图的邻接关系矩阵；对角矩阵$\boldsymbol{D}$是图的度矩阵：$d_{i,i}=\sum_{j=1}^{N}w_{i,j}$；$\boldsymbol{L}=\boldsymbol{D}-\boldsymbol{W}$为图的拉普拉斯矩阵。

变换后的拉普拉斯特征映射优化的目标函数为

$$\begin{aligned}&\min\mathrm{tr}(\boldsymbol{Z}^{\mathrm{T}}\boldsymbol{L}\boldsymbol{Z}),\\&\mathrm{s.t.}\ \ \boldsymbol{Z}^{\mathrm{T}}\boldsymbol{D}\boldsymbol{Z}=\boldsymbol{I},\end{aligned}\tag{10-29}$$

其中限制条件$\boldsymbol{Z}^{\mathrm{T}}\boldsymbol{D}\boldsymbol{Z}=\boldsymbol{I}$的作用是保证最优解有意义（否则$\boldsymbol{z}_i=\boldsymbol{0}$是最优解）和去掉嵌入向量中的缩放因子。

该问题的形式同 LLE 的优化问题式（10-26）类似。因为$\boldsymbol{D}$是对角阵，采用类似 PCA 单独求解$\boldsymbol{Z}$的列向量时，乘以$\boldsymbol{D}$相当于乘以对应的标量$d_{i,i}$，所以$\boldsymbol{Z}$的列向量也是矩阵$\boldsymbol{L}$从第 2 小到第D'小的特征值对应的特征向量。

10.7 基于 T 分布的随机邻域嵌入

基于 T 分布的随机邻域嵌入（T-distributed stochastic neighbor embedding，T-SNE）是一种非线性降维算法，非常适用于高维数据降维到 2 维或者 3 维进行可视化。

T-SNE 的基本思想是使高维空间中相似的数据点，映射到低维空间中也相似。在 T-SNE 中，相似度用条件概率来表示。在高维空间中，在给定$\boldsymbol{x}_i$的条件下，$\boldsymbol{x}_j$的条件概率$p_{j|i}$与$\boldsymbol{x}_j$和$\boldsymbol{x}_i$之间的欧氏距离有关，即

$$p_{j|i}=\frac{s_{i,j}}{\sum_{j'\neq i}s_{i,j'}},$$
$$s_{i,j}=\exp\left(\frac{-\left\|\boldsymbol{x}_i-\boldsymbol{x}_j\right\|_2^2}{2\sigma_i^2}\right), \tag{10-30}$$

其中$p_{j|i}$表示在给定的中心为$\boldsymbol{x}_i$、方差为σ_i^2的高斯分布下，$\boldsymbol{x}_j$和$\boldsymbol{x}_i$的接近程度。这里参数σ_i对不同的点$\boldsymbol{x}_i$的取值不一样，目的是使稠密区域的方差比稀疏区域的方差大。有些文献中描述可以通过二分查找寻找最佳的σ_i。此外设置$p_{\boldsymbol{x}|\boldsymbol{x}}=0$，因为关注的是两两之间的相似度。

在此基础上，我们进一步定义对称的联合分布以表示样本间的相似性，有

$$p_{i,j}=\frac{p_{j|i}+p_{i|j}}{2N}。 \tag{10-31}$$

在低维空间中，可将$\boldsymbol{z}_i$和$\boldsymbol{z}_j$之间的相似度用自由度为 1 的T分布表示为

$$q_{i,j}=\frac{s'_{i,j}}{\sum_{j'\neq i}s'_{i,j'}},$$
$$s'_{i,j}=\frac{1}{1+\left\|\boldsymbol{z}_i-\boldsymbol{z}_j\right\|_2^2}。 \tag{10-32}$$

同样，设定$q_{i,i}=0$。

事实上，早期的 SNE 算法是用更简单的高斯分布表示降维后的条件概率，即$s'_{i,j}=\exp\left(-\|\boldsymbol{z}_i-\boldsymbol{z}_j\|_2^2\right)$。从图 10-6 中可以看出为什么$T$分布比高斯分布更合适。

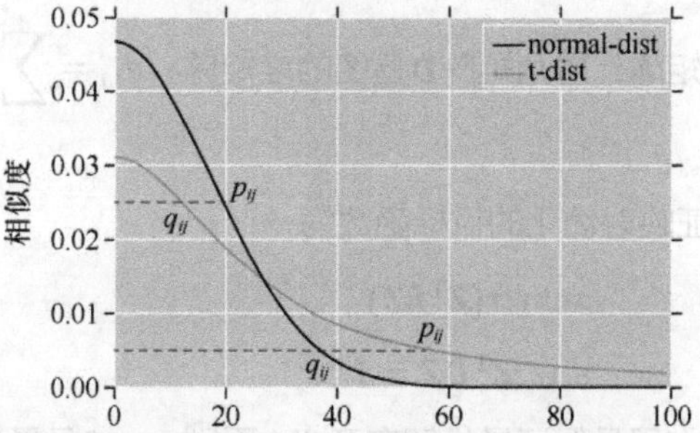

图 10-6　T-SNE 中的 T 分布与 SNE 中的高斯分布对比

图 10-6 中横轴表示两个样本点之间的距离，纵轴表示它们的相似度/概率。可以看到，对于相似度较高的点，T分布在低维空间中的距离需要稍小一点；而对于相似度较低的点，T分布在低维空间中的距离需要更远。这恰好满足了我们的需求，即距离较近的点更紧密，距离较远的点更疏远。

如果降维的效果比较好，数据的局部结构保留完整，那么$p_{i,j}=q_{i,j}$，因此我们优化两个分布之间的距离-KL 散度（Kullback-Leibler Divergences），目标函数为

$$C=\sum_i \mathrm{KL}(P_i||Q_i)=\sum_i\sum_j p_{i,j}\ln\frac{p_{i,j}}{q_{i,j}}, \tag{10-33}$$

其中P_i表示在给定点$\boldsymbol{x}_i$的情况下，其他所有数据点的条件概率分布。需要注意的是，KL 散度具有不对称性，即在低维映射中不同的距离对应的惩罚权重是不同的。用距离较远的两个点

来表达距离较近的两个点会产生更大的费用，而用距离较近的两个点来表达距离较远的两个点所产生的费用相对较小。例如，用距离较小的$q_{i,j}=0.2$来建模距离较大的$p_{i,j}=0.8$，费用$C=p\ln(p/q)=1.11$；用距离较大的$q_{i,j}=0.8$来建模距离较小的$p_{i,j}=0.2$，费用$C=-0.277$。因此，T-SNE 会倾向于保留数据中的局部特征。

对目标函数求极小值可通过梯度下降法来实现。目标函数的梯度为

$$\frac{\partial C}{\partial \mathbf{z}_i}=4\sum_j(p_{i,j}-q_{i,j})(1+\|\mathbf{z}_i-\mathbf{z}_j\|^2)^{-1}(\mathbf{z}_i-\mathbf{z}_j)。\tag{10-34}$$

上述梯度计算需要对所有的j求和，计算量大，可用 Barnes-Hut[3]近似算法快速求解。

T-NSE 计算慢，工程上可以先对高维原始输入用 PCA 等快速降维技术降到一定维度（也可保持全局结构），然后再用 T-NSE 进一步降维。

10.8 案例分析：MNIST 数据集

我们在 MNIST 数据集上进行降维练习。MNIST 数据集简介详见 5.3.3 小节。由于数据集本身带有标签，我们可以很方便地通过可视化来简单比较各种降维技术。注意，为了可视化，我们将数据降至 2 维。如果是为了更好地重构原始数据或使识别性能更好，则需要对降维后的维度D'进行仔细选取。由于非线性降维技术的计算复杂度高，我们从训练集（共 8 400 个样本）中随机选择了 20%的样本参与降维实验。

我们在 Scikit-Learn 框架下实现了 PCA、MDS、LLE、LE 和 T-NSE 降维。由于数字图像大部分为黑色背景，且偏白色的数字笔画大多连续且灰度值相似，因此在 MNIST 数据集中，样本的各个维度之间的相关性很强。这体现在 PCA 中就是，只有前面少数几个成分的方差很大，后续成分的方差会迅速减小。图 10-7 给出了各个主成分能解释的方差比例λ_d，以及到该主成分为止，累计能解释的方差$\sum_{j=1}^{d}\lambda_j$。从信号重构的角度，可以选择能重构 85%方差的主成分数目为 59；如果要重构 95%的方差，则需要 151 个主成分。

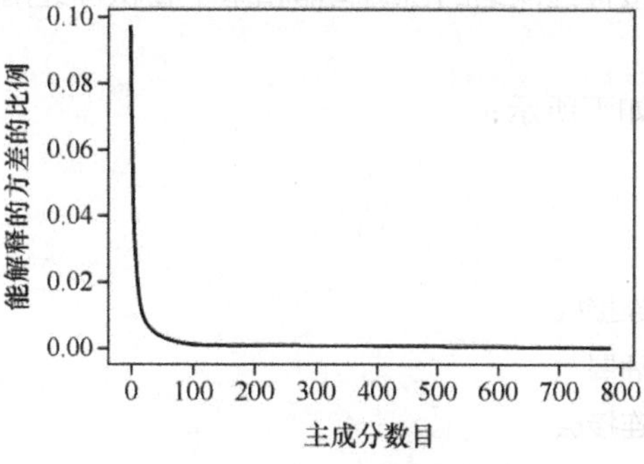

（a）主成分能解释的方差

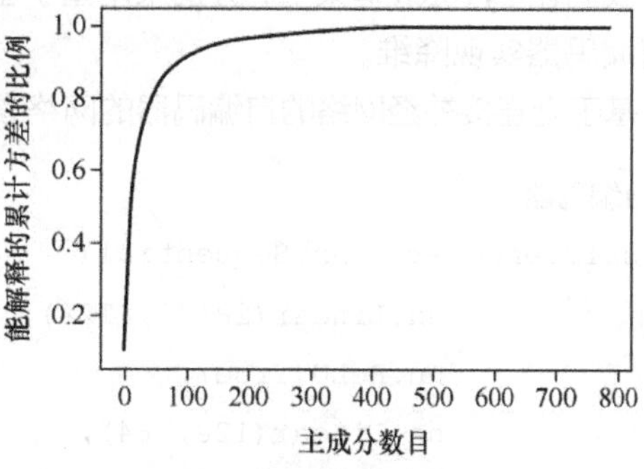

（b）主成分能解释的累计方差

图 10-7　MNIST 数据集 PCA 结果

各方法降维后的结果如图 10-8 所示，图中不同的灰度表示不同的数字。从图中我们可以发现，PCA、MDS、LLE 效果并不是太好，不同数字在 2 维空间中混在一起；LE 的效果稍好一些；T-NSE 的效果最好，但速度最慢。我们尝试对原始数据先用 PCA 降维（init='pca'），再用 T-NSE 降至 2 维，速度稍快，可视化效果和用 784 维原始数据做 T-NSE 相当。从图中可以看出，数字 4 和数字 9 是最容易混淆的。

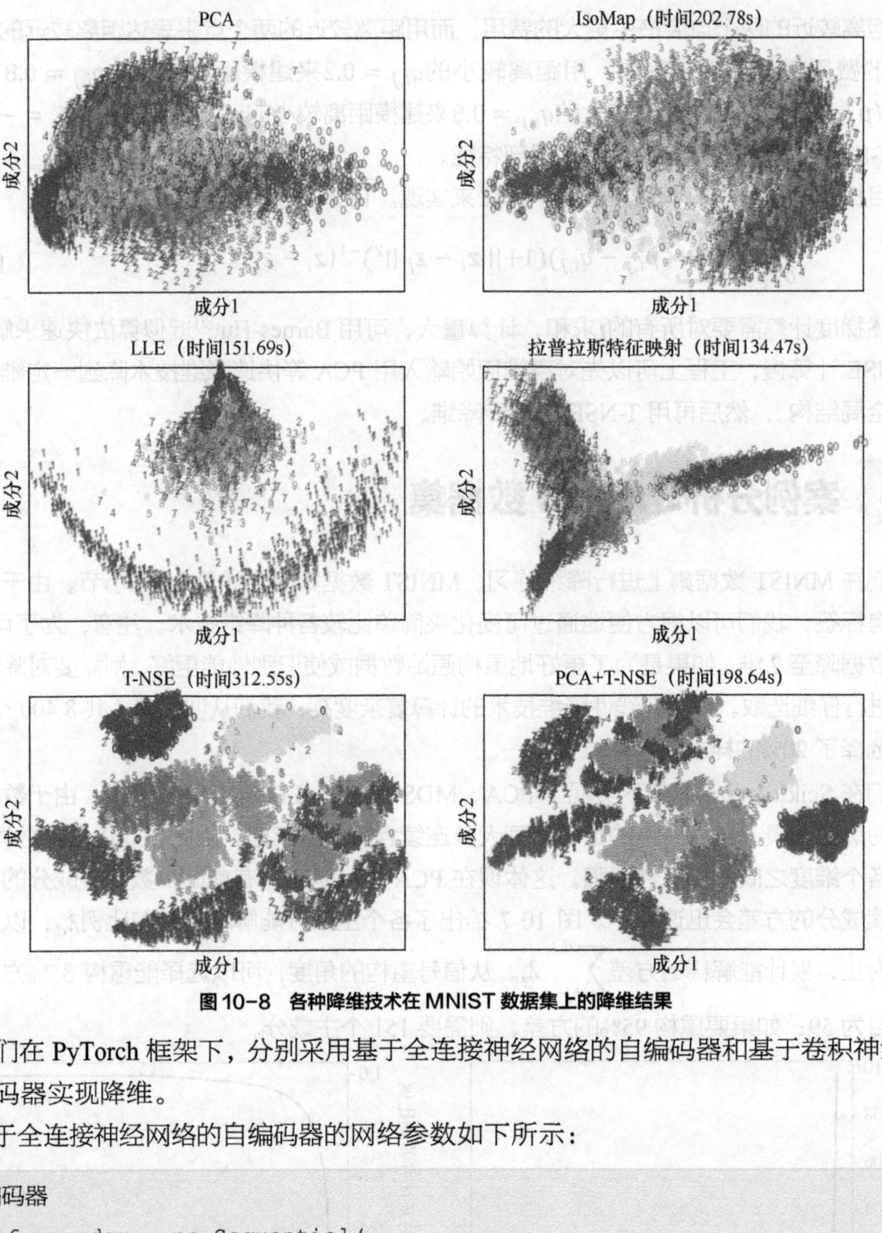

图 10-8　各种降维技术在 MNIST 数据集上的降维结果

我们在 PyTorch 框架下，分别采用基于全连接神经网络的自编码器和基于卷积神经网络的自编码器实现降维。

基于全连接神经网络的自编码器的网络参数如下所示：

```
#编码器
self.encoder = nn.Sequential(
        nn.Linear(28*28, 128), #全连接层
        nn.ReLU(True),         #激活层
        nn.Linear(128, 64),    #全连接层
        nn.ReLU(True),         #激活层
        nn.Linear(64, 32),     #全连接层
    )
#解码器
self.decoder = nn.Sequential(
        nn.Linear(32, 64),
        nn.ReLU(True),
```

```
        nn.Linear(64, 128),
        nn.ReLU(True),
        nn.Linear(128, 28*28),
        nn.Sigmoid(),            #结果在[0, 1]中
    )
```

基于卷积神经网络的自编码器的网络参数如下所示：

```
#编码器
self.encoder = nn.Sequential(
        #卷积层：通道：1-->16，核大小3x3：  28*28 -> 28*28
        nn.Conv2d(1, 16, 3,  padding=1),
        nn.ReLU(),               #激活层
        nn.MaxPool2d(2, 2),      #池化层，16*28*28-->16*14*14
        #卷积层：通道16 --> 4，核大小3x3：14*14 -> 14*14
        nn.Conv2d(16, 4, 3, padding=1),
        nn.ReLU(),
        nn.MaxPool2d(2, 2),      #池化层，4*14*14-->4*7*7
    )
#解码器
self.decoder = nn.Sequential(
        nn.Linear(32, 64),
        nn.ReLU(True),

        nn.Linear(64, 128),
        nn.ReLU(True),

        nn.Linear(128, 28*28),
        nn.Sigmoid(),             #结果在[0, 1]中
    )
```

图10-9中给出了训练50轮后基于全连接神经网络的自编码器和基于卷积神经网络的自编码器降到32维的结果。读者可以通过改变网络结构、迭代次数、优化方法和参数初始化方式等，体会网络超参数对降维和重构的影响。

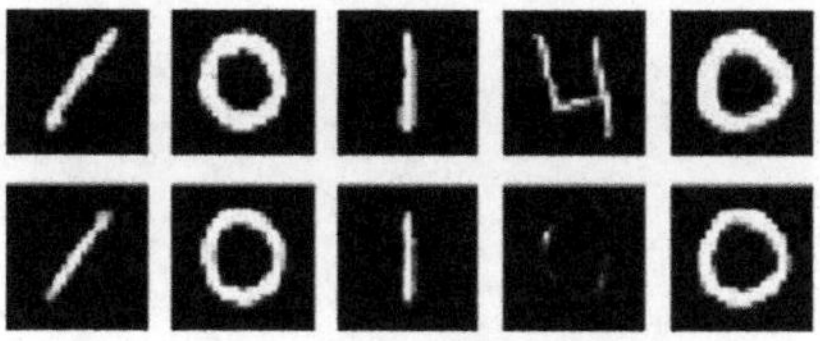

（a）基于DNN的自编码器的重构结果

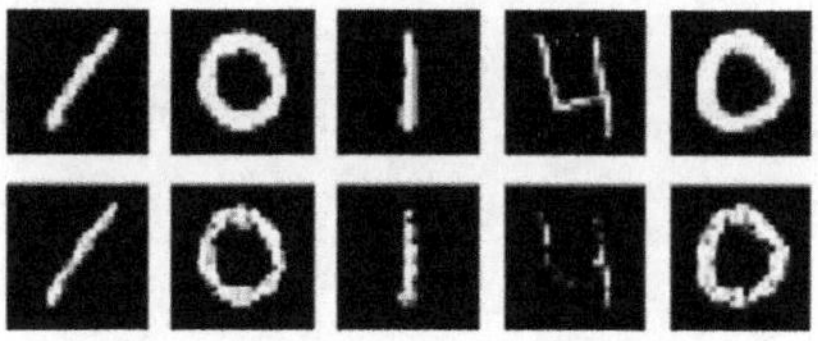

（b）基于CNN的自编码器的重构结果

图10-9　自编码器在MINST数据集上的重构结果

10.9 本章小结

PCA 和自编码器通过使重构误差最小将数据降到低维，可以保持全局信息。IsoMap 通过保持所有样本点之间的测地距离来计算降维后的表示，数据的全局结构也能得以保持。而邻域嵌入技术，如 LLE、拉普拉斯映射、T-NSE 通过保持局部的几何特性来恢复全局的非线性结构，属于局部嵌入方法。在这些局部嵌入方法中讨论距离较远的点之间的关系是没有意义的。

10.10 习题

1．基于 Scikit-Learn 自带的人脸数据集：

```
lfw_people = fetch_lfw_people(min_faces_per_person=70, resize=0.4),
```

运用本章所学的降维技术进行降维，并在降维后的前 2 维空间上显示样本（不同人脸用不同颜色表示），观察降维后不同的人脸是否能被区分开。

2．针对第 1 题中的数据集，首先对原始人脸图像进行 PCA 降维，然后用基于 RBF 的 SVM 进行分类。请用 5 折交叉验证寻找最优超参数（主成分维数、惩罚参数C、RBF 核函数参数γ）。

11 chapter

聚类

聚类是一种非监督学习任务，其目的是发现数据中隐含的结构。聚类算法按照某种标准，把数据集划分成不同的簇，使同一个簇内的数据尽可能相似，不同簇中的数据差异尽可能大。

本章将讨论聚类算法的性能指标和常用的样本间相似性度量/距离度量，然后介绍一些常用的聚类算法，包括 K 均值、混合高斯模型、层次聚类、均值漂移聚类、基于密度的噪声鲁棒的聚类和基于密度峰值的聚类等算法。最后通过案例介绍 Scilit-Learn 中各种聚类算法的 API。

11.1 聚类算法的性能指标

监督学习中，由于训练集中的样本/验证集中的样本有标签，因此性能指标容易理解。聚类是非监督学习，相对而言，性能指标没那么直观。根据评价数据集是否有类别标注，聚类效果评价有两类指标：一类是有参考分类结果作基准的外部指标，另一类是无参考分类结果作基准的内部指标。

11.1.1 外部指标

对数据集$\boldsymbol{\mathcal{D}} = \{\boldsymbol{x}_1, \boldsymbol{x}_2, \cdots, \boldsymbol{x}_N\}$，假设通过聚类算法将样本聚为$K$类：$\boldsymbol{\mathcal{C}} = \{\mathcal{C}_1, \mathcal{C}_2, \cdots, \mathcal{C}_K\}$，参考结果给出的簇划分为$\boldsymbol{\mathcal{C}}^* = \{\mathcal{C}_1^*, \mathcal{C}_2^*, \cdots, \mathcal{C}_K^*\}$，令$\lambda$和$\lambda^*$分别表示$\boldsymbol{\mathcal{C}}$与$\boldsymbol{\mathcal{C}}^*$对应的簇标记向量。令聚类结果$\boldsymbol{\mathcal{C}}$和参考结果$\boldsymbol{\mathcal{C}}^*$的样本两两配对，定义为

$$
\begin{aligned}
a &= |\boldsymbol{S}_1|, \boldsymbol{S}_1 = \left\{(\boldsymbol{x}_i, \boldsymbol{x}_j) \middle| \lambda_i = \lambda_j, \lambda_i^* = \lambda_j^*, i < j\right\}, \\
b &= |\boldsymbol{S}_2|, \boldsymbol{S}_2 = \left\{(\boldsymbol{x}_i, \boldsymbol{x}_j) \middle| \lambda_i = \lambda_j, \lambda_i^* \neq \lambda_j^*, i < j\right\}, \\
c &= |\boldsymbol{S}_3|, \boldsymbol{S}_3 = \{(\boldsymbol{x}_i, \boldsymbol{x}_j) | \lambda_i \neq \lambda_j, \lambda_i^* = \lambda_j^*, i < j\}, \\
d &= |\boldsymbol{S}_4|, \boldsymbol{S}_4 = \left\{(\boldsymbol{x}_i, \boldsymbol{x}_j) \middle| \lambda_i \neq \lambda_j, \lambda_i^* \neq \lambda_j^*, i < j\right\},
\end{aligned}
\tag{11-1}
$$

其中集合$\boldsymbol{S}_1$包含聚类结果$\boldsymbol{\mathcal{C}}$中属于相同的簇且在参考结果$\boldsymbol{\mathcal{C}}^*$中也属于相同的簇的样本对，集合$\boldsymbol{S}_2$包含$\boldsymbol{\mathcal{C}}$中属于相同的簇但在$\boldsymbol{\mathcal{C}}^*$中属于不同的簇的样本对，集合$\boldsymbol{S}_3$包含$\boldsymbol{\mathcal{C}}$中属于不同的簇但在$\boldsymbol{\mathcal{C}}^*$中属于相同的簇的样本对，集合$\boldsymbol{S}_4$包含$\boldsymbol{\mathcal{C}}$中属于不同的簇且在$\boldsymbol{\mathcal{C}}^*$中属于不同的簇的样本对。每个样本对$(\boldsymbol{x}_i, \boldsymbol{x}_j)(i < j)$仅能出现在一个集合中，因此有$a + b + c + d = N(N-1)/2$，如表 11-1 所示。

表 11-1　样本对数量关系

$N(N-1)/2$		参考结果	
		相同簇	不同簇
聚类结果	相同簇	a	b
	不同簇	c	d

基于以上定义，对聚类结果，我们定义了以下性能指标。

1. Jaccard 系数（Jaccard Coefficent，JC）

$$
\mathrm{JC} = \frac{a}{a+b+c}。 \tag{11-2}
$$

JC刻画了所有属于同一簇的样本对（要么在$\boldsymbol{\mathcal{C}}$中属于同一簇，要么在$\boldsymbol{\mathcal{C}}^*$中属于同一簇），以及在$\boldsymbol{\mathcal{C}}$和$\boldsymbol{\mathcal{C}}^*$中属于同一簇的样本对的比例。$\mathrm{JC} \in [0,1]$，JC越大，意味着聚类效果与参考结果的一致性越高。

2. FM 指数（Fowlkes and Mallows Index，FMI）

$$
\mathrm{FMI} = \sqrt{\frac{a}{a+b} \cdot \frac{a}{a+c}}。 \tag{11-3}
$$

令在$\boldsymbol{\mathcal{C}}$中属于同一簇的样本对中，同时属于$\boldsymbol{\mathcal{C}}^*$的样本对的比例为精度（precision）$P$；在$\boldsymbol{\mathcal{C}}^*$中

属于同一簇的样本对中，同时属于$\mathcal{C}$的样本对的比例为召回率（recall）R，则 FM 指数即为精度和召回率的几何均值。FMI ∈ [0,1]，FMI越大，意味着聚类效果与参考结果的一致性越高。

3. 兰德指数（Rand Index，RI）

$$\mathrm{RI} = \frac{(a+d)}{C_N^2} = \frac{2(a+d)}{N(N-1)}, \tag{11-4}$$

其中$C_N^2 = N(N-1)/2$为所有可能的样本对的数目，$a+d$表示聚类结果和参考结果吻合的样本对的数目（在两种结果中两个样本都属于一个簇，或者都属于不同簇）。RI ∈ [0,1]，RI越大，意味着聚类效果与参考结果的一致性越高。

4. 调整兰德指数（Adjusted Rand Index，ADI）

使用RI时有个问题，对于随机聚类，RI不保证接近 0（可能还很大）。而ARI利用随机聚类情况下的RI（$\mathbb{E}$[RI]）来解决这个问题，使在聚类结果随机产生的情况下，指标接近零，有

$$\mathrm{ARI} = \frac{\mathrm{RI} - \mathbb{E}[\mathrm{RI}]}{\max(\mathrm{RI}) - \mathbb{E}[\mathrm{RI}]}。 \tag{11-5}$$

ARI ∈ [−1,1]，ARI 越大，意味着聚类结果与参考结果一致性越高。

5. V 度量（V-measure）

介绍 V-measure 之前，先介绍两个指标：同质性（homogeneity）和完整性（completeness）。基于表 11-2 可知，可以使用条件熵来定义同质性和完整性。

表 11-2　使用条件熵定义同质性和完整性的基础知识

$\mathcal{C}/\mathcal{C}^*$	$\mathcal{C}_1^*$	…	$\mathcal{C}_K^*$	$\sum$
$\mathcal{C}_1$	$N_{1,1}$	…	$N_{1,K}$	a_1
…	…	…	…	…
$\mathcal{C}_K$	$N_{K,1}$	…	$N_{K,K}$	a_K
$\sum$	b_1	…	b_K	N

聚类结果$\mathcal{C}$的熵为

$$H(\mathcal{C}) = -\sum_{k=1}^{K} p(\mathcal{C}_k)\log\big(p(\mathcal{C}_k)\big),$$

其中

$$p(\mathcal{C}_k) = \frac{a_k}{N}。$$

在给定分类结果$\mathcal{C}^*$的条件下，聚类结果$\mathcal{C}$的条件熵为

$$H(\mathcal{C}|\mathcal{C}^*) = -\sum_{k=1}^{K}\sum_{l=1}^{K} p(\mathcal{C}_k,\mathcal{C}_l^*)\log\frac{p(\mathcal{C}_k,\mathcal{C}_l^*)}{p(\mathcal{C}_l^*)},$$

其中

$$p(\mathcal{C}_k,\mathcal{C}_l^*)=\frac{N_{k,l}}{N}，p(\mathcal{C}_l^*)=\frac{b_k}{N}。$$

在给定聚类结果$\mathcal{C}$的条件下，分类结果$\mathcal{C}^*$的条件熵为

$$H(\mathcal{C}^*|\mathcal{C})=-\sum_{k=1}^{K}\sum_{l=1}^{K}p\left(\mathcal{C}_k,\mathcal{C}_l^*\right)\log\frac{p(\mathcal{C}_k,\mathcal{C}_l^*)}{p(\mathcal{C}_k)}。$$

那么可以定义同质性为

$$h=1-\frac{H(\mathcal{C}|\mathcal{C}^*)}{H(\mathcal{C})}。\tag{11-6}$$

如果一个簇中只包含一个类别的样本，则同质性好。

完整性定义为

$$c=1-\frac{H(\mathcal{C}^*|\mathcal{C})}{H(\mathcal{C}^*)}。\tag{11-7}$$

如果一个类的所有元素都分配给了同一个簇，则完整性好。

V 度量是同质性和完整性的调和平均，即

$$v=2\times\frac{h\times c}{h+c}。\tag{11-8}$$

$v\in[0,1]$，v越大，意味着聚类结果和参考结果一致性越高，聚类效果越好。

11.1.2 内部指标

绝大多数情况下，我们并不知道每个样本真实的类别标签，没有参考分类结果，就只能用内部评价法来评估聚类的性能。

对于数据集$\boldsymbol{\mathcal{D}}=\{\boldsymbol{x}_1,\boldsymbol{x}_2,\cdots,\boldsymbol{x}_N\}$，假设通过聚类算法将样本聚为$K$类：$\boldsymbol{\mathcal{C}}=\{\mathcal{C}_1,\mathcal{C}_2,\cdots,\mathcal{C}_K\}$，则可定义指标

$$\begin{aligned}
&\mathrm{avg}(\mathcal{C}_\mathrm{k})=\frac{2}{|\mathcal{C}_\mathrm{k}|(|\mathcal{C}_\mathrm{k}|-1)}\sum_{x_i,x_j\in\mathcal{C}_k}\mathrm{dist}(x_i,x_j)\,,\\
&\mathrm{diam}(\mathcal{C}_\mathrm{k})=\max_{x_i,x_j\in\mathcal{C}_k}\mathrm{dist}(x_i,x_j),\\
&d_{\min}(\mathcal{C}_k,\mathcal{C}_l)=\min_{x_i,x_j\in\mathcal{C}_k}\mathrm{dist}(\boldsymbol{x}_i,\boldsymbol{x}_j),\\
&d_{\mathrm{cen}}(\mathcal{C}_k,\mathcal{C}_l)=\mathrm{dist}(\boldsymbol{\mu}_k,\boldsymbol{\mu}_l),
\end{aligned}\tag{11-9}$$

其中$|\mathcal{C}_k|$表示第k个簇$\mathcal{C}_k$中的样本数，$\mathrm{dist}(\boldsymbol{x}_i,\boldsymbol{x}_j)$表示两个样本$\boldsymbol{x}_i$与$\boldsymbol{x}_j$之间的距离，$\boldsymbol{\mu}_k=\frac{1}{|\mathcal{C}_k|}\sum_{x_i\in\mathcal{C}_k}\boldsymbol{x}_i$表示簇$\mathcal{C}_k$的中心。所以$\mathrm{avg}(\mathcal{C}_\mathrm{k})$表示簇$\mathcal{C}_k$中所有样本对之间的平均距离，$\mathrm{diam}(\mathcal{C}_\mathrm{k})$表示$\mathcal{C}_k$中距离最远的两个样本之间的距离，$\mathrm{d_{min}}(\mathcal{C}_k,\mathcal{C}_l)$为两个簇的最短距离，$\mathrm{d_{cen}}(\mathcal{C}_k,\mathcal{C}_l)$为两个簇中心之间的距离。因此前两个指标表示一个簇内样本之间的距离，这个距离越小越好；后两个指标表示两个簇之间的距离，这个距离越大越好。

基于上述定义，可得以下内部指标。

1. 戴维森堡丁指数（Davies-Bouldin Index，DBI）

$$\mathrm{DBI}=\frac{1}{K}\sum_{k=1}^{K}\max_{l\neq k}\left(\frac{\mathrm{avg}(\mathcal{C}_k)+\mathrm{avg}(\mathcal{C}_l)}{d_{\mathrm{cen}}(\boldsymbol{\mu}_k,\boldsymbol{\mu}_l)}\right)。\tag{11-10}$$

DBI为簇内距离除以簇间距离，因此DBI越小，说明聚类效果越好。

2. 邓恩指数（Dunn Validity Index，DVI）

$$\mathrm{DVI}=\frac{\min\limits_{k\neq l} d_{\min}(\mathcal{C}_k,\mathcal{C}_l)}{\max\limits_{m}\mathrm{diam}(\mathcal{C}_m)}。\tag{11-11}$$

DVI计算的是任意两个簇的最短距离（类间距离）与任意簇中的最大距离（类内距离）的商，因此DVI越大，说明聚类效果越好。

3. Calinski-Harabaz 指数（Calinski-Harabaz Index，CHI）

$$\mathrm{CHI}=\frac{\mathrm{tr}(\boldsymbol{B})}{\mathrm{tr}(\boldsymbol{W})}\times\frac{N-K}{K-1},\tag{11-12}$$

其中，$\boldsymbol{B}=\sum_{k=1}^{K}|\mathcal{C}_k|(\boldsymbol{\mu}_k-\boldsymbol{\mu})(\boldsymbol{\mu}_k-\boldsymbol{\mu})^{\mathrm{T}}$为簇间散度矩阵；$\boldsymbol{\mu}=\frac{1}{N}\sum_{i=1}^{N}\boldsymbol{x}_i$ 为所有样本的中心；$\mathrm{tr}(\boldsymbol{B})=\sum_{k=1}^{K}|\mathcal{C}_k|\mathrm{dist}(\boldsymbol{\mu}_k,\boldsymbol{\mu})$为簇间散度矩阵的迹；$\boldsymbol{W}=\sum_{k=1}^{K}\sum_{\boldsymbol{x}_i\in\mathcal{C}_k}(\boldsymbol{x}_i-\boldsymbol{\mu}_k)(\boldsymbol{x}_i-\boldsymbol{\mu}_k)^{\mathrm{T}}$为簇内散度矩阵；$\mathrm{tr}(\boldsymbol{W})=\sum_{k=1}^{K}\sum_{\boldsymbol{x}_i\in\mathcal{C}_k}\mathrm{dist}(\boldsymbol{x}_i-\boldsymbol{\mu}_k)$为簇内散度矩阵的迹。CHI为簇内散度和与簇间散度和的比值，CHI越大，代表着簇自身越紧密，簇与簇之间越分散，聚类效果越好。

4. 轮廓系数（Silhouette coefficient，SC）

对于每个样本点i，进行以下计算。

（1）计算$a(i)$：样本点i与其所属簇中其他点的平均距离，$a(i)$与簇内散度有关。

（2）计算$b(i)$：样本点i与其他类中所有点的平均距离，$b(i)$与簇间距离有关。

（3）样本点i的轮廓系数为

$$s(i)=\frac{b(i)-a(i)}{\max\{a(i),b(i)\}}。\tag{11-13}$$

$s(i)\in[-1,1]$。$s(i)\to 1$，表示该样本点离邻近的簇很远；$s(i)\approx 0$，表示样本点非常靠近相邻的簇，即样本点在两个簇的边界上；$s(i)\to -1$，表示将该样本点分配给了错误的簇。

将所有样本点的轮廓系数求平均，就是该聚类结果总的轮廓系数，即

$$s=\frac{1}{N}\sum_{i=0}^{N}s(i)。\tag{11-14}$$

需要注意的是，轮廓系数的计算复杂度高，为$O(N^2)$，当样本数N很大时计算慢。

11.2 相似性度量

聚类的过程是将相似的样本聚成一簇，从而使同一簇中的样本越相似越好，不同簇之间的

样本越不相似越好。所以样本之间的相似性度量对聚类结果很关键。因为距离和相似度相反，所以有些聚类算法基于距离度量进行聚类，如K均值聚类。一个合法的距离度量函数满足下列条件

$$\begin{aligned}
&\mathrm{dist}(\boldsymbol{x}_i,\boldsymbol{x}_j)\geqslant 0; &&（非负性）\\
&\mathrm{dist}(\boldsymbol{x}_i,\boldsymbol{x}_j)=0，如果\boldsymbol{x}_i=\boldsymbol{x}_j; &&（可辨识性）\\
&\mathrm{dist}(\boldsymbol{x}_i,\boldsymbol{x}_j)=\mathrm{dist}(\boldsymbol{x}_j,\boldsymbol{x}_i); &&（对称性）\\
&\mathrm{dist}(\boldsymbol{x}_i,\boldsymbol{x}_j)\leqslant\mathrm{dist}(\boldsymbol{x}_i,\boldsymbol{x}_k)+\mathrm{dist}(\boldsymbol{x}_k,\boldsymbol{x}_j)。 &&（三角不等式）
\end{aligned} \quad (11\text{-}15)$$

样本间的相似性度量和具体应用有关，常用的相似性/聚类度量介绍如下。

1. 欧氏距离

欧氏距离是最易于理解的一种距离计算方法，源自欧氏空间中两点间的直线距离公式，即

$$\mathrm{dist}(\boldsymbol{x}_i,\boldsymbol{x}_j)=\sqrt{(\boldsymbol{x}_i-\boldsymbol{x}_i)^{\mathrm{T}}(\boldsymbol{x}_i-\boldsymbol{x}_j)}=\sqrt{\sum_{d=1}^{D}(x_{i,d}-x_{j,d})^2}。 \quad (11\text{-}16)$$

2. 曼哈顿距离

曼哈顿距离是一种很形象的命名。想象我们在曼哈顿要从一个十字路口开车到另一个十字路口，驾驶距离不是两点间的直线距离，因为我们不能穿越大楼，而只能沿着街区路线驾驶车辆。这里的驾驶距离就是“曼哈顿距离”，即

$$\mathrm{dist}(\boldsymbol{x}_i,\boldsymbol{x}_j)=\sum_{d=1}^{D}|x_{i,d}-x_{j,d}|。 \quad (11\text{-}17)$$

3. 切比雪夫距离

在二维棋盘格上，假设走一步能够移动到相邻的 8 个方格中的任意一个方格，那么从方格(x_1,y_1)走到方格(x_2,y_2)最少需要的步数是$\max(|x_2-x_1|,|y_2-y_1|)$步，这个距离被称为切比雪夫距离，即

$$\mathrm{dist}(\boldsymbol{x}_i,\boldsymbol{x}_j)=\max_d|x_{i,d}-x_{j,d}|。 \quad (11\text{-}18)$$

4. 闵可夫斯基氏距离

闵可夫斯基氏距离不是一种距离，而是一组距离的定义，即

$$\mathrm{dist}(\boldsymbol{x}_i,\boldsymbol{x}_j)=\left(\sum_{d=1}^{D}(x_{i,d}-x_{i,d})^p\right)^{\frac{1}{p}}, \quad (11\text{-}19)$$

其中p是一个变参数。当$p=1$时，为曼哈顿距离；当$p=2$时，为欧氏距离；当$p\to+\infty$时，为切比雪夫距离（可用放缩法和夹逼法则证明）。

闵可夫斯基氏距离函数对特征的旋转和平移变换不敏感，但对数值的尺度敏感。如果样本不同特征的量纲不一致，则需要将数据标准化。

5. 马氏距离（Mahalanobis Distance）

针对N个样本向量$\boldsymbol{x}_1,\boldsymbol{x}_2,\cdots,\boldsymbol{x}_N$，若协方差矩阵记为$\boldsymbol{S}$，均值记为$\boldsymbol{\mu}$，则$\boldsymbol{x}_i$与$\boldsymbol{x}_j$之间的马氏

距离可定义为

$$\mathrm{dist}(\boldsymbol{x}_i,\boldsymbol{x}_j)=\sqrt{(\boldsymbol{x}_i-\boldsymbol{x}_j)^{\mathrm{T}}\boldsymbol{S}^{-1}(\boldsymbol{x}_i-\boldsymbol{x}_j)}。\tag{11-20}$$

若协方差矩阵是单位矩阵（各个特征之间独立同分布），则马氏距离就是欧氏距离。若协方差矩阵是对角矩阵，则相当于首先对每维特征做标准化，然后再计算欧氏距离（标准化的欧氏距离）。因此马氏距离的优缺点与特征的量纲无关，排除了变量之间的相关性的干扰。

6．汉明距离（Hamming Distance）

在一个码组集合中，任意两个码无之间的汉明距离定义为对应位上码元取值不同的位的数目，即

$$\mathrm{dist}(\boldsymbol{x}_i,\boldsymbol{x}_j)=\sum_{d=1}^{D}x_{i,d}\oplus x_{j,d},\tag{11-21}$$

其中⊕表示异或操作。

两个等长字符串s_1与s_2之间的汉明距离定义为将其中一个字符串变为另一个字符串所需要的最少替换次数（字符串“1111”与“1001”之间的汉明距离为 2）。

7．夹角余弦

若将两个样本$\boldsymbol{x}_i$和$\boldsymbol{x}_j$看作D维空间中的两个向量，则这两个向量间的夹角的余弦可以表示这两个样本之间的相似度（不是距离），即

$$s(\boldsymbol{x}_i,\boldsymbol{x}_j)=\frac{\boldsymbol{x}_i^{\mathrm{T}}\boldsymbol{x}_j}{\|\boldsymbol{x}_i\|\|\boldsymbol{x}_j\|}=\frac{\sum_{d=1}^{D}x_{i,d}\,x_{j,d}}{\sqrt{\sum_{d=1}^{D}x_{i,d}^2}\sqrt{\sum_{d=1}^{D}x_{j,d}^2}}。\tag{11-22}$$

夹角余弦取值范围为$[-1,1]$。夹角余弦越大，表示两个向量的夹角越小；夹角余弦越小，表示两个向量的夹角越大。当两个向量的方向重合时，夹角余弦取最大值 1；当两个向量的方向完全相反时，夹角余弦取最小值−1。

8．相关系数

相关系数又被称为 Pearson 系数，定义为

$$\begin{aligned}r(\boldsymbol{x}_i,\boldsymbol{x}_j)&=\frac{\mathrm{cov}(\boldsymbol{x}_i,\boldsymbol{x}_j)}{\sigma_{x_i}\sigma_{x_j}}=\frac{\mathbb{E}[(\boldsymbol{x}_i-\mu_i)(\boldsymbol{x}_j-\mu_j)]}{\sigma_{x_i}\sigma_{x_j}}\\&=\frac{\sum_{d=1}^{D}(x_{i,d}-\mu_{i,d})(x_{j,d}-\mu_{j,d})}{\sqrt{\sum_{d=1}^{D}(x_{i,d}-\mu_{i,d})^2}\sqrt{\sum_{d=1}^{D}(x_{j,d}-\mu_{j,d})^2}}。\end{aligned}\tag{11-23}$$

当对数据进行中心化处理后，$\mu_i=\mathbf{0}$，$\mu_j=\mathbf{0}$，此时相关系数等于夹角余弦，即$r(\boldsymbol{x}_i,\boldsymbol{x}_j)=s(\boldsymbol{x}_i,\boldsymbol{x}_j)$。

9．杰卡德相似系数（Jaccard similarity coefficient）

杰卡德相似系数是衡量两个集合相似度的一种指标。将一个样本$\boldsymbol{x}_i$看作包含D个元素的集合，则两个样本$\mathcal{A}$和$\mathcal{B}$之间的杰卡德相似系数为这两个集合的杰卡德相似系数，即两个集合交集的元素占两个集合并集的元素的比例，有

$$J(\mathcal{A},\mathcal{B})=\frac{\mathcal{A}\cap\mathcal{B}}{\mathcal{A}\cup\mathcal{B}}。$$

假设$\boldsymbol{x}_i$，$\boldsymbol{x}_j$是两个D维向量，且所有维度的取值都是 0 或 1。例如，$\boldsymbol{x}_i=(0,1,1,0)^{\mathrm{T}},\boldsymbol{x}_j=(1,0,1,1)^{\mathrm{T}}$。我们将$\boldsymbol{x}_i$和$\boldsymbol{x}_j$样本看作集合，1 表示集合包含该元素，0 表示集合不包含该元素。

假设各字母的含义如下。

p：两个向量中对应维度都是 1 的维度的数目；

q：$\boldsymbol{x}_i$对应维度为 1，而$\boldsymbol{x}_j$对应维度是 0 的维度的数目；

r：$\boldsymbol{x}_i$对应维度为 0，而$\boldsymbol{x}_j$对应维度是 1 的维度的数目；

s：两个向量中对应维度都是 0 的维度的数目。

那么样本$\boldsymbol{x}_i$,和$\boldsymbol{x}_j$的杰卡德相似系数可以表示为

$$J(\boldsymbol{x}_i,\boldsymbol{x}_j)=\frac{p}{p+q+r}。\tag{11-24}$$

此处分母之所以不加s，是因为：杰卡德相似系数处理的是非对称二元变量。非对称的意思是状态的两个输出不是同等重要的。例如，疾病检查的阳性和阴性结果。按照惯例，我们将比较重要的输出结果（通常也是出现概率较小的结果）编码为 1（如 HIV 阳性），而将另一种结果编码为 0（如 HIV 阴性）。给定两个非对称二元变量，我们认为两个变量都取 1 的情况（正匹配）比两个变量都取 0 的情况（负匹配）更有意义。我们认为负匹配的数量s是不重要的，因此在计算时会被忽略。

杰卡德相似度算法没有考虑向量中数值的大小，而是简单地将其处理为 0 和 1，因此计算效率高，但同时也损失了很多信息。

11.3 K 均值聚类

K 均值（K-means）聚类是最常用的聚类算法。虽然其性能不一定好，但是速度快，这是因为其只须计算样本点和簇中心之间的距离，具有线性复杂度$O(N)$。

K 均值聚类的基本思想是将样本划分到离其最近的簇中，以迭代方式实现，如算法 11-1 所示。

算法 11-1：K 均值聚类

输入：训练样本：$\mathcal{D}=\{\boldsymbol{x}_1,\boldsymbol{x}_2,\cdots,\boldsymbol{x}_N\}$；

簇的数目：K。

输出：每个簇中心$\boldsymbol{\mu}_1,\cdots,\boldsymbol{\mu}_K$，每个样本所属的簇标记矩阵$\boldsymbol{R}$，每个簇的样本集合$\mathcal{C}_1,\cdots,\mathcal{C}_K$。

（1）选择K个点作为初始质心：$\boldsymbol{\mu}_1,\cdots,\boldsymbol{\mu}_K$；

（2）重复以下过程：

① 将每个点指派到离其最近的质心，形成K个簇；

$$\lambda_i=\operatorname{argmin}_k \operatorname{dist}(\boldsymbol{x}_i,\boldsymbol{\mu}_k),$$

$$\begin{cases} r_{i,k}=1, & k=\lambda_i \\ r_{i,k}=0, & k\neq\lambda_i \end{cases}$$

② 重新计算每个簇的质心：$\boldsymbol{\mu}_k=\dfrac{\sum_{i=1}^{N} r_{i,k}\,\boldsymbol{x}_i}{\sum_{i=1}^{N} r_{i,k}}$；

直到簇不发生变化或达到最大迭代次数。

上述过程也可看成对下述目标函数取极小值

$$J(\boldsymbol{\mu}_1,\cdots,\boldsymbol{\mu}_K,\boldsymbol{R})=\sum_{i=1}^{N}\sum_{k=1}^{K}r_{i,k}\,\mathrm{dist}(\boldsymbol{x}_i,\boldsymbol{\mu}_{\lambda_i})=r_{i,k}||\boldsymbol{x}_i-\boldsymbol{\mu}_{\lambda_i}||_2^2, \tag{11-25}$$

即样本到其所属簇的中心的距离和最小，其中λ_i为样本i所属簇索引，$r_{i,k}=1$表示第i个样本属于第k个簇，否则$r_{i,k}=0$。

目标函数的参数包含两部分：每个簇的中心$\boldsymbol{\mu}_k$和每个样本所属簇归属的指示矩阵$\boldsymbol{R}$。在优化时我们采用坐标轴下降法，即先固定其他参数（如簇中心），优化一个参数（如簇归属指示矩阵），再交换参数以进行迭代优化。

在给定簇的中心$\boldsymbol{\mu}_k$的情况下，将每个点指派到离其最近的质心会使目标函数最小。在给定每个样本所属簇$r_{i,k}$的情况下，目标函数对参数$\boldsymbol{\mu}_k$计算偏导，即

$$\frac{\partial J(\boldsymbol{\mu}_1,\cdots,\boldsymbol{\mu}_K,\boldsymbol{R})}{\partial\boldsymbol{\mu}_k}=2\sum_{i=1}^{N}r_{i,k}\,(\boldsymbol{x}_i-\boldsymbol{\mu}_{\lambda_i})=0。$$

从而得到

$$\boldsymbol{\mu}_k=\sum_{i=1}^{N}r_{i,k}\,\boldsymbol{x}_i。 \tag{11-26}$$

在给定每个样本所属簇的情况下，当距离度量dist(·)取欧氏距离时，簇中心为该簇样本集合的均值，这也是 K 均值聚类算法名称的由来。由于均值计算对噪声比较敏感，可以将簇的质心由均值换成中值，得到 K 中值（K-medians）聚类算法。换成中值的另一个好处是中值是一个真实存在的样本，而均值通常不是一个真实样本/原型。但对于较大的数据集，K 中值聚类的速度要慢得多，因为在计算中值时，每次迭代都需要进行排序。

K 均值聚类是对目标函数进行坐标轴下降优化，所以目标函数会单调下降，算法会收敛。但由于目标函数非凸，因此 K 均值不能保证收敛到全局极小值。一种常见的做法是以不同的初始值运行 K 均值算法多次，再从中选择最好的结果。在 Scikit-Learn 中，K-means 构造函数可设置参数n_init，默认值为 10，即取不同的初始值运行 10 次K均值聚类算法，取目标函数值最小时的结果作为最终结果。

在 K 均值聚类中，选择不同的初始值，得到最后的聚类结果可能不同，因此在选择初始质心时需要仔细。另一个解决方案是随机确定第 1 个质心，其他质心的位置尽量远离已有质心。在 Scikit-Learn 中，K-means 构造函数可设置参数init = 'k − means + +'实现。

在 K 均值聚类中，我们必须选择K的值，即确定聚成多少个类。K的选择不能以上述优化的目标函数为准，因为K越大，目标函数的值越小。可能的解决方案如下。

（1）画出训练集上目标函数值随K的变化曲线，“肘部”位置的K为最佳的K，即随着K的增加，目标函数的值不再显著下降。一个示例如图 11-1 所示，图中最佳的$K=4$。

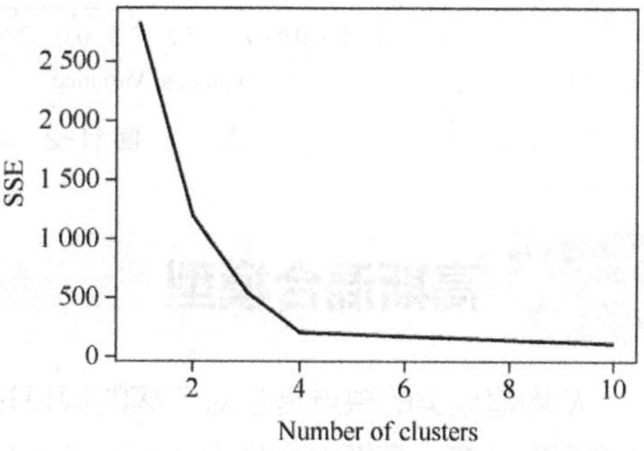

图 11-1　用“肘部”法选择K均值聚类中最佳的K

（2）根据 11.1 节中的性能指标（如CHI）选择最佳的 K 值。

（3）若聚类是一个有监督学习任务的一部分，则可以以监督学习任务的性能指标为准则进行选取。

K 均值聚类简单快速，但也有很多缺点，具体介绍如下。

（1）K 均值聚类需要指定簇的数目K。如图 11-2（a）所示，当 K 不正确时，聚类结果不好。

（2）K 均值聚类根据样本点到簇中心的欧氏距离指派样本所属簇，相当于假设簇的形状为球形高斯分布。所以当数据集不满足这些假设时，K 均值聚类的效果不好，如图 11-2（b）所示，这时需要考虑使用其他方法。

（3）K 均值聚类直接用欧氏距离作为指标，相当于假设各个簇的方差/散布程度相同，因此当数据不符合假设时，聚类效果不好，如图 11-2（c）所示。

（4）在 K 均值聚类中，每个簇的地位相同，相当于假设每个簇的概率相等（每个簇的大小相等，密度相等），因此其不能处理每个簇的样本数差异很大的情况，如图 11-2（d）所示。

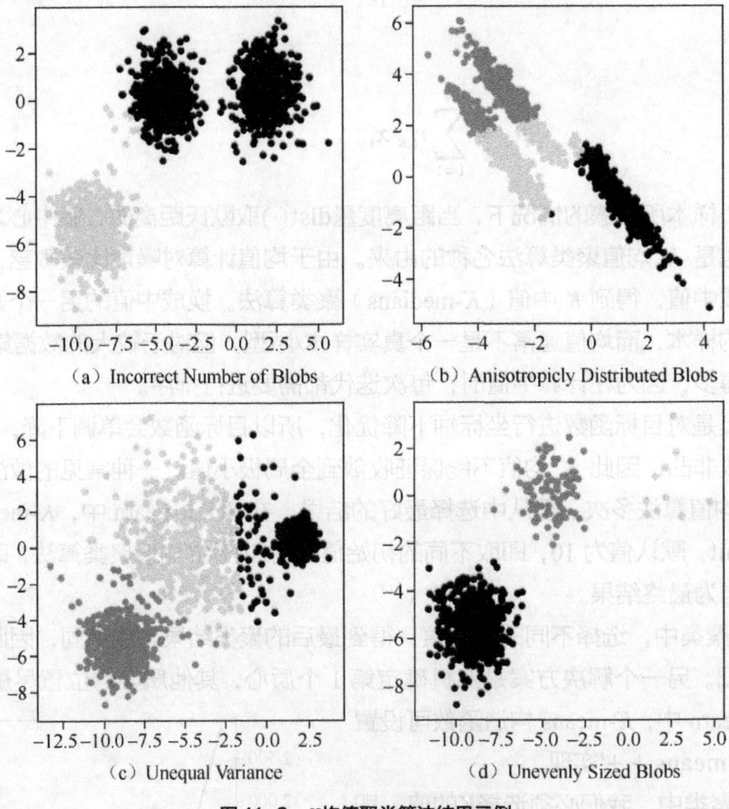

图 11-2　K均值聚类算法结果示例

11.4 高斯混合模型

K 均值聚类的缺点是它对于簇的假设过于简单：每个样本只能属于一个簇，每个簇为一个球形高斯分布。高斯混合模型（Gaussian Mixed Models，GMM）是一种比 K 均值聚类更灵活的聚类算法。

在 GMM 中，假设每个簇的数据点服从高斯分布，用两个参数来描述簇：均值向量$\boldsymbol{\mu}_k$和协方差矩阵$\sum_k$。由于有协方差参数，簇可以呈椭球形状，而不是被限制为球形。另外，我们不再要求每个样本只能属于一个簇，而是以一定的概率从属于每个簇。这样，样本的从属度值$r_{i,k} \in [0,1]$，而不是只能取 0 和 1 两个值。

因此，GMM 模型对数据产生的假设为：假设有K个簇，每一个簇服从高斯分布$N(x,\mu_k,\Sigma_k), k = 1,\cdots,K$。首先以概率$\pi_k$随机选择一个簇$k$，用独热编码向量$\boldsymbol{z}$表示样本所属的簇（$Z_k = 1$表示选择第$k$个簇），并从该簇的分布中采样出一个样本点$\boldsymbol{x}$。所以 GMM 的概率密度函数为

$$p(\boldsymbol{x}) = \sum_{k=1}^{K} P(Z_k = 1)p(\boldsymbol{x}|Z_k = 1) = \sum_{k=1}^{K} \pi_k N(\boldsymbol{x},\boldsymbol{\mu}_k,\Sigma_k)。\tag{11-27}$$

对给定的样本$\boldsymbol{x}$，根据贝叶斯公式，计算样本$\boldsymbol{x}$从属簇k的条件概率$P(Z_k = 1|\boldsymbol{x})$为

$$\begin{aligned} r_k = \mathbb{E}[Z_k] = P((Z_k = 1|\boldsymbol{x}) &= \frac{P(Z_k = 1)p(\boldsymbol{x}|Z_k = 1)}{\sum_{k'=1}^{K} P(Z_k{}' = 1)p(\boldsymbol{x}|Z_k{}' = 1)} \\ &= \frac{\pi_k N(\boldsymbol{x},\boldsymbol{\mu}_k,\Sigma_k)}{\sum_{k'=1}^{K} \pi_{k'} N(\boldsymbol{x},\boldsymbol{\mu}_{k'},\Sigma_{k'})}。\end{aligned}\tag{11-28}$$

根据上述概率表示，我们可以采用极大似然法求解模型参数。log 似然函数为

$$\begin{aligned} l(\boldsymbol{\theta}) &= \sum_{i=1}^{N} \log(\boldsymbol{x}_i|\boldsymbol{\theta}) \\ &= \sum_{i=1}^{N} \log\left(\sum_{k=1}^{K} \pi_k N(\boldsymbol{x}_i,\mu_k,\Sigma_k)\right), \end{aligned}\tag{11-29}$$

其中参数向量$\boldsymbol{\theta} = (\pi_1,\cdots,\pi_K,\boldsymbol{\mu}_1,\cdots,\boldsymbol{\mu}_K,\Sigma_1,\cdots,\Sigma_K)^{\mathrm{T}}$。原则上计算目标函数$\boldsymbol{l(\theta)}$对各个参数的偏导数并等于 0，可以得到使似然函数值最大的参数值。但目标函数中 log 函数的输入式里有求和，所有参数会耦合在一起，这会导致计算困难。

令目标函数$\boldsymbol{l(\theta)}$对参数$\boldsymbol{\mu}_k$求偏导数并等于 0，得到

$$\begin{aligned} \frac{\partial l(\boldsymbol{\theta})}{\partial \boldsymbol{\mu}_k} &= \sum_{i=1}^{N} \frac{1}{\sum_{k'=1}^{K} \pi_{k'} N(\boldsymbol{x},\boldsymbol{\mu}_{k'},\Sigma_{k'})} \times \frac{\partial[\pi_k N(\boldsymbol{x}_i,\boldsymbol{\mu}_k,\Sigma_k)]}{\partial \boldsymbol{\mu}_k} \\ &= \underbrace{\sum_{i=1}^{N} \frac{1}{\sum_{k'=1}^{K} \pi_{k'} N(\boldsymbol{x},\boldsymbol{\mu}_{k'},\Sigma_{k'})} \times \pi_k N(\boldsymbol{x}_i,\boldsymbol{\mu}_k,\Sigma_k)}_{r_{i,k}} (-\Sigma^{-1}(\boldsymbol{x}_i - \boldsymbol{\mu}_k)) \\ &= -\sum_{i=1}^{N} r_{i,k}\, \Sigma^{-1}(\boldsymbol{x}_i - \boldsymbol{\mu}_{c_i}) = 0。\end{aligned}$$

进而可得

$$\boldsymbol{\mu}_k = \frac{\sum_{i=1}^{N} r_{i,k}\, \boldsymbol{x}_i}{\sum_{i=1}^{N} r_{i,k}}。\tag{11-30}$$

类似地，可以得到

$$\Sigma_k = \frac{\sum_{i=1}^N r_{i,k}\,(\boldsymbol{x}_i - \boldsymbol{\mu}_k)(\boldsymbol{x}_i - \boldsymbol{\mu}_k)^{\mathrm{T}}}{\sum_{i=1}^N r_{i,k}},$$

$$\pi_k = \frac{\sum_{i=1}^N r_{i,k}}{N}。 \tag{11-31}$$

需要注意上面的结果并不是封闭解，因为$r_{i,k}$依赖于参数$\boldsymbol{\theta}$。不过上述结论也向我们提示了求解问题的方案，即可以采用类似K均值聚类的迭代求解过程：先初始化参数$\boldsymbol{\theta}$，计算$r_{i,k}$；然后根据上述结论，更新参数$\boldsymbol{\theta}$。

上述迭代求解过程是期望最大化（Expetation Maximization，EM）的一个特例。

算法 11-2：GMM 聚类

（1）初始化参数$\boldsymbol{\theta} = (\pi_1, \cdots, \pi_K, \boldsymbol{\mu}_1, \cdots, \boldsymbol{\mu}_K, \Sigma_1, \cdots, \Sigma_K)^{\mathrm{T}}$；

（2）重复以下步骤。

① E 步：给定当前参数的估计值，计算后验概率/从属度

$$r_{i,k} = \mathbb{E}[Z_{i,k}] = \frac{\pi_k N(\boldsymbol{x}, \boldsymbol{\mu}_k, \Sigma_k)}{\sum_{k'=1}^K \pi_{k'}\, N(\boldsymbol{x}, \boldsymbol{\mu}_{k'}, \Sigma_{k'})};$$

② M 步：基于当前从属度更新参数

$$\pi_k = \frac{\sum_{i=1}^N r_{i,k}}{N},$$

$$\boldsymbol{\mu}_k = \frac{\sum_{i=1}^N r_{i,k}\, \boldsymbol{x}_i}{\sum_{i=1}^N r_{i,k}},$$

$$\Sigma_k = \frac{\sum_{i=1}^N r_{i,k}\,(\boldsymbol{x}_i - \boldsymbol{\mu}_k)(\boldsymbol{x}_i - \boldsymbol{\mu}_k)^{\mathrm{T}}}{\sum_{i=1}^N r_{i,k}},$$

直到似然函数收敛或达到最大迭代次数。

EM 是一种通用的求解带隐含变量的目标函数的方法。

对数似然函数$\log(P(X|\boldsymbol{\theta})) = \log(\sum_Z \log P(X, Z|\boldsymbol{\theta}))$是对所有的隐含变量求和。如果我们知道完整数据$(X, Z)$，则通常完整数据的对数似然函数$\log P(X, Z)$很直接。然而隐变量$Z$不可见，其信息只能从后验分布$P(Z|X, \boldsymbol{\theta}^{(t)})$中得到。因此，我们不妨考虑其期望值，得到 E 步计算公式，即

$$Q(\boldsymbol{\theta}, \boldsymbol{\theta}^{(t)}) = \mathbb{E}_z[\log P(X, Z|\boldsymbol{\theta})] = \sum_Z P(Z|X, \boldsymbol{\theta}^{(t)}) \log P(X, Z|\boldsymbol{\theta})。 \tag{11-32}$$

在 M 步中，我们最大化$Q(\boldsymbol{\theta}, \boldsymbol{\theta}^{(t)})$，有

$$\boldsymbol{\theta}^{(t+1)} = \mathrm{argmin}_{\boldsymbol{\theta}} Q(\boldsymbol{\theta}, \boldsymbol{\theta}^{(t)})。 \tag{11-33}$$

在 GMM 中，协方差矩阵的参数数目为$D(D-1)/2$，其中D为特征的维度。对协方差矩阵施加限制，会使模型从简单逐渐变得复杂。

- 球形（对角线上元素值为 1，其余元素为 0）。
- 对角形（只有对角线上的元素值非 0）。
- 并列（所有簇的协方差矩阵相同）。
- 完全协方差。

模型越复杂，通常性能越好，但在小数据集上容易过拟合。在 Scikit-Learn 中，可以通过设置类GaussianMixture的参数covariances实现。

GMM 虽然比 K 均值聚类更加灵活，簇形状可以是椭球，如图 11-3（a）所示，但是 GMM

仍然假设簇的分布为高斯分布，因此当簇的形状不满足高斯分布时，聚类效果不佳，如图 11-3（b）所示。后续我们将讨论能发现任意形状簇的聚类算法。

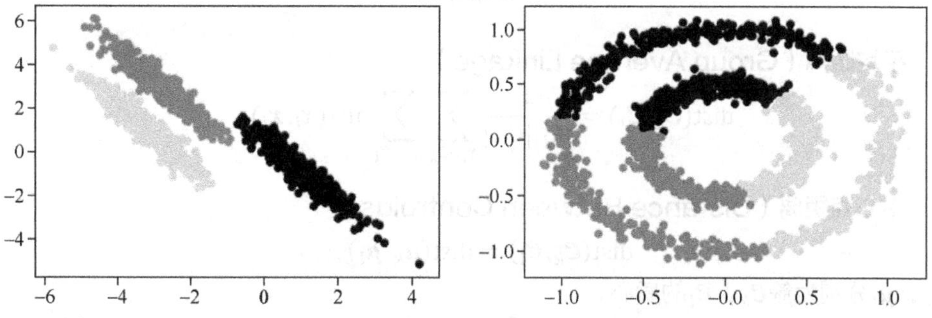

（a）Anisotropicly Distributed Blobs by GMM
（b）Circle Distributed Data by GMM

图 11-3　GMM 聚类算法结果示例

11.5 层次聚类

层次聚类算法可分为两类：自下而上（凝聚式）或自上而下（分裂式）。自下而上的算法首先将每个数据点视为一个簇，然后连续聚合两个簇，直到所有的簇都聚合成一个包含所有数据点的簇。因此，自下而上层次聚类被称为凝聚式层次聚类。类似地，分裂式从一个包含所有样本的簇开始，不断分裂已有簇，直到每个簇只包含一个样本。层次聚类的结果可用树状图表示，树的根结点是收集所有样本的大簇，叶子结点是仅包含一个样本的小簇。由于凝聚式层次聚类计算量更小，一般层次聚类采用自下而上的方式进行，Scikit-Learn 中也只支持凝聚式层次聚类。

11.5.1 凝聚式层次聚类

凝聚式层次聚类最开始将每个样本视为一个簇，而后计算各个簇之间的距离，并将两个最相近的簇合并成一个新的簇；如此往复，直到最后只剩下一个簇。

算法 11-3：凝聚式层次聚类

（1）初始化：每个样本为一个簇。

（2）计算簇与簇之间的相似度，可存为相似度矩阵。

（3）往复进行以下步骤。

① 合并最相似的两个簇；

② 更新簇之间的相似度矩阵，直到只剩下一个簇。

层次聚类不需要指定簇的数量，甚至可以根据树状图选择一个合适的簇数量。与K均值和 GMM 的线性复杂度不同，层次聚类的效率较低，时间复杂度为$O(N^3)$。

虽然相对于其他聚类算法而言，层次聚类对样本点之间距离度量标准的选择并不敏感，但簇之间的相似度/距离度量对层次聚类还是很重要的。常用的簇之间的距离度量如下。

1. 最小距离（MIN/Single Linkage）

最小距离即为两个簇中距离最近的样本对之间的距离。

$$\mathrm{dist}(\boldsymbol{\mathcal{C}}_k,\boldsymbol{\mathcal{C}}_l)=\min_{\boldsymbol{x}_i\in\boldsymbol{\mathcal{C}}_k,\boldsymbol{x}_j\in\boldsymbol{\mathcal{C}}_l}\mathrm{dist}(\boldsymbol{x}_i,\boldsymbol{x}_j)。$$

2. 最大距离（MAX Complete Linkage）

$$\text{dist}(\mathcal{C}_k,\mathcal{C}_l)=\max_{\boldsymbol{x}_i\in\mathcal{C}_k,\boldsymbol{x}_j\in\mathcal{C}_l}\text{dist}(\boldsymbol{x}_i,\boldsymbol{x}_j)。$$

3. 平均距离（Group Average Linkage）

$$\text{dist}(\mathcal{C}_k,\mathcal{C}_l)=\frac{1}{|\mathcal{C}_l||\mathcal{C}_m|}\sum_{\boldsymbol{x}_i\in\mathcal{C}_k}\sum_{\boldsymbol{x}_j\in\mathcal{C}_l}\text{dist}(\boldsymbol{x}_i,\boldsymbol{x}_j)。$$

4. 中心点距离（Distance Between Centroids）

$$\text{dist}(\mathcal{C}_k,\mathcal{C}_l)=\text{dist}(\boldsymbol{\mu}_k,\boldsymbol{\mu}_l),$$

其中$\boldsymbol{\mu}_k$，$\boldsymbol{\mu}_l$分别为簇$\mathcal{C}_k$，$\mathcal{C}_l$的质心。

5. 沃德（Wald）距离

沃德方法采用误差平方和（Sum of the Squared Error，SSE）衡量簇的质量。SSE 计算公式如下。

$$\text{SSE}(\mathcal{C}_k)=\sum_{\boldsymbol{x}_i\in\mathcal{C}_k}||\boldsymbol{x}_i-\boldsymbol{\mu}_k||_2^2。$$

沃德距离定义为如果合并两个簇，则带来 SSE 的增加量，即

$$\text{dist}(\mathcal{C}_k,\mathcal{C}_l)=\text{SSE}(\mathcal{C}_k\cup\mathcal{C}_l)-\text{SSE}(\mathcal{C}_k)-\text{SSE}(\mathcal{C}_l)=\frac{|\mathcal{C}_k||\mathcal{C}_l|}{|\mathcal{C}_k|+|\mathcal{C}_l|}||\boldsymbol{\mu}_k-\boldsymbol{\mu}_l||_2^2。$$

可以看到在沃德方法中，既考虑了簇间的距离，也考虑了每个簇中的样本数。因此当两簇间的距离相等时，沃德方法会选择簇更小的那组进行合并。不同簇距离度量的聚类结果如图 11-4 所示。

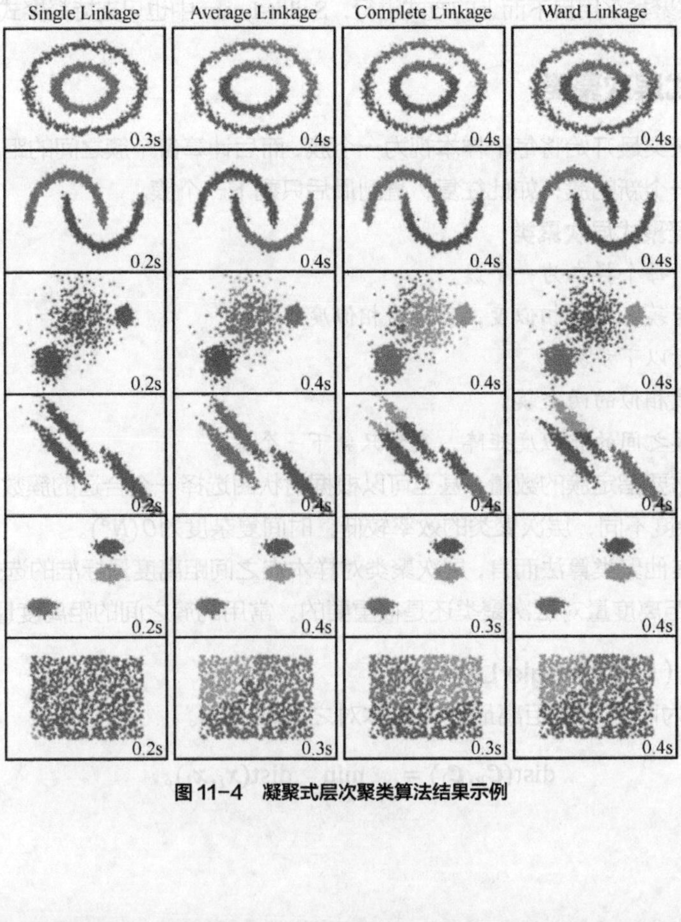

图 11-4 凝聚式层次聚类算法结果示例

在层次聚类中，可以合并到最后只剩下一个簇，也可以考虑在合并的费用增加很多时，停止合并聚类。

较新的层次聚类算法有：基于层次结构的平衡迭代聚类方法（Balanced Iterative Reducing and Clustering Using Hierarchies，BRICH），适合数值特征大数据情况；基于链接的鲁棒聚类方法（Robust Clustering using links，ROCK），用于对离散型特征的样本进行聚类；Chameleon根据K近邻构造邻接图以定义簇间相似性度量。

11.5.2 分裂式层次聚类

二分K均值聚类算法是一种常用的分裂式层次聚类算法，是K均值聚类算法的一个变体，改进的目的是解决K均值聚类算法随机选择初始质心的随机性所造成的聚类结果不确定性问题。

在二分K均值聚类中，最开始时所有的样本都属于同一个簇，这个簇为树状图的根结点。接下来要挑选一个质量最不好的簇，并将其分裂成两个新的簇。选择簇进行二分的原则是看它能否使SSE尽可能小。同K均值聚类算法类似，二分K均值聚类算法也不适用于非球形簇的聚类，以及不同尺寸和密度的簇的聚类。

11.6 均值漂移聚类

均值漂移聚类试图找到数据点的最密集区域。我们采用核密度估计方法来估计数据的概率密度

$$p(\boldsymbol{x})=\frac{1}{Nh^D}\sum_{i=1}^{N}K\left(\frac{\boldsymbol{x}-\boldsymbol{x}_i}{h}\right),\tag{11-34}$$

其中$K(\boldsymbol{x})$为核函数；h为窗口大小，对模型性能影响大。当h较大时，得到的核密度估计比较平滑；当h较小时，得到的核密度变化剧烈。

我们通常采用的径向基核函数满足

$$K(\boldsymbol{x})=c_{k,D}k(\|\boldsymbol{x}\|^2)。$$

在分布密度的极大值$\boldsymbol{x}$处，$p(\boldsymbol{x})$取极大值，所以$\nabla_{\boldsymbol{x}}p(\boldsymbol{x})=0$。对式（11-34）求导，得到

$$\begin{aligned}\nabla_{\boldsymbol{x}}p(\boldsymbol{x})&=\frac{2c_{k,D}}{Nh^{D+2}}\sum_{i=1}^{N}(\boldsymbol{x}_i-\boldsymbol{x})\,g\left(\left\|\frac{\boldsymbol{x}-\boldsymbol{x}_i}{h}\right\|^2\right)\\&=\frac{2c_{k,D}}{Nh^{D+2}}\left[\sum_{i=1}^{N}g\left(\left\|\frac{\boldsymbol{x}-\boldsymbol{x}_i}{h}\right\|^2\right)\right]\left[\frac{\sum_{i=1}^{N}\boldsymbol{x}_i\,g\left(\left\|\frac{\boldsymbol{x}-\boldsymbol{x}_i}{h}\right\|^2\right)}{\sum_{i=1}^{N}g\left(\left\|\frac{\boldsymbol{x}-\boldsymbol{x}_i}{h}\right\|^2\right)}-\boldsymbol{x}\right],\end{aligned}\tag{11-35}$$

其中$g(s)=-k'(s)$，第 1 项正比于核函数$G(\boldsymbol{x})=c_{g,D}g(\|\boldsymbol{x}\|^2)$，第 2 项

$$\mathbf{m}_h(\boldsymbol{x})=\frac{\sum_{i=1}^{N}\boldsymbol{x}_i\,g\left(\left\|\frac{\boldsymbol{x}-\boldsymbol{x}_i}{h}\right\|^2\right)}{\sum_{i=1}^{N}g\left(\left\|\frac{\boldsymbol{x}-\boldsymbol{x}_i}{h}\right\|^2\right)}-\boldsymbol{x}\tag{11-36}$$

为均值漂移向量（mean shift）。均值漂移向量总是指向密度增长最大的方向，因此可以通过迭代的方式计算均值漂移向量$\mathbf{m}_h(\boldsymbol{x}^{(t)})$，此外，移动窗口$\boldsymbol{x}^{(t+1)}=\boldsymbol{x}^{(t)}+\mathbf{m}_h(\boldsymbol{x}^{(t)})$还可以收敛到概率密度的梯度为 0 处。

算法 11-4：均值漂移聚类

（1）在未进行分类的数据点中，随机选择一个点作为初始中心点$\boldsymbol{x}$；

（2）找出与该中心点的距离在带宽h之内的所有点，记为集合$\boldsymbol{M}$，这些点属于簇$\boldsymbol{C}$；

（3）计算集合$\boldsymbol{M}$中的所有点到中心点的距离向量，这些距离向量之和为偏移向量

$$\boldsymbol{M}_h=\sum_{i=1}^{N}\frac{k(\boldsymbol{x}_i,\boldsymbol{x})\boldsymbol{x}_i}{k(\boldsymbol{x}_i,\boldsymbol{x})}-\boldsymbol{x};$$

（4）将中心点移动偏移向量（会移向密度更高的区域）；

（5）重复步骤（2）～（4），直到偏移均值向量的模小于设定的阈值，此时的中心点为一个簇中心；

（6）重复步骤（1）～（5），直到所有的点都被归类；

（7）比较每个簇对每个点的访问频率，取访问频率最大的那个簇，并将其作为当前点集的所属簇。

均值漂移聚类可以自动确定聚类数目，对不同的初始值，聚类结果也相对稳定。但均值漂移需要指定窗口大小。窗口大小对核概率密度估计影响大，会影响聚类结果。图 11-5 给出了两个不同大小的窗口所对应的聚类结果。当窗口较小时，会得到更多的簇。Scikit-Learn 通过设置类MeanShift来构造函数的参数"bandwidth = None"，并且会调用estimate_bandwidth函数，从而根据数据集中的近邻情况自动确定带宽。

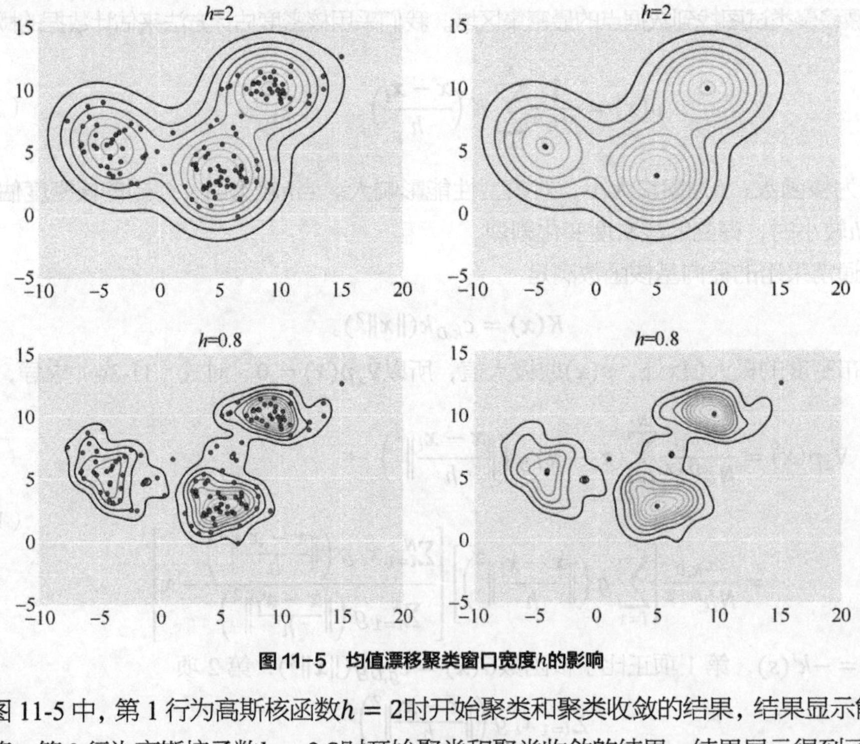

图 11-5 均值漂移聚类窗口宽度h的影响

在图 11-5 中，第 1 行为高斯核函数$h=2$时开始聚类和聚类收敛的结果，结果显示能正确找到 3 个簇；第 2 行为高斯核函数$h=0.8$时开始聚类和聚类收敛的结果，结果显示得到了 7 个簇。

11.7 DBSCAN

基于密度的噪声鲁棒的聚类（Density-Based Spatial Clustering of Applications with Noise,

DBSCAN）是一种基于密度的聚类算法，它类似于均值漂移，可以处理不规则形状的簇，且对噪声数据的处理效果比较好。其核心思想是在数据空间中找到分散开的密集区域。

DBSCAN 定义密度为给定半径为ε的圆圈内的样本数，然后根据密度将样本分成不同的类别，如图 11-6 所示。对该算法中的几个关键点的介绍如下。

- 核心点（Core point）：指定半径ε内的样本数多于指定数量（MinPts）的点。
- 边界点（Border point）：指定半径ε内的样本数少于MinPts的点，且其位于某个核心点的邻域内。
- 噪声点：核心点和边界点之外的点。

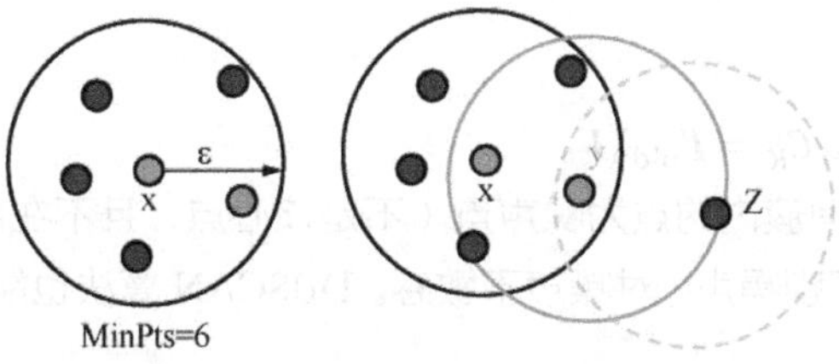

（a）　　（b）

图 11-6　DBSCAN 中的基本概念。图中浅灰色的点为核心点，圆圈中的其他点为边界点，非圆圈中的点为噪声点。

在介绍 DBSCAN 的聚类过程之前，我们先做以下定义。

密度可达：如果连接点q和点p的路径上的所有点都是核心点，则称点q到点p密度可达。如果点p是核心点，那么由与它密度可达的点可形成一个簇。

密度相连：如果存在点o，从其密度可达点q与点p，则称点q到点p密度相连。

基于上述定义可知，簇满足以下两个性质。

（1）连接性：簇内任意两点是密度相连的。

（2）最大性：如果一个点从一个簇中的任意一点密度可达，则该点属于该簇。

算法 11-5：DBSCAN 聚类

输入：训练样本：$\boldsymbol{\mathcal{D}} = \{\boldsymbol{x}_1, \boldsymbol{x}_2, \cdots, \boldsymbol{x}_N\}$；

　　邻域参数：ε，MinPts。

输出：每个簇的样本集合$\boldsymbol{C}_1, \cdots, \boldsymbol{C}_K$

（1）初始化核心点集合：$\boldsymbol{\Omega} = \varnothing$；

（2）确定核心点

　for $i = 1,2,\cdots,N$

　　① 确定样本点$\boldsymbol{x}_i$的领域内的样本$N_\varepsilon(\boldsymbol{x}_i)$

　　② if $|N_\varepsilon(\boldsymbol{x}_i)| \geqslant$MinPts,

　　　则将样本$\boldsymbol{x}_i$加入核心点集合：$\boldsymbol{\Omega} = \boldsymbol{\Omega} \cup \{\boldsymbol{x}_i\}$

　　end if

　end for

（3）初始化簇的数目$K = 0$，令未被访问过的点的集合$\boldsymbol{\Gamma} = \boldsymbol{\mathcal{D}}$；

（4）对所有核心点

　while $\boldsymbol{\Omega} \neq \varnothing$ do

　　① 记录当前未被访问过的点的集合$\boldsymbol{\Gamma}_{\text{old}} = \boldsymbol{\Gamma}$；

② 随机选择一个核心点$o \in \boldsymbol{\Omega}$，初始化队列$\boldsymbol{Q} = < o >$；

③ $\boldsymbol{\Gamma} = \boldsymbol{\Gamma} \backslash \{o\}$

④ while $\boldsymbol{Q} \neq \emptyset$ do

a. 取出队列$\boldsymbol{Q}$中的首个样本点p；

b. if $|N_\varepsilon(q)| \geqslant \text{MinPts}$，

$\Delta = N_\varepsilon(q) \cap \boldsymbol{\Gamma}$为邻域中未被访问过的点；

将Δ中的点加入队列$\boldsymbol{Q}$；

$\boldsymbol{\Gamma} = \boldsymbol{\Gamma} \backslash \Delta$;

end if

end while

⑤ $K = K + 1, C_K = \boldsymbol{\Gamma}_{\text{old}} \backslash \boldsymbol{\Gamma}$。

聚类结束后，不在任何簇内的点为噪声点（不是核心点，且不在任何核心点的邻域内），所以 DBSCAN 算法可以识别噪声，对噪声不敏感。DBSCAN 算法也能很好地找到任意大小和任意形状的簇。

DBSCAN 算法无须指定簇的数目K，但需要设置两个邻域参数：ε，MinPts。如果MinPts不变，则ε取的值过大会导致大多数点都聚到同一个簇中，ε过小会导致一个簇的分裂。如果ε不变，则MinPts的值取得过大会导致更多样本点被标记为噪声点，MinPts过小会导致发现大量的核心点。参数可以根据k −距离曲线和经验知识设置。

k −距离曲线的绘制过程如下：给定数据集$\boldsymbol{\mathcal{D}} = \{x_1, x_2, \cdots, x_N\}$，对于任意点$x_i$，计算该点到集合中其他所有点的距离，将这些距离按照从小到大排序，假设排序后的距离集合为$\boldsymbol{E} = d_{(1)}, d_{(2)}, \cdots, d_{(k-1)}, d_{(k)}, d_{(k+1)}, \cdots, d_{(N-1)}$，则$d_{(k)}$就被称为$k$ −距离，即点x_i到其K近邻的距离。对所有点的k −距离集合$\boldsymbol{E}$进行升序排序，得到k −距离集合$\boldsymbol{E}'$，然后根据$\boldsymbol{E}'$绘出k −距离变化曲线。曲线发生急剧变化的位置所对应的k −距离的值为半径ε的值（图 11-7 中$\varepsilon = 0.15$），MinPts的值为k（图 11-7 中MinPts $= 5$）。

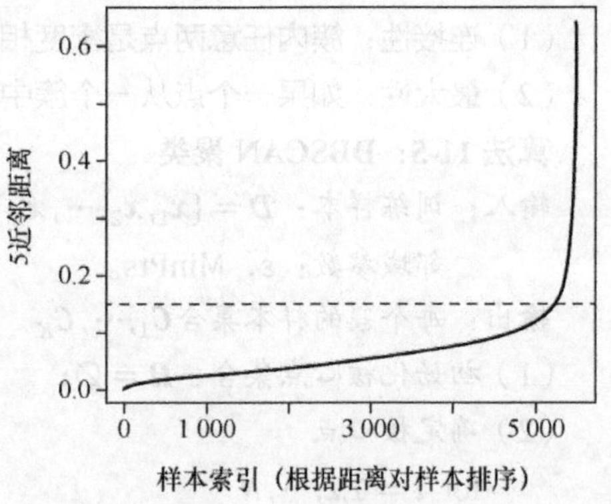

图 11-7　k −距离曲线

由于这两个参数是全局的，当簇的密度不同时，DBSCAN 的表现不如其他聚类算法。因为当密度变化时，用于识别邻域点的距离阈值ε和 MinPts的设置将会随簇而变化。这个缺点在非常高维度的数据中表现尤为突出，因为距离阈值ε会变得难以估计。DBSCAN 的扩展 OPTICS（Ordering Points To Identify the Clustering Structure）通过优先对高密度进行搜索，然后根据高密度的特点设置参数，改进了 DBSCAN。

11.8 基于密度峰值的聚类

基于密度峰值的聚类算法[15]假设簇中心周围都是局部密度较低的点，并且与任何一个局部密度较高的点保持相对较远的距离。

对于每一个数据点i，要计算两个量：点的局部密度ρ_i和该点到具有更高局部密度的点的距离δ_i，而这两个值都取决于数据点间的距离$d_{i,j}$。

数据点i的局部密度ρ_i定义为

$$\rho_i = \sum_{j\in\mathcal{D}\{i\}} \chi\left(d_{i,j} - d_c\right), \tag{11-37}$$

其中d_c为截断距离，即

$$\chi(x) = \begin{cases} 1 & x \geqslant 0 \\ 0 & x < 0。\end{cases} \tag{11-38}$$

所以ρ_i为到点i的距离小于d_c的点的数目。可以将所有点根据相互距离从小到大排序，2%的位置距离数值设置为d_c。

上述局部密度的定义是一种硬邻域定义（是邻域点或不是邻域点），也可以将其换成用高斯核定义的软邻域定义，即根据距离来表示数据点与中心点的权重，离得越近，权重越高，离得越远，权重越低，有

$$\rho_i = \sum_{j\in\mathcal{D}\setminus\{i\}} \mathrm{e}^{-(\frac{d_{i,j}}{d_c})^2}。\tag{11-39}$$

点i到高局部密度的点的距离δ_i定义为该点到其他有更高局部密度的点之间的最小距离，即

$$\delta_i = \min_{j:\rho_j > \rho_i} d_{i,j}。\tag{11-40}$$

所以那些具有较大距离δ_i且同时具有较大局部密度ρ_i的点被定义为聚类中心；同时具有较大距离δ_i但密度ρ_i较小的数据点被称为异常点。我们构造决策图和乘积曲线来寻找簇的数目和中心。聚类中心确定之后，剩余点被分配给与其具有较高密度的最近邻相同的簇。首先为每个簇定义一个边界区域，即划分给该簇但是距离其他簇中的点的距离小于d_c的点，然后为每个簇找到其边界区域的局部密度最大的点，令该最大局部密度为ρ_d，则该簇中所有局部密度大于ρ_d的点被认为是簇核心部分，其余点被认为是该簇的光晕（噪声点）。图 11-8 给出了示例数据集上的聚类结果。

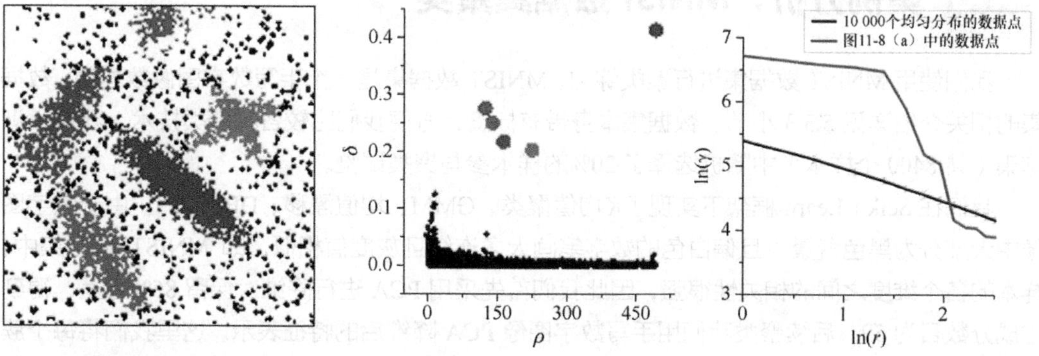

（a）数据点的分布，样本数目N=4 000，不同簇用不同灰度表示，黑色点为背景噪声点

（b）决策图，横轴为局部密度ρ，纵轴为相对距离δ。取较大的5个样本点作为簇中心（图中大点）

（c）乘积曲线，纵轴为ln(γ)，$\gamma=\rho\times\delta$，横轴为ln(r)，r为对样本点γ降序排列后的索引。可以看出，在r =5的地方γ陡降，即γ值最大的5个样点为簇中心

图 11-8　基于密度峰值的聚类

11.9 基于深度学习的聚类

基于深度学习的聚类将深度网络的学习和聚类结合起来，同时学习网络的参数和对网络输出的特征进行聚类。我们也可将深度部分视为从原始数据空间提取特征，并在所得特征空间中优化聚类。基于深度学习的聚类包含 3 部分：深度网络、网络学习目标函数和聚类目标函数。其中深度网络用于学习数据的低维非线性表示，自编码器、CNN、变分自编码器和 GAN 等模型均可用于聚类。

深度聚类的目标函数通常是网络学习目标函数和聚类目标函数的线性组合，即

$$J = \lambda J_C + (1-\lambda) J_N \text{,} \tag{11-41}$$

其中J_C为聚类损失，表示将样本归到某簇的代价，如 K 均值聚类中的 SSE；J_N 表示深度模型学习的目标函数，如自编码器的重构误差和稀疏约束，超参数λ可控制二者之间的折中。有些模型在深度网络学习中会再加入局部保持约束。一种典型的模型如图11-9所示。

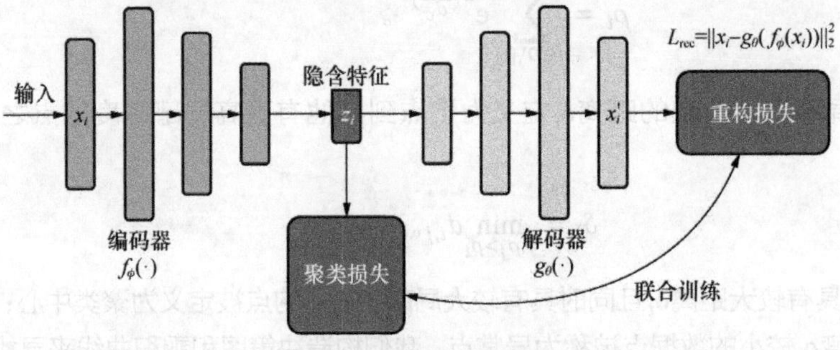

图 11-9 基于深度学习的聚类

网络学习目标函数对于深度神经网络的初始化至关重要。通常在训练几轮之后，会通过改变λ参数的值来引入聚类损失。也有一些模型会完全放弃网络学习目标函数，而只使用聚类目标函数来指导网络学习和聚类。

11.10 案例分析：MNIST 数据集聚类

我们使用 MNIST 数据集进行聚类练习。MNIST 数据集是一个手写数字图像数据集，数据集的相关介绍详见 5.3.3 小节。数据集本身带有标签，方便我们比较各种聚类技术。我们从训练集（共 8400 个样本）中随机选择了 20%的样本参与聚类试验。

我们在 Scikit-Learn 框架下实现了K均值聚类、GMM、均值漂移、DBSCAN。由于数字图像中大部分为黑色背景，且偏白色的数字笔画大多连续且灰度值相似，即 MNIST 数据集中，样本的各个维度之间的相关性很强，因此我们首先采用 PCA 进行降维，保留 85%方差，得到主成分数目为 59。后续聚类我们用手写数字图像 PCA 降维后的特征表示。这里我们将每个簇中出现次数最多的数字作为该簇样本的预测标签，并计算预测的正确率。各聚类算法的性能如表 11-1 所示。

对 K 均值聚类，我们采用“肘部法”选择最佳的 K 值。不同的 K 值对应的 SSE 如图 11-10（a）所示。不过该图中没有明显的肘部位置，相对而言$K = 100$稍好些。GMM 中也取$K = 100$。

对于层次聚类，无须指定簇的数目，不过可以通过观察不同簇数目对应的 SSE 确定最终的簇的数目。在 MNIST 数据集上，最后 200 个簇合并对应的 SSE，如图 11-10（b）所示。可以看出在欧氏距离为 100 左右时，再合并簇会带来较大的距离增长，此时对应的簇的数目大约为 100，因此最后簇的数目也设为 100。

均值漂移中的超参数为核函数的宽度，相当于 *K* 近邻中的 *K*。不同带宽对应的 CHI 值如图 11-10（c）所示。从图中我们可以发现，带宽越大，CHI 分数越高，并且没有出现预期中的“U”型曲线；此外，当带宽继续增大时，CHI 分数会继续增加，直到簇的数目只有 2 个。因此 CHI 分数并不适用于作为聚类结果的评价。最终我们挑选簇数目为 96 个（接近 100）所对应的核函数的宽度，但聚类效果很不好。

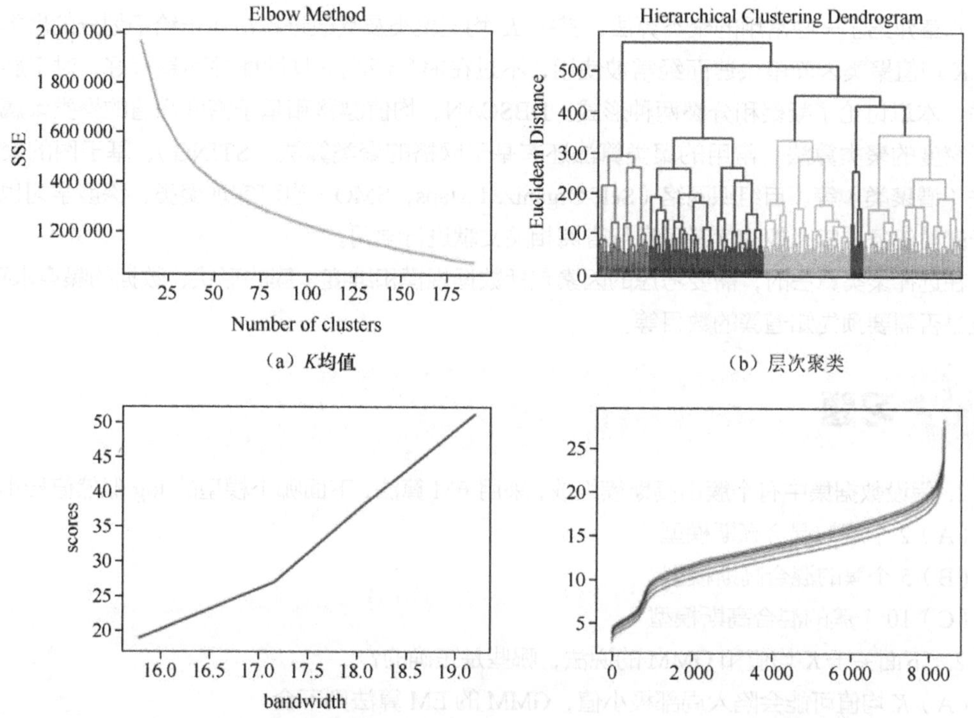

（a）*K*均值　（b）层次聚类　（c）均值漂移　（d）DBSCAN

图 11-10　MNIST 数据集上聚类算法超参数确定

DBSCAN 算法的超参数为邻域大小 eps 和邻域内最小样本数MinPts。超参数可以通过观察 k −距离曲线确定，如图 11-10（c）所示。不同的MinPts对应的 k −距离曲线的形状大致相同，从图中没有看出距离显著增大的地方，因此不好确定 DBSCAN 的超参数 eps，这也意味着 DBSCAN 聚类效果不会太好。由于在 750～800 近邻距离有较大的变化，因此取$\text{eps} = \text{distanceDec}[780]$，$\text{MinPts} = 10$，对应的聚类效果也非常差，其他的MinPts对应的聚类效果也很差。再适当减少MinPts，此时可以发现更多的核心点。$\text{MinPts} = 5$的结果如表 11-3 所示。需要注意的是，虽然预测正确率尚可，但还有 6 851 个样本点没有参加聚类（被认为是噪声）。

表 11-3　聚类算法在 MNIST 数据集上的结果

聚类算法	簇的数目	预测正确率
*K*均值聚类	100	0.832 619

续表

聚类算法	簇的数目	预测正确率
GMM	100	0.848 929
层次聚类	100	0.845 357
均值漂移	96	0.261 548
DBSCAN	24	0.728 212

11.11 本章小结

本章介绍了一些常用的聚类算法，其中 K 均值聚类及其改进算法属于给予划分的聚类算法，K 均值聚类因简单快速而经常被使用，不过在很多情况下其性能并不是很好。对于层次聚类，本章讨论了凝聚和分裂两种形式。DBSCAN、均值漂移和基于密度峰值的聚类都属于基于密度的聚类算法。常用的聚类算法还有基于网格的聚类算法（STING）、基于图的聚类算法（谱聚类）等。自组织网络（Self-Organized Maps，SMO）也可实现聚类，深度学习也可用于聚类任务，感兴趣的读者可自行查阅相关文献进行学习。

在选择聚类算法时，需要考虑的因素包括数据规模和维度、簇的形状、数据的噪声水平，以及是否需要预先知道簇的数目等。

11.12 习题

1. 假设数据集中有个簇由高斯簇组成，采用 EM 算法，下面哪个模型的 log 似然值最小？

（A）2 个簇的混合高斯模型

（B）5 个簇的混合高斯模型

（C）10 个簇的混合高斯模型

2. 下面关于 K 均值和 GMM 的说法，哪些是正确的？

（A）K 均值可能会陷入局部极小值，GMM 的 EM 算法则不会

（B）GMM 能更好地表示不同方向和大小的簇

（C）GMM 等价于无限小值的对角协方差的 GMM

3. 现有一批 3 维的数据，我们采用 4 个簇的 GMM 模型来建模，假设协方差矩阵为全矩阵，则该模型有多少个参数？如果数据是 4 维的，用 5 个簇的 GMM 模型来建模，假设协方差矩阵为对角矩阵，则该模型有多少个参数？

4. 采用本章所讲的聚类算法，对 10.10 节第 1 题中的数据进行聚类，注意各算法中超参数的选择。

附录

A 奇异值分解

奇异值分解在机器学习算法中有着广泛的应用，如主成分分析、线性回归模型求解等中均会用到。

A.1 特征值和特征向量

特征值和特征向量的定义如下

$$\boldsymbol{A}\boldsymbol{v} = \lambda \boldsymbol{v}, \tag{A-1}$$

其中$\boldsymbol{A}$是一个$n \times n$的矩阵，$\boldsymbol{v}$是一个n维向量；λ是矩阵$\boldsymbol{A}$的一个特征值，$\boldsymbol{v}$是矩阵$\boldsymbol{A}$的特征值λ所对应的特征向量。

求出特征值和特征向量的好处是可以将矩阵$\boldsymbol{A}$特征分解。如果求出了矩阵$\boldsymbol{A}$的n个特征值$\lambda_1 \leqslant \lambda_2 \leqslant \cdots \leqslant \lambda_n$，以及这$n$个特征值所对应的特征向量$\{\boldsymbol{v}_1, \boldsymbol{v}_2, \cdots, \boldsymbol{v}_n\}$，且这$n$个特征向量线性无关，那么矩阵$\boldsymbol{A}$就可以通过下式特征分解

$$\boldsymbol{A} = \boldsymbol{V}\boldsymbol{\Lambda}\boldsymbol{V}^{-1}, \tag{A-2}$$

其中$\boldsymbol{V}$是这n个特征向量所张成的$n \times n$维矩阵（矩阵的每一列为一个特征向量），而$\boldsymbol{\Lambda}$为以这n个特征值为主对角线元素的$n \times n$维矩阵。一般我们会把$\boldsymbol{V}$的这n个特征向量归一化，即$||\boldsymbol{v}_i||_2 = 1$，或者说$\boldsymbol{v}^{\mathrm{T}}\boldsymbol{v} = 1$，此时$\boldsymbol{V}$的$n$个列向量为标准正交基，满足$\boldsymbol{V}^{\mathrm{T}}\boldsymbol{V} = \boldsymbol{I}$，即$\boldsymbol{V}^{\mathrm{T}} = \boldsymbol{V}^{-1}$，也就是说$\boldsymbol{V}$为酉矩阵。

这样我们的特征分解表达式就可以写成

$$\boldsymbol{A} = \boldsymbol{V}\boldsymbol{\Lambda}\boldsymbol{V}^{\mathrm{T}}。 \tag{A-3}$$

注意：若要进行特征分解，则矩阵$\boldsymbol{A}$必须为方阵。如果$\boldsymbol{A}$不是方阵，即当其行和列不相同时，只能对其进行 SVD 分解。

A.2 SVD 的定义

SVD 也是对矩阵进行分解，但并不要求要分解的矩阵为方阵。假设矩阵$\boldsymbol{A}$是一个$m \times n$的矩阵，那么定义矩阵$\boldsymbol{A}$的 SVD 为

$$\boldsymbol{A} = \boldsymbol{U}\boldsymbol{\Sigma}\boldsymbol{V}^{\mathrm{T}}, \tag{A-4}$$

其中$\boldsymbol{U}$是$m \times m$的矩阵；$\boldsymbol{\Sigma}$是$m \times n$的矩阵，除了主对角线上的元素外全为 0，主对角线上的每个元素均被称为奇异值；$\boldsymbol{V}$是$n \times n$的矩阵。$\boldsymbol{U}$和$\boldsymbol{V}$矩阵都是酉矩阵，即满足$\boldsymbol{U}^{\mathrm{T}}\boldsymbol{U} = \boldsymbol{I}$，$\boldsymbol{V}^{\mathrm{T}}\boldsymbol{V} = \boldsymbol{I}$。

那么应该如何求出 SVD 分解后的$\boldsymbol{U}$、$\boldsymbol{\Sigma}$、$\boldsymbol{V}$这 3 个矩阵呢？

如果将$\boldsymbol{A}$的转置和$\boldsymbol{A}$做矩阵乘法，那么会得到一个$n \times n$的方阵$\boldsymbol{A}^{\mathrm{T}}\boldsymbol{A}$。既然$\boldsymbol{A}^{\mathrm{T}}\boldsymbol{A}$是方阵，那么就可以对其进行特征分解，得到的特征值和特征向量满足下式

$$(\boldsymbol{A}^{\mathrm{T}}\boldsymbol{A})\boldsymbol{v}_i = \lambda_i \boldsymbol{v}_i。 \tag{A-5}$$

这样就可以得到矩阵$\boldsymbol{A}^{\mathrm{T}}\boldsymbol{A}$的$n$个特征值和对应的$n$个特征向量了。将$\boldsymbol{A}^{\mathrm{T}}\boldsymbol{A}$的所有特征向量张成一个$n \times n$的矩阵$\boldsymbol{V}$，此矩阵就是 SVD 公式中的$\boldsymbol{V}$矩阵。$\boldsymbol{V}$中的每个特征向量均被称为$\boldsymbol{A}$的右奇异向量。

类似地，如果我们将$\boldsymbol{A}$和$\boldsymbol{A}$的转置$\boldsymbol{A}^{\mathrm{T}}$做矩阵乘法，那么就会得到一个$m \times m$的方阵$\boldsymbol{A}\boldsymbol{A}^{\mathrm{T}}$。

既然$\boldsymbol{AA}^{\mathrm{T}}$是方阵，那么就可以对其进行特征分解，得到的特征值和特征向量满足下式

$$(\boldsymbol{AA}^{\mathrm{T}})\boldsymbol{u}_i = \lambda_i \boldsymbol{u}_i。 \tag{A-6}$$

这样就可以得到矩阵$\boldsymbol{AA}^{\mathrm{T}}$的$m$个特征值和对应的$m$个特征向量。将$\boldsymbol{AA}^{\mathrm{T}}$的所有特征向量张成一个$m \times m$的矩阵$\boldsymbol{U}$，此矩阵就是 SVD 公式里面的$\boldsymbol{U}$矩阵。$\boldsymbol{U}$中的每个特征向量均被称为$\boldsymbol{A}$的左奇异向量。

求出$\boldsymbol{U}$和$\boldsymbol{V}$来后，可以继续求奇异值矩阵$\boldsymbol{\Sigma}$。由于$\boldsymbol{\Sigma}$除了对角线上的元素是奇异值外，其他元素都是 0，因此只需要求出每个奇异值σ即可。注意到

$$\boldsymbol{A} = \boldsymbol{U\Sigma V}^{\mathrm{T}} \Rightarrow \boldsymbol{AV} = \boldsymbol{U\Sigma V}^{\mathrm{T}}\boldsymbol{V} \Rightarrow \boldsymbol{AV} = \boldsymbol{U\Sigma} \Rightarrow \boldsymbol{A}\boldsymbol{v}_i = \boldsymbol{\sigma}_i\boldsymbol{u}_i \Rightarrow \sigma_i = \boldsymbol{A}\boldsymbol{v}_i/\boldsymbol{u}_i。 \tag{A-7}$$

这样我们就可以求出每个奇异值，进而即可求出奇异值矩阵$\boldsymbol{\Sigma}$。

上面还有一个关键点未说明，即由$\boldsymbol{A}^{\mathrm{T}}\boldsymbol{A}$的特征向量组成的矩阵就是 SVD 中的$\boldsymbol{V}$矩阵，由$\boldsymbol{AA}^{\mathrm{T}}$的特征向量组成的矩阵就是 SVD 中的$\boldsymbol{U}$矩阵。下面我们以$\boldsymbol{V}$矩阵为例进行证明。

$$\boldsymbol{A} = \boldsymbol{U\Sigma V}^{\mathrm{T}} \Rightarrow \boldsymbol{A}^{\mathrm{T}} = \boldsymbol{V\Sigma}^{\mathrm{T}}\boldsymbol{U}^{\mathrm{T}} \Rightarrow \boldsymbol{A}^{\mathrm{T}}\boldsymbol{A} = \boldsymbol{V\Sigma}^{\mathrm{T}}\boldsymbol{U}^{\mathrm{T}}\boldsymbol{U\Sigma V}^{\mathrm{T}} = \boldsymbol{V\Sigma}^{\mathrm{T}}\boldsymbol{\Sigma V}^{\mathrm{T}} = \boldsymbol{VDV}^{\mathrm{T}}, \tag{A-8}$$

其中$\boldsymbol{D} = \boldsymbol{\Sigma}^{\mathrm{T}}\boldsymbol{\Sigma}$。可以看出，由$\boldsymbol{A}^{\mathrm{T}}\boldsymbol{A}$的特征向量组成的矩阵的确就是 SVD 中的$\boldsymbol{V}$矩阵。使用类似的方法可以证明由$\boldsymbol{AA}^{\mathrm{T}}$的特征向量组成的矩阵就是 SVD 中的$\boldsymbol{U}$矩阵。进一步还可以看出，特征值矩阵等于奇异值矩阵的平方，即特征值和奇异值满足以下关系

$$\sigma_i = \sqrt{\lambda_i}。 \tag{A-9}$$

可以通过求出$\boldsymbol{A}^{\mathrm{T}}\boldsymbol{A}$的特征值并取平方根来求奇异值。

B 拉格朗日乘子法和卡罗需-库恩-塔克条件

在求带有约束条件的优化问题时，拉格朗日乘子法和卡罗需-库恩-塔克（Karush–Kuhn–Tucker，KKT）条件是非常重要的两个方法。对于等式约束的优化问题，可用拉格朗日乘子法求取最优值；如果优化问题中含有不等式约束，则可以用 KKT 条件进行计算。当然，这两个方法得到的结果只是必要条件，当且仅当目标函数是凸函数时，才能保证得到的结果是充分必要条件。

B.1 拉格朗日乘子法

拉格朗日乘子法是一种寻找多元函数当其变量受到一个或多个条件的相等约束时的局部极值的方法。这种方法可以将一个有D个变量和N个约束条件的最优化问题转换为一个有$D+N$个变量的不带约束的优化问题。

考虑最优化问题

$$\begin{aligned} &\min_{x} f(\boldsymbol{x}) \\ &\text{s.t. } h_n(\boldsymbol{x}) = c_n, n = 1,\cdots,N, \end{aligned} \tag{B-1}$$

为了求$\boldsymbol{x}$，引入一个新的变量λ，λ被称为拉格朗日乘子，于是问题转化为求拉格朗日函数

$$L(\boldsymbol{x},\boldsymbol{\lambda}) = f(\boldsymbol{x}) + \sum_{n=1}^{N} v_n\,(h_n(\boldsymbol{x}) - c_n) \tag{B-2}$$

的极值。

分别让拉格朗日函数对$\boldsymbol{x}$的每维x_j，$j=1,\cdots,D$和每个v_n求偏导并置零，得到上述优化问题的解的必要条件为

$$\begin{cases}\dfrac{\partial L(\boldsymbol{x},\boldsymbol{\lambda})}{\partial x_j}=\dfrac{\partial f(\boldsymbol{x})}{\partial x_j}+\sum_{n=1}^{M} v_n\dfrac{\partial h_n(\boldsymbol{x})}{\partial x_j}=0 \quad j=1,\cdots,D \\ \dfrac{\partial L(\boldsymbol{x},\lambda)}{\partial v_n}=h_n(\boldsymbol{x})-c_n=0 \qquad\qquad n=1,\cdots,N,\end{cases} \tag{B-3}$$

将上式写成向量形式，并用梯度表示为

$$\begin{cases}\nabla_x L(\boldsymbol{x},\boldsymbol{\lambda})=\nabla_x f(\boldsymbol{x})+\sum_{n=1}^{M} v_n\nabla_x h_n(\boldsymbol{x})=0 \\ \dfrac{\partial L(\boldsymbol{x},\lambda)}{\partial v_n}=v_n(\boldsymbol{x})-c_n=0。\end{cases} \tag{B-4}$$

当只有一个等式约束（$N=1$）时，根据第 1 行的条件$\nabla_x f(\boldsymbol{x})+\lambda\nabla_x h(\boldsymbol{x})=0$，在最优点$\boldsymbol{x}^*$，梯度$\nabla_x h(\boldsymbol{x}^*)$和$\nabla_x f(\boldsymbol{x}^*)$的方向必定相同或相反。

B.2 为什么拉格朗日乘子法能够求得最优值

令$d_n=f(\boldsymbol{x})$，d_n取不同的值，相当于目标$f(\boldsymbol{x})$投影在$\boldsymbol{x}$构成的平面上的等高线。如图 B-1 所示，虚线是$f(\boldsymbol{x},y)$的等高线，实线是约束$h(\boldsymbol{x},y)=c$；箭头表示梯度，其和等高线的法线平行。假设优化问题有解，则$h(\boldsymbol{x},y)=c$会与等高线相交，交点就是同时满足等式约束条件和目标函数的可行域中的值。想像此时我们移动$h(\boldsymbol{x},y)=c$上的点，因为$f(\boldsymbol{x},y)$是连续的，所以其能走到$f(\boldsymbol{x},y)=d_n$更高或更低的等高线上，也就是说，d_n可以变大或变小。只有当等高线$f(\boldsymbol{x},y)=d_n$与约束项$h(\boldsymbol{x},y)=c$的曲线相切的时候，才会出现极值点或鞍点。

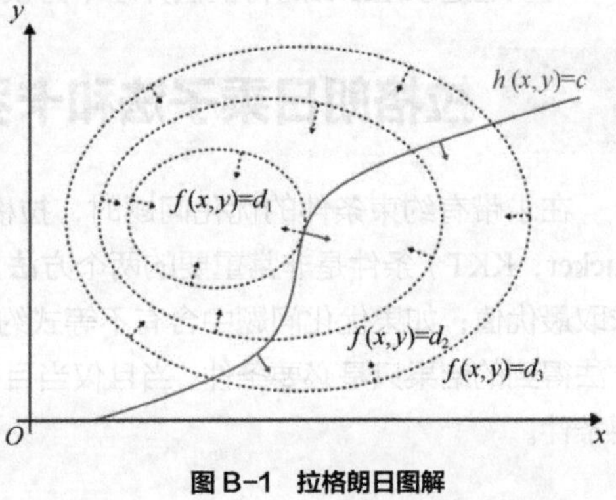

图 B-1 拉格朗日图解

等高线$f(\boldsymbol{x},y)=d_n$在切点的切线与等高线和曲线$h(\boldsymbol{x},y)=c$在该点处的法线都垂直，因此等高线和约束曲线的法线是共线的。法线可以用该点的梯度表示，所以最优值必须满足：梯度 $\nabla f(\boldsymbol{x}^*,y^*)=\lambda\nabla h(\boldsymbol{x}^*,y^*)$，$\lambda$是常数，表示左右两边同向或反向，得到$\nabla L(\boldsymbol{x}^*,y^*)=\nabla f(\boldsymbol{x}^*,y^*)+\lambda\nabla h(\boldsymbol{x}^*,y^*)=0$。于是我们构造拉格朗日函数：$L(\boldsymbol{x},y,\lambda)=f(\boldsymbol{x},y)+\lambda h(\boldsymbol{x},y)$，求解它的最优解就等价于求原来带约束的优化问题的最优解。

B.3 KKT 条件

对含有不等式约束的优化问题

$$\begin{gathered}\min_{\boldsymbol{x}} f(\boldsymbol{x}) \\ \text{s.t. } g_m(\boldsymbol{x})\leqslant 0，m=1,\cdots,M,\end{gathered} \tag{B-5}$$

我们将不等式约束与$f(\boldsymbol{x})$写为一个式子，称其为拉格朗日函数

$$L(\boldsymbol{x},\boldsymbol{\lambda}) = f(\boldsymbol{x}) + \sum_{m=1}^{M} \lambda_m g_m(\boldsymbol{x}) \tag{B-6}$$

$$\text{s.t. } \lambda_m \geqslant 0,$$

系数λ_m也称为拉格朗日乘子，注意在不等式约束的优氏问题中要求$\lambda_m \geqslant 0$。

为了将带不等式约束的优化问题转化为已知的等式约束优化问题，我们引入松弛变量a_m^2，得到$g_m(\boldsymbol{x}) + a_m^2 = 0$。注意，这里加上平方项$a_m^2$而非$a_m$，是因为不等式的左边必须加上一个正数才能使不等式变为等式。若只加上a_m，则会引入新的约束$a_m \geqslant 0$。

由此我们将不等式约束转化为了等式约束，并得到拉格朗日函数

$$L(\boldsymbol{x},\boldsymbol{\lambda}) = f(\boldsymbol{x}) + \textstyle\sum_{m=1}^{M} \lambda_m \left(g_m(\boldsymbol{x}) + a_m^2\right)。 \tag{B-7}$$

再按照等式约束优化问题对其求解，得到

$$\begin{cases} \dfrac{\partial L(\boldsymbol{x},\boldsymbol{\lambda})}{\partial x_j} = \dfrac{\partial f(\boldsymbol{x})}{\partial x_j} + \displaystyle\sum_{m=1}^{M} \lambda_m \dfrac{\partial g_m(\boldsymbol{x})}{\partial x_j} = 0 & j = 1,\cdots,D \\ \dfrac{\partial L(\boldsymbol{x},\lambda)}{\partial \lambda_m} = g_m(\boldsymbol{x}) + a_m^2 = 0 & m = 1,\cdots,M \\ \dfrac{\partial L(\boldsymbol{x},\lambda)}{\partial a_m} = 2\lambda_m a_m = 0 & m = 1,\cdots,M。 \end{cases} \tag{B-8}$$

对于第 3 行的约束$\lambda_m a_m = 0$，我们分以下两种情况进行讨论。

情况 1：$\lambda_m = 0$，$a_m \neq 0$。

由于乘子$\lambda_m = 0$，因此g_m与其相乘的结果为零，可以理解为约束g_m不起作用，且有$g_m(\boldsymbol{x}) < 0$。

情况 2：$\lambda_m \geqslant 0$，$a_m = 0$。

根据第 2 行的约束，此时$g_m(\boldsymbol{x}) = 0$，且$\lambda_m > 0$，可以理解为约束$g_m(\boldsymbol{x})$起了作用，且有$g_m(\boldsymbol{x}) = 0$。

合并情况 1 和情况 2 可得：$\lambda_m g_m(\boldsymbol{x}) = 0$，且在约束起作用时有$\lambda_m > 0$，$g_m(\boldsymbol{x}) = 0$；在约束不起作用时有$\lambda_m = 0$，$g_m(\boldsymbol{x}) \leqslant 0$。

由此，上述约束条件（求解极值的必要条件）可转化为

$$\begin{cases} \dfrac{\partial L(\boldsymbol{x},\boldsymbol{\lambda})}{\partial x_j} = \dfrac{\partial f(\boldsymbol{x})}{\partial x_j} + \displaystyle\sum_{m=1}^{M} \lambda_m \dfrac{\partial g_m(\boldsymbol{x})}{\partial x_j} = \boldsymbol{0}, & j = 1,\cdots,D \\ \lambda_m g_m(\boldsymbol{x}) = 0, & m = 1,\cdots,M \\ \lambda_m \geqslant 0, & m = 1,\cdots,M \end{cases} \tag{B-9}$$

这些约束条件即被称为 KKT 条件，其中第 2 行的约束条件被称为互补松弛条件。

可将式（B-9）写成向量的形式，并用梯度表示为

$$\begin{cases} \nabla_x L(\boldsymbol{x},\boldsymbol{\lambda}) = \nabla_x f(\boldsymbol{x}) + \displaystyle\sum_{m=1}^{M} \lambda_m \nabla_x g_m(\boldsymbol{x}) = \boldsymbol{0}, \\ \lambda_m g_m(\boldsymbol{x}) = 0, & m = 1,\cdots,M, \\ \lambda_m \geqslant 0, & m = 1,\cdots,M。 \end{cases} \tag{B-10}$$

SVM 的目标函数就是带不等式的约束问题。因为$\lambda_m g_m(\boldsymbol{x}) = 0$，所以若要满足这个等式，则必须有$\lambda_m = 0$或者$g_m(\boldsymbol{x}) = 0$。这是 SVM 很多重要性质的来源，如支持向量的概念。

当只有一个约束条件（$M = 1$）时，省略约束条件的下标m，最优点$\boldsymbol{x}^*$可能在$g(\boldsymbol{x}) < 0$的区域中，也可能在边界$g(\boldsymbol{x}) = 0$上。

（1）如果最优解恰好在边界上，那么可以通过拉格朗日乘子法来求解。当$g(\boldsymbol{x}) = 0$时，优化问题即为等式约束问题。需要注意的是，此时梯度$\nabla_x g(\boldsymbol{x}^*)$和$\nabla_x f(\boldsymbol{x}^*)$的方向必须相反，即 KKT 条件中必须有$\lambda > 0$。否则，最优解会落入阴影区域，变成第 2 种情况。等式约束不要求$\lambda > 0$，因为最优解必须在$g(\boldsymbol{x}) = 0$上。

（2）如果最优解在阴影区域内部，则这个解一定是单纯考虑$f(\boldsymbol{x})$的最优解，即直接求解$\nabla_x f(\boldsymbol{x}) = 0$所得的解。当$g(\boldsymbol{x}) < 0$时，约束$g(\boldsymbol{x}) \leqslant 0$不起作用，可直接通过条件$\nabla_x f(\boldsymbol{x}) = 0$来获得最优解；这等价于将拉格朗日函数中的λ置零，然后对$\nabla_x L(\boldsymbol{x}, \boldsymbol{\lambda})$置零以得到最优解。

在岭回归和 Lasso 中，$f(\boldsymbol{x}) = \sum_{i=1}^{N}(y_i - \boldsymbol{w}^{\mathrm{T}}\boldsymbol{x}_i)^2$，约束条件分别为$\|\boldsymbol{w}\|_1 - B \leqslant 0$和$\|\boldsymbol{w}\|_2 - B \leqslant 0$。一般情况下最优的$\lambda \neq 0$，因此最优解为$\|\boldsymbol{w}\|_1 = B$或$\|\boldsymbol{w}\|_2 = B$与$f(\boldsymbol{x}) = \sum_{i=1}^{N}(y_i - \boldsymbol{w}^{\mathrm{T}}\boldsymbol{x}_i)^2$等高线相切的切点。如果$\lambda = 0$，则约束项/正则项不起作用，最优解为$f(\boldsymbol{x}) = \sum_{i=1}^{N}(y_i - \boldsymbol{w}^{\mathrm{T}}\boldsymbol{x}_i)^2$的极小值（最小二乘）。

C 对偶问题

对偶是求解最优化问题的一种手段，它将一个最优化问题转化为另一个更容易求解的问题，这两个问题等价。

C.1 原始问题

对含有等式约束和不等式约束的优化问题

$$\begin{gathered}\min_{x} f(\boldsymbol{x}) \\ \text{s.t. } h_n(\boldsymbol{x}) = c_n,\ n = 1,\cdots,N \\ \text{s.t. } g_m(\boldsymbol{x}) \leqslant 0,\ m = 1,\cdots,M,\end{gathered} \tag{C-1}$$

根据拉格朗日乘子法，构造广义拉格朗日函数

$$L(\boldsymbol{x}, \boldsymbol{v}, \boldsymbol{\lambda}) = f(\boldsymbol{x}) + \sum_{n=1}^{N} v_n (h_n(\boldsymbol{x}) - c_n) + \sum_{m=1}^{M} \lambda_m g_m(\boldsymbol{x}) \tag{C-2}$$

$$\text{s.t. } \lambda_m \geqslant 0,\ m = 1,\cdots,M,$$

其中系数v_n、λ_m为拉格朗日乘子。

构建关于$\boldsymbol{x}$的函数

$$\theta_P(\boldsymbol{x}) = \max_{\boldsymbol{v},\boldsymbol{\lambda};\lambda_m \geqslant 0} L(\boldsymbol{x}, \boldsymbol{v}, \boldsymbol{\lambda})。\tag{C-3}$$

假设给定某个违反原始问题约束条件的$\boldsymbol{x}$，即存在$g_m(\boldsymbol{x}) > 0$或$h_n(\boldsymbol{x}) \neq c_n$。若$g_m(\boldsymbol{x}) > 0$，则可令$\lambda_m \to \infty$，使$\theta_P(\boldsymbol{x}) = \infty$；若$h_n(\boldsymbol{x}) \neq c_n$，则可令$v_n(h_n(\boldsymbol{x}) - c_n) \to \infty$，使$\theta_P(\boldsymbol{x}) = \infty$。将其余$v_n$、$\lambda_m$均置为 0，则有

$$\theta_P(\boldsymbol{x}) = \max_{\boldsymbol{v},\boldsymbol{\lambda};\geqslant 0}\left[f(\boldsymbol{x}) + \sum_{n=1}^{N} v_n\left(h_n(\boldsymbol{x}) - c_n\right) + \sum_{m=1}^{M} \lambda_m g_m(\boldsymbol{x})\right] = \infty。 \quad (\text{C-4})$$

假设给定某个满足原始问题约束条件的$\boldsymbol{x}$，使$g_m(\boldsymbol{x})\leqslant 0$且$h_n(\boldsymbol{x}) = c_n$，则有

$$\theta_P(\boldsymbol{x}) = \max_{\boldsymbol{v},\boldsymbol{\lambda};\geqslant 0}\left[f(\boldsymbol{x}) + \sum_{n=1}^{N} v_n\left(h_n(\boldsymbol{x}) - c_n\right) + \sum_{m=1}^{M} \lambda_m g_m(\boldsymbol{x})\right] = f(\boldsymbol{x})。 \quad (\text{C-5})$$

综合上述两种情况，得

$$\theta_P(\boldsymbol{x}) = \begin{cases} f(\boldsymbol{x}) & \boldsymbol{x}\text{满足原始问题约束条件}, \\ \infty & \text{否则}。 \end{cases} \quad (\text{C-6})$$

则极小化问题

$$\min_{\boldsymbol{x}} \theta_P(\boldsymbol{x}) = \min_{\boldsymbol{x}} \max_{\boldsymbol{v},\boldsymbol{\lambda};\lambda_m\geqslant 0} L(\boldsymbol{x},\boldsymbol{v},\boldsymbol{\lambda}) \quad (\text{C-7})$$

与原始问题等价，即有相同的解。$\min\limits_{\boldsymbol{x}} \max\limits_{\boldsymbol{v},\boldsymbol{\lambda};\lambda_m\geqslant 0} L(\boldsymbol{x},\boldsymbol{v},\boldsymbol{\lambda})$称为广义拉格朗日函数的极小极大问题。

定义原始问题的最优解为

$$p^* = \min_{\boldsymbol{x}} \theta_P(\boldsymbol{x}) = \min_{\boldsymbol{x}} \max_{\boldsymbol{v},\boldsymbol{\lambda};\lambda_m\geqslant 0} L(\boldsymbol{x},\boldsymbol{v},\boldsymbol{\lambda})。 \quad (\text{C-8})$$

C.2 对偶问题

构造关于$\boldsymbol{v}$和$\boldsymbol{\lambda}$的函数

$$\theta_D(\boldsymbol{v},\boldsymbol{\lambda}) = \min_{\boldsymbol{x}} L(\boldsymbol{x},\boldsymbol{v},\boldsymbol{\lambda}) \quad (\text{C-9})$$

则极大化$\theta_D(\boldsymbol{v},\boldsymbol{\lambda})$，即

$$\max_{\boldsymbol{v},\boldsymbol{\lambda};\lambda_m\geqslant 0} \theta_D(\boldsymbol{v},\boldsymbol{\lambda}) = \max_{\boldsymbol{v},\boldsymbol{\lambda};\lambda_m\geqslant 0} \min_{\boldsymbol{x}} L(\boldsymbol{x},\boldsymbol{v},\boldsymbol{\lambda}) \quad (\text{C-10})$$

为广义拉格朗日函数的极大极小问题。

将广义拉格朗日函数的极大极小问题表示为约束最优化问题

$$\max_{\boldsymbol{v},\boldsymbol{\lambda};\lambda_m\geqslant 0} \theta_D(\boldsymbol{v},\boldsymbol{\lambda}) = \max_{\boldsymbol{v},\boldsymbol{\lambda};\lambda_m\geqslant 0} \min_{\boldsymbol{x}} L(\boldsymbol{x},\boldsymbol{v},\boldsymbol{\lambda}) \quad (\text{C-11})$$

$$\text{s.t. } \lambda_m \geqslant 0,\ m = 1,\cdots,M,$$

该问题即被称为原始问题的对偶问题。

定义对偶问题的最优解为

$$d^* = \max_{\boldsymbol{v},\boldsymbol{\lambda};\lambda_m\geqslant 0} \theta_D(\boldsymbol{v},\boldsymbol{\lambda}) = \max_{\boldsymbol{v},\boldsymbol{\lambda};\lambda_m\geqslant 0} \min_{\boldsymbol{x}} L(\boldsymbol{x},\boldsymbol{v},\boldsymbol{\lambda})。 \quad (\text{C-12})$$

对比原始问题，对偶问题是先固定$\boldsymbol{v}$和$\boldsymbol{\lambda}$，求最优化$\boldsymbol{x}$的解，再确定参数$\boldsymbol{v}$和$\boldsymbol{\lambda}$；原始问题是先固定$\boldsymbol{x}$，求最优化$\boldsymbol{v}$和$\boldsymbol{\lambda}$的解，再确定$\boldsymbol{x}$。

C.3 原始问题和对偶问题的关系

若原始问题和对偶问题都有最优解，那么

$$d^* = \max_{v,\lambda;\lambda_m \geqslant 0} \min_x L(x,v,\lambda) \leqslant \min_x \max_{v,\lambda;\lambda_m \geqslant 0} L(x,v,\lambda) = p^*。 \quad (C\text{-}13)$$

这个性质便叫作弱对偶性（Weak Duality），它对于所有优化问题均成立，即使原始问题非凸。

证明：$\min_x L(x,v,\lambda) \leqslant L(x,v,\lambda) \leqslant \max_{v,\lambda;\lambda_m \geqslant 0} L(x,v,\lambda)$

由于原始问题和对偶问题均有最优解，因此

$$\min_x L(x,v,\lambda) \leqslant \max_{v,\lambda;\lambda_m \geqslant 0} L(x,v,\lambda),$$

即$d^* = \max_{v,\lambda;\lambda_m \geqslant 0} \min_x L(x,v,\lambda) \leqslant \min_x \max_{v,\lambda;\lambda_m \geqslant 0} L(x,v,\lambda) = p^*$。

与弱对偶性相对应的即为强对偶性（Strong Duality），强对偶即满足

$$d^* = p^*。 \quad (C\text{-}14)$$

强对偶是一个非常好的性质。因为在强对偶成立的情况下，可以通过求解对偶问题来得到原始问题的解，在 SVM 中就是这样做的。当然并不是所有的对偶问题都满足强对偶性，在 SVM 中是直接假定了强对偶性成立，其实只要满足一些条件，如 Slater 条件与 KKT 条件，就会满足强对偶性。

（1）Slater 条件：对于原始问题及其对偶问题，假设函数$f(x)$和$g_m(x)$是凸函数，$h_n(x) = c_n$是仿射函数，且不等式约束$g_m(x)$是严格可行的，即存在x对所有的i有$g_m(x) < 0$，则存在x^*, v^*, λ^*，使x^*是原始问题的解，v^*和λ^*是对偶问题的解，并且$d^* = p^*$。也就是说如果原始问题是凸优化问题，并且满足 Slater 条件，那么强对偶就成立。需要注意的是，这里只是指出了强对偶成立的一种情况，这并不是唯一的情况。

（2）KKT 条件：对于原始问题及其对偶问题，假设函数$f(x)$和$g_m(x)$是凸函数，$h_n(x) = c_n$是仿射函数，且不等式约束$g_m(x)$是严格可行的，即存在x对所有的i有$g_m(x) < 0$，则存在x^*, v^*, λ^*，使x^*是原始问题的解，v^*和λ^*是对偶问题的解的充分必要条件是x^*, v^*, λ^*满足下面的 KKT 条件

$$\begin{cases} \nabla_x L(x^*, v^*, \lambda^*) = \mathbf{0} & \\ \lambda_m^* g_m(x^*) = 0 & m = 1, \cdots, M \\ g_m(x^*) \leqslant 0 & m = 1, \cdots, M \\ \lambda_m^* \geqslant 0 & m = 1, \cdots, M \\ h_n(x^*) = c_n & n = 1, \cdots, N。 \end{cases} \quad (C\text{-}15)$$

任何满足强对偶性的优化问题，只要其目标函数与约束函数可微，则原始问题与对偶问题的任意一对解均满足 KKT 条件。

拉格朗日对偶法的求解过程可分为以下两个步骤。

第一，把原始的约束问题通过拉格朗日函数转化为无约束问题；

第二，在满足 KKT 条件的情况下用求解对偶问题的方式来求解原始问题，从而使原始问题的求解更加容易。

参考文献

[1] SAMUEL A L. Some Studies in Machine Learning Using the Game of Checkers[J]. IBM Journal of Research and Development, 1959, 3(3): 210-229.

[2] MITCHELL T. Machine Learning[M]. New York: McGraw-Hill Education, 1997.

[3] BISHOP C M. Pattern Recognition and Machine Learning[M]. New York: Springer, 2006.

[4] EFRON B, HASTIE T, JOHNSTONE I, et al. Least angle regression[J]. The Annals of Statistics, 2004, 32(2): 407-409.

[5] 周志华. 机器学习[M]. 北京：清华大学出版社，2017.

[6] PLATT J. Fast Training of Support Vector Machines using Sequential Minimal Optimization[M]. Camberidge: MIT Press, 1998.

[7] LEDOIT O, WOLF M HONEY. I Shrunk the Sample Covariance Matrix[J]. The Journal of Portfolio Management, 2004, 30(4): 110-119.

[8] CHEN T Q, GUESTRIN C. Xgboost: A scalable tree boosting system[C]//Proceedings of the 22nd ACM International Conference on Knowledge Discovery and Data Mining (SIGKDD). San Francisco, USA: ACM, 2016.

[9] KRIZHEVSKY A, SUTSKEVER I, HINTON G E. Imagenet classification with deep convolutional neural networks[C]//Proceedings of 26th Annual Conference on Neural Information Processing Systems 2012 (NIPS 2012). Lake Tahoe, USA: Curran Associates, 2012.

[10] HE K M, ZHANG X Y, REN S Q, et al. Deep Residual Learning for Image Recognition[C]//Proceeding of IEEE Conference on Computer Vision and Pattern Recognition. Las Vegas, USA: IEEE Computer Society, 2016.

[11] GREFF K, SRIVASTAVA R K, KOUTN k J, et al. LSTM: A Search Space Odyssey[J]. IEEE Transactions on Neural Networks and Learning Systems. 2017, 28(10): 2222-2232.

[12] JOZEFOWICZV R, ZAREMBA W, SUTSKEVER I. An empirical exploration of recurrent network architectures[C]//Proceedings of the 32nd International Conference on International Conference on Machine Learning (ICML 2015). Lille, France: MLR.org, 2015.

[13] SIMONYAN K, ZISSERMAN A. Very Deep Convolutional Networks for Large-Scale Image Recognition[C]//Proceedings of the 3rd International Conference on Learning Representations (ICLR 2015). San Diego, USA: The World Academy of Science, Engineering and Technology, 2015.

[14] LI H, XU Z, TAYLOR G, et al. Visualizing the Loss Landscape of Neural Nets[C]//Advances in Neural Information Processing Systems 31: Annual Conference on Neural Information Processing Systems 2018(NeurIPS 2018). Montréal, Canada: Curran Associates, 2018.

[15] RODRIGUEZ A , LAIO A. Clustering by fast search and find of density peaks[J]. Science, 2014, 6191: 1492-1496.